中國近代建築史料匯編（第一輯）

第三册

中國近代建築史料匯編 編委會 編

同濟大學出版社
TONGJI UNIVERSITY PRESS

第三册目録

中國近代建築史料匯編（第一輯）

建築月刊

第一卷 第十一期

THE BUILDER
建築月刊

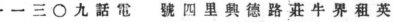

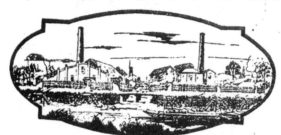

輪船鐵路房屋傢具欲使之壽命長遠美麗觀瞻務須採用雙斧牌超等國貨油漆担保用户諸君得到萬分滿意
雙斧牌油漆
開林油漆有限公司出品
註冊商標
REGISTERED TRADE MARK
製造廠及總事務所 上海江灣西體育會路
本埠發行所 西華德路永同昌 北四川路永元昌
分銷處 本外埠各五金店生漆店及顏料店均有出售
電話 租界四五五〇五 閘北一〇三七 江湾十一
電報掛號 中文七二九〇 英文"MULIAKCO"

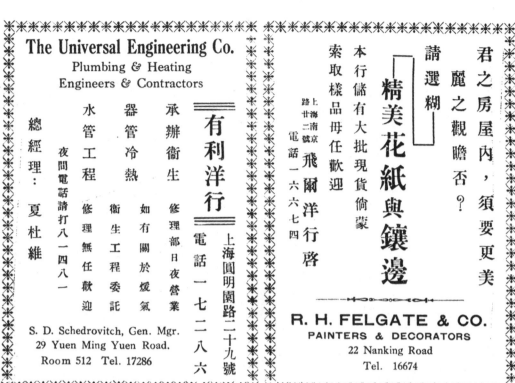

THE CHINA IMPORT & EXPORT LUMBER COMPANY, LIMITED
(INCORPORATED UNDER THE COMPANIES' ORDINANCES OF HONGKONG.)
FLOORING DEPARTMENT

英商祥泰木行有限公司地板部

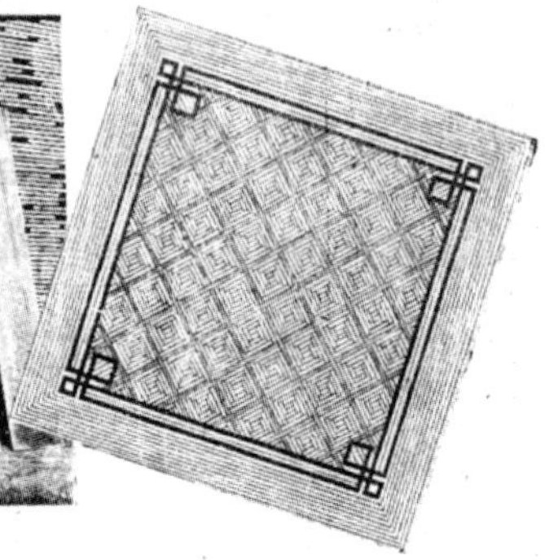

上海之有美術地板本公司實爲首創嗣後互相效尤凡各商埠之高樓大廈莫不採用本公司以二十年之經驗中外技師之策劃堅固美妙允稱獨步如蒙　賜顧定獲稱心滿意本公司購備最新式砂磨機器十五部括垢磨光平滑無比

已竣工程

本埠

美國鄉下總會　漢彌爾登大廈
法國總會　金城銀行
江海關　華懋飯店
安利洋行　中國體育會
月宮飯店　字林西報館
辣斐跳舞場　英國總會
自來水公司　花旗總會
上海跑馬總會　宜昌路救火會
仁濟醫院　楡林路巡捕房
孫科住宅　江灣路工部局學校
惠羅公司　廣西路格致公學
滙豐銀行　王家沙花園工部局住宅
義泰洋行　華德路巡捕醫院
禮查飯店　永安公司
都成飯店　台灣銀行
新聞報館　怡和洋行
西人青年會　英美烟公司
辣斐飯店　徐家滙天主堂
十三層公寓　海格路公寓

外埠

南京　蔣委員長住宅　南京　汪精衛住宅
南京　何應欽住宅　汕頭　太古公司
香港　救火會　青島　萬國總會

進行工程

萬國儲蓄會　大西路工部局醫院
靜安寺路四行儲蓄會　中滙銀行
外白渡橋堍大廈　麥特赫司脫路大廈

其餘工程繁多不及備載

總行　上海楊樹浦路第壹千肆百念六號
電話第五〇〇六八號　三線轉接各部

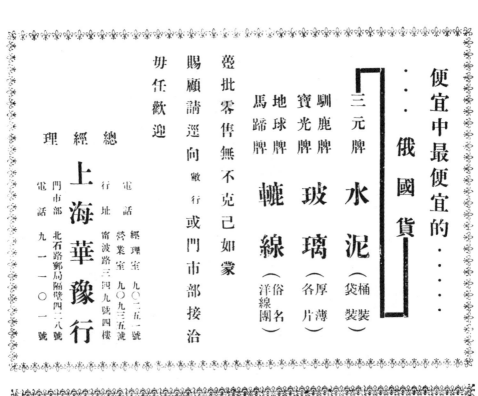

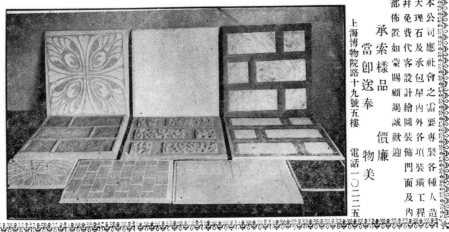

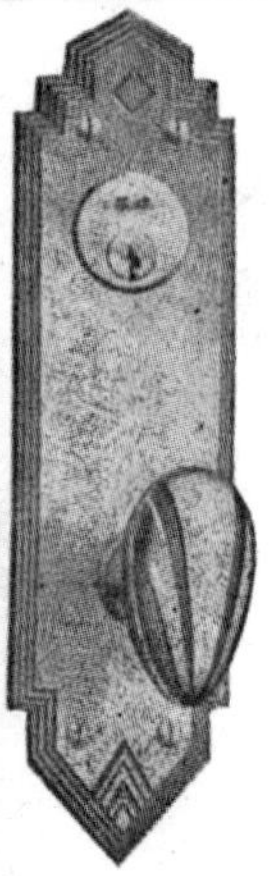

專辦建築五金銅鐵工程
常備大批新式
現貨門鎖

瑞昌銅鐵五金工廠

總號
漢口路四二一二號
電話九四四六〇

支號
靜安寺路六六七八九號
電話
三一九六七

自建工廠
上海同孚路二四三號

永華製漆有限公司

總公司上海漢口路四百十號
電話九四七六六號

洋電報掛號 "DURVAR"

華電報掛號 一三六二

專製上等

各種油漆

LION BRAND

註冊商標

醒獅牌

DURVAR VARNISH WORKS, LTD.

Manufacturers of

Paints, Varnishes, Enamels etc.

Office — 410 Hankow Road. Shanghai, China.

Telegraphic Add. "DURVAR" Telephone 94766

MANUFACTURE CERAMIQUE DE SHANGHAI

OWNED BY

CREDIT FONCIER D'EXTREME ORIENT

MANUFACTURERS OF

BRICKS

HOLLOW BRICKS

ROOFING TILES

FACTORY:
100 BRENAN ROAD
SHANGHAI
TEL. 27218

SOLE AGENTS:
L. E. MOELLER & CO.
110 SZECHUEN ROAD
SHANGHAI
TEL. 16650

上海

義品磚瓦廠

附屬

義品放款銀行

製造

各種上等

面磚　空心磚　瓦片

工廠
白利南路第一百號
電話
二七二一八

獨家經理
懋賚地產公司
四川路一百十號
電話：一六六五〇

POMONA PUMPS

凡裝自流井而欲求最經濟之水源請採用最新式

「普摩那」

電機抽水機

最新式之抽水設備

PUMPING WATER

THE MODERN WAY

「普摩那」透平式抽水邦浦。利用機械與水壓原理製成。適得其宜者。

「普摩那」透平邦浦。絕對可靠。費用儉省。而出水量較多。

常年運用。幾無需耗費管理或修理等費。時間減少。出水量增多。無需裝置價格昂貴之壓氣機等設備。大小邦浦。皆可裝置自動機件。

出水量。每分鐘自十五伽倫至五千伽倫。大小俱備。抽水機軸。每隔十尺。裝有橡皮軸承。用水潤滑。靈便。可靠。

所佔裝置地位極小。

用美國威斯汀好司廠馬達發動之。

滬上各處裝置。成績優良。咸皆贊美。

總經理美商茂和公司

上海圓明園路廿四號 電話一一三一〇

建築月刊

第一卷第十一期

民國二十二年九月份出版

目錄

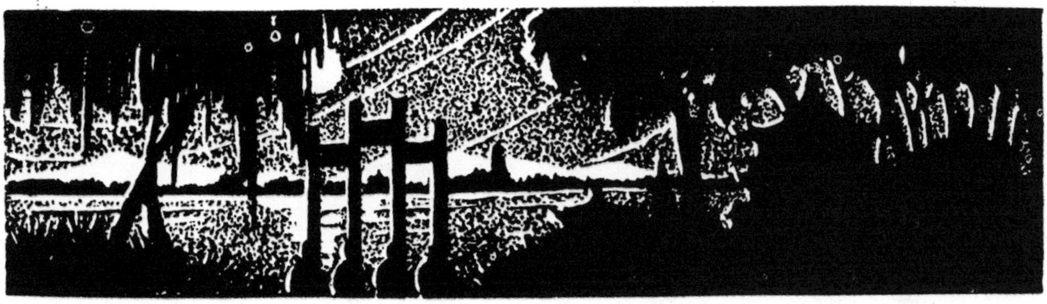

插圖

譯著

BUILDER

1933

CONTENTS

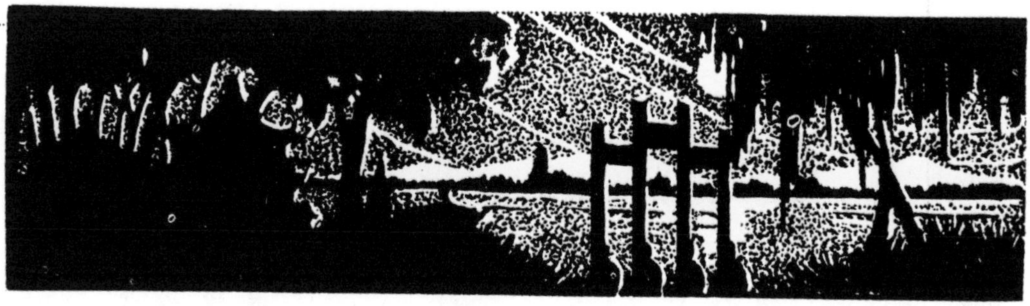

居住問題

其他

THE
SEPTEMBER
LEADING

ILLUSTRATIONS

ARTICLES

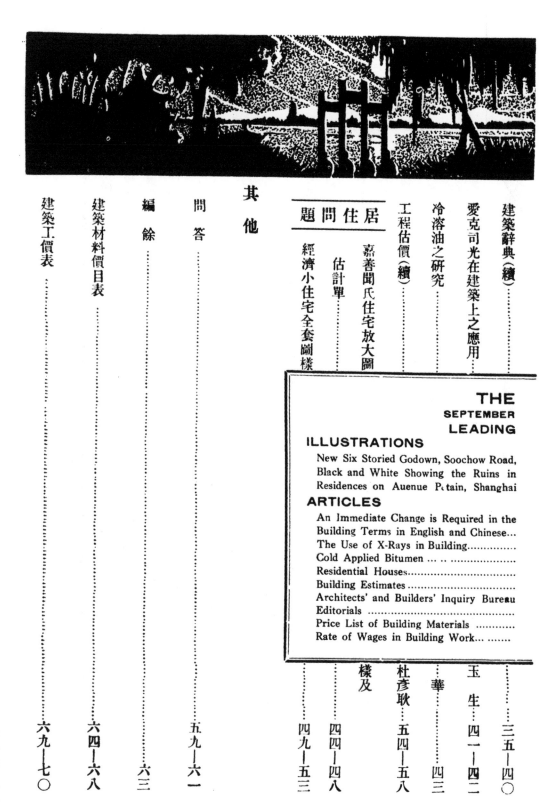

廣告索引

本刊第二卷刷新

徵求讀者改進意見

本刊剏始，倏將一年，謬蒙各方愛護，奬勉有加；讀者遍海內，許爲可望之刋物焉。而令人自愧葑菲，初衷未遂，改之不及，遑論自滿。願持我服務社會之志趣，奮我完成目的之精神，決自**第二卷**起，**儘量刷新**。**二卷一期**，準**明歲元旦**刊行，**擴充篇幅**，**羅致名作**，庶幾與歲更始。茲正規劃進行，嘗思一切建設，端賴羣策羣力，本刊既荷讀者諸君殷殷垂愛，諒不吝頒以南針；倘有**改進意見**，統祈於**十二月十五日前**，書面錄示，俾便酌遵，毋任翹企。

建築月刊編輯部啓

New Six Storied Godown, Soochow Road, Shanghai Palmer and Turner, Architects An Chee Construction Co., Contractor

上海蘇州路建築中之六層棧

公和洋行建築師設計

安記營造廠承造

改革營造業之我見

杜彥耿

年來營造事業，就表面觀之，似已非常發達，蓋國內各重要大都市，新興建築，月有增建，普通人自將認爲改良發展之新氣象也。然究其內裏，則固未可樂觀，營業叢挫，與日俱增，較諸往昔，艱易迥异。因承包工程採用投標方式，營造業者乃相率抑低價格，以作競爭，常有照實價減至一成或二成者，回憶二十年前，估細賬後必加上一成酬佣之例，一差別中，已可覘目前經營之不易矣。基上原因，營造事業之無相當進展，亦意中事也。

且大都市中之高樓大廈，多屬外人產業，供帝國主義侵略之根據，足爲社會之患；即中國業主之所營，亦分利者居多，如旅館酒店娛樂場所以及公私機關等，其生產機關如工廠之建築等，實鳳毛麟角耳。如此現象，何益於國家？更何容樂觀？

每年建築工程，單以上海一埠論，約達七千萬元，依建築以生活者廿餘萬人，建築所用材料，除粗笨磚石外幾盡外貨。每年漏巵：數額頗巨，單就洋松一項而論，輸入上海一埠年約一千九百五十萬元，非亟起自籌，不足以云挽救。而設廠須集合資本，方克抵成，出品須熟悉銷路，始克持久，故宜由營造業者集資舉辦，庶幾於建築材料之用途品質，均有相當認識，於事業之推進，乃駕輕就熟也。

徵募鉅資，依目前營造業之狀況，籌集自非易事，根本之策，同業間應速謀團結，不再競開濫賬，每年盈利，必極可觀，以此盈利創設各種材料製造廠，供給同業之需求。如是，則非惟可積金錢外溢，抑且予大批工人以生計，社會將因而增其活動力，責任固若是之重大也。甚望同業採有效之方法，共圖來茲，姑就管見所及，略貢芻蕘，藉作拋磚之獻也。

一、集資籌設聯合營業所　由營造同業湊集雄資，依公司性質組織，經營地產交通及建築事業，例如於毗連上海較僻之處，地價低廉，可出資購買，用以建屋，收取盈利。營造廠有供給舊料者，折價抵作股本，多少不拘。資本現金除購地外，撥充修築道路，駛行長途汽車，使新村發展，地價增高，然後再將所有房屋地產，出租或出售。公司除從事置產外，幷可承包工程，工程所賸舊料，自建出租房屋，廢物利用，成本較輕。如是者若干年，盈利必多，乃可逐漸創設建築材料廠矣。大旨如此，辦法則有待于詳細計議也。

二、培植人才　現之營造人，多係工人之藝徒出身，技術幼稚，亟宜儘先籌設建築學校，招收貧苦子弟，供其衣食居住，授以技藝及學識。此輩學徒，受一年之訓練後，即可服務工場，晚間仍令之就學，將其白日工作之酬資，作晚間求學之費。四年學成之後，即爲一批新的木工石工磚瓦工等等工人，智識技術，必優於原有工人，並可利用新器械從事工作。招僱新工人者必多：用新工人與新機械後且必獲利，學校逐漸謀擴充，除增收學徒外，並在校中設木工廠，磚瓦廠與其他建築材料廠。

對上述辦法或有非難者曰，營造廠間嫉妒甚深，欲其聯絡，不亦難乎？余曰，聯合營造廠以創設聯合營業所，固非易事，然鑒於時勢之需永，不得不勉圖從事，試觀各國商業，均已挾其雄資與新式機械，而佔我市場，雖外人營造廠目前尙少；組織猶不及國人所經營，設一旦突有大規模之外國營造廠出現，安得不蒙重大威脅，屆時臨渴掘井，將悔莫能及，故亟須打破困難，作未雨綢繆之計也。例如打樁工程，往昔僅有我國工人從事，現則已有外人利用新式打樁機器架子而奪我營業者矣，設國人不求改良，祇能讓外人佔先。推此例彼，改善不容或緩。初步計劃，應先籌辦聯合營業所，再進而創設建築材料製造廠。不惟營造廠本身之利益，亦中國實業界之重要事業，尙望同業蠲除私見，共同合作，使建築界放一異采。

至於培植建築人材，所需經費與聘任教員，固亦屬難事，然祇須聯合營業所而實現，自可迎刃而解，即或不然，學校亦未嘗不可先辦，由現有建築團體主其事，由全體同業集資促其成，並維持其經常費用。俟學生修業期滿，可分派於曾出資之同業，以盡服務之義務。因學校平日教育，兼重學行，此輩學生於服務時，除技術高超外，對於材料之應用，亦能妥爲籌算節省，不若現有工人之任意毀棄材料，損失極大，且於觀瞻上亦較爲整肅也。

Black and white showing the ruins in Chapei, Shanghai

by P. K. Pang

判殘影於黑白

閘北造木公司

判殘影於黑白

閘北商務印書館

Black and white showing the ruins in Chapei, Shanghai

by P. K. Pang

判殘影於黑白

閘北長老會

Black and white showing the ruins in Chapei, Shanghai

by P. K. Pang

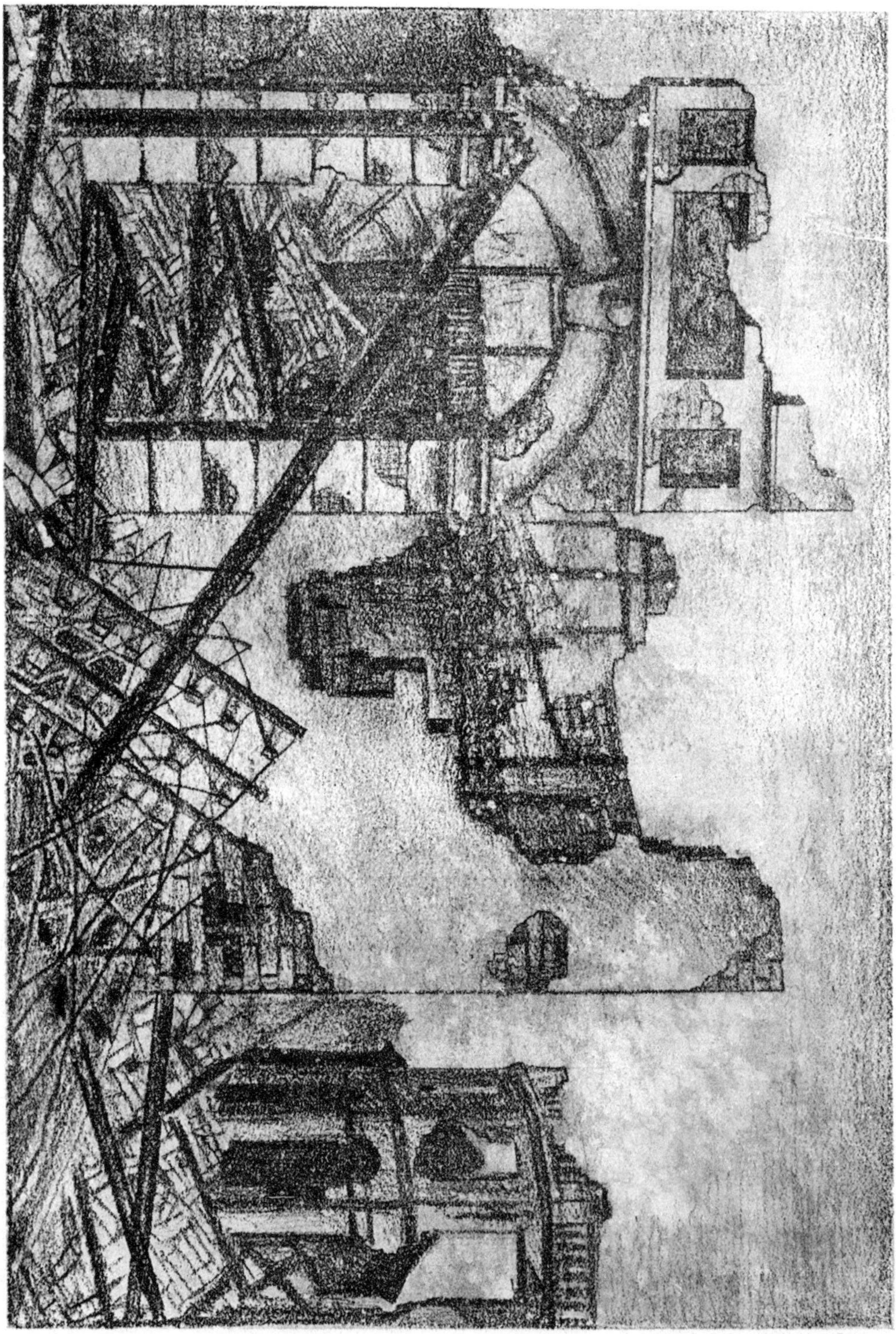

Black and white showing the ruins in Ghapei, Shanghai

by P. K. Pang

判殘影於黑白

西虬江路公興路口德馨坊

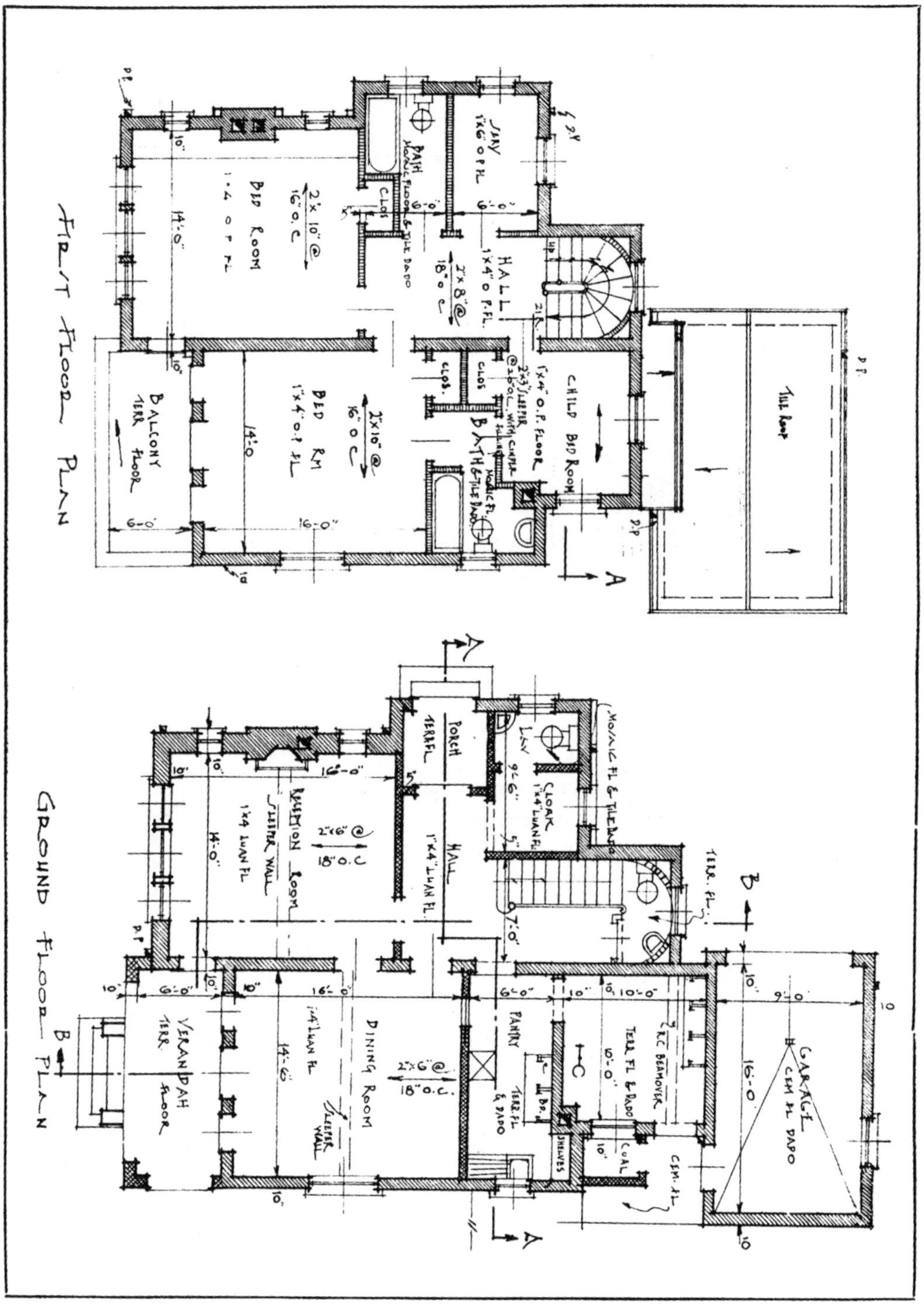

上海貝當路住宅圖樣第四種(估價單見後)

〇一一〇一

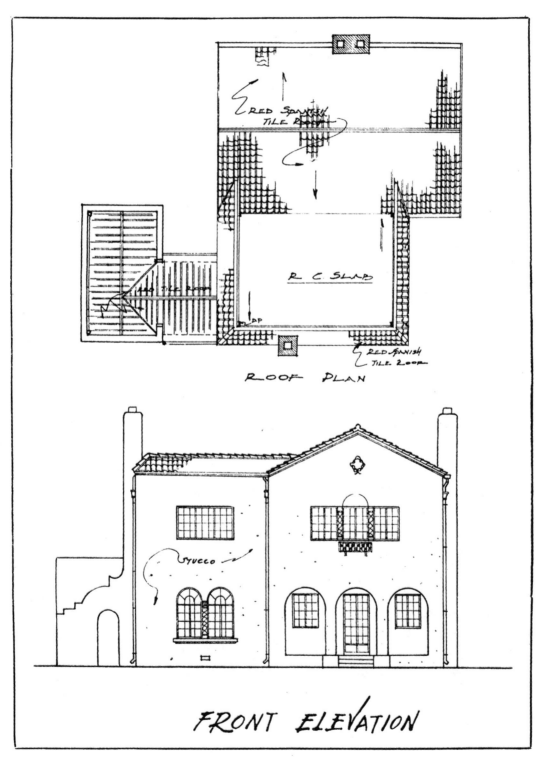

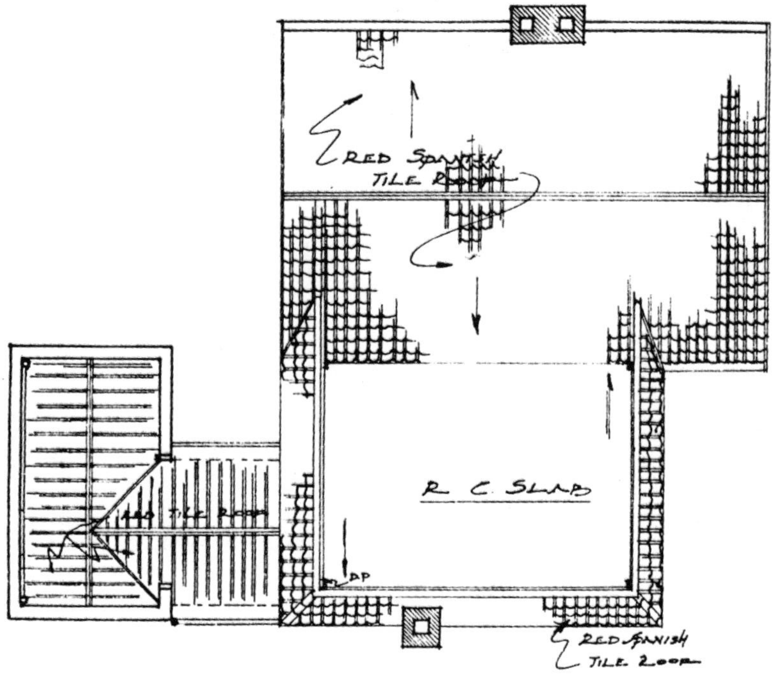

ROOF PLAN

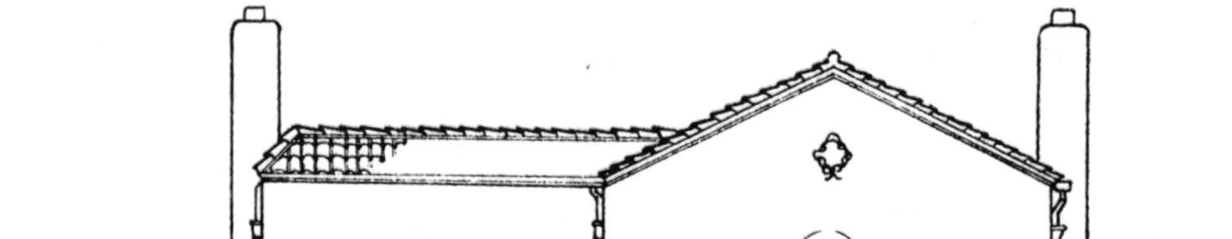

FRONT ELEVATION

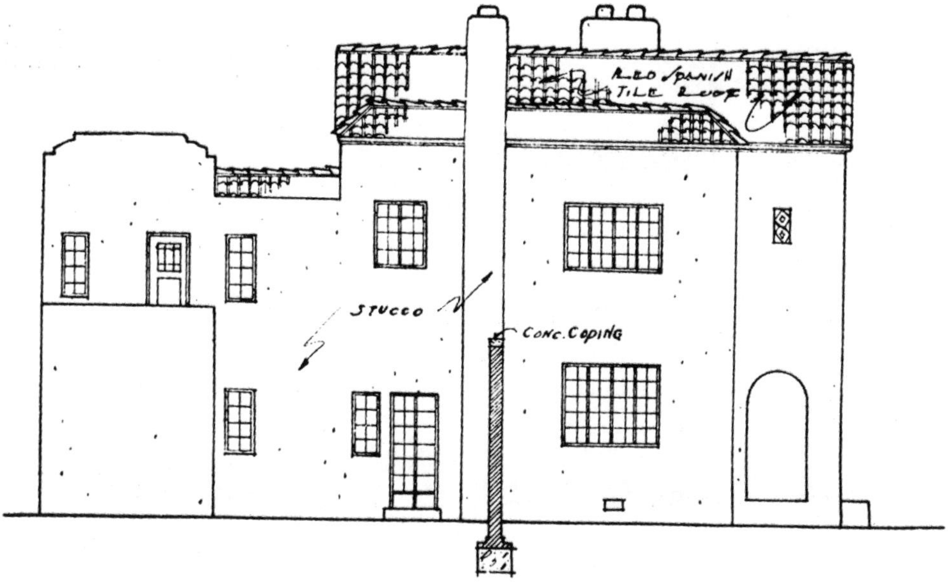

WEST ELEVATION

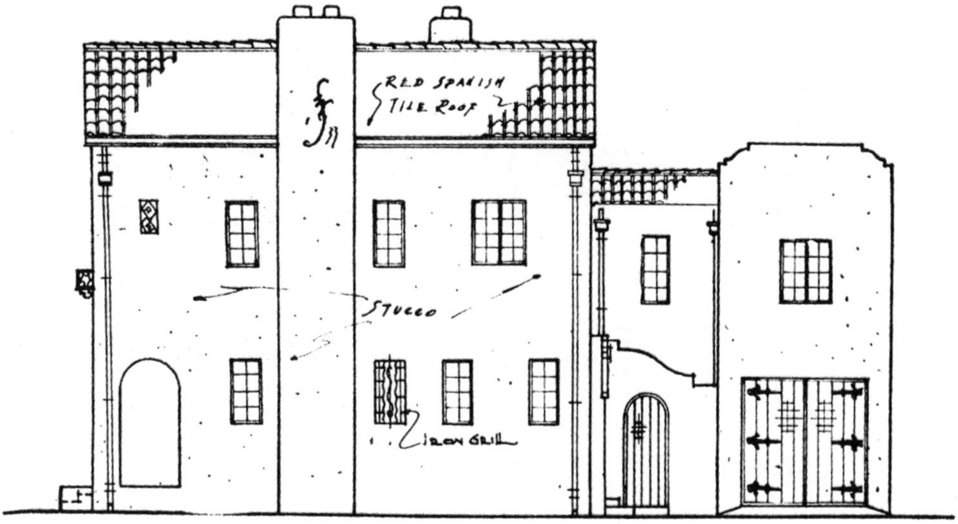

EAST ELEVATION

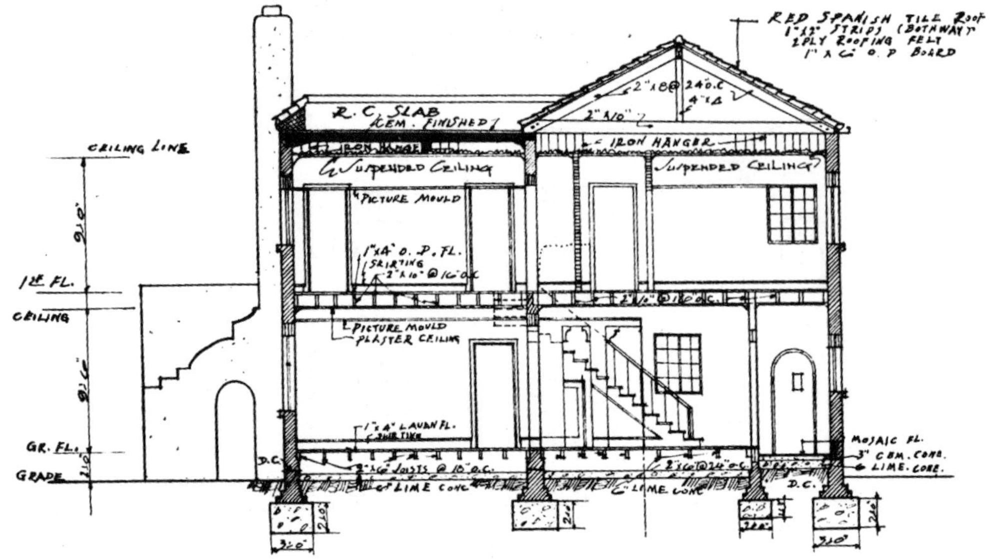

SECTION A-A

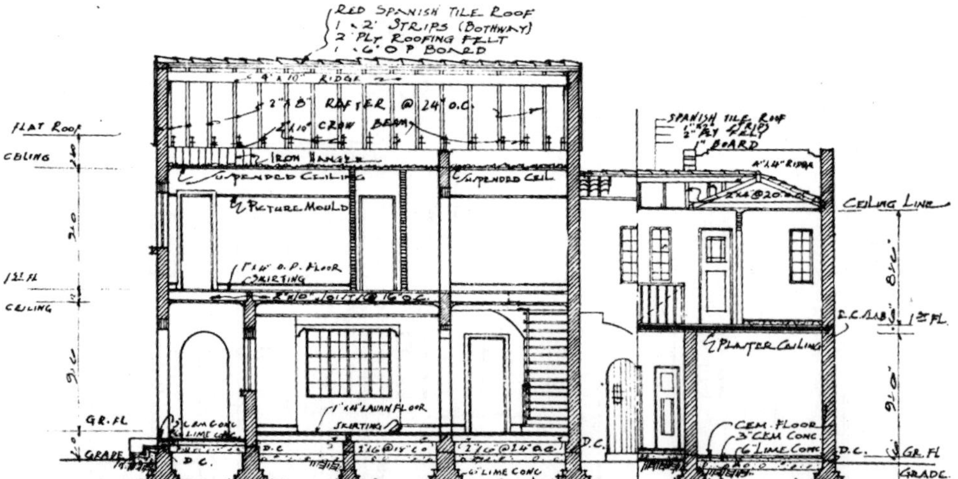

SECTION B-B

〇一一〇四

材料估計單

住宅"D和G"

名稱	地位	說明	尺寸 闊	高或厚	長	數量	合計	總計
灰漿三和土	底脚	包括掘土	2'-0"	15"	13'-6"	2	68 方	
,,	,,		,,	,,	18'-0"	2	90 ,,	
,,	,,		,,	,,	3'-0"	2	16 ,,	
,,	,,		,,	,,	2'-6"	2	12 ,,	
,,	,,		,,	,,	6'-0"	2	30 ,,	
,,	,,		,,	,,	6'-6"	2	32 ,,	
,,	,,		,,	,,	7'-0"	2	36 ,,	
,,	,,		2'-6"	2'-0"	29'-3"	2	2 92 ,,	
,,	,,		,,	,,	10'-0"	2	1 00 ,,	
,,	,,		,,	,,	14'-0"	2	1 40 ,,	
,,	,,		,,	,,	8'-0"	2	80 ,,	
,,	,,		,,	,,	25'-0"	2	2 50 ,,	
,,	,,		,,	,,	6'-0"	2	60 ,,	
,,	,,		,,	,,	10'-6"	2	1 06 ,,	
,,	,,		3'-0"	2'-0"	15'-0"	2	1 80 ,,	
,,	,,		,,	,,	31'-6"	2	3 78 ,,	
,,	,,		,,	,,	12'-6"	2	1 50 ,,	
,,	,,		,,	,,	16'-0"	2	1 92 ,,	
,,	,,		3'-3"	2'-0"	28'-9"	2	3 74 ,,	
,,	,,		,,	,,	35'-0"	2	4 56 ,,	
,,	,,		,,	,,	13'-6"	2	1 76 ,,	
,,	,,		,,	,,	18'-0"	4	4 68 ,,	

材料估計單

住宅"D和G"

名稱	地位	說明	尺寸 闊	尺寸 高或厚	尺寸 長	數量	合計	總計
灰漿三和土	底脚		4'-3"	2'-0"	5'-0"	2	86方	
,,	,,		4'-0"	,,	9'-0"	2	1 44 ,,	
,,	,,		4'-6"	,,	7'-0"	2	1 26 ,,	
								40 42方
灰漿三和土	踏步下		2'-0"	6"	5'-6"	4	20方	
,,	滿堂		9'-0"	,,	9'-6"	2	86 ,,	
,,	,,		9'-6"	,,	16'-0"	2	1 52 ,,	
,,	,,		8'-0"	,,	16'-0"	2	1 28 ,,	
,,	,,		9'-0"	,,	9'-6"	2	86 ,,	
,,	,,		9'-0"	,,	6'-1"	2	54 ,,	
,,	,,		9'-0"	,,	14'-6"	2	1 30 ,,	
,,	,,		9'-0"	,,	5'-0"	2	46 ,,	
,,	,,		14'-0"	,,	16'-0"	2	2 24 ,,	
,,	,,		14'-0"	,,	20'-0"	2	2 80 ,,	
,,	,,		6'-10"	,,	20'-10"	2	1 42 ,,	
								13 48方
水泥三和土	滿堂		9'-0"	3"	9'-6"	2	42方	
,,	,,		9'-6"	,,	16'-0"	2	76 ,,	
,,	,,		8'-0"	,,	16'-0"	2	64 ,,	
,,	,,		9'-0"	,,	9'-6"	2	42 ,,	
,,	,,		6'-1"	,,	9'-0"	2	28 ,,	
,,	,,		6'-10"	,,	20'-10"	2	72 ,,	

材料估計單

住宅“D和G„

名稱	地位	說明	尺寸 闊	高或厚	長	數量	合計	總計
水泥三和土	滿堂		2'-6"	3"	5'-0"		6方	
								3 30方
水泥粉光			9'-0"	–	9'-6"	2	1 72方	
,,			9'-6"		16'-0"	2	3 04 ,,	
,,			8'-0"	16'-0"		2	2 56 ,,	
,,			9'-0"	9'-6"		2	1 66 ,,	
,,			14'-6"		21'-0"	2	6 10 ,,	
,,				5'-0"	51'-0"	2	5 10 ,,	
								20 18方
磨石子	地面及台度		9'-0"		16'-0"	2	2 88方	
,,	,,		6'-10"		20'-10"	2	2 82 ,,	
,,	,,			5'-0"	40'-0"	2	5 00 ,,	
								10 72方
瑪賽克地面			2'-6"		5'-0"	2	26方	
								26方
瑪賽克樓面		包括夾沙樓板	2'-3"		4'-9"	2	22方	
,,			5'-0"		9'-7"	2	96 ,,	
,,			5'-11"		7'-9"	2	92 ,,	
								2 10方
磁磚台度				5'-0"	15'-0"	2	1 50方	
,,				,,	14'-0"	2	1 40 ,,	
,,				,,	29'-2"	2	2 92 ,,	

材料估計單

住宅"D和G"

名稱	地位	說明	尺寸 闊	高或厚	長	數量	合計	總計
磁磚台度				5'-0"	27'-4"	2	2 74方	
								8 56方
1"×4"柳安地板			9'-0"		14'-6"	2	2 62方	
"			5'-0"		6'-0"	2	60 "	
"			14'-0"		16'-0"	2	4 48 "	
"			14'-0"		20'-0"	2	5 60 "	
								13 30方
1"×4"洋松樓板			9'-7"		19'-2"	2	3 68 "	
"			6'-7"		12'-0"	2	2 30 "	
"			13'-10"		16'-0"	2	4 42 "	
"			14'-0"		19'-7"	2	5 48 "	
"			6'-6"		7'-7"	2	98 "	
								16 86方
1"×6"洋松樓板			8'-6"		9'-6"	2	1 62方	
"			7'-1"		18'-6"	2	2 61 "	
								4 24方
10"磚牆	地龍牆		36'-0"	3'-0"		2	2 16方	
"	底脚至一層			9'-6"	8'-0"	2	1 52 "	
"	"			14'-6"	267'-2"	2	77 50 "	
"	一層至二層			12'-0"	70'-4"	2	16 88 "	
"	"			8'-6"	60'-6"	2	10 28 "	
"	"			10'-6"	204'-0"	2	42 84 "	

材料估計單

住宅"D和G"

名稱	地位	說明	尺寸 闊	高或厚	長	數量	合計	總計
10'' 磚牆	壓簷牆			4'-6''	46'-5''	2	4 18 方	
,,	山牆		21'-8''	6'-0''		2	2 60 ,,	
,,	烟囱			7'-6''	20'-0''	2	3 00 ,,	
								162 96 方
5'' 磚牆				12'-0''	16'-9''	2	4 02 方	
				14'-6''	23'-0''	2	6 68 ,,	
								10 70 方
5'' 板牆				8'-6''	18'-6''	2	3 14 方	
,,				9'-0''	89'-6''	2	16 12 ,,	
								19 26 方
雙扇洋門						4		
雙扇汽車間門						2		
單扇洋門						56		
鋼窗	前面	有花鐵柵的	3'-0''	4'-0''		2	24 方尺	
,,	,,	,,	3'-3''	,,		4	52 ,,	
,,	,,	,,	,,	5'-6''		4	72 ,,	
,,	東面	,,	1'-9''	4'-6''		8	56 ,,	
,,	後面	,,	3'-3''	,,		2	26 ,,	
,,	西面	,,	1'-9''	,,		4	23 ,,	
,,	,,	,,	6'-3'	5'-0''		2	62 ,,	
								3 20 方尺

材料估計單

住宅"D和G"

名稱	地位	說明	尺寸 闊	高或厚	長	數量	合計	總計
窗上花鐵柵						26堂	26堂	
								26堂
鋼窗	前面	無花鐵柵的	7'-0"	4'-0"		2	56方尺	
,,	東面		1'-9"	4'-0"		6	42 ,,	
,,	前面		3'-3"	,,		6	78 ,,	
,,	東面		3'-6"	,,		2	28 ,,	
,,	,,		3'-0"	,,		2	24 ,,	
,,	後面		3'-3"	,,		6	78 ,,	
,,	西面		1'-6"	,,		4	24 ,,	
,,	,,		3'-0"	,,		2	24 ,,	
,,	,,		6'-3"	,,		2	50 ,,	
								4 04方尺
大扶梯						2乘		
僕人扶梯						2乘		
火爐						2只		
西班牙式瓦屋面			11'-0"		16'-0"	2	3 52方	
,,			7'-0"		11'-6"	2	1 62 ,,	
,,			22'-0"		33'-0"	2	14 56 ,,	
,,			2'-0"		55'-0"	2	2 20 ,,	
								21 86方
平面屋		6皮柏油牛毛毡，上鋪綠豆沙，下有假平頂	9'-0"		9'-6"	2	1 72方	
,,			15'-0"		21'-0"	2	6 30 ,,	

材料估計單

住宅"D和G„

名稱	地位	說明	尺寸 闊	高或厚	長	數量	合計	總計
								8 02
水落及管子				400'				
								40 丈
熟鐵花台						2只		
信箱						2只		
門燈						2只		
生鐵出風洞						6只		
生鐵垃圾桶						2只		
鋼骨水泥大料	1 B 8		10"	20"	15'-6"	2	44 方	
„	„		„	„	14'-0"	2	38 „	
„	R B 9		„	12"	11'-2"	4	38 „	
„	„		„	„	15'-2"	2	26 „	
„	R B 10		„	18"	8'-6"	2	22 „	
„	„		„	„	6'-0"	2	16 „	
鋼骨水泥樓板	R S 6		10'-6"	5"	11'-6"	2	1 00 „	
„	1 S 13		11'-6"	5¾"	16'-6"	2	1 82 „	
„	R S 7		8'-6"	4"	10'-6"	2	60 „	
„	„		7'-6"	„	„	2	52 „	
„	„		8'-6"	„	15'-0"	2	86 „	
„	„		8'-0"	„	„	2	80 „	
								7 44 方

工程估價總額單

住宅"D和G"

名稱	說明	數量	單價	金額	總額
灰漿三和土	底脚包括掘土	4042	1800	72756	
"	滿堂和踏步下	1348	1600	21568	
水泥三和土	滿堂	330	8400	27720	
水泥粉光	地面及台度	2018	1000	20180	
磨石子	地面及台度	1072	6000	64320	
瑪賽克樓板	包括夾沙樓板	210	8300	17430	
瑪賽克地板		26	6300	1638	
3"×6"磁磚台度		856	7500	64200	
1"×4"柳安地板	包括擱栅和踢脚板	1330	9200	122360	
1"×4"洋松樓板	包括擱栅，踢脚板和平頂	1686	2700	45522	
1"×6"洋松樓板	"	424	2200	9328	
10"磚牆	包括粉刷和畫鏡線	16296	3400	554064	
5"磚牆	"	1070	2500	26750	
5"雙面板牆	"	1926	3000	57780	
雙扇洋門		4	3500	14000	
雙扇汽車間門		2	16500	33000	
單扇洋門		56	2900	162400	
鋼窗		724	150	108600	
窗上花鐵栅		26	1600	41600	
玻璃		724	15	10860	
熟鐵花台		2	3500	7000	
門燈		2	1500	3000	

上海市建築協會服務部估計

工程估價總額單

住宅"D和G"

名稱	說明	數量	單價	金額	總額
水落及管子		400'	450	18000	
大扶梯		2	275000	150000	
僕人扶梯		2	252000	104000	
信箱		2	5000	10000	
火爐		2	8500	17000	
西班牙式紅瓦屋面	包括平頂	2186	15000	327900	
平屋面	6皮柏油牛毛毡上鋪綠豆沙下有假平頂	802	5000	40100	
生鐵垃圾桶		2	4500	9000	
生鐵出風洞		6	200	1200	
鋼骨水泥		744	12500	93000	
					2256276

上海市建築協會服務部估計

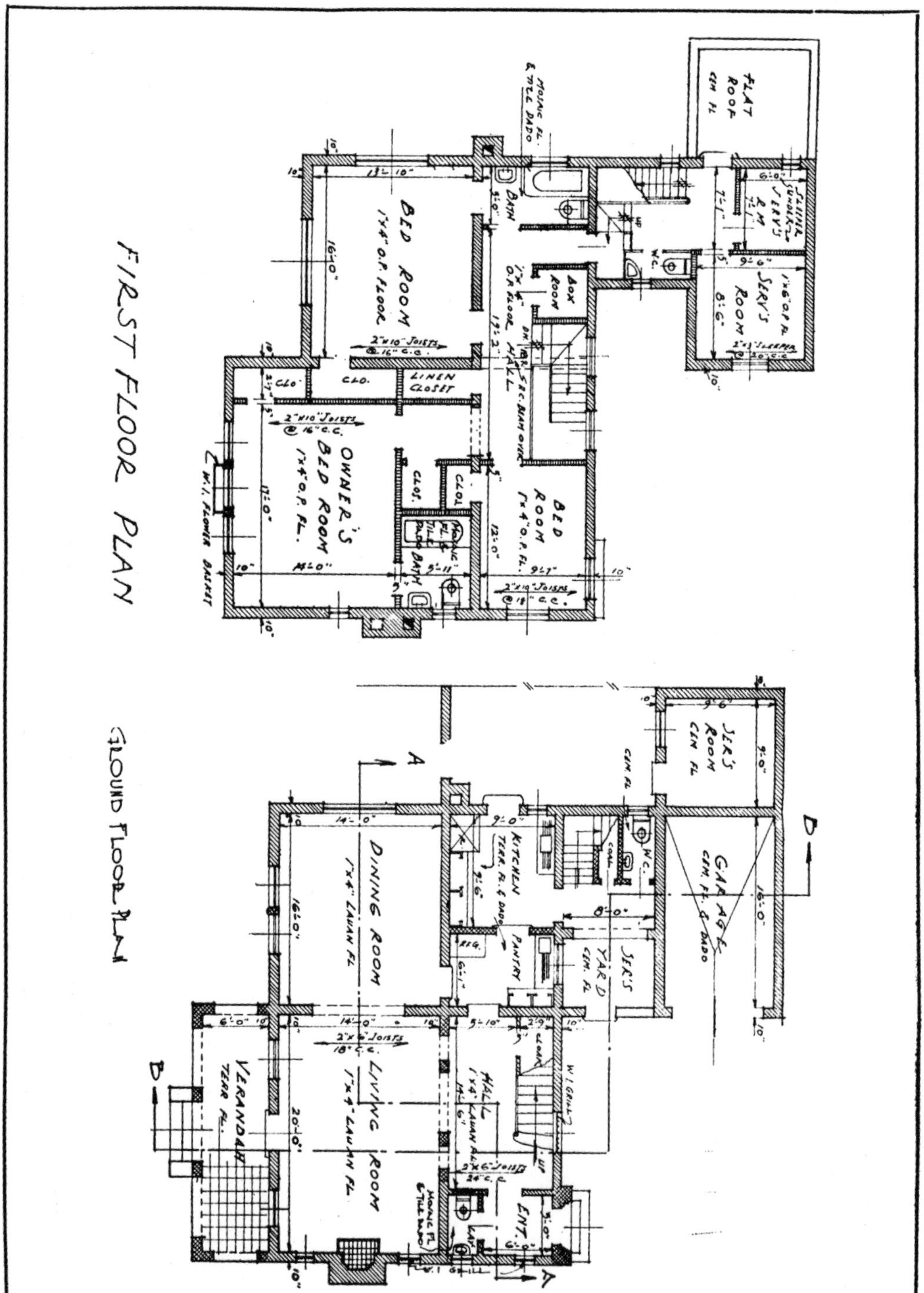

上海貝當路住宅圖樣第五種（估價單見後）

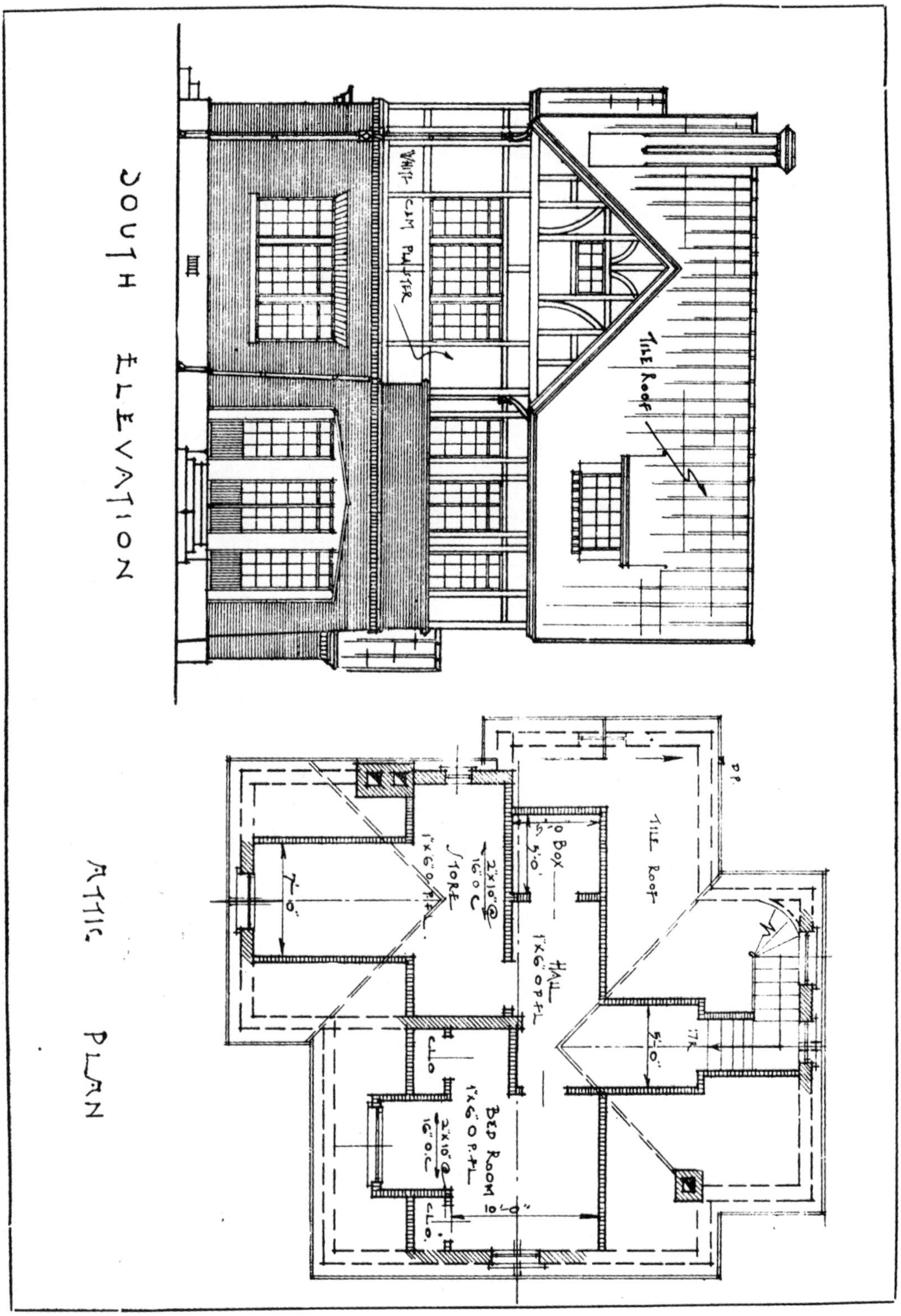
SOUTH ELEVATION
WHITE CEM PLASTER
TILE ROOF
ATTIC PLAN
STORE
1"x6" O.P.F.L.
2"x10" @ 16" O.C.
HALL
1"x6" O.P.F.L.
BED ROOM
1"x6" O.P.F.L.
2"x10" @ 16" O.C.
CLO.
CLO.
TILE ROOF
10'-0"
5'-0"
7'-0"

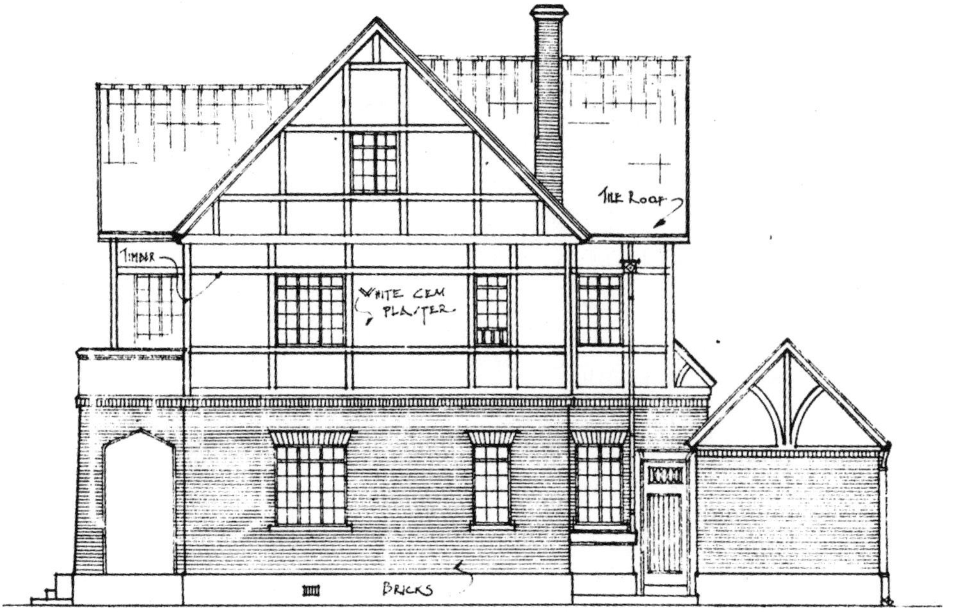

EAST ELEVATION

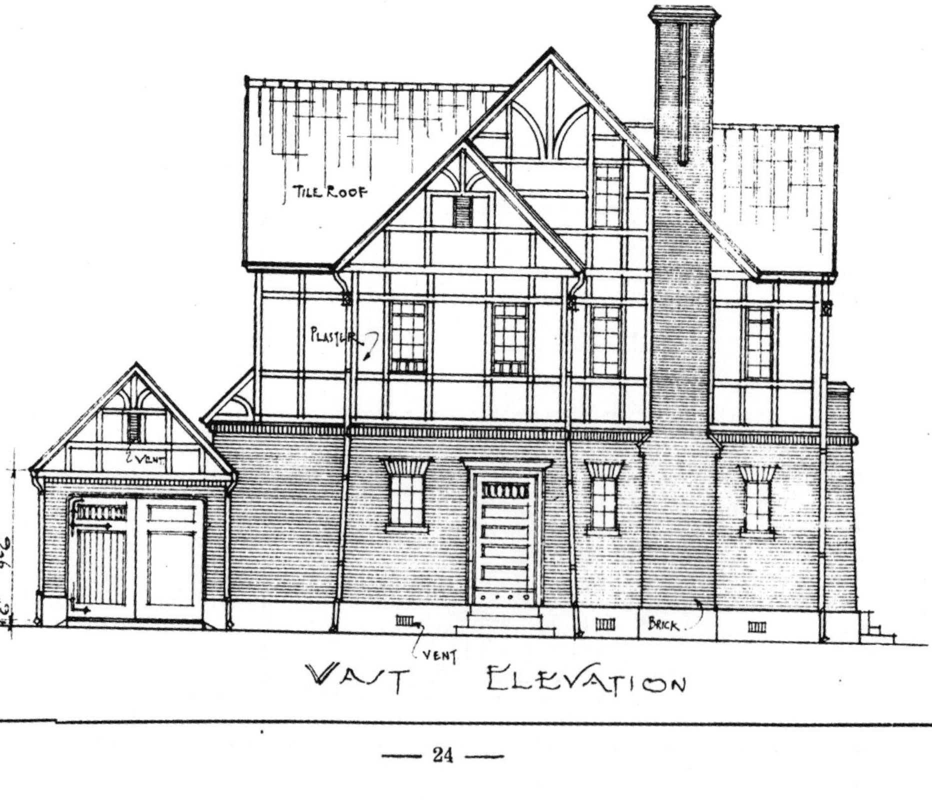

WEST ELEVATION

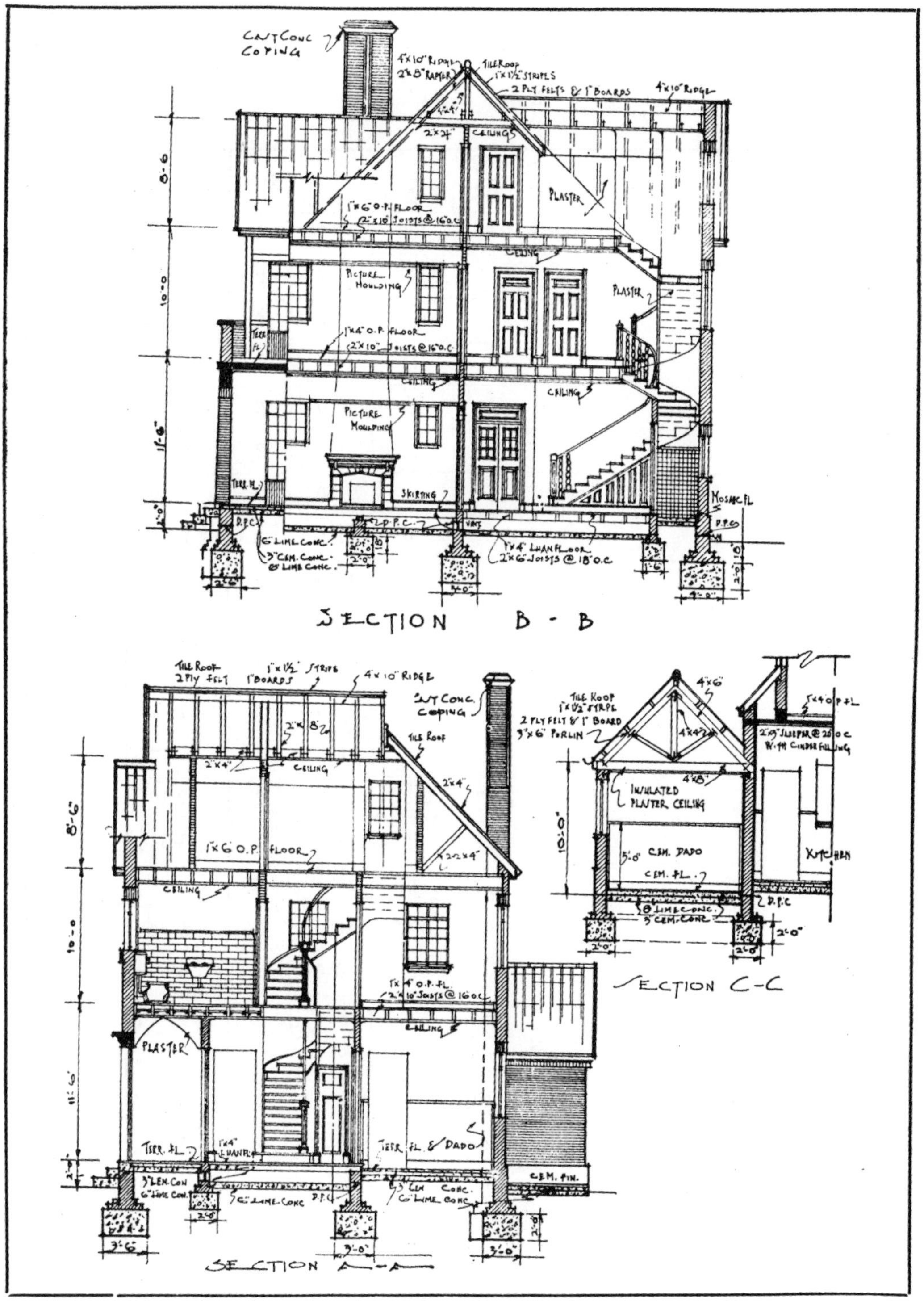
CAST CONC COPING
TILE ROOF
2 PLY FELTS & 1" BOARDS
CEILING
PLASTER
PICTURE MOULDING
SKIRTING
MOSAIC FL.
D.P.C.
SECTION B - B
TILE ROOF
2 PLY FELT
1" BOARDS
4"x10" RIDGE
CAST CONC COPING
CEILING
1"x6" O.P. FLOOR
PLASTER
TERR. FL.
TERR. FL. & DADO
CEM. FIN.
INSULATED PLASTER CEILING
CEM. DADO
CEM. FL.
KITCHEN
SECTION C-C
SECTION A-A

材料估計單

住宅"E 和 L"

名稱	地位	說明	尺寸 闊	高或厚	長	數量	合計	總計
灰漿三和土	底脚	包括掘土	1'-6"	18"	4'-6"	2	20方	
,,	,,		2'-0"	18"	11'-0"	2	66 ,,	
,,	,,		,,	,,	11'-6"	2	70 ,,	
,,	,,		,,	,,	14'-6"	2	88 ,,	
,,	,,		,,	,,	19'-0"	2	1 14 ,,	
,,	,,		,,	,,	7'-6"	2	46 ,,	
,,	,,		,,	,,	11'-0"	2	66 ,,	
,,	,,		2'-6"	2'-0"	17'-6"	2	1 76 ,,	
,,	,,		,,	,,	15'-0"	2	1 50 ,,	
,,	,,		3'-0"	2'-0"	10'-0"	2	1 20 ,,	
,,	,,		,,	,,	14'-0"	2	1 68 ,,	
,,	,,		,,	,,	12'-0"	2	1 44 ,,	
,,	,,		,,	,,	6'-0"	2	72 ,,	
,,	,,		3'-6"	2'-0"	15'-0"	2	2 10 ,,	
,,	,,		,,	,,	13'-0"	2	1 82 ,,	
,,	,,		,,	,,	33'-0"	2	4 62 ,,	
,,	,,		4'-0"	2'-0"	28'-0"	2	4 48 ,,	
,,	,,		,,	,,	6'-6"	2	1 04 ,,	
,,	,,		,,	,,	8'-6"	2	1 36 ,,	
								28 42 方
灰漿三和土	滿堂		9'-0"	6"	16'-0"	2	1 44 方	
,,	,,		10'-0"	,,	10'-0"	2	1 00 ,,	

材料估價單

住宅“E和L”

名稱	地位	說明	尺寸 闊	尺寸 高或厚	尺寸 長	數量	合計	總計
灰漿三和土	滿堂		6’-0”	6”	8’-6”	2	52方	
,,	,,		6’-0”	,,	14’-0”	2	82 ,,	
,,	,,		7’-0”	,,	13’-0”	2	92 ,,	
,,	,,		6’-0”	,,	9’-6”	2	58 ,,	
,,	,,		6’-0”	,,	17’-0”	2	1 02 ,,	
,,	,,		14’-0”	,,	16’-0”	2	2 24 ,,	
,,	,,		14’-6”	,,	,,	2	2 32 ,,	
,,	,,		6’-10”	,,	15’-4”	2	1 04 ,,	
								11 92方
水泥三和土	滿堂		9’-0”	3”	16’-0”	2	72方	
,,	,,		10’-0”	,,	10’-0”	2	50 ,,	
,,	,,		6’-0”	,,	8’-6”	2	26 ,,	
,,	,,		,,	,,	14’-0”	2	42 ,,	
,,	,,		4’-0”	,,	7’-0”	2	14 ,,	
,,	,,		5’-0”	,,	5’-9”	2	14 ,,	
,,	,,		6’-10”	,,	15’-4”	2	52 ,,	
								2 70方
水泥粉光	地面及台度		9’-0”		16’-0”	2	2 88方	
,,	,,		6’-0”		8’-6”	2	1 02 ,,	
,,	,,			5’-0”	50’-0”	2	5 00 ,,	
								8 90方
磨石子	地面及台度		4’-0”		7’-0”	2	56方	

材料估計單

住宅"E和L"

名稱	地位	說明	尺寸 闊	高或厚	長	數量	合計	總計
磨石子	地面及台度		10'-0"		10'-0"	2	2 00方	
,,	,,		6'-0"		14'-0"	2	1 68 ,,	
,,	,,		6'-0"		6'-0"	2	72 ,,	
,,	,,		6'-10"		15'-4"	2	2 10 ,,	
,,	,,			5'-0"	22'-0"	2	2 20 ,,	
,,	,,			,,	40'-0"	2	4 00 ,,	
,,	,,			,,	40'-0"	2	4 00 ,,	
,,	,,		6'-0"		14'-0"	2	1 68 ,,	
								18 74方
瑪賽克地面			3'-6"		6'-0"	2	42方	
								42方
瑪賽克樓面		包括夾沙樓板	6'-0"		9'-6"	2	1 14方	
,,			6'-6"		10'-0"	2	1 30 ,,	
								2 44方
磁磚台度				5'-0"	19'-0"	2	1 90方	
,,				,,	31'-0"	2	3 10 ,,	
,,				,,	33'-0"	2	3 30 ,,	
								8 30方
1"×4"柳安地板			7'-0"		9'-0"	2	1 26方	
,,			5'-6"		6'-0"	2	66 ,,	
,,			5'-9"		11'-6"	2	1 23 ,,	
,,			14'-0"		16'-0"	2	4 48 ,,	

材料估計單

住宅"E和L"

名稱	地位	說明	尺寸 闊	高或厚	長	數量	合計	總計
1"×4"柳安地板			14'-6"		16'-0"	2	4 64 方	
								14 36 方
1"×4"洋松樓板			9'-0"		10'-0"	2	1 80 方	
,,			7'-0"		13'-0"	2	1 82 ,,	
,,			14'-0"		16'-0"	4	8 96 ,,	
								12 58 方
1"×4"洋松樓板			6'-0"		9'-6"	2	1 14 方	
,,			5'-0"		8'-0"	2	80 ,,	
,,			5'-6"		12'-0"	2	1 32 ,,	
,,			5'-6"		5'-0"	2	56 ,,	
,,			6'-0"		14'-6"	2	1 74 ,,	
,,			7'-0"		10'-6"	2	1 48 ,,	
,,			12'-0"		14'-0"	2	3 36 ,,	
								10 40 方
10" 磚牆	地龍牆			1'-6"	28'-6"	2	86 方	
,,	底脚至一層			12'-0"	35'-8"	2	8 56 ,,	
,,	洋台			18'-6"	23'-2"	2	8 58 ,,	
,,	底脚至一層			15'-6"	204'-0"	2	63 24 ,,	
,,	一層至二層			10'-0"	171'-0"	2	34 20 ,,	
,,	烟囪			16'-0"	18'-8"	2	5 98 ,,	
,,	山牆			14'-0"	8'-0"	1	1 12 ,,	
,,	,,				14'-0"	1	1 96 ,,	

材料估計單

住宅"E和L"

名稱	地位	說明	尺寸 闊	高或厚	長	數量	合計	總計
10" 磚牆	山牆		20'-0"	11'-0"		1	2 20 方	
"	"		25'-0"	14'-0"		1	3 50 "	
"	"		17'-0"	9'-6"		1	1 62 "	
								131 82 方
5,, 磚牆				15'-6"	60'-3"	2	18 68 方	
								18 68 方
5" 板牆			6'-0"	11'-6"		2	1 38 方	
"			61'-0"	10'-0"		2	12 20 "	
"			22'-0"	10'-0"		2	4 40 "	
"			138'-0"	8'-6"		2	23 46 "	
								41 44 方
雙扇洋門						6		
雙扇汽車間門						2		
單扇洋門						62		
鋼窗	南面	有花鐵柵的	3'-3"	5'-0"		2	32 方尺	
"	"		2'-6"	5'-0"		4	50 "	
"	東面		4'-9"	5'-0"		2	48 "	
"	"		2'-6"	5'-0'		4	50 "	
"	北面		3'-3"	4'-0"		2	26 "	
"	"		2'-6"	2'-9"		2	14 "	
"	"		3'-3"	3'-0"		2	20 "	

材料估計單

住宅"E和L"

名稱	地位	說明	尺寸 闊	高或厚	長	數量	合計	總計
鋼窗	西面		2'-6"	3'-0"		2	16方	
"	"		1'-9"	"		4	22方	
								2 78方
窗上花鐵柵						24堂		
								24堂
鋼窗	南面	無花鐵柵的	3'-3"	4'-6"		2	30方	
"	"		2'-6"	4'-6"		4	46"	
"	"		3'-3"	1'-9"		2	12"	
"	"		4'-9"	3'-0"		2	28"	
"	東面		4'-6"	4'-6"		2	40"	
"	"		2'-6"	"		2	22"	
"	"		3'-0"	"		2	28"	
"	"		3'-0"	4'-0"		2	24"	
"	北面		3'-3"	4'-6"		6	88"	
"	"		2'-6"	4'-0"		2	20"	
"	西面		"	4'-6"		4	46"	
"	"		1'-9"	"		4	32"	
"	"		"	4'-0"		2	14"	
								4 30方
大扶梯						2乘		
瓦屋面			14'-0"		21'-0"	2	5 88方	
"			27'-0"		33'-0"	2	17 82"	

材料估計單

住宅"E和L"

名稱	地位	說明	尺寸 濶	高或厚	長	數量	合計	總計
瓦屋面			7'-0"		21'-6"	2	3 02方	
,,			5'-3"		18'-0"	2	1 90 ,,	
								28 62方
水落及管子				175"		2	3 50尺	
								35 丈
火爐						2只		
信箱						2只		
生鐵出風洞						12只		
生鐵圾垃桶						2只		
平屋頂			14'-0"		6'-0"		84方	
								84方
鋼骨水泥大料	R B 4		10"	18"	14'-4"	2	40方	
,,	1 B 5		,,	26"	,,	2	52 ,,	
,,	1 B 6		,,	28"	6'-0"	2	24 ,,	
,,	R B 7		,,	16"	18'-0"	2	40 ,,	
鋼骨水泥樓板	R S 1		10'-0"	3"	2'-4"	2	12 ,,	
,,	1 S 2		8'-6"	5"	11'-0"	2	78 ,,	
,,	R S 1		7'-0"	3½"	15'-0"	2	62 ,,	
								3 08方

工程估價總額單

住宅"E和L"

名稱	說明	數量	單價	金額	總額
灰漿三和土	底脚包括掘土	28.42	18.00	511.56	
„	滿堂和踏步下	11.92	16.00	190.72	
水泥三和土	滿堂	2.70	84.00	226.80	
水泥粉光	地面及台度	8.90	10.00	89.00	
磨石子	地面及台度	18.94	60.00	1136.40	
瑪賽克樓板	包括夾沙樓板	2.44	83.00	202.52	
瑪賽克地板		.42	63.00	26.46	
3"×6"磁磚台度		8.30	75.00	622.50	
1"×4"柳安地板	包括擱柵及踢脚板	14.36	92.00	1421.12	
1"×4"洋松樓板	包括擱柵，踢脚板和平頂	12.58	27.00	339.66	
1"×6"洋松樓板	„	10.40	22.00	22.88	
10" 磚牆	包括粉刷和畫鏡線	131.82	34.00	4481.88	
5" 磚牆	„	18.68	25.00	467.00	
5"雙面板牆	„	41.44	30.00	124.32	
雙扇洋門		6	35.00	210.00	
雙扇汽車間門		2	165.00	330.00	
單扇洋門		62	29.00	1798.00	
鋼窗		708	1.50	1062.00	
窗上花鐵柵		24	16.00	384.00	
玻璃		708	.15	106.20	
水落及管子		350	4.50	1400.00	
大扶梯		2	750.00	1500.00	

上海市建築協會服務部估計

工程估價總額單

住宅"E和L"

名稱	說明	數量	單價	金額	總額
信箱		2	50.00	100.00	
火爐		2	85.00	170.00	
生鐵出風洞		12	2.00	24.00	
生鐵垃圾桶		2	45.00	90.00	
瓦屋面	包括平頂	28.62	95.00	2718.90	
平屋面	6皮柏油牛毛毡上鋪綠豆沙下有懸空平頂	1.68	40.00	67.20	
鋼骨水泥		3.08	125.00	385.00	
					18948.12

上海市建築協會服務部估計

建築辭典 (七續)

『Hack』鑿毛。平鑿之混凝土面或磚面，欲與他部接合，必先斬鑿使毛，藉使銜接牢固。

『Hair crack』髮裂，髮縫。水泥粉刷乾燥後所呈顯之細紋裂縫。

『Half column』半柱。自牆面凸出之柱形物。

『Half door』半門。係一種㖞喇式之自關門，僅有半截，如酒巴室之門然。

『Half principal』半人字木。人字木不至屋脊，在中間中斷者。

『Half round』半圓線。半圓狀之線脚。

『Half story』半層。在屋頂下闢出之室，室中空氣陽光均由老虎窗透入。

『Half timbered』木山頭。用大量木料構成屋架，於每一空框內塗以粉刷；此種房屋，於十六世紀及十七世紀中，盛行於歐洲、屋之下部用磚石組砌，上部用木條構架，中塗粉刷。〔見圖〕

木山頭

『Hall』川堂，大廳。㈠任何大廈或廳事為公衆所用者，或為娛樂者，如市政廳，舞場等。㈡中古時代，莊堡或其他大屋中之大起居室，用之為烹飪，同時亦用為餐室。㈢入門或入室必經之處，名為川堂，凡出入各室必經之甬道皆屬之。

Assembly Hall 議場，會場。

Banquet 〃 大宴廳。

City 〃 市政廳。

Concert 〃 奏樂堂。

Dancing 〃 舞場。

Entrance Hall 大門口。

Hypostyle „ 多柱室。

Lecture „ 講堂。

Music „ 奏樂堂。

Town „ 市政廳。

『Hall church』教堂。堂中無一完整之層級，聖像之高幾與齊，大都爲德國尖拱式建築。

『Halving』開膠接，對合。〔見圖〕

Bevelled halving 斜對合。〔見圖〕

『Hammer』鎯頭，鐵鎚。〔見圖並說明〕

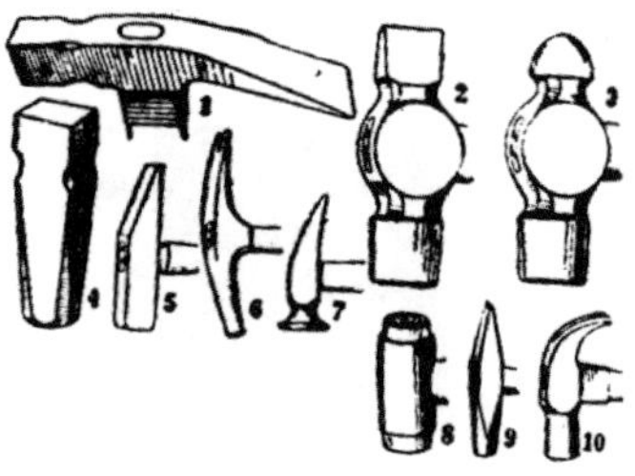

〔附圖說明〕❶砌牆鎯頭。❷機匠用尖頂鎯頭。❸機匠用圓頂鎯頭。❹鐵匠用鎯頭。❺鉛皮匠用鎯頭。❻裏作小木鎯頭。❼鞋皮匠用鎯頭。❽牛皮鎯頭。❾帽釘鎯頭。❿小鎯頭。

Hammer beam 槌梁。短梁之挑於裏牆作爲大料者。

Hammer dressed 斬鑿。石面用斧鑿平。

『Hand barrow』 塌車，小車。

『Hand Mixture』手拌。小量水泥混凝土不用機拌，用人工手拌者。

『Handicraft』手細工。

『Handicraftsman』 巧匠。

『Hand lift』手搖盤桶。

『Hand rail』 扶手。扶梯欄杆或洋台欄杆上蓋之扶手。

Swan neck hand rail 彎頭扶手。

『Hanger』 吊鈎，吊鞍。

Joist hanger 三角鐵鞍。〔見圖〕

Shafting hanger 掛脚。〔見圖〕

『Hard core』硬層，碎磚三和土。地面舖砌水泥地時，先置碎磚或其他堅硬物爲底層。

『Hardenite』鐵犀。水泥地面加置鐵犀使地面硬化。

『Hard steel』硬鋼。

『Hardware』建築五金。門鎖，執手，插銷及鉸鏈等金屬物。

『Hardwood』硬木。柚木，柳安，亞克等，所以別於松杉等木者。

『Harmony』調和。

『Harness room』牲口鞍具室。

『Hatch』小門。用門或天棚遮護之。

Service hatch 伙食門。廚房浜得利與餐室間之小門。

Hatch bar 小門閂。關閂小門之鐵閂。

『Hatchet』斧。〔見圖〕

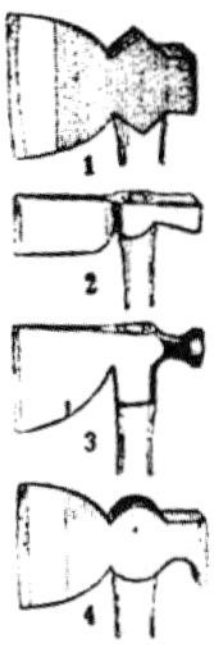

『Hathoric column』愛神柱。埃及式支柱之端，鐫剜愛神面像者。〔見圖〕

『Haunch』圈腰，拱腰。

Haunch bar 腰鐵。

Haunch stone 圈腰石。

『Hawk』灰板。小方板下裝一捻手。上置粉刷牆之灰沙。

Hawk boy 做粉刷助手。

『Hay loft』草倉。

『Head』頭，蓋，頂。

Door head 門楣。

Head course 頂磚。

Head mold 撲頭線。

Head room 碰頭。梁或拱等下面之淨高度，足容站立，不致碰頭。自扶梯踏步或扶梯平台至平頂之淨高度。

Head rail 上檻，上帽頭。分隔房間柵板之上面蓋頂木條。門或窗之圈框上面橫臥之框木。

Head sill 天盤。

Head stone 墓碑，奠基石，拱頂石。

Head work 頭像。飾物之一種，狀如動物之首。而於拱頂者。

Sprinkler head 撒水頭。

Water head 水斗。

Window head 窗楣。

〇一一三〇

『Header』頂頭。

False header 假頂磚。

Three quarter header 七分找。

『Heading bond』頂磚率頭。

『Heading course』頂磚皮。

『Heading joint』頂頭接。

『Healing』屋面蓋。

『Hearth』火爐底。

Hearth bottom 爐底。用磚石鋪砌之禦火爐底。

,, broom 爐底帚。掃除爐底灰燼之小帚。

,, pit 退灰洞。爐前陷下一洞，以便出灰。

,, rug 踏脚氈。爐前踏脚之氈。

,, trimmer 伏鍚頭。〔見圖〕

,, stone 爐底石。

『Hearting』包餡。磚牆中間或石壁中間填以他種材料爲餡心，或其他同樣之包餡填塞此空間。

『Heart wood』鐵木。產於塔斯馬尼亞 Tasmania，質堅硬如鐵。

『Heating』煖房。

Heating appratus 煖房裝置。

Steam heating 蒸氣煖房。

『Hedgerow』株楊籬圍，冬青圍。

『Heel』椽頭，板牆筋根端。

Heel post 門堂子廳，繫柱。

Heel strap 扒頭鐵板。牽繫大料與人字木之鉄板也。

『Helioscene』簾幕，遮陽。

『Hem』鬈螺頭。Tonic 式柱子花帽頭兩邊之鬈螺。

『Hemiglyph』半豎槽。

『Hen house』鷄棚。

『Hermetic column』象形字柱。

『Herring bone bond』蘆蓆紋率頭。

『Herring bone paving』蘆蓆紋甃地。

『Hew』斬鑿。

『Hexastyle』六柱式寺。〔見圖〕

『Hinge』鉸鏈，上下。〔見圖〕

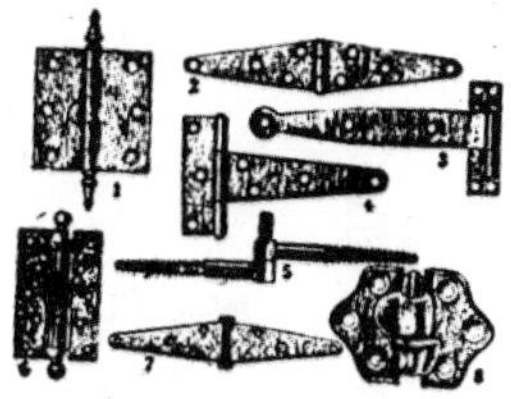

1.Butt 方鉸。

2.Strap hinge 鉄板鉸。

3.Plate hinge 平板鉸。

4.T hinge 丁字鉸。

5.Gate hinge 外扉鉸。

6.Spring hinge 彈簧鉸。

7.Link hinge 搭攀鉸。

8.Blind hinge 自關鉸。

Back flap hinge 筋摺鉸鏈。百葉窗摺叠藏蘆鉸鏈平伏不突。

Blank hinge 雙面鉸鏈。可以雙面啓閉者。

Blind hinge 自關鉸鏈。百葉窗鉸，百葉窗或類同物因自身之重量關係。啓閉自若。

Butt and strap hinge., Cross garnet, Cross tail, Cross tailed or garnet hinge 與丁字鉸鏈同。

Double action hinge、雙面鉸鏈。

Dove tail hinge 鳩尾鉸 鉸鏈之鐵板較接連處特闊者。

H. hinge 馬鞍鉸。 鉸鏈開啓時形如「H」。

Hinge post 裝鉸柱。 鉸鏈裝釘其上之柱子。

Loose pin hinge 旋心鉸鏈。

Parliament hinge 長翼鉸。鉸鏈形如丁字。鉸心可活動旋鬆者。

Rising hinge 上昇鉸。鉸鏈之平板上斜。啓門時門向上吊，不致與地毯接觸也。

Screen hinge 屏風鉸鏈。

Spring hinge 彈簧鉸鏈。

『Hip』 搶。 屋角隆起之脊。〔見圖〕

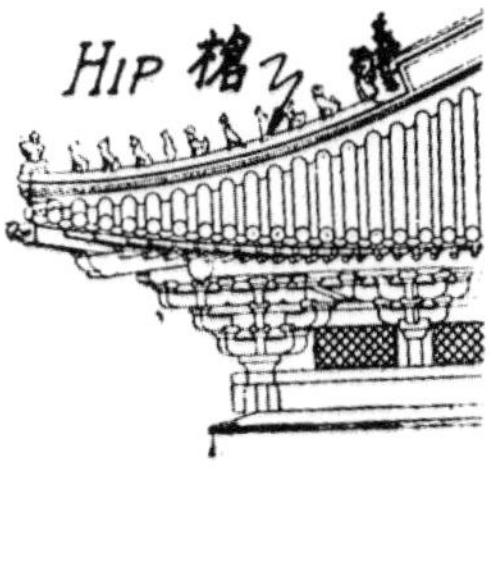

『Hippodrome』 競技場。

『Hoist』昇降機。上下吊送貨物之吊機。〔見圖〕

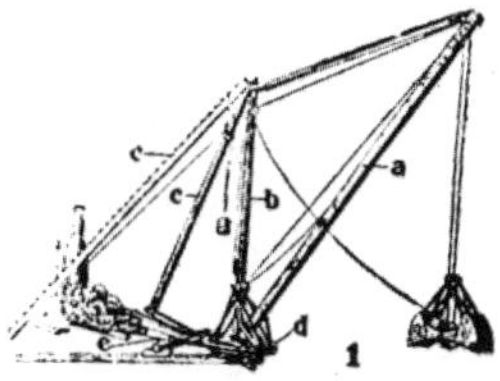

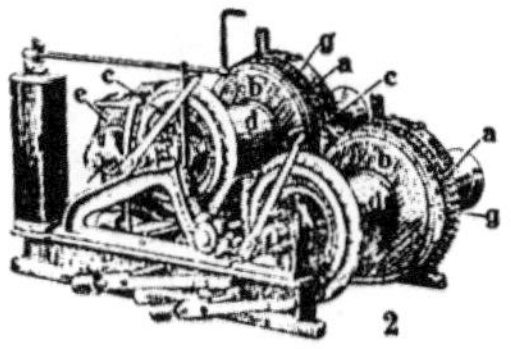

1 蒸氣吊機。

2 電力吊機。

『Hollow』 空。

Hollow brick 空心磚。

Hollow moulding 凹線。〔見圖〕

Hollow newel 包空扶梯柱。

Hollow wall 空心牆。

『Hood』 撲蓋。

Chimney hood 煙囱帽子。

Hood moulding 瀉水線。

『Hook』 鈎子。

Cabin hook 窗鈎。

Cornice hook 額鈎。

Gate hook 攔門鈎。

Gutter hook 水落鈎子。

『Hoop』 箍，環。

Circular hoop 圓箍。

Hoop iron bond 洋鉄皮。

『Horizontal cornice』 臥形台口線。

『Horn』 角。〔見圖〕

『Horseshoe arch』 馬蹄法圈。

『Hospital』 醫院。

Isolation hospital 隔離醫院。

『Hotel』 旅館。

『Hot air apparatus』 溫氣裝置。

『Hot water pipe』 熱水管。

『Hot and cold system』 冷熱氣裝置。

『Hot air seasoning』 熱氣乾材法。

『Hot house』 溫室。

『House』 房舍。

Apartment house 公寓。

Back house 後屋。

Bath house 浴室。

Bee house 養蜂所。

『Housed string』 悶扶梯基。

『Hut』 小舍。

Lodged hut 校倉小居。

Rustic hut 陳銹小舍。

『Hydrautic cement』 水硬水泥。

『Hydraugraphic office』 海道測量局。

『Hydrautic lime』 水硬石灰。

『Hypostyle』 多柱式。

『Hypostyle hall』 多柱廳。

（待續）

補遺

『Collapsable door』 鐵格扯門。

『Dole』 插鐵。

愛克司光在建築上之應用

玉生譯

近來實用科學的發明中，對於建築上最有供獻的，就是應用愛克司光 X-ray 去研究建築材料之組織。

愛克司光也是光的一種，它的光波很短，其長度僅及普通波光百分之一。因此，在普通光波下發暗的物體，在愛克司光下却能被通過。當愛克司光投射到各種物體時，因物體的組織不同，所以被通過的程度發生差別；它在建築上的應用也就有了價值。

用愛克司光去研究建築材料的組織或建築物的結構，可以在不加損壞的條件下，達到研究的目的，這是普通的試驗方法所不能的。普通方法，只能用物質的標本做試驗，而愛克司光，則能拿被研究的物體本身來，直接予以試驗。試驗的方法，是用愛克司光把所欲研究的物體的影子照於幕上，然後去檢視其有無缺點。除非物質的本身發生變化（如裂縫空心等）或物體的性質不同，幕上發見的影子必爲一致的。鋼樑鋼柱內的氣空或磚瓦等相類似之缺點，都可用愛克司光去試驗。如欲以更簡便的手續，獲得永久的參考，則可用愛克司光來攝成照相。

愛克司光的光度，最新的成功：已可透過鋼版約四吋；若光線更爲强烈，則可透過六吋厚的石或磚及厚約十寸的木質。至若普通外科醫生所用的愛克司光，則光力極弱，普通僅可通過薄的物質而已。倘欲在不損壞被研究的物質條件之下獲得優良成績，及永久的結果，必須應用强的光力與大的乾片；不過費用甚大，但此爲唯一的方法，不能顧及費用的。

愛克司光另外的一種應用，是去試驗物體受外力後的情形。當光波投射到未受任何外力之鋼版，注意所發生之反光時，則見被外射的光，是許多分佈均勻的光點，則可證明鋼版係平時狀態，未受外力。若受了任何外力，則反射光即可發現許多條紋。愛克司光的這種應用，倘在萌芽時期，將來的發展誠屬未可限量。以前用來研究物體受外力變化的光學，僅能施之於透明的物體，如玻璃及化學品等；愛克司光則可適用於任何物質。

研究建築材料受外力後的原子新形態，也可運用愛克司光來試驗。大部分的金屬，受了外力後，其晶體的組織便重行排列，此種變化足使物體較原來柔弱，結果會發生巨大的意外。震動對於晶體的重行排列，有很大的促進力，這不獨對於金屬爲然，對於玻璃或其他物質也有同樣作用。

有若干種很普通的建築材料，其組織情形，很少能知道的，譬如粘土Clay，向來都以由無定形的物質所組成，因爲在倍數極大的顯微鏡下，也不能看出他一定的形體。但在應用愛克司光後，粘土所含各種不同之一定的結晶體，已完全明瞭；預計不久的將來，可有獲得純粹粘土之更滿意的方法了。將來粘土性質之科學研究與處理方法，得到滿意之解決後，則製造方法，與如何應用粘土，均能迎刃而解，其餘如一般磚瓦和磁磚等的製造方法此也能同樣的加以改善；近數年來，雖已有不少進步，但對於原子在粘土的排列，及製造進行中各階段的排列如何，尙少可靠的知識，因之製造方法的改良，非常遲緩。此外對於洋灰，橡皮以及別的狀似無定形之物質，也有很多人從事研究。希望愛克司光應用後，對於這許多物質之構成智識，有較大的貢獻。

最初之愛克司光，不過是科學家的好奇的玩弄，現在竟會有這樣大的用處，實在是很有趣味的。威廉姆克盧克司(William Crookes)當初在夢想中玩着用不同强度之電光，來透過玻璃管及不同形式之玻璃泡時，他沒有想到正在開闢一條研究科學的途徑，循着前進，可以成爲研究日用建築材料的方法。就是後來的朗琴 Rontgen 教授初次發現克盧克司管內之光，可以透過幾種不透明的物質，如肉及皮的時候，他也並沒有想到，他會發現一種有用的方法，對於外科醫術及建築材料研究竟有很大的促進力量。

在用鋼料之建築中，均已得電桿代替鉚釘，但不能明白的驗明電銲的無疵，故電桿的廣大運用實受限制。自發明了愛克司光的應用，電桿的是否有疵可以試驗，其用途的推廣與改進，已在意中。

關於愛克司光在建築材料上的應用，已如上述。但建築界運用之者，尙不多覯；且應用的程度，還很幼稚。建築家宜注意愛克司光的應用，藉增建築材料的智識。目前專門的技術人員，有時尙難得滿意之結果，將來的進步，正待我輩的努力啊！

冷溶油之研究

華

以冷溶油(Cold-applied Bitumen)修舖路面，現經試驗已有相當之成功，並證明其優點實較熱體油液爲多。各國製造此油者甚衆，據記者所知，以英國勃羅克斯化學工廠(Brookes Chemicals Ltd.)所出品之「可樂」(Koluol)牌最爲盛行。此油節省工資旣鉅，因係冷液，故無需烘熱之時間，所僱工人自屬較少。雖路面潮濕，祇須保持清潔，則工程亦可照常進行，且施工簡單，不用高價機械，尤屬便利。而唯一優點，則築路工程師可隨時踐踏路面，勘察工程進行；若加注意，不致損及路面也。

此油之特質，可概略述之如下：

(一)在相當氣候之下，均可使用此油修舖路面。

(二)沙礫碎塊，用此油後，均能凝結團持。

(三)有如避水層之功效(Waterproof coating)。

(四)不受任何氣候情形之侵透。

(五)路面不致起皰(Blister)裂縫情事。

(六)路面不致十分光滑，致行走不便。

(七)含有多量之地瀝青，但仍能流動，不妨礙工作。

(八)深入地內，使地層固結。

(九)載重力大，不受交通影響。

(十)對於魚類及植物之蕃殖，並無影響。

(十一)保持永久，無沉澱之弊。

(十二)富有黏貼性。

可樂冷溶油中，含有百分之六十三至六十五之純粹石油，用以舖澆柏油，水泥，及木方塊舖砌之路面，均頗適宜。此油質地頗佳，富有黏性，能保持至數年之久，故養路費亦能減少至相當程度。路面用煤膠舖築者，亦可澆用此油。

至於施用此油之法，則首先將路面澆灌清潔，不染點塵，然後將油用掃帚平滑舖澆。若遇缺洞，先將洞內之碎石屑清除，將油灌注，一俟齊至洞口，再填入碎屑，用舂搗固。在舖澆此油時，務須求其平勻不畸。普通路面，每加侖之冷溶油約可舖澆三方碼至四方碼。若該路常年修理，則可澆舖五方碼至六方碼云。

嘉善聞氏住宅放大圖樣之一

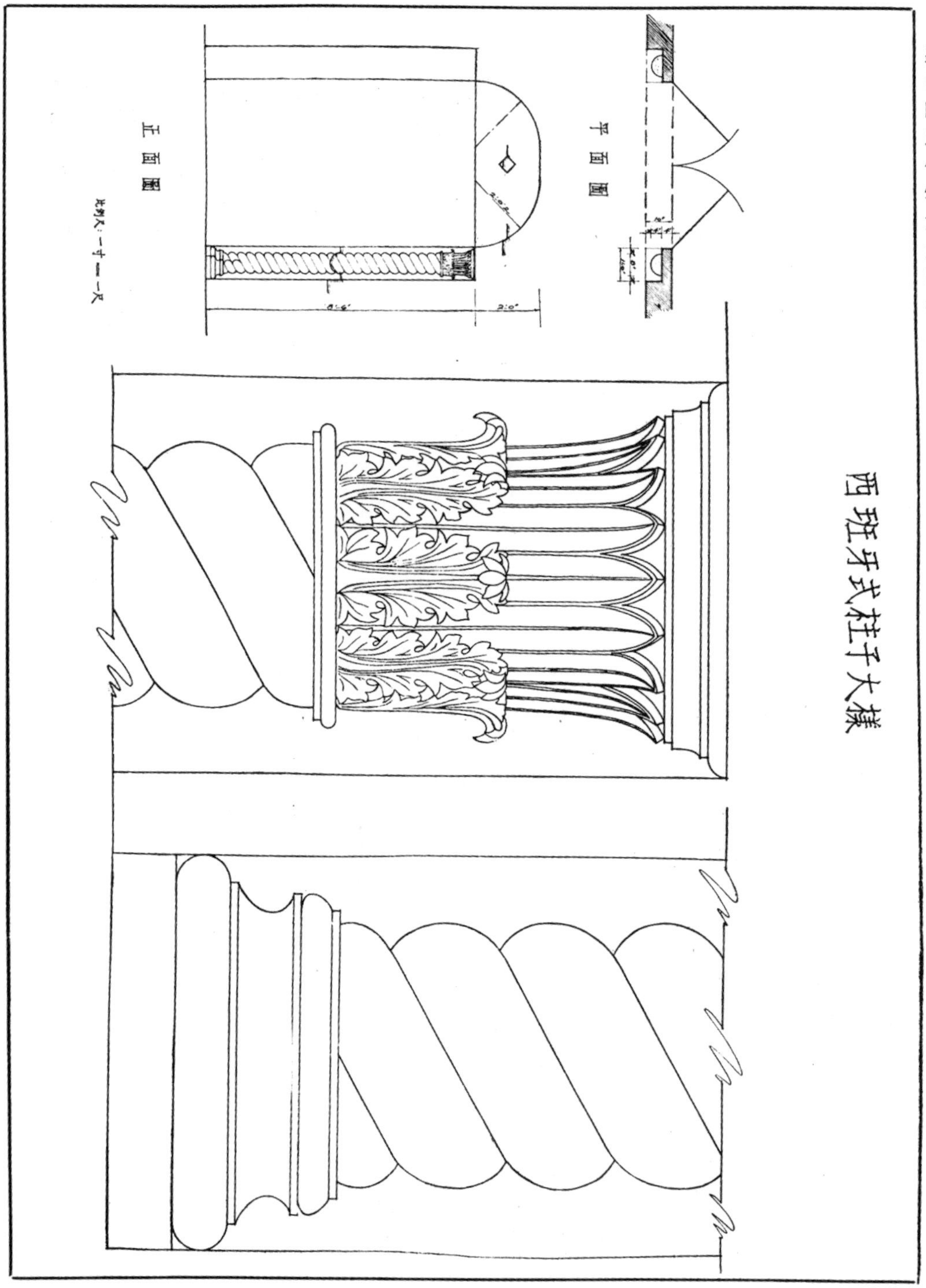

嘉善聞氏住宅放大圖樣之二

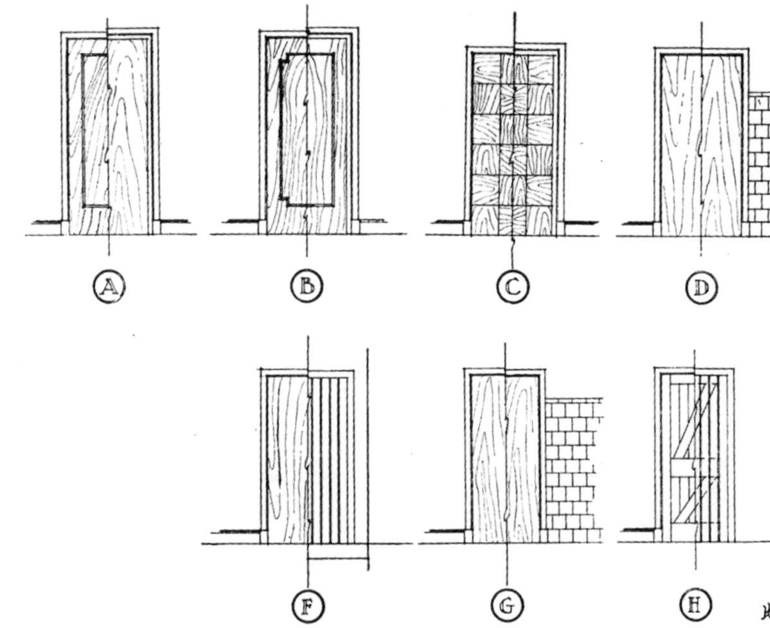

門圖樣

比例尺：半寸——一尺

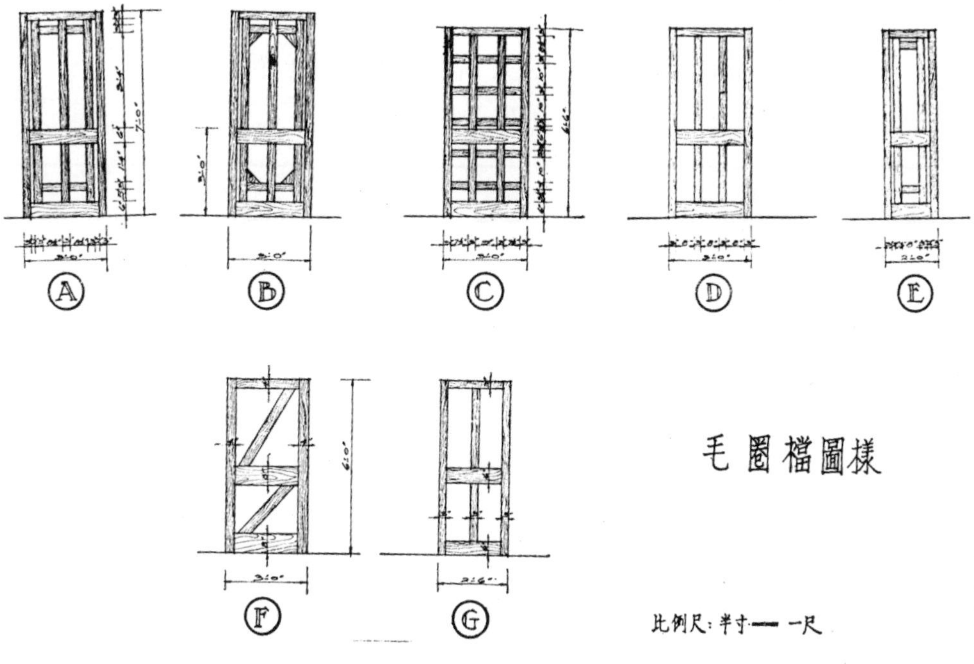

毛圈檔圖樣

比例尺：半寸——一尺

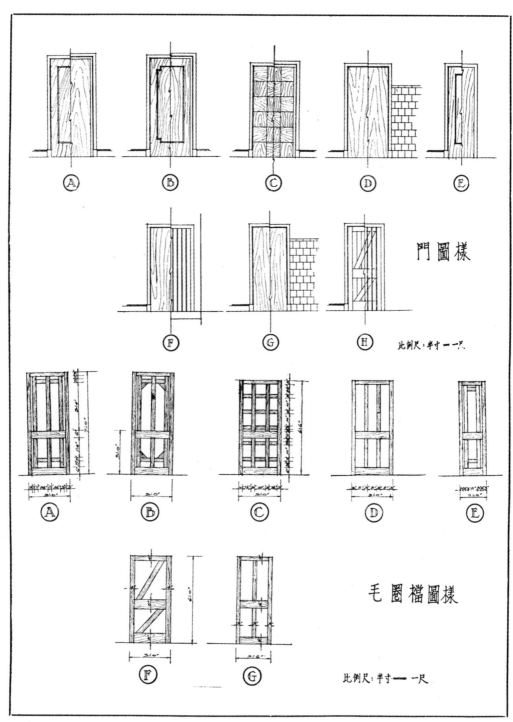

嘉善聞氏住宅放大圖樣之三

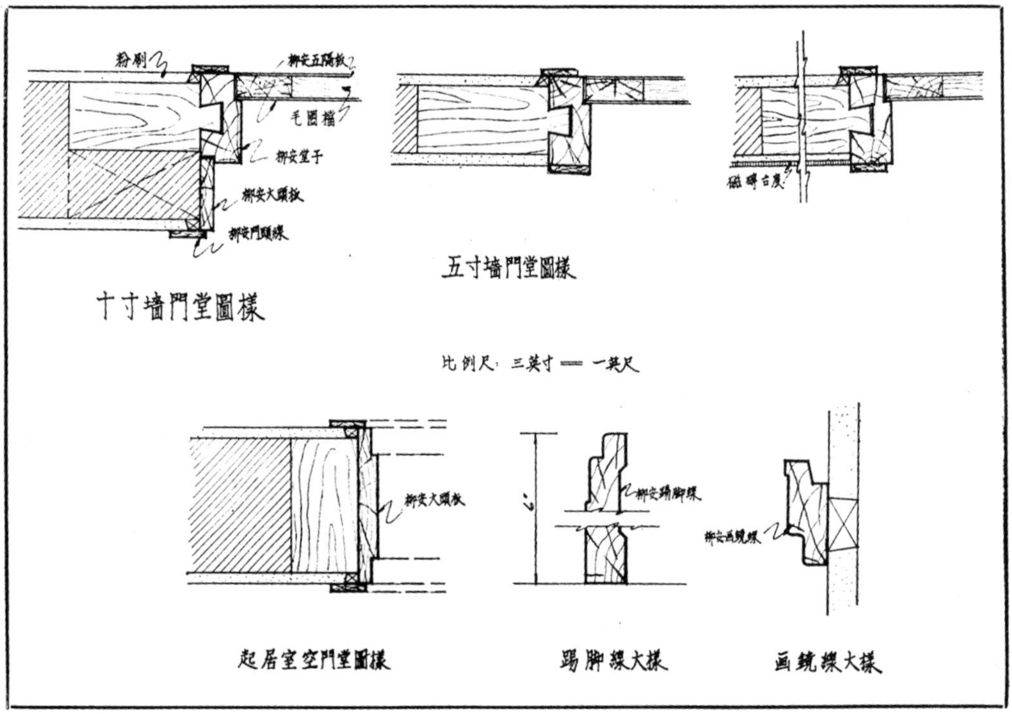

嘉善聞氏住宅工程估價總額單

二層半洋房及門房間

名稱	說明	數量	單價	金額	總額
桐木樁	12'-0"長	28 根	3 00	84 00	
灰漿三和土		17 59 方	13 00	228 67	
牆脚牛毛毡	2皮，雙面柏油	4 23 方	5 50	23 27	
15"混水牆	新三號青磚灰沙砌	10 85 方	30 00	325 50	
10" ,,	,,	60 87 方	22 00	1339 14	
5" ,,	,,	8 28 方	14 00	115 92	
雙面木板牆		7 40 方	22 50	166 50	
單面 ,,		3 00 方	15 50	46 50	
西班牙式瓦屋面	一皮牛毛毡1"×6"企口板2"×8"洋松桁條	14 04 方	60 00	842 40	

上海市建築協會服務部估計

嘉善聞氏住宅工程估價總額單

二層半洋房及門房間

名稱	說明	數量		單價	金額	總額
六皮柏油牛毛毡	上做小石子	3 99	方	19 00	75 81	
磨凡石地面	連5”灰漿三和土2”水泥	5 80	方	35 00	203 00	
磨凡石踏步	12”×6”×7’-6”	3	步	3 00	9 00	
檀木地板	連毛地板2”×8”×18”4,5’1”×6”企口板,5”灰漿三和土	10 38	方	78 00	809 64	
1”×4”洋松樓板	2”×10”擱柵18”4-4;剪刀固撑	6 04	方	30 00	181 20	
,,	3”×12”擱柵18”4-4;剪刀固撑	6 85	方	35 00	239 75	
馬賽克地面	5”灰漿三和土;2”水泥三和土	38	方	65 80	26 03	
,,	隔沙樓板3”×12”18”4-4	68	方	75 00	51 00	
磁磚台度	6”×6”白色	2 91	方	65 00	189 15	
水泥粉刷		84 44	方	7 00	591 08	
綫脚平頂	紙筋，無平頂筋	23 80	方	5 00	119 00	
外牆水泥毛粉刷	連刮抄	39 86	方	16 00	637 76	
水泥彈地	5”灰漿三和土.3”水泥三和土.和1”粉光	17 76	方	25 00	444 00	
鋼骨水泥三和土	1：2：4	4 53	方	110 00	498 30	
水泥窗盤		9	丈	6 00	54 00	
鐵窗	連油漆，裝工，玻璃，紗窗	508	方呎	2 00	1016 00	
柳安洋門	3’-0”×7’-0”(夾板)	10	堂	35 00	350 00	
,,	2’-6”×7’-0”	7	堂	28 00	196 00	
柳安火斗		1	只	80 00	80 00	
柳安扶梯	3’-0’,闊42步連欄杆	1	乘	450 00	450 00	

上海市建築協會服務部估計

嘉善聞氏住宅工程估價總額單

二層半洋房及門房間

名稱	說明	數量	單價	金額	總額
生鐵出風洞	6"×18"	8 塊	200	1600	
熱鐵欄杆	3'-0"×5'-0"	2 堂	1000	2000	
大鐵門	12'-0"×10'-0"	1 堂	42000	42000	
磚牆欄杆	1'-6" 高	7 丈 1 尺	600	4260	
白鐵凡水	24 號 12"	4 丈 7 尺	250	1175	
白鐵水落	24 號 12"	7 丈 8 尺	250	1950	
白鐵天溝		2 丈 1 尺	300	630	
白鐵管子	3"×4"−26 號	7 丈 5 尺	250	1875	
十三號陰溝		4 只	200	800	
陰井		9 只	1000	9000	
12" 瓦筒	連底脚	4 丈 2 尺	700	2940	
9" ,, ,,	,,	4 丈 8 尺	500	2400	
6" 瓦筒	連底脚	11 丈 6 尺	400	4640	
4" 瓦筒		10 丈 2 尺	350	3570	
坑池		1 只	28000	28000	
玻璃棚	5'-0"×12'-0"	1 只	20000	20000	
浴室器具		1 套	49000	49000	
廁所器具		1 套	30000	30000	
					1125202

上海市建築協會服務部估計

經濟小住宅

此宅外觀爲不規則式之設計，新穎悅目，不同凡響。一切佈置如窗戶、平台、百葉窗、通氣筒、烟囪、尖端屋脊、郵筒、門燈等，在普通建築中認爲較小節目，而此宅之構造則予以特別重視，務期引人注意。此屋外部面積長爲四十尺半，闊三十八尺。內部則舉凡近代房屋應有之設置，一切具備。寸土尺地，均加利用。起居室有極大之壁爐，窗戶，及書架等。後有一門，直通中央客廳，亦可通至臥室、浴室、及廁所。小廚房中備具近代公寓式之設置。其門可通走廊，經過極短步階，入至地層。而此地層亦可起居憩息，作爲兒童遊嬉之所，此爲與其他房屋不同之點，故在設計時對於步階及光線均特別注意焉。附圖(列後)係該宅全部詳細圖樣，以備讀者參考。

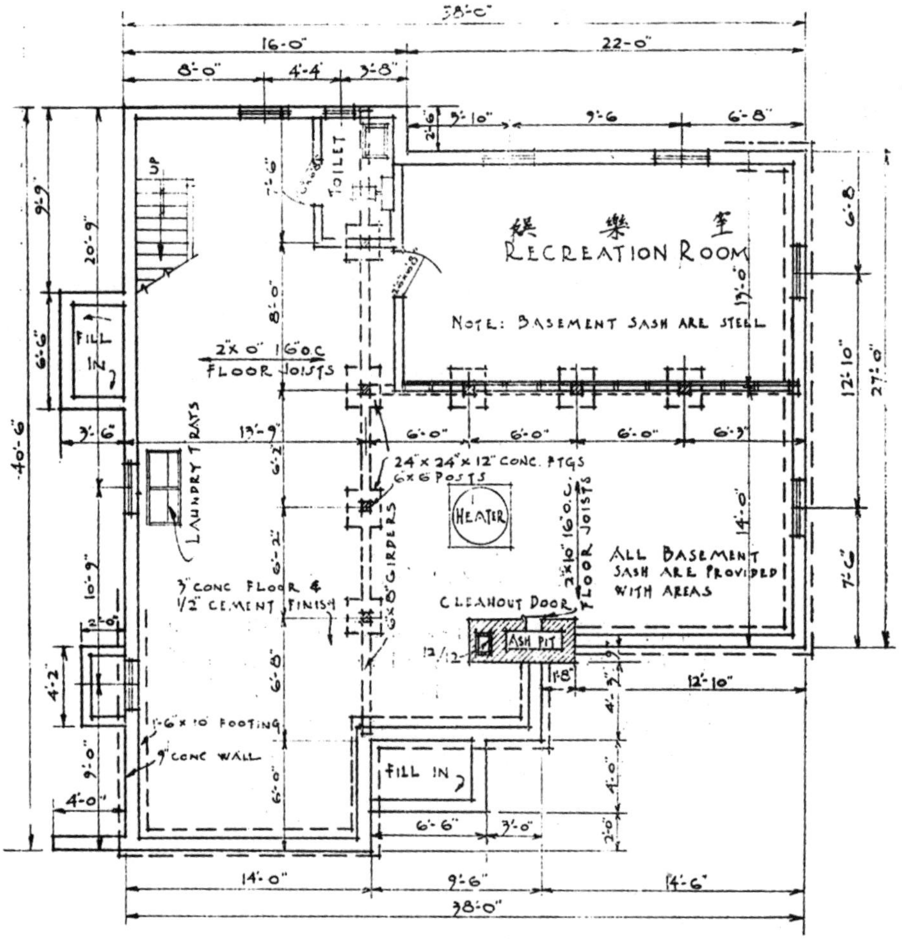

地層平面圖
BASEMENT PLAN
SCALE 1/8" = 1 FOOT

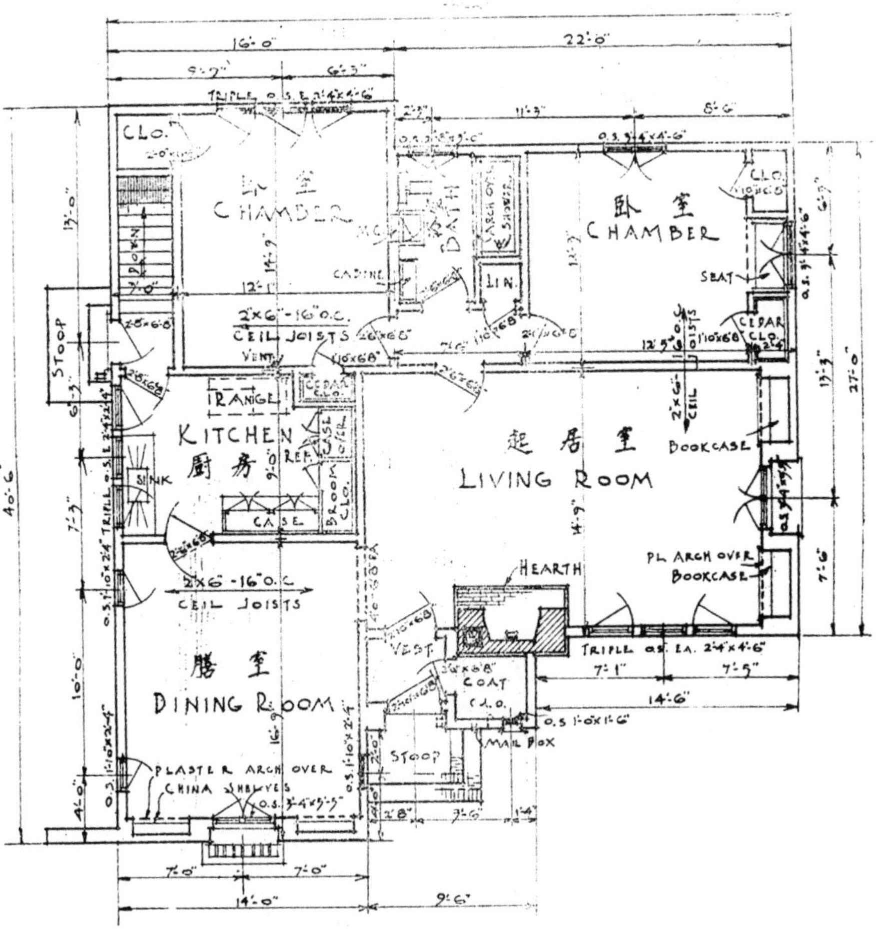

平面圖
FLOOR PLAN
SCALE 1/8"=1FOOT

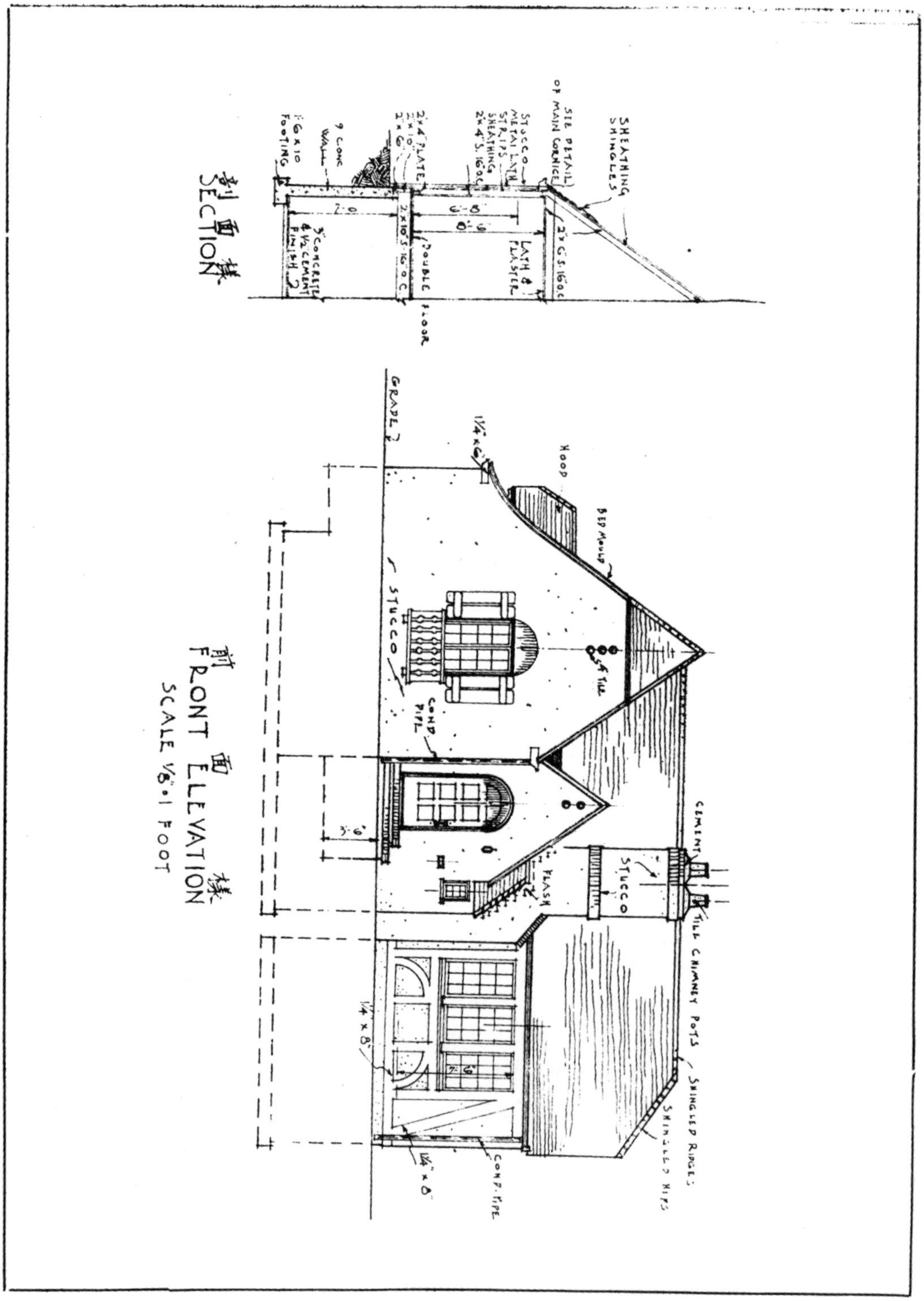
剖面樣
SECTION
前面樣
FRONT ELEVATION
SCALE 1/8"=1 FOOT

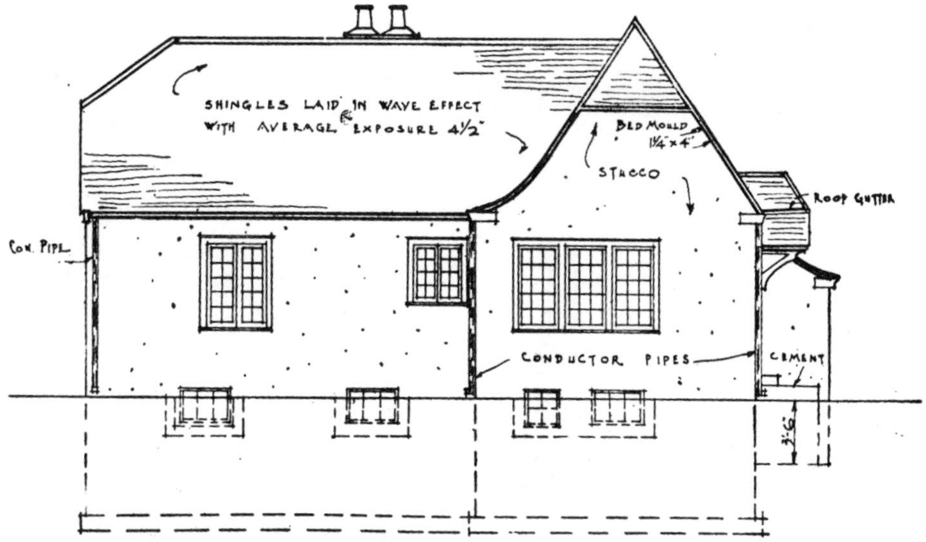

後面樣
REAR ELEVATION
SCALE 1/8"-1 FOOT

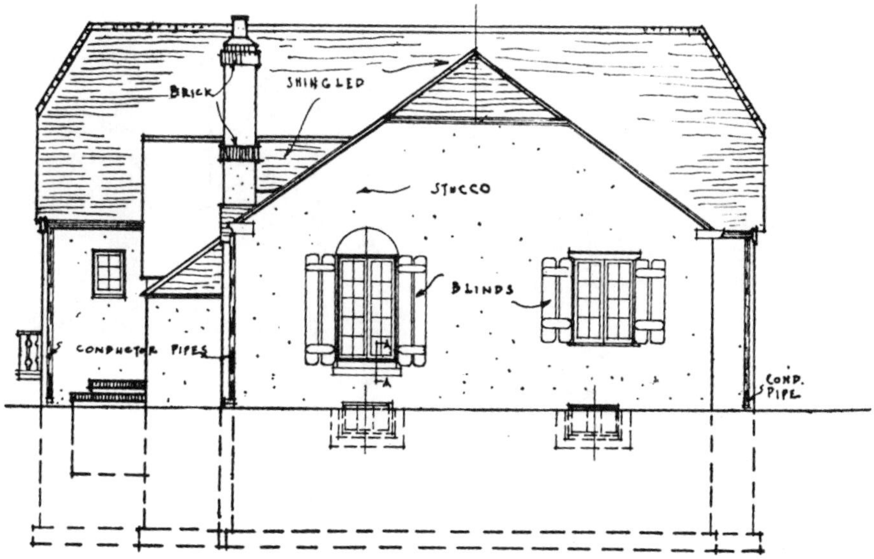

右面樣
RIGHT SIDE ELEVATION
SCALE 1/8" • 1 FOOT

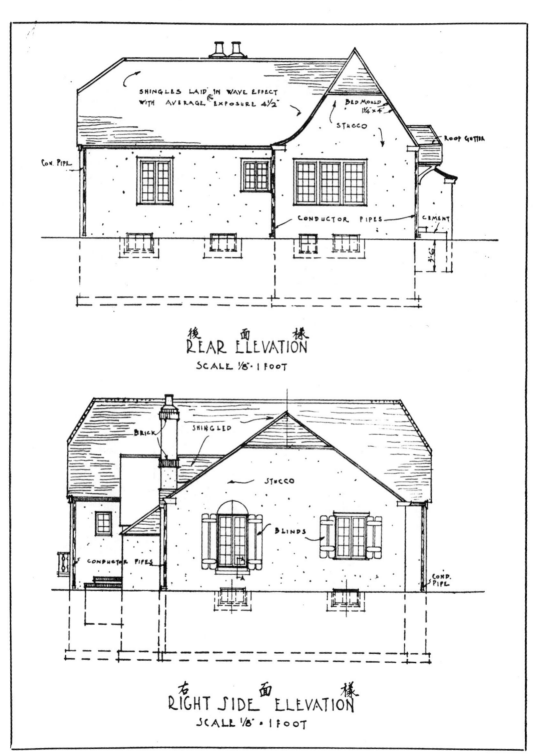

工程估價

（九續）　杜彥耿

第五節　木作工程（續）

普通洋松　草場工程。現均購用普通洋松。或稱「康門」貨。即英文名(Common)之意。購辦數額若鉅。每千尺僅需洋六十二元。此貨瘤節雖多。然用於水泥本壳。無甚妨礙。故凡鋼骨水泥之木壳。均皆採用之。

地板　地板分下空與下實兩種。下空者將地擱柵架於地龍牆上（見甲圖）。下實者地擱柵埋於煤屑水泥或柏油石子之中。下實以灰漿三和土（見乙圖）。茲將該兩種地板之價格。列表於后。

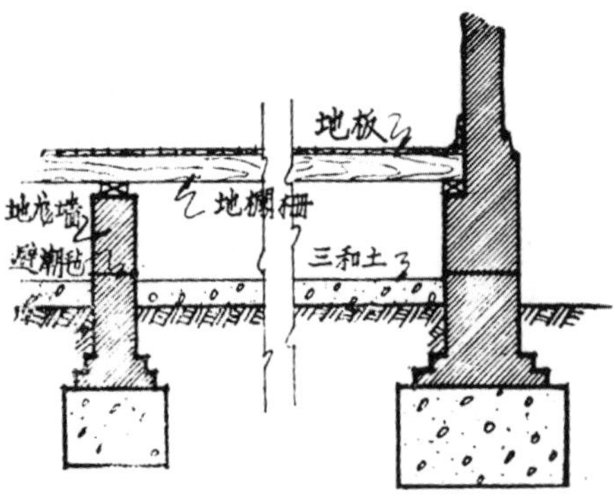

甲圖

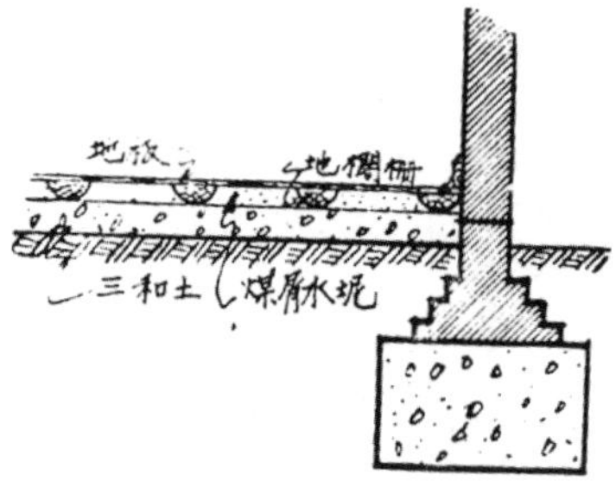

乙圖

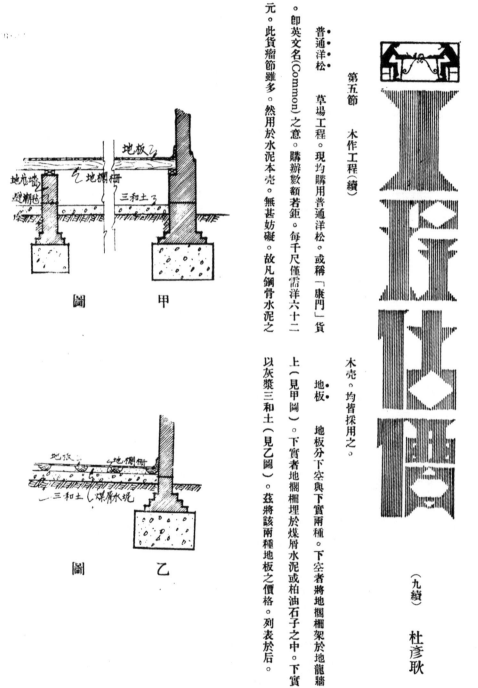

一寸四寸洋松企口地板連工價分析表

工料	尺寸 闊	尺寸 厚	尺寸 長	數量	合計	價格	結洋	備註
洋松擱柵	六寸	二寸	十尺	八根	八十尺	每千尺洋八十元	洋六.四〇元	淨貨
洋松企口板	四寸	一寸	十尺	三五塊	一一七尺	每千尺洋九三元	洋一〇.八八元	頭號貨
二寸方釘				二八二只	一方	每桶洋十七元	洋〇.三七元	每桶一百磅每磅一二五只
木匠工				八工	一方	每方包工連飯洋五.二〇元	洋五.二〇元	每工以六角半算連擱柵光地板做踢脚板
							洋二二.八五元	

一寸四寸洋松企口地板連工價分析表

工料	尺寸 闊	尺寸 厚	尺寸 長	數量	合計	價格	結洋	備註
杉木擱柵	四寸	直徑	十尺	三根		每根洋一.一二元	洋三.三六元	連關稅運費等
洋松企口板	四寸	一寸	十尺	三五塊	一一七尺	每千尺洋九三元	洋一〇.八八元	頭號貨
二寸方釘				二八二只	一方	每桶洋七元	洋〇.三七元	每桶一百磅每磅一二五只
木匠工				六工	一方	每方包工連飯五.二〇元	洋三.九〇元	每工以六角半算連擱柵光地板做踢脚板
煤屑水泥	一尺半	四寸	十尺	五條	二五立方尺	每方工料連飯洋四四.六八元	洋一一.一七元	連水泥煤屑等
							洋二九.六八元	

板牆 屋內分隔房間及汽樓屋頂下之置面板牆。大都係用二寸厚四寸闊之木條作直筋。筋外釘泥幔板條。或釘鋼絲網。亦有於板牆筋中間鑲砌磚壁。而塗泥灰。或舖磁磚。惟此種板牆。宜用於屋之上層。不宜用於下層。蓋下層着地。易受潮濕。木料易於腐蝕。茲將板牆每方價格。分別製表如后。

分間板牆工價分析表

雙面釘板條

工料	尺寸 闊	厚	長	數量	合計	價格	結洋	備註
板牆筋	四寸	二寸	十尺	八根	五四尺	每千尺洋八〇元	洋四・三二元	
撐上下檻檔	四寸	二寸	九尺 十尺	一根 二根	一九尺	每千尺洋八〇元	洋一・五二元	
板條子	一寸三分	二分	四尺	四〇〇根	二面	每萬根洋一四〇元	洋五・六〇元	
二寸半圓釘				八四只	一方	每桶洋七・九元	洋・〇五元	每桶一〇〇磅 每磅一三四只
一寸圓釘				一六〇只	二面	每桶洋九・九元	洋・一二元	每桶一〇〇磅 每磅一二八三只
木匠				四工	一方	每方包工連飯洋二・六元	洋二・六〇元	每工以六角半算
							洋一四・二一元	

分間鋼絲網牆工價分析表

雙面釘鋼絲網

工料	尺寸 闊	厚	長	數量	合計	價格	結洋	備註
板牆筋	四寸	二寸	十尺	八根	五四尺	每千尺洋八〇元	洋四・三二元	
撐上下檻檔	四寸	二寸	九尺 十尺	一根 二根	一九尺	每千尺洋八〇元	洋一・五二元	
鋼絲網	十尺		十尺	二面	二方	每方洋一〇・五元	洋二一・〇〇元	用三磅貨
二寸半圓釘				八四只	一方	每桶洋七・九元	洋・〇五元	每桶一〇〇磅 每磅一三四只
鋼絲網釘				一三八只	二面	每桶洋七・九元	洋・〇八元	用二寸半圓釘
木匠工				三工	一方	每方包工連飯洋一・九五元	洋一・九五元	每工以六角半算
							洋二八・九二元	

分間木筋磚牆工價分析表

中鑲五寸磚牆

工料	尺寸 闊	尺寸 厚	尺寸 長	數量	合計	價格	結洋	備註
板牆筋	四寸	二寸	十尺	八根	五四尺	每千尺洋八〇元	洋四・三二元	
撐檔 / 上下檻	四寸	二寸	九尺 / 十尺	三根 / 二根	三一尺	每千尺洋八〇元	洋二・四八元	
五寸磚牆	十尺		十尺	一方	一方	每方洋一七・九四元	洋一七・九四元	用灰砂砌參看本刊第三期工程估價
二寸半圓釘				一四〇只	一方	每桶洋七・九元	洋・〇八元	每桶一〇〇磅 每磅一三四只
木匠工				二工	一方	每方包工連飯洋一・三元	洋一・三〇元	每工以六角半算
							洋二六・一二元	

一寸四寸洋松企口樓板平頂工價分析表

欄柵十六寸中到中

工料	尺寸 闊	尺寸 厚	尺寸 長	數量	合計	價格	結洋	備註
洋松欄柵	十寸	二寸	十尺	八根	一三三尺	每千尺洋八〇元	洋一〇・六六元	
洋松企口板	四寸	一寸	十尺	三五塊	一一七尺	每千尺洋九三元	洋一〇・八八元	
洋松剪刀固撐	二寸	一寸半	十尺半	十四根	五尺	每千尺洋八〇元	洋・四〇元	
板條子	一寸三分	二分	四尺	二〇〇根	一方	每萬根洋四〇元	洋二・八〇元	
二寸方釘				二八二只	一方	每桶洋一七元	洋・三七元	每桶一〇〇磅 每磅一五只
一寸圓釘				八〇〇只	一方	每桶洋九・九元	洋・〇六元	每桶一〇〇磅 每磅一二八三只
木匠工				十二工	一方	每方包工連飯洋七・八元	洋七・八〇元	每工以六角半算
							洋三二・九七元	

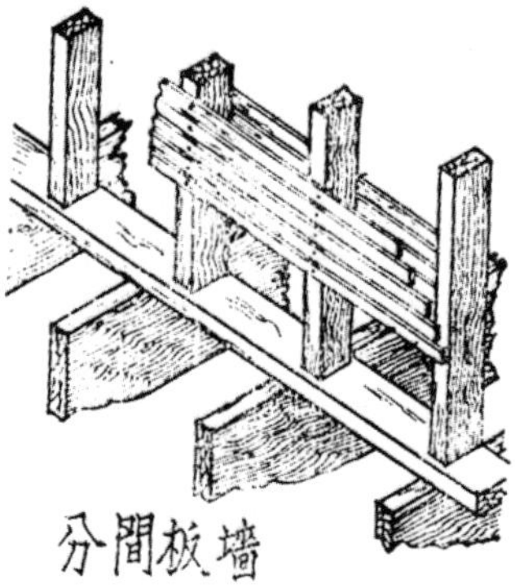

分間板墻

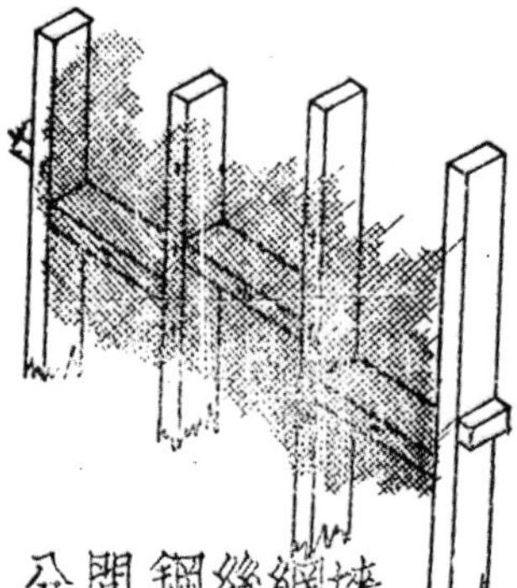

分間鋼絲網墻

—待續—

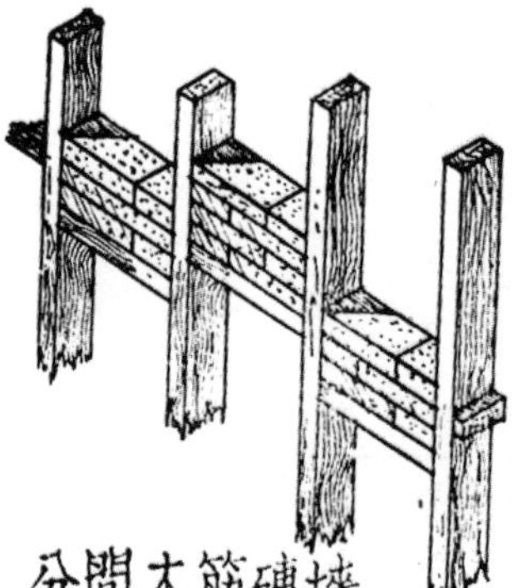

分間木筋磚墻

中華職業學校竺宜智君問：

（一）普通紅磚及火磚。平均每方可受壓力幾何？

（二）貴刊九十期合訂本九十七頁第五條，有「每步高闊遵照175×175×28＝63之定律設計」，如何解釋？

服務部答：

（一）依上海市工務局規定，普通磚每方吋可受壓力四十五磅。至於火磚。平常不作壓力用，蓋其效用在耐火而受灼不裂；如必須用爲壓力時，則每方吋作一百十五磅可也。

（二）175×175×28＝63係手民所悮植，應改爲2×17.5＋28＝63，乃遵照『2高 ＋ 闊＝63公分(25")』之定例所算得。

龔志忠君問：

（一）貴刊九十期合訂本一〇四頁刊載之龍泉碼表，與鄙人抄自友人者有異，茲將不同各碼錄奉，敬希台督賜示爲盼。

貴刊所載	鄙人所得
寸	分
7.0	100
7.5	125
8.0	150
8.5	175
9.0	200
9.5	225
10.0	250
10.5	300
11.0	350
11.5	400
12.0	450
12.5	525
13.0	600
30.5	11300

服務部答：

査台端所抄自貴友之尺碼，用以專量江西西木及杭州杭木，而本刊所登者則係專量廣木；用途既殊。尺寸故有異。

軍政部軍需署工程處歸德工務所辜其一君問：

（一）每方石子三和土(底脚用)需用石灰漿多少？每方所用石灰漿含水分多少？又每方搗工多少？

（二）每方碎磚三和土(底脚用)需用石灰漿多少？每方所用石灰漿含水分多少？又每方搗工多少？

（三）砌10"及15"磚牆，每方需用石灰漿（一比二）多少？每方所用石灰漿含水分多少？又每方砌工多少？

（四）砌10"及15"磚牆，每方需用水泥漿（一比二）多少？每方所用水泥漿含水分多少？又每方砌工多少？

（五）20'及30'之King Truss

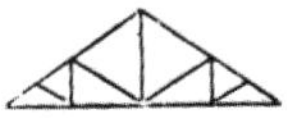

每個各需做工(連作成及上屋頂)工多少？

（六）屋面蓋中國瓦或洋瓦，（每方二千瓦片）每方各需蓋工若干？

（七）3'×7'之嵌板門及3'×5'之玻璃窗，每個（做成連裝上）各需做工多少？

（八）地板（4"企口板）每方須舖工多少？

（九）粉刷內牆用柴泥紙筋石灰三度，每方需粉刷工多少？又其成分各若干？

（十）清水磚牆嵌水泥縫每方需工多少？

（十一）外牆做Stucco每方需工多少？

（十二）油漆地板每方需工多少？需漆多少？

（十三）假大理石壁之做法如何？

（十四）石子及碎磚三和土石灰漿之載重力，各多少？

服務部答：

（一）石子三和土宜用水泥澆擣，若用石灰漿依碎磚三和土澆擣法，則用一分石灰三分沙泥六分石子混合而成。水分在攪拌灰漿時，使灰沙攪成薄漿而易於澆潑爲度。每方工資依上海例算，約洋貳元八角至三元。

（二）碎磚三和土與碎石三和土同。

（三）請參閱本刊第一卷第三期第三十九頁工程估價磚牆工程。

（四）仝上。

（五）此項屋面大料，連屋面板椽子格椽釘齊，每方約需十四工至二十工。

（六）屋面蓋瓦每方需二工至四工。

（七）三呎七呎洋門，每堂做工需十二工至二十工。三呎五呎玻璃窗，每堂做工需八工至十工。

（八）地板（4"企口板）每方舖工需四工。

（九）請注意本刊將登之工程估價粉刷工程。

（十）清水磚牆嵌水泥每方二工至三工。

（十一）外牆做Stucco每方需工一工。

（十二）油漆地板，每方工料洋三元。

（十三）假大理石做法，非簡略答覆所能明瞭，容當選刊此種文字。

（十四）石子及碎磚三和土載重力，每一方尺一千七百磅。

國民政府軍委會委員長南昌行營審核處左應時君問

（一）空心磚牆價格較砌磚牆爲高，何以仍須採用？

（二）各種牛毛毡每捲長寬尺寸若何？可舖面積幾方？（以一層計算）住宅屋頂舖若干層爲宜？

（三）水泥三和土各料之比例如何計算？每方工料價若干？

（四）灰漿三和土每方材料之比例如何？

（五）建造普通住宅，以上海爲標準，平房之每平方面積，價格幾何？二層樓每方價格幾何？三層樓每方價格幾何？

（六）屋頂工程估全部價格幾成？牆壁工程估全部價格幾成？地下基礎估全部價格幾成？又全部工價與料價比例如何？

（七）普通住宅之各項設計如何？請於月刊上作一具體之設計舉例，如基礎、磚牆、屋頂等計算法，均予詳細之說明。

服務部答：

（一）空心磚與實磚之構造不同，空心磚之燒製較艱，故價格亦高。惟質輕利於造高屋，且因中空，能隔炎熱，是以多仍用之。

（二）牛毛毡每捲二百十六呎，闊三呎，可舖面積兩方。住宅屋頂不宜舖用，因夏天易熱，不適居住。

（三）水泥三和土之比例，最少用一分水泥，三分黃沙，六分石子。普通多用一分水泥，二分黃沙，四分石子。價格請參閱本刊工程估價水泥類。

（四）灰漿三和土之材料，為碎磚一方二五，石灰一担半，沙泥四角，

（五）普通住宅之造價，極難以平方估值，請參閱本刊九十期合訂本所載三住宅之詳細估價。

（六）可參閱上述詳細估價，以分算各部所佔總造價之成數。

（七）本刊擬於工程估價及建築辭典登完後，發表營造學一文，當自房屋基礎起，逐一詳述。

美術墻磚之效用

西班牙最盛行之屋房裝飾美術牆磚，（即 Stucco Works）用以砌置內外牆壁，其功效既不遜於大理石，且尤為美觀耐久。歐洲各國建築物採用者頗多，均獲相當成績。

聞上海大理石公司現正製造此種美術牆磚，延聘西班牙技師從事設計督造，色澤質料無不精美，價格則甚低廉。

該項牆磚之磚面，雖經風雨剝蝕或烈日曝晒，不致損壞，故用以裝飾外牆內室，均極相宜。

該公司尚備有其他各種建築裝飾品，以供選購，並可代客設計裝璜云。

本會徵集圖書啓事

本會成立之始。卽以研究建築學術爲宗旨。研究之基礎。端爲蒐集圖書。藉供博採觀摩。故組織建築圖書館。亦嘗列入本會工作之一。而限於經濟。因循未成。耿耿之心。則無窜已。迺者。檢集歷年存書。得中西書刊數百本。束之高閣。殊背羅致之初衷。以致借閱。則嫌掛一而漏萬。爰擬積極籌劃。必期實現。除量力增購以圖擴充外。並盼熱心提倡建築學術之人士。踴躍捐贈。如割愛可惜。則暫行借存亦可。務使建築同人獲得讀書之機會。功在昌明建築學術。彌深企禱。倘蒙國內外出版家贈閱有關建築之定期刊物。亦所歡迎。本會當以本刊奉酬也。此啓。

本刊發行部啓事

本刊每期出版後，均經按期寄發；惟少數自取之定閱諸君，倘有未曾來取者，本刊殊感手續上之困難。且本刊銷路日增，時有告罄之虞，定閱諸君如歷久來取時書已售完，亦屬損失。嗣後凡自取定戶，希於出版三個月內取去，過期自難照補，倘希注意爲荷。

編餘

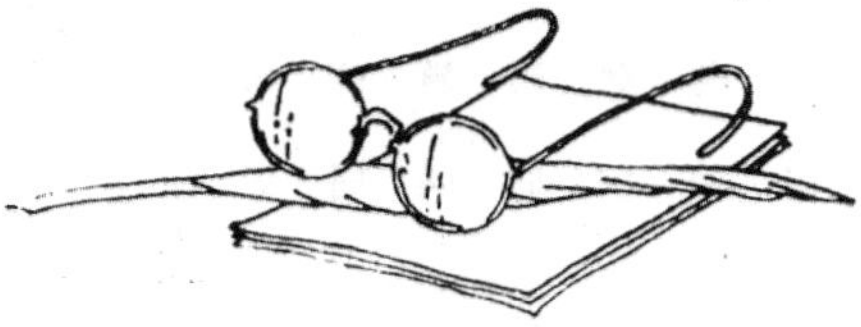

編完了第十一期，照例把需要向讀者報告的說幾句。

本期插圖，除了上海蘇州路建築中之六層堆棧外，有圖畫「判殘影於黑白」四幅。一二八之役，我閘北精華，付諸暴寇炮火，建築物被燬殆盡，斷垣殘瓦，歷歷猶存，正待我建築業者之建設。這四幅圖畫，所以示殘跡之一斑，用資警惕，而策來茲。

上期刊登了貝當路住宅估價單後，深得讀者滿意，紛函囑爲續刊，本期特劃出大部篇幅，繼續發表是項未完之圖樣及估價單，以滿足讀者得窺全豹之要求。

因爲圖樣佔去了很多篇幅，所以文字僅選載二篇，「愛克司光在建築上之應用」及「冷溶油之研究」。長篇「建築辭典」及「工程估價」仍續登。此外如黃鍾琳君等之作品，寄到較遲，已移登下期。

冷溶油之研究一文，係應湖北沙市福興營造公司之要求而譯述的，茲爲揭載，或亦多數讀者所歡迎歟。

本會服務部前爲嘉善聞天聲君設計之住宅一所，已於上期發表其圖樣及承攬章程，本期居住問題欄復刊其放大圖樣及價目單，以供參考。尚有其他材料，不及一一詳述了。

本刊刱始，瞬將一載，現已籌備第二卷的改良工作，除計劃內容的革新充實，印刷的更求美觀外，並擬增加印數，普遍銷行，爰本刊出版以來，頗爲各界贊許，咸認爲尚有參考研究之價值，購者紛至，時感求過於供也。同人既持促進學術之旨，未敢裹步自封，更未敢使愛讀諸君抱向隅之憾，縱多犧牲，决圖奮勉，使逐漸改進，期遂刱刊之初衷。同時希望各界不吝指教！

建築材料價目表

本欄所載材料價目，力求正確，惟市價瞬息變動，漲落不一，集稿時與出版時難免出入。讀者如欲知正確之市價者，希隨時來函或來電詢問，本刊當代爲探詢詳告。

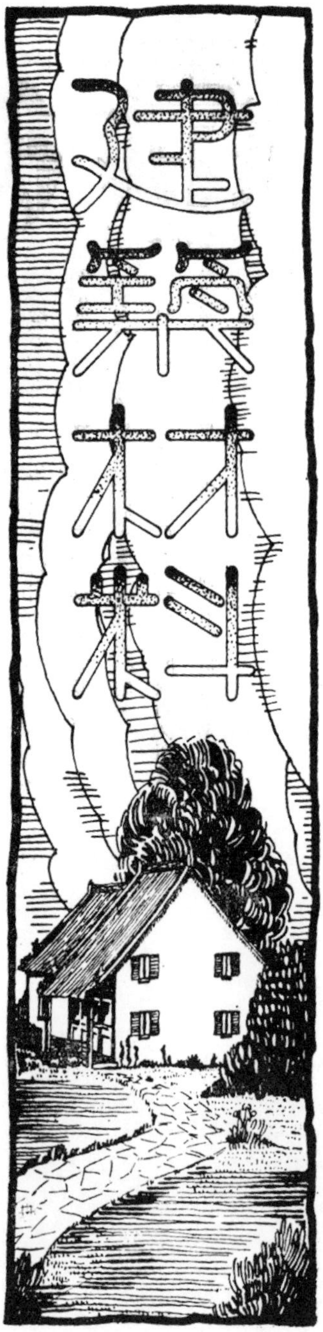

磚瓦類

貨名	商號	標記	數量	價目
空心磚	大中磚瓦公司	12"×12"×10"	每千	二八〇元
空心磚	同前	12"×12"×8"	同前	二三〇元
空心磚	同前	12"×12"×6"	同前	一七〇元
空心磚	同前	12"×12"×4"	同前	一一〇元
空心磚	同前	12"×12"×3"	同前	九〇元
空心磚	同前	9¼"×9¼"×6"	同前	九〇元
空心磚	同前	9¼"×9¼"×4½"	同前	七〇元
空心磚	同前	9¼"×9¼"×3"	同前	五六元
空心磚	同前	4½"×4½"×9¼"	同前	四三元

貨名	商號	標記	數量	價格
空心磚	大中磚瓦公司	3"×4½"×9¼"	每千	二六元
空心磚	同前	2½"×4½"×9¼"	同前	二四元
空心磚	同前	2"×4½"×9¼"	同前	二三元
紅機磚	同前	2½"×8½"×4¼"	每萬	一四〇元
紅機磚	同前	2"×5"×10"	同前	一三三元
紅機磚	同前	2¼"×9"×4¼"	同前	一二六元
紅機磚	同前	2"×9"×4⅜"	同前	一一二元
紅平瓦	同前		每千	七〇元
青平瓦	同前		同前	七七元

磚瓦類

貨名	商號	標記	數量	價目
青春瓦	大中磚瓦公司		每千	一五四元
蘇式灣瓦	同前		同前	四〇元
西班牙筒瓦	同前		同前	五六元
手工大二二	華興機窰公司	2¼"×5"×10"	每萬	一五〇元
手工小二二	同前	2¼"×4½"×9"	同前	一三〇元
手工二五十	同前	2"×5"×10"	同前	一三五元
機製大二二	同前	2¼"×5"×10"	同前	一六〇元
機製小二二	同前	2¼"×4½"×9"	同前	一四〇元
機製二五十	同前	2"×5"×10"	同前	一四〇元 以上均上海碼頭交貨
機製洋瓦	同前	12½"×8½"	每千	七十四元
六眼空心磚	同前	9¼"×9¼"×6"	同前	七十五元
六眼空心磚	同前	12"×12"×8"	同前	二二〇元
六眼空心磚	同前	12"×12"×6"	同前	一六五元
四眼空心磚	同前	12"×12"×4"	同前	一一五元
四眼空心磚	同前	3"×9¼"×4½"	同前	四十元
三眼空心磚	同前	9¼"×9¼"×4½"	同前	七十元
三眼空心磚	同前	9¼"×9¼"×3"	同前	五五元
二眼空心磚	同前	4"×9¼"×6"	同前	四五元 以上均作場交貨
瓦筒	義合花磚瓦筒廠	十二寸	每只	八角四分

貨名	商號	標記	數量	價目
瓦筒	義合	九寸	每只	六角六分
瓦筒	同前	六寸	同前	五角二分
瓦筒	同前	四寸	同前	三角八分
瓦筒	同前	小十三號	同前	八角
瓦筒	同前	大十三號	同前	一元五角四分
青水泥花磚	同前		每方	二〇元九角八
白水泥花磚	同前		每方	二六元五角八
空心磚	振蘇磚瓦公司	9¼"×4½"×2¼"	每千	二十四元
同前	同前	9¼"×4½"×3"	每千	二十七元
同前	同前	9¼"×9¼"×3"	每千	五十五元
同前	同前	9¼"×9¼"×4½"	每千	七十元
同前	同前	9¼"×9¼"×6"	每千	九十元
同前	同前	9¼"×9¼"×8"	每千	一二五元
同前	同前	9¼"×4½"×4½"	每千	四十元
同前	同前	12"×12"×4"	每千	一一〇元
同前	同前	12"×12"×6"	每千	一六五元
同前	同前	12"×12"×8"	每千	二二〇元
紅磚	同前	10"×5"×2¼"	每千	十三元五角
同前	同前	10"×5"×2"	每千	十三元

磚瓦類　木材類

貨名	商號標	記	數量	價目
紅磚	振蘇磚瓦公司	9¼"×4½"×2¼"	每千	十二元五角
紅磚	同前	9¼"×4½"×2"	每千	十二元
光面紅磚	同前	10"×5"×2¼"	每千	十三元五角
同前	同前	16"×5"×2"	每千	十三元
同前	同前	9¼"×4½"×2¼"	每千	十二元五角
同前	同前	9¼"×4½"×2"	每千	十二元
青平瓦	同前	12½"×8"	每千	七十五元
水泥		象牌	每袋	五元五角半
水泥		泰山	每袋	同前
水泥		馬牌	每袋	五元六角
洋松	上海市同業公會公議價目	八尺至三十二尺（再長照加）	每千尺	八十二元
一寸洋松	同前		同前	八十四元
半寸洋松	同前		同前	八十五元
洋松二寸光板	同前		同前	六十四元
四尺洋松條子	同前		每萬根	一百二十元
一寸四寸洋松一號企口板	同前		每千尺	一百〇五元
一寸六寸洋松一號企口板	同前		同前	一百十元
俄紅松方	同前		同前	六十七元
俄麻栗光邊板	同前		同前	一百二十元
俄麻栗毛邊板	同前		同前	一百十元

貨名	商號標	記	數量	價目
一二五·四寸一號洋松企口板	上海市同業公會公議價目		每千尺	一百三十元
一二五·六寸洋松一號企口板	同前		同前	一百六十元
柚木（頭號）	同前	僧帽牌	同前	六百三十元
柚木（甲種）	同前	龍牌	同前	四百五十元
柚木（乙種）	同前	龍牌	同前	四百二十元
柚木段	同前	龍牌	同前	三百五十元
硬木	同前		同前	二百元
硬木火介方	同前		同前	一百五十元
九尺寸坦戶板	同前		每丈	一元四角
柳安	同前		每千尺	一百八十元
紅板	同前		同前	一百〇五元
抄板	同前		同前	一百二十元
十二尺三寸六八皖松	同前		同前	六十元
一二五—四寸柳安企口板	同前		同前	一百八十五元
十二尺二寸皖松	同前		同前	十六元
一寸六寸柳安企口板	同前		同前	一百七十五元
二寸一半建松片	同前		同前	六十元
一丈字印建松板	同前		每丈	三元三角
一丈足建松板	同前		同前	五元二角
八尺寸甌松板	同前		同前	四元

木材類

貨名	商號	說明	數量	價格
一寸六寸一號甌松板	上海市同業公會公議價目		每千尺	四十六元
一寸六寸二號甌松板	同前		同前	四十三元
八尺機鋸五分杭松板	同前		每丈	二元
九尺機鋸五分甌松板	同前		同前	一元八角
八尺足寸皖松板	同前		同前	四元五角
一丈足寸皖松板	同前		同前	五元五角
八尺六分皖松板	同前		同前	三元五角
台松板	同前		同前	四元
九尺八分坦戶板	同前		同前	一元二角
九尺五分坦戶板	同前		同前	一元
八尺六分紅柳板	同前		同前	二元一角
七尺俄松板	同前		同前	一元九角
八尺俄松板	同前		同前	二元一角

油漆類

上A純鋅A白漆	開林油漆公司	雙斧牌	二十八磅	九元五角
上A純鉛A白漆	同前	同前	同前	八元五角
A白漆	同前	同前	同前	六元八角
B白漆	同前	同前	同前	五元三角半
K白漆	同前	同前	同前	三元九角
KK白漆	同前	同前	同前	二元九角
A各色漆	同前	同前	同前	三元九角

貨名	商號	標記	數量	價格
B各色漆	同前	同前	同前	三元九角
銀硃調合漆	同前	同前	一介倫	十一元
白色調合漆	同前	同前	同前	五元三角
各色調合漆	同前	同前	同前	四元四角
白及各色磁漆	同前	同前	同前	七元
金粉磁漆	同前	同前	同前	十二元
白打磨磁漆	同前	同前	半介倫	三元九角

商號	品號	品名	裝量	價格	用途	每介侖能蓋方數
元豐公司	建一	白厚漆	28磅	二元八角	木質打底	三方
同前	建二	黃厚漆	同前	二元八角	土木質打底	三方
同前	建三	紅厚漆	同前	二元八角	鋼鉄打底	四方
同前	建四	頂上白厚漆	同前	十元	蓋面	五方
同前	建五	燥頭	七磅	一元二角	促乾	
同前	建六	淺色魚油	六介侖	十六元半	調合厚漆	(土)三方 (木)六方
同前	建七	快燥亮油	五介侖	十二元九	同前	同右
同前	建八	三煉光油	六介侖	二十五元	同前	同右
同前	建九	發彩油(紅黃藍)	一磅	一元四角半	配色	
同前	建十	香水	五介侖	八元	調漆	
同前	建十一	漿狀洋灰釉	二十磅	八元	門面	四方

油漆類

商號	商標	貨名	裝量	價格
永華製漆公司	醒獅牌	AA特白厚漆	廿八磅	六元八角
永華製漆公司	醒獅牌	A上白厚漆	廿八磅	五元三角
永華製漆公司	醒獅牌	二號各色厚漆	廿八磅	二元九角
永華製漆公司	醒獅牌	快燥硍硃磁漆	一介倫	九元
永華製漆公司	醒獅牌	快燥各色磁漆	一介倫	六元六角
永華製漆公司	醒獅牌	快燥金銀磁漆	一介倫	十元七角
永華製漆公司	醒獅牌	汽車凡立水	一介倫	四元六角
永華製漆公司	醒獅牌	清凡立水	一介倫	三元二角
永華製漆公司	醒獅牌	清凡立水	五介倫	十五元
永華製漆公司	醒獅牌	黑凡立水	一介倫	二元五角
永華製漆公司	醒獅牌	黑凡立水	五介倫	十二元
永華製漆公司	醒獅牌	硃紅調合漆	一介倫	八元五角
永華製漆公司	醒獅牌	白色調合漆	一介倫	四元九角
永華製漆公司	醒獅牌	各色調合漆	一介倫	四元一角
永華製漆公司	醒獅牌	改良金漆	一介倫	三元九角
永華製漆公司	醒獅牌	改良金漆	五介倫	十八元
永華製漆公司	醒獅牌	核桃木器漆	一介倫	三元九角
永華製漆公司	醒獅牌	核桃木器漆	五介倫	十八元
永華製漆公司	醒獅牌	硃紅汽車磁漆	一介倫	十二元
永華製漆公司	醒獅牌	各色汽車磁漆	一介倫	九元
永華製漆公司	醒獅牌	淡色魚油	五介倫	時價

商號	品號	品名	裝量	價格	用途	每介倫能蓋方數
元豐公司	建十二	調合洋灰釉	二介倫	十四元	門面地板	五方
同前	建十三	漿狀水粉漆	二十磅	六元	牆壁	三方
同前	建十四	橡黃釉	二介倫	七元五角	門窗地板	五方
同前	建十五	柚木釉	同前	七元五角	同前	五方
同前	建十六	花利釉	同前	七元五角	同前	五方
同前	建十七	上白磁漆	同前	十三元半	蓋面	六方
同前	建十八	朱紅磁漆	同前	廿三元半	同前	五方
同前	建十九	純黑磁漆	同前	十三元	同前	五方
同前	建二十	紅丹油	五六磅	十九元半	防銹	四方
同前	建二一	鋼窗灰	五六磅	廿一元半	防銹	五方
同前	建二二	鋼窗李	同前	十九元半	防銹	五方
同前	建二三	鋼窗綠	同前	廿一元半	同前	五方
同前	建二四	屋頂紅	同前	十九元半	同前	五方
同前	建二五	上白調合漆	五介倫	三十四元	蓋面	五方
同前	建二六	上綠調合漆	同前	三十四元	同前	五方
同前	建二七	水汀銀漆	二介倫	二十一元	汽管汽爐	五方
同前	建二八	水汀金漆	同前	二十一元	同前	五方
同前	建二九	凡宜水（清黑）	二 五介倫	七 十七元	罩光	五方
同前	建三十	各色一層漆丙種	五十六磅	十三元九	普通	（土木）三 （金）四方

油漆類

商號	商標	貨名	裝量	價格	用途
永固造漆公司	長城牌	各色磁漆	一介侖	七元	髹於銅鉄及木製器具上顏色鮮豔堅韌耐久
同前	同前	同前	半介侖	三元六角	
同前	同前	同前	二五介侖	一元九角	
同前	同前	金銀色磁漆	一介侖	十元七角	同前
同前	同前	同前	半介侖	五元五角	
同前	同前	同前	二五介侖	二元九角	
同前	同前	改良廣漆	五介侖	十八元	有金黃紅木及棕紅色數種最合于木器傢具地板等處
同前	同前	同前	一介侖	三元九角	
同前	同前	同前	半介侖	二元	
同前	同前	清凡立水	五介侖	十六元	易乾耐用光亮透明用於傢具木器地板等可增美觀而防腐
同前	同前	同前	一介侖	三元三角	
同前	同前	同前	半介侖	一元七角	
同前	同前	黑凡立水	五介侖	十二元	
同前	同前	同前	一介侖	二元五角	
同前	同前	同前	半介侖	一元三角	
同前	同前	灰防銹漆	五六磅	二十二元	用於鋼鉄器具上最有防銹之功效
同前	同前	同前	一介侖	四元四角	
同前	同前	紅防銹漆	五六磅	二十元	
同前	同前	同前	一介侖	四元	
同前	同前	各色調合漆	五六磅	廿元五角	
大陸實業公司	同前	固木油	一介侖	三元五角	
同前	同前	同上	五介侖	十七元四九	
同前	同前	同上	四十介侖	一一元六九	

貨名	商號	數量	價格	備註
二二號英白鐵	新仁昌	每箱	六七元五五	每箱廿一張重四二〇斤
二四號英白鐵	同前	每箱	六九元〇二	每箱廿五張重量同上
二六號英白鐵	同前	每箱	七二元一〇	每箱卅三張重量同上
二二號英瓦鐵	同前	每箱	六一元六七	每箱廿一張重量同上
二四號英瓦鐵	同前	每箱	六三元一四	每箱廿五張重量同上
二六號英瓦鐵	同前	每箱	六九元〇二	每箱卅三張重量同上
二八號英瓦鐵	同前	每箱	七四元八九	每箱卅八張重量同上
二二號美白鐵	同前	每箱	九一元〇四	每箱廿一張重量同上
二四號美白鐵	同前	每箱	九九元八六	每箱廿五張重量同上
二六號美白鐵	同前	每箱	一〇八元三九	每箱卅三張重量同上
二八號美白鐵	同前	每箱	一〇八元三九	每箱卅八張重量同上
美方釘	同前	每桶	十六元〇九	
平頭釘	同前	每桶	十八元一八	
中國貨元釘	同前	每桶	八元八一	
半號牛毛毡	同前	每捲	四元八九	
一號牛毛毡	同前	每捲	六元二九	
二號牛毛毡	同前	每捲	八元七四	
三號牛毛毡	同前	每捲	三元五九	

建築工價表

名稱	數量	價格
清混水十寸牆水泥砌雙面柴泥水沙	每方	洋七元五角
柴混水十寸牆灰沙砌雙面清泥水沙	每方	洋七元
清混水十五寸牆水泥砌雙面柴泥水沙	每方	洋八元五角
清混水十五寸牆灰沙砌雙面柴泥水沙	每方	洋八元
清混水五寸牆水泥砌雙面柴泥水沙	每方	洋六元五角
清混水五寸牆灰沙砌雙面柴泥水沙	每方	洋六元
汰石子	每方	洋九元五角
平頂大料線脚	每方	洋八元五角
泰山面磚	每方	洋八元五角
磁磚及瑪賽克	每方	洋七元
紅瓦屋面	每方	洋二元
灰漿三和土(上脚手)		洋十一元
灰漿三和土(落地)		洋十元五角
掘地(五尺以上)	每方	洋六角
掘地(五尺以下)	每方	洋一元
紮鐵(茅宗盛)	每擔	洋五角五分
工字鐵紮鉛絲(仝上)	每噸	洋四十元
擣水泥(普通)	每方	洋三元二角

名稱	商號	數量	價格
擣水泥(工字鐵)		每方	洋四元
二十四號九寸水落管子	范泰興	每丈	一元四角五分
二十四號十二寸水落管子	同前	每丈	一元八角
二十四號十四寸方管子	同前	每丈	二元五角
二十四號十八寸方水落	同前	每丈	二元九角
二十四號十八寸天斜溝	同前	每丈	二元六角
二十四號十二寸還水	同前	每丈	一元八角
二十六號九寸水落管子	同前	每丈	一元一角五分
二十六號十二寸水落管子	同前	每丈	一元四角五分
二十六號十四寸方管子	同前	每丈	一元七角五分
二十六號十八寸方水落	同前	每丈	二元一角
二十六號十八寸天斜溝	同前	每丈	一元九角五分
二十六號十二寸還水	同前	每丈	一元四角五分
十二寸瓦筒擺工	義合	每丈	一元二角五分
九寸瓦筒擺工	同前	每丈	一元
六寸瓦筒擺工	同前	每丈	八角
四寸瓦筒擺工	同前	每丈	六角
粉做水泥地工	同前	每方	三元六角

THE BUILDER

Published Monthly by The Shanghai Builders' Association

620 Continental Emporium, 225 Nanking Road.

Telephone 92009.

中華民國二十二年九月份初版

建築月刊

第一卷第十一期

編輯者 上海市建築協會 南京路大陸商場六樓六二〇號

發行者 上海市建築協會 南京路大陸商場六樓六二〇號

電話 九二〇〇九

印刷者 新光印書館 上海法租界聖母院路聖達里三十一號

投稿簡章

一、本刊所列各門，皆歡迎投稿。翻譯創作均可，文言白話不拘。須加新式標點符號。譯作附寄原文，如原文不便附寄，應詳細註明原文書名，出版時日地點。

一、一經揭載，贈閱本刊或酌酬現金，撰文每千字一元至五元，譯文每千字半元至三元。重要著作特別優待。投稿人却酬者聽。

一、來稿本刊編輯有權增刪，不願增刪者，須先聲明。

一、來稿概不退還，預先聲明者不在此例，惟須附足寄還之郵費。

一、抄襲之作，取消酬贈。

一、稿寄上海南京路大陸商場六二〇號本刊編輯

本刊價目表

零售	每冊大洋五角
定閱	全年十二冊大洋五元（半年不定）
郵費	本埠每冊二分，全年二角四分；外埠每冊五分，全年六角；香港及南洋羣島每冊一角八分；西洋各國每冊三角。
優待	同時定閱二份以上者，定費九折計算。

定閱諸君如有詢問事件或通知更改住址時，請註明(一)定單號數(二)定戶姓名(三)原寄何處，方可照辦。

廣告價目表 Advertising Rates Per Issue

地位 Position	全面 Full Page	半面 Half Page	四分之一 One Quarter
底封面外面 Outside back cover.	七十五元 $75.00		
封面及底面之裏面 Inside front & back cover	六十元 $60.00	三十五元 $35.00	
封面裏頁及底面裏頁之對面 Opposite of inside front & back cover.	五十元 $50.00	三十元 $30.00	
普通地位 Ordinary page	四十五元 $45.00	三十元 $30.00	二十元 $20.00
分類廣告 Classified Advertisements	每期每格一寸高三寸半闊洋四元 $4.00 per column		

廣告概用白紙黑墨印刷，倘須彩色，價目另議；鑄版彫刻，費用另加。

Designs, blocks to be charged extra. Advertisements inserted in two or more colors to be charged extra.

（定閱月刊）

茲定閱貴會出版之建築月刊自第____卷第____號

起至第____卷第____號止計大洋____元____角____分

外加郵費____元____角____分一併匯上請將月刊按

期寄下列地址爲荷此致

上海市建築協會建築月刊發行部

____啓____年____月____日

地址____

（更改地址）

啓者前於____年____月____日在

貴會訂閱建築月刊一份執有____字第____號定單原寄

____收現因地址遷移請卽改寄

____收爲荷此致

上海市建築協會建築月刊發行部

____啟____年____月____日

（查詢月刊）

啓者前於____年____月____日

訂閱建築月刊一份執有____字第____號定單寄____

____收茲查第____卷第____號

尙未收到祈卽查復爲荷此致

上海市建築協會建築月刊發行部

____啓____年____月____日

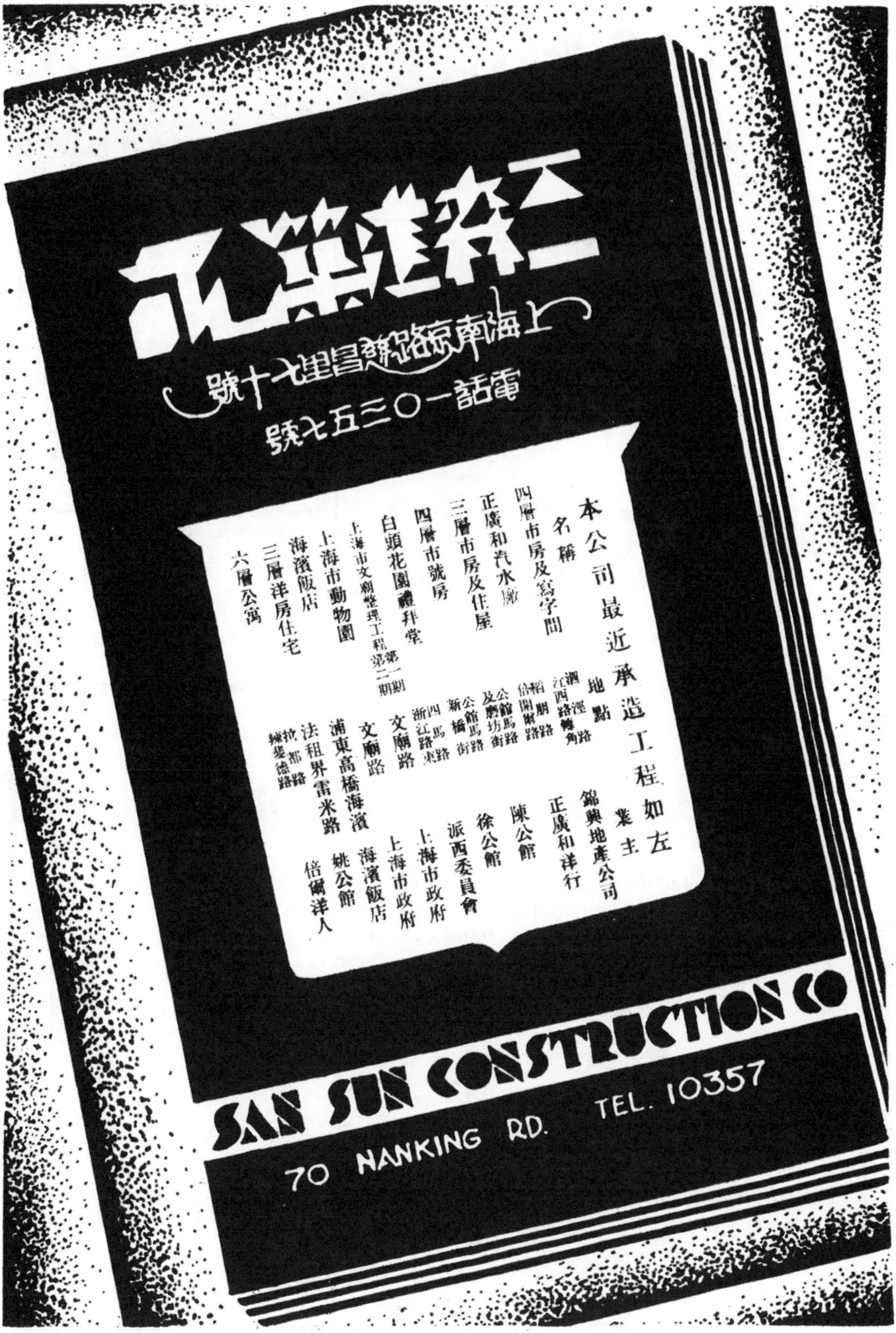
三森建築公司
上海南京路新昌里七十號
電話一〇三五七號
本公司最近承造工程如左
名稱 地點 業主
四層市房及寫字間 江西路轉角 錦興地產公司
正廣和汽水廠 稻朋路 倍開爾路 正廣和洋行
三層市房及住屋 公館馬路 及磨坊街 陳公館
四層市號房 公館馬路 新橋街 徐公館
白頭花園禮拜堂 四馬路 浙江路東 派西委員會
上海市文廟整理工程第一期第二期 文廟路 上海市政府
上海市動物園 文廟路 上海市政府
海濱飯店 浦東高橋海濱 海濱飯店
三層洋房住宅 法租界雷米路 姚公館
六層公寓 拉都路 辣斐德路 倍爾洋人
SAN SUN CONSTRUCTION CO
70 NANKING RD. TEL. 10357

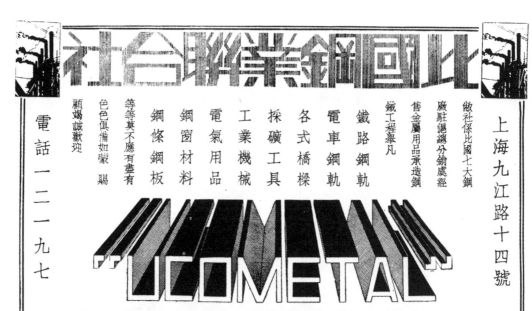

WF 101'33

研討實業問題的基本要籍

實業界一致推重商業月報

商業月報於民國十年創刊迄今已十有二年資望深久內容豐富討論實際印刷精良致銷數鉅萬縱橫國內外故爲實業界一致推重認爲討論實業問題刊物中最進步之雜誌解決並推進中國實業問題之唯一資助

君如欲發展本身業務瞭解國內外實業界現狀　解決中國實業問題請讀「商業月報」應立即訂閱

全年十二冊　報費國內三元 國外五元 （郵費在內）

出版者　上海市商會商業月報社

地址　上海天后宮橋　電話四〇一二六號

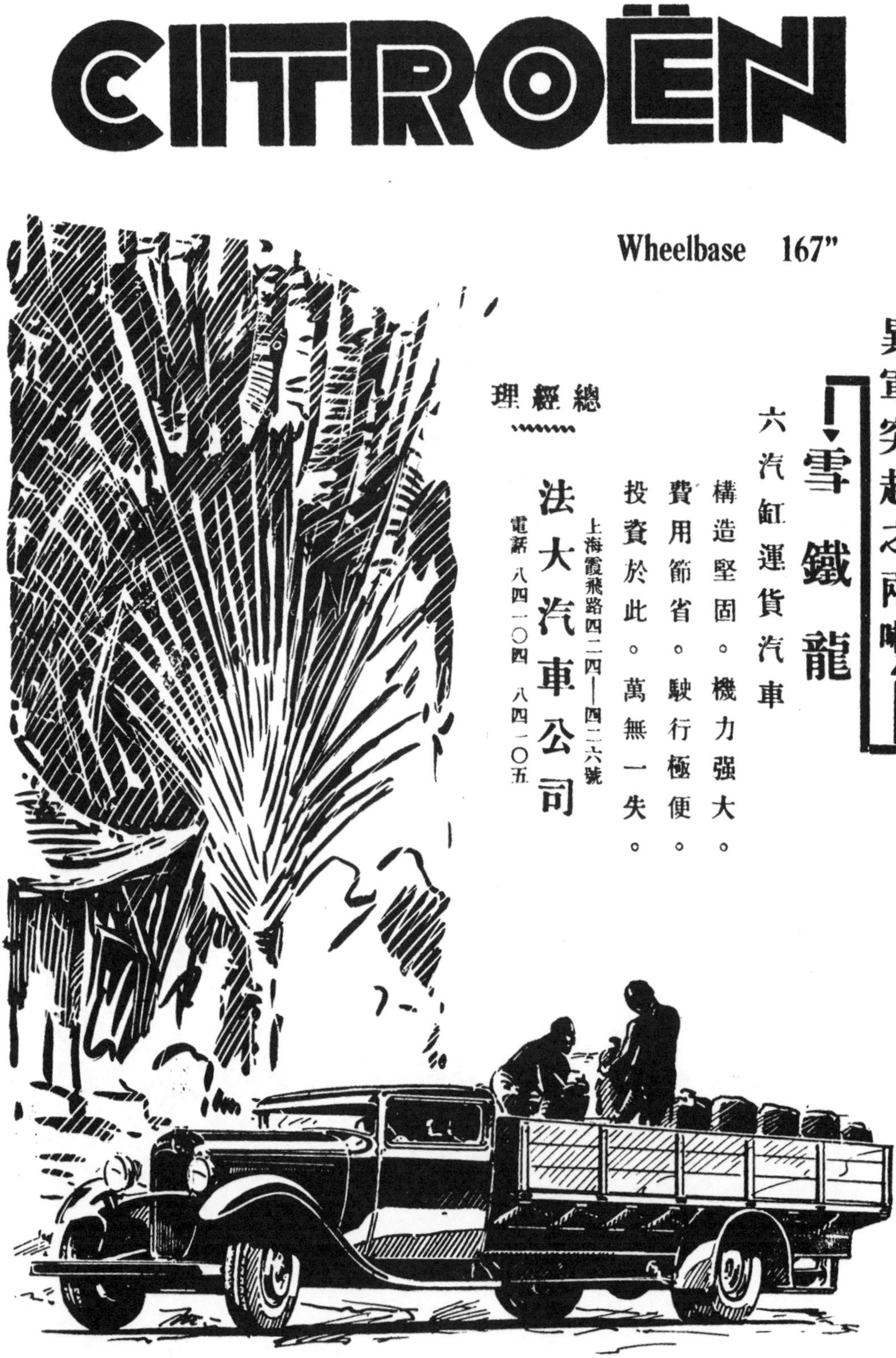
CITROËN
Wheelbase 167"
異軍突起之兩噸「雪鐵龍」
六汽缸運貨汽車
構造堅固。機力强大。
費用節省。駛行極便。
投資於此。萬無一失。
總經理
法大汽車公司
上海霞飛路四二四—四二六號
電話 八四一〇四 八四一〇五

協隆地產建築公司

The Yaloon Realty & Construction Co.

Architects
Real Estate
Mortgages
Property Owners
Construction

Work done:
Shanghai Silk Development Bldg.
Corner of Hankow & Fokien Roads.
Owners & Building Contractors for new building on corner of Bubbling Well Road & Love Lane.
Owner & Building contractors for the new 3 story hongs & shops on Cad. Lot No. 539 – corner of Foochow & Fokien Roads.
Architects for the Neon Apartments under construction on Race Course Road.

715-717 BUBBLING WELL ROAD,
TELEPHONE 31844

設計打樣
代客買賣
地產押款
承包工程
地產業主

承造工程：
上海綢業銀行大樓　漢口路石路口
承造兼業主：
新建市房　上海靜安寺路斜橋衖口
設計工程：
年紅公寓　上海跑馬廳路

協隆建築打樣部
遠東公司經租部　電話　三一八四四　三四〇九一
上海靜安寺路七一五至七一七號

蔡仁茂玻璃鋼條號

TSAI ZUNG MOW COMPANY.

GLASS, METALS, & BUILDING SUPPLIES MERCHANTS.

GLASS
WINDOW GLASS
POLISHED PLATE GLASS
SILVERED PLATE GLASS
FIGURED GLASS
WIRE CAST GLASS
GLASS CUTTER, ETC.

METAL
CORRUGATED & PLAIN STEEL BARS, WIRE IN COILS FOR REINFORCING CONCRETE USE, ETC.

OFFICE
284 TIENDONG ROAD.
TEL. 41120 – 42170
GODOWN: 912 EAST YUHANG ROAD.
TELEPHONE 52519

本號自向各國名廠定購各種玻璃硍光車光厚白片鉛絲片項子片金鋼鑽及建築用方圓長短叁分至壹寸竹節鋼條光圓盤圈等類批發零售價格克已如承　惠顧無任歡迎此佈

地址
本號天潼路二八四號電話四二一七〇　四一一二〇
本棧東有恆路九一三號電話五二五一九

英商

中國造木有限公司

唯一機器製造的木工專家

上海楊樹浦路一四二六號

電報掛號"woodworkco"

電話五另另六八號

進行工程

漢密爾登大廈(第二部)
建業公寓『D』及『E』
業廣建築師法萊才先生住宅
麥特赫斯脫公寓
祁齊路公寓
法商電車公司寫字間
貝當路公寓
北四川路狄斯威路口公寓

已竣工程

漢密爾登大廈(第一部)
河濱大廈
都城飯店
大華公寓
建業公寓『A』『B』及『C』
海格路公寓
李斯特研究院
業廣協理白克先生住宅

總經理

英商祥泰木行有限公司

EXPERIENCE, QUALITY AND SERVICE Is A Guarantee Of Our Work As Painters And Decorators, Call Upon Us For This Service.

信孚裝璜油漆公司

Guarantee Painting & Decorating Co.

1429 AVENUE EDWARD VII

PHONE 31738

上海愛多亞路一四二九號

電話三一七三八

永亮　註冊商標

曬圖紙廠

發行所　上海江西路四五二號　電話一九三四六號

伍朝樞先生親筆證明書

明潔無倫

伍朝樞

國貨

晨鐘牌藍晒圖紙是永亮廠出品

優點

紙質堅韌易晒耐洗

影出圖樣色麗顯明

購買諸君認明商標

優待外埠不加郵稅

備有特別電光快機專門代客印晒各種圖樣電話通知派人接送

益中福記機器磁電公司出品

偉大的建築中舖用

瑪賽克瓷磚及釉光牆磚

則富麗堂皇自無倫比

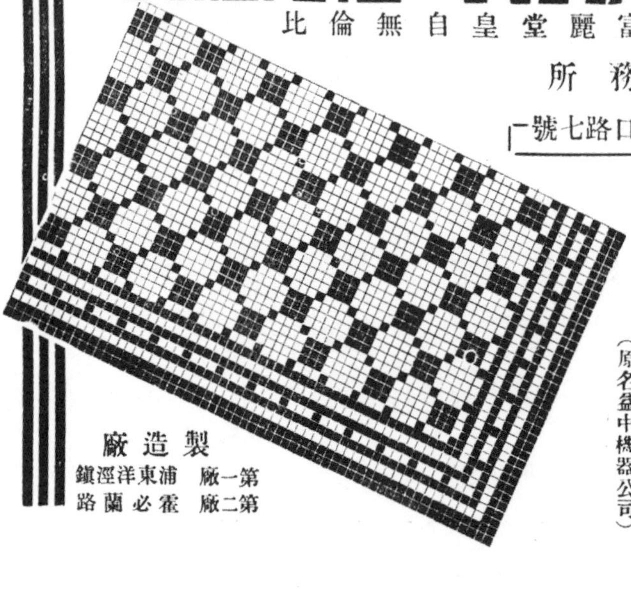

出品項目

各種瑪賽克瓷磚

3"×6"釉光牆磚

2 六角瓷磚

6"×6"方釉光牆磚

鋼精梯口磚

羅馬式美術瓷磚

事務所

上海漢口路七號

電話 一四四〇八 一六七〇六

（原名益中機器公司）

製造廠

第一廠　浦東洋涇鎮

第二廠　霍必蘭路

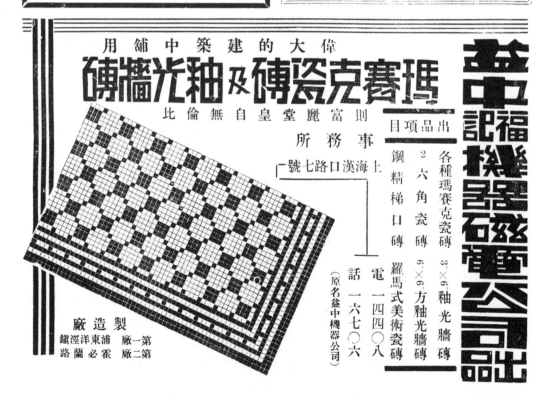

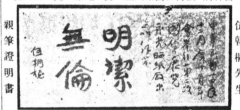

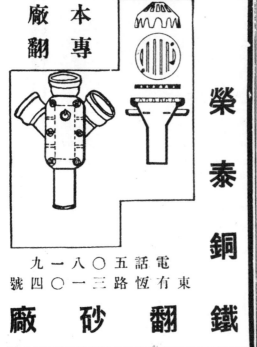

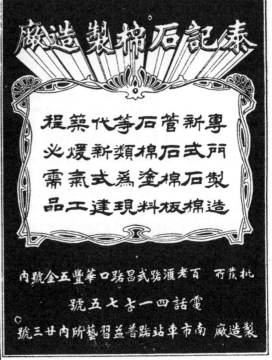

湯秀記營造廠

總廠：華界斜徐路四百十號……電話南市二三七七七
事務所：法租界公館馬路昇平里十五號……電話北市八一二七八

本廠最近承造工程之一

本廠專造

中西房屋
碼頭
鐵道
橋樑
以及一切
大小鋼骨
水泥工程

Neon Apartments on Race Course Road
Architects-Yaloon Realty & Construction Co.

BUILDING CONTRACTOR
For the illustrated building
by

TONG SIU KEE

Passage 396, Rue du Consulat, Sang Bing Lee No. 15
SHANGHAI.

中華郵政特准掛號認爲新聞紙類
內政部登記證警字第二五六四號
東方
鋼窗公司
ASIA STEEL SASH CO.
STEEL WINDOWS, DOORS, PARTITIONS ETC.,
OFFICE: NO. 625 CONTINENTAL EMPORIUM.
NANKING ROAD, SHANGHAI.
TEL. 90650
FACTORY: 609 WARD ROAD.
TEL 50690
事務所
上海 南京路
大陸商場六二五號
電話 九〇六五〇
製造廠
上海 華德路遼陽路口
電話 五〇六九〇

中國近代建築史料匯編（第一輯）

建築月刊

第一卷　第十二期

THE BUILDER
建築月刊

大中機製磚瓦股份有限公司

製造廠 浦東南匯縣下沙鎮

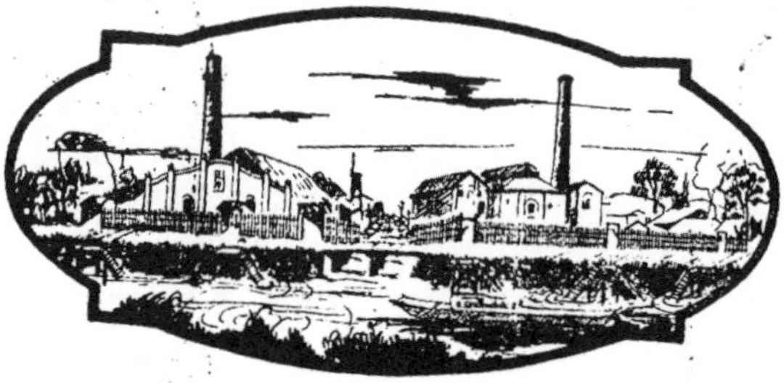

本公司因鑒於建築事業日新月異材料選擇尤關重要特聘專門技師購置德國最新式機器精製各種青紅磚瓦及空心磚等品質堅韌色澤鮮明自應銷以來已蒙各界推爲上乘樂予採購茲略舉一二以資參攷其他惠顧諸君因限於篇幅不克一一備載諸希鑒諒是幸

大中磚瓦公司附啟

曾經購用敝公司出品各戶台銜列后

本埠

工部局平涼路巡捕房		新蓀記承造
國立中央實驗館	兆豐花園	和興公司承造
四行儲蓄會	英大馬路	陶馥記承造
墾業銀行	北京路	趙新泰承造
南京飯店	山西路	新金記祥號承造
開成造酸公司	軍工路	王銳記承造
四海銀行	北京路	惠記興承造
麵粉交易所	民國路	元和興記承造
業廣公司	歐嘉路	陳馨記承造
法教堂	勞神父路	吳仁記承造
七層公寓	霞飛路	吳仁記承造

外埠

中央飯店	南京	新金記承造
金陵大學	南京	利源建築公司承造
航空學校	杭州	新金記康號承造

所出各品 儲有大批 現貨以備 各界採用 如蒙定製 各色異樣 磚瓦亦可 照辦備有 樣品如蒙 索閱卽當 送奉

駐滬批發所

英租界牛莊路德興里四號 電話九〇三一一

DAH CHUNG TILE & BRICK MAN'F WORKS.

Sales Dept. 4 Tuh Shing Lee, Newchwang Road, Shanghai.

TELEPHONE 90311

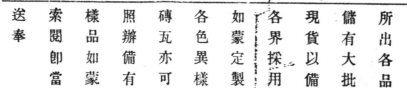

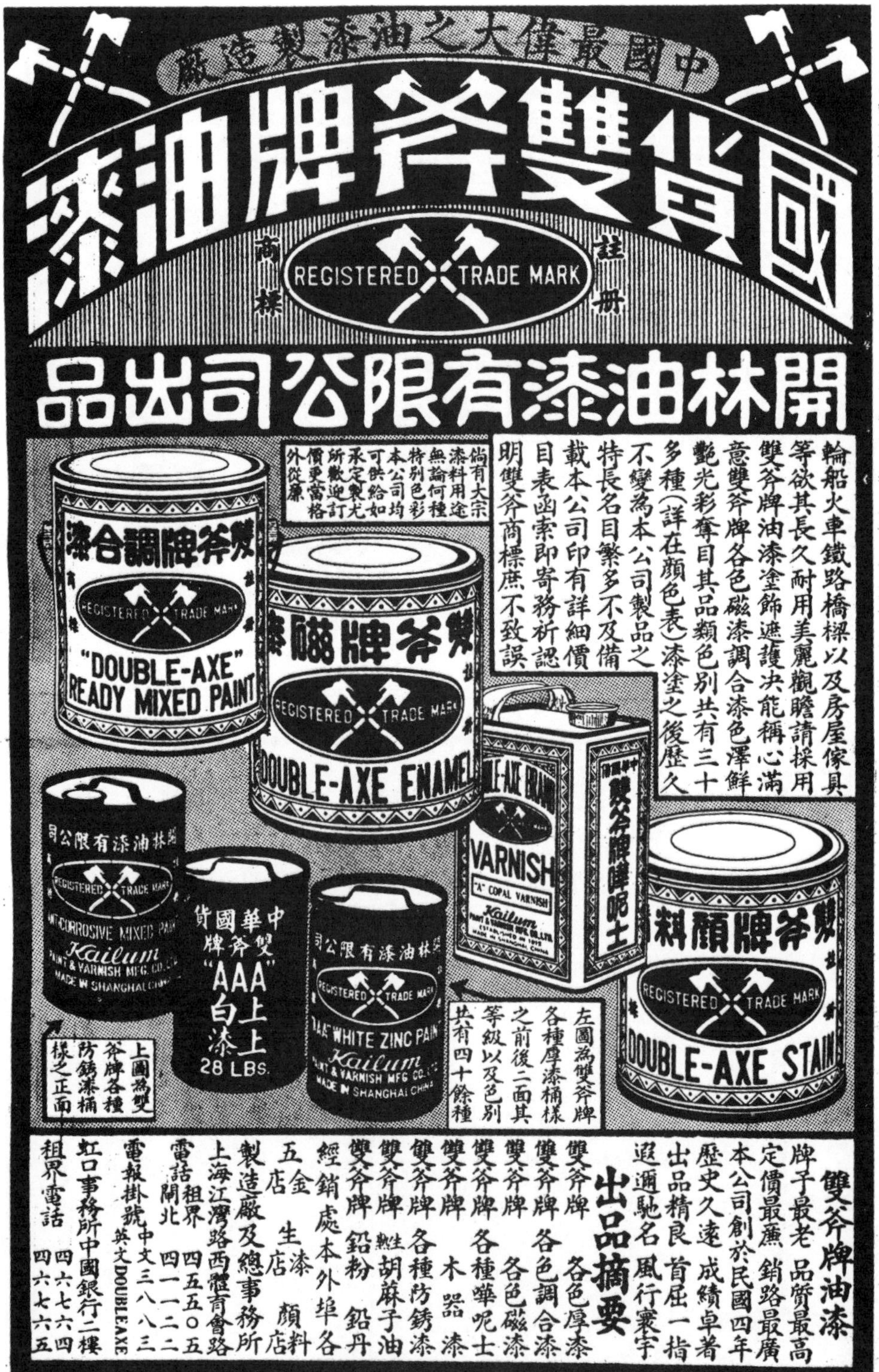
中國最偉大之油漆製造廠
國貨雙斧牌油漆
註冊商標
REGISTERED TRADE MARK
開林油漆有限公司出品
輪船火車鐵路橋樑以及房屋傢具等欲其長久耐用美麗觀瞻請採用雙斧牌油漆塗飾遮護決能稱心滿意雙斧牌各色磁漆調合漆色澤鮮艷光彩奪目其品類色別共有三十多種（詳在顏色表）漆塗之後歷久不變為本公司製品之特長名目繁多不及備載本公司印有詳細價目表函索即寄務祈認明雙斧商標庶不致誤
倘有大宗漆料用途無論何種特別色彩本公司均可供給如承定製尤所歡迎訂價更當格外從廉
雙斧牌調合漆
REGISTERED TRADE MARK
"DOUBLE-AXE" READY MIXED PAINT
雙斧牌磁漆
REGISTERED TRADE MARK
DOUBLE-AXE ENAMEL
VARNISH
"A" COPAL VARNISH
Kailum
中華國貨
雙斧牌嘩呢士
雙斧牌顏料
REGISTERED TRADE MARK
DOUBLE-AXE STAIN
開林油漆有限公司
REGISTERED TRADE MARK
ANTI-CORROSIVE MIXED PAINT
Kailum
PAINT & VARNISH MFG. CO. LTD.
MADE IN SHANGHAI CHINA
中華國貨
雙斧牌
"AAA"
上上白漆
28 LBS.
開林油漆有限公司
REGISTERED TRADE MARK
"AAA" WHITE ZINC PAINT
Kailum
PAINT & VARNISH MFG. CO. LTD.
MADE IN SHANGHAI CHINA
上圖為雙斧牌各種防銹漆桶樣之正面
左圖為雙斧牌各種厚漆桶樣之前後二面其等級以及色別共有四十餘種
雙斧牌油漆
牌子最老 品質最高 定價最廉 銷路最廣
本公司創於民國四年歷史久遠 成績卓著 出品精良 首屈一指 遐邇馳名 風行寰宇
出品摘要
雙斧牌 各色厚漆
雙斧牌 各色調合漆
雙斧牌 各色磁漆
雙斧牌 各種嘩呢士
雙斧牌 木器漆
雙斧牌 各種防銹漆
雙斧牌 熟生胡麻子油
雙斧牌 鉛粉 鉛丹
經銷處 本外埠各五金店 生漆店 顏料店
製造廠及總事務所 上海江灣路西體育會路
電話 租界四五五〇五 閘北四一一二二
電報掛號 中文三八八三 英文DOUBLEAXE
虹口事務所 中國銀行二樓
租界電話 四六七六四 四六七六五

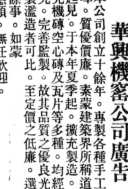

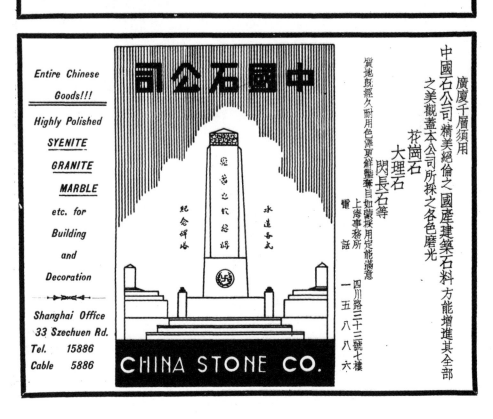

MANUFACTURE CERAMIQUE DE SHANGHAI

OWNED BY

CREDIT FONCIER D'EXTREME ORIENT

MANUFACTURERS OF

BRICKS

HOLLOW BRICKS

ROOFING TILES

FACTORY:
100 BRENAN ROAD
SHANGHAI
TEL. 27218

SOLE AGENTS:
L. E. MOELLER & CO.
110 SZECHUEN ROAD
SHANGHAI
TEL. 16650

上海

義品磚瓦廠

附屬

義品放款銀行

製造

各種上等

面磚 空心磚 瓦片

工廠
白利南路第一百號
電話
二七二一八

獨家經理
懋賚地產公司
四川路一百十號
電話：一六六五〇

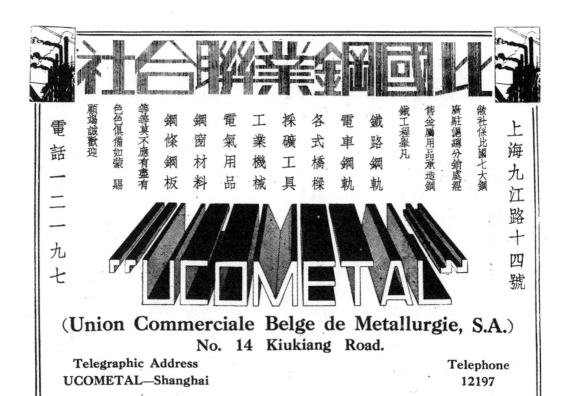

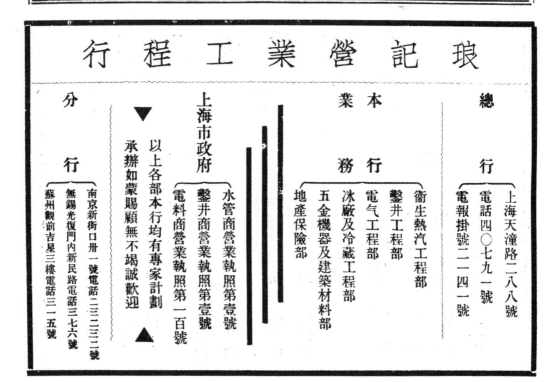

興業瓷磚股份有限公司

本公司出品精良花色新穎歷久如新無論私人住宅公共場所地面牆壁平頂或扶梯踏步等處一經舖用常能使君愉快誠爲大建築上不可多得之必須材料也

本公司出品之一班

各種美術舖地瓷磚
美術牆磚
防滑踏步磚
羅馬式瓷磚
缸磚

營業所：四川路四一六號
電話：一六〇〇三

THE NATIONAL TILE CO., LTD.

Manufacturer of All Kinds of Floor & Wall Tiles.

416 Szechuen Road, shanghai

Telephone 16003

本會附設

正基建築工業補習學校招生

年級 初級一二三年級高級一二年級各級插班生

程度 投考本校各生須在高級小學畢業初級中學肄業或具同等學力者

報名 即日起親至南京路大陸商場六樓六二○號建築協會內本校辦事處填寫報名單隨繳手續費一元領取應考證報名手續始告完畢

考期 考期及考科另行通告

校址 牯嶺路長沙路口十八號

注意 (一)函索章程開具地址附郵四分寄大陸商場建築協會本校辦事處當即寄奉不悞

(二)詳細招生廣告請閱下期本刊

校長 湯景賢

The Robert Dollar Co.,

Wholesale Importers of Oregon Pine Lumber, Piling and Phillipine Lauan.

美商

大來洋行

本行專售大宗洋松椿木及菲律濱柳安烘乾企口板等

各種裝修如門窗等以及考究器具請
貴主顧須要認明大來洋行獨家經理
之菲律濱柳安有I.L.CO.標記者爲最優
美並請勿貪價廉而採購其他不合用
之劣貨統希
貴主顧注意爲荷

大來洋行木部謹啓

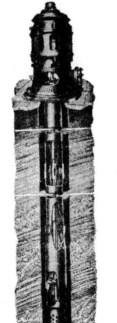

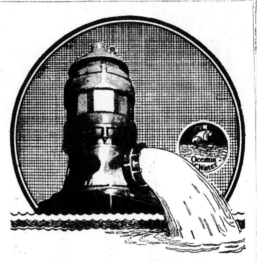

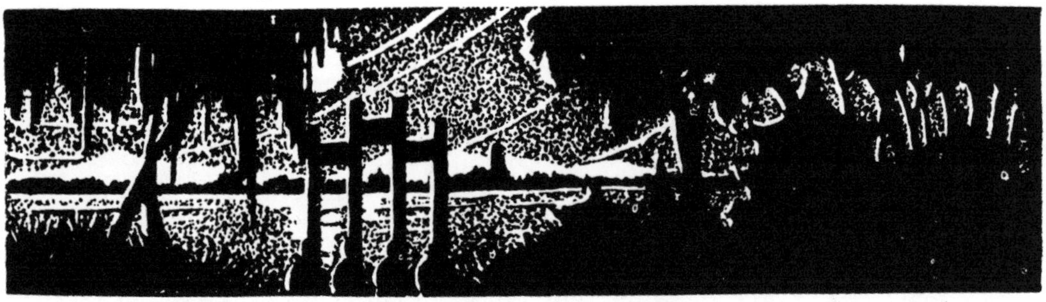

建築月刊

第一卷第十二期
民國二十二年十月份出版

目錄

插圖

譯著

BUILDER
1933
CONTENTS

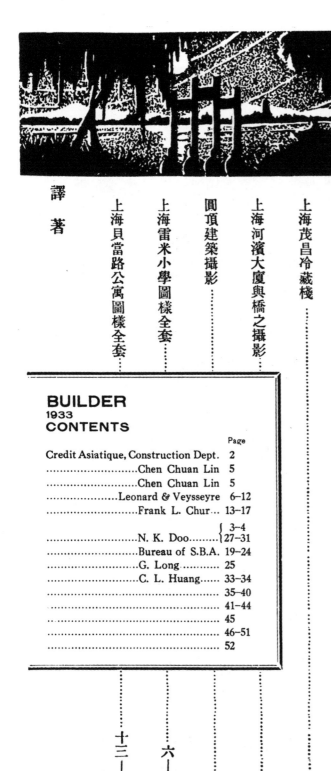

THE OCTOBER LEADING

廣告索引

如欲徵詢

請函本會服務部

本會服務部爲便利同業與讀者起見，特接受徵詢。凡有關建築材料，建築工具，以及運用於營造場之一切最新出品等問題，需由本部解答或効勞者，請塡寄後表，當卽答辦。（均用函覆，請附覆信郵資；本欄擇尤刊載。）如欲得各種材料貨樣貨價者，本部亦何代向出品廠商索取樣品標本及價目表，轉奉不誤。此項服務，基於本會謀公衆福利之初衷，純係義務性質，不需任可費用，敬希台詧爲荷。

上海市建築協會服務部

上海南京路大陸商場六樓六二零號

徵詢表

問題：

姓名：

住址：

本刊二卷大革新

二卷一期特大號準二十三年一月出版

徵求續定　歡迎新定戶

本刊出版，條已經年，讀者遍海內，許爲可望之刊物，仝人未敢安自菲薄，願持我服務社會之志趣，奮我完成目的之精神，決自**第二卷起，儘量刷新**，將內容分爲**建築，工程，營造三大部份，蒐羅中外名作**，各種**建築攝影，圖樣**，以及著作譯述，無不力求充實。并將**二卷一期**刊印**特大號，增加篇幅一倍**，準二十三年一月中出版。售價增加至一元，**定閱全年者不加**。如蒙讀者諸君訂閱，不勝歡迎，請滙款向本刊發行部可也。

建築月刊編輯部啓

MOW CHONG COOL STORAGE — CREDIT ASIATIQUE, CONSTRUCTION DEPARTMENT. ARCHITECTS & ENGINEERS.
AN-CHEE CONSTRUCTION CO., CONTRACTORS.

上海茂昌冷藏棧

永安地產公司設計

安記營造廠承造

工程估價 (十續)

杜彥耿

第五節　木作工程(續)

屋頂・　作者對於屋面斜度之量算。曾費去多時的推考。依照普通習慣。自屋頂樓盤或面樣量算屋面之斜坡。因知二者以屋頂樓盤。較爲可靠。蓋屋頂樣上可以窺見全部標識。而消耗時間。亦較後者爲經濟。

當展視圖樣着手估價時。必先於腦海中存二種印象。即僅爲投標估眼性質與冀欲得標是。倘欲得標。則必細心量算其正確之尺寸。反是則估値稍昂。以節時間。亦無不可。

屋頂坡度表

流水程度	增加數量
折對流水	42%
⅓ 流水	20%
¼ 流水	12%
⅜ 流水	25%
⅝ 流水	60%
¾ 流水	80%

升勢・　屋頂斜度之量算。試述如下。

一屋之闊度爲二十四尺。屋脊自塡頭木或大梁量起爲十二尺。此謂之對折流水。倘其斜度爲八尺。則謂之三分流水。六尺謂四分流水。以此類推。

屋頂坡度。無論平斜如何。尺寸之寬度如何。坡度表則均出一律。不稍上下。

若屋面挑出之尺度一律。自無何種關係。惟因挑出之尺度不一。量算自費酌裁矣。老虎窗或其他突穿屋面之建築物。不能包括於屋面之內。自不待言。正屋面可用一次手續。量至簷口平齊。或照地盤量至挑口外端。

其理由爲整個屋面。均有若干斜坡。以按蓋若干面積之平面。若是一百方尺之平面。似屬對折流水。當用一百四十二方尺之屋面蓋之。斯點殊屬重要。營造家必須注意。且此種算法。不致發生意外。

若屋面平坦並不坡斜者。則一百方尺之面積。無加增四十二方尺坡斜之必要。

例一・　倘地盤樣上規定尺寸爲四十尺與二十二尺。加一曲角之伸長爲八尺與十六尺。其面積爲一〇〇八方尺。則屋面之斜坡升勢。如於外牆之直線起點。如對折流水。屋面之面積。當爲一四三二方尺。三分之一流水爲一二一〇方尺。四分之一流水爲一一二九方尺、四分之三流水爲一八一五方尺。再加挑出之簷口等項。

例二　試再舉一例。房屋之尺寸爲六十尺與二十四尺。對折流水之坡度。簷頭自外牆面起挑出二尺。山牆亦然。依此則地盤之平面積爲六十四尺與二十八尺。或一，七九二方尺。加上四十二折七五三方尺。總計二，五四五方尺或二十五方半。依此算法。凡挑出之簷，山頭及轉角。均包含在屋頂面積內。惟不包括任何屋面上之突露物。如老虎窗等等。因此間有二層屋面。如老虎窗牆外更有簷口。簷頭下猶有屋面。（參閱附圖）

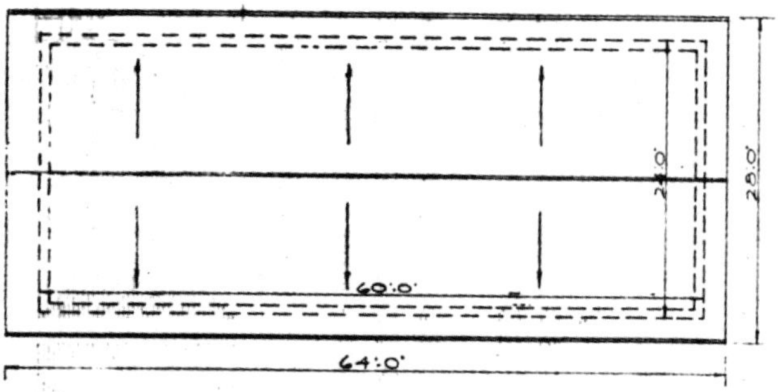

屋面樣

任何坡度之屋面。均可用此式計算。例如：一木匠將曲尺豎起。底與邊之高及濶度。同爲十二寸。則其斜度當爲十七寸。如高及濶度同爲一百尺。則其斜度當爲一百四十二尺。與十七之於十二。同出一例。十二與十二之斜度之確數爲十六•九七。因便捷起見。故作十七寸。

上圖(屋面樣)所示各節。當能予讀者更明白的指示。該圖係一普通平整之屋頂。置山頭牆於二端。點線之內爲二十六尺與三十或七百八十方尺之房屋。但挑出台口二端各二尺。兩旁屋簷亦各挑出二尺。故由上下觀屋頂平面係三十尺與三十四尺。因之其面積爲一，〇二〇方尺。加對折流水四二折卽爲一四四八方尺。包含屋面之總面積。用方根法算得總面積爲一，四四二方尺。

茲將屋架之構造。及屋頂每方之造價。列圖表於後焉。

〔接入第二十七頁〕

EMBANKMENT APARTMENTS AND BRIDGE Photo by Chen Chuan Lin

DOME OF FINANCE Photo by Chen Chuan Lin

陳君傳霖，精攝影術，爲最近有數之作家，本刊曾發表其作品；茲又得二頁，亟刊之，以饗讀者。上圖爲上海蘇州路河濱大廈及河南路橋，下圖爲圓頂建築，均可資參考。陳君現允爲本刊攝製建築像片，以後當常能飽我讀者眼福也。

上海雷米小學

賚安建築師設計

安記營造廠承造

ECOLE REMI — LEONARD & VEYSSEYRE, ARCHITECTS — AN-CHEE CONSTRUCTION CO., CONTRACTORS

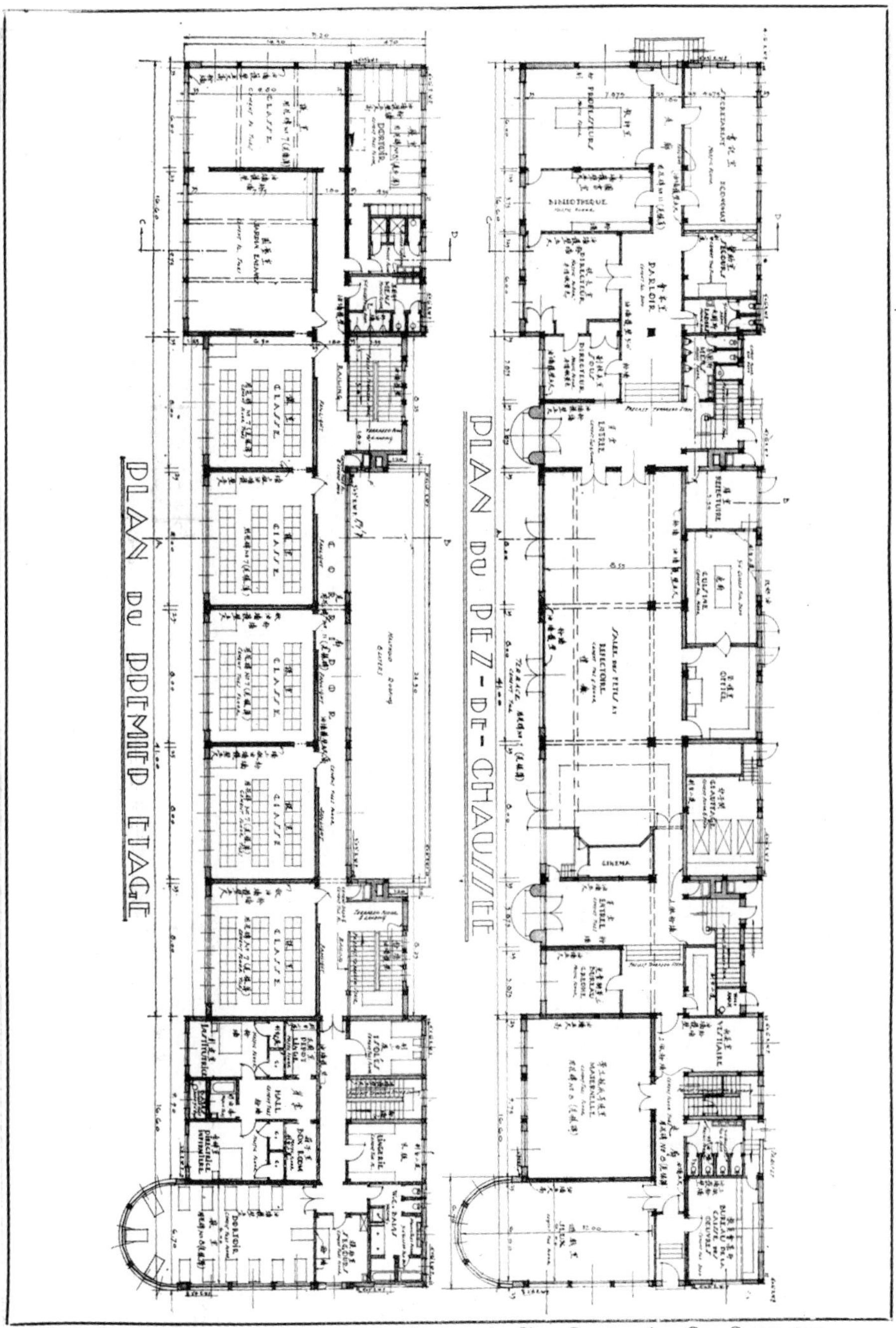

上海雷米小學圖樣

賚安建築師設計

安記營造廠承造

Ecole Remi — Leonard & Veysseyre, Architects — An-Chee Construction Co., Contractors.

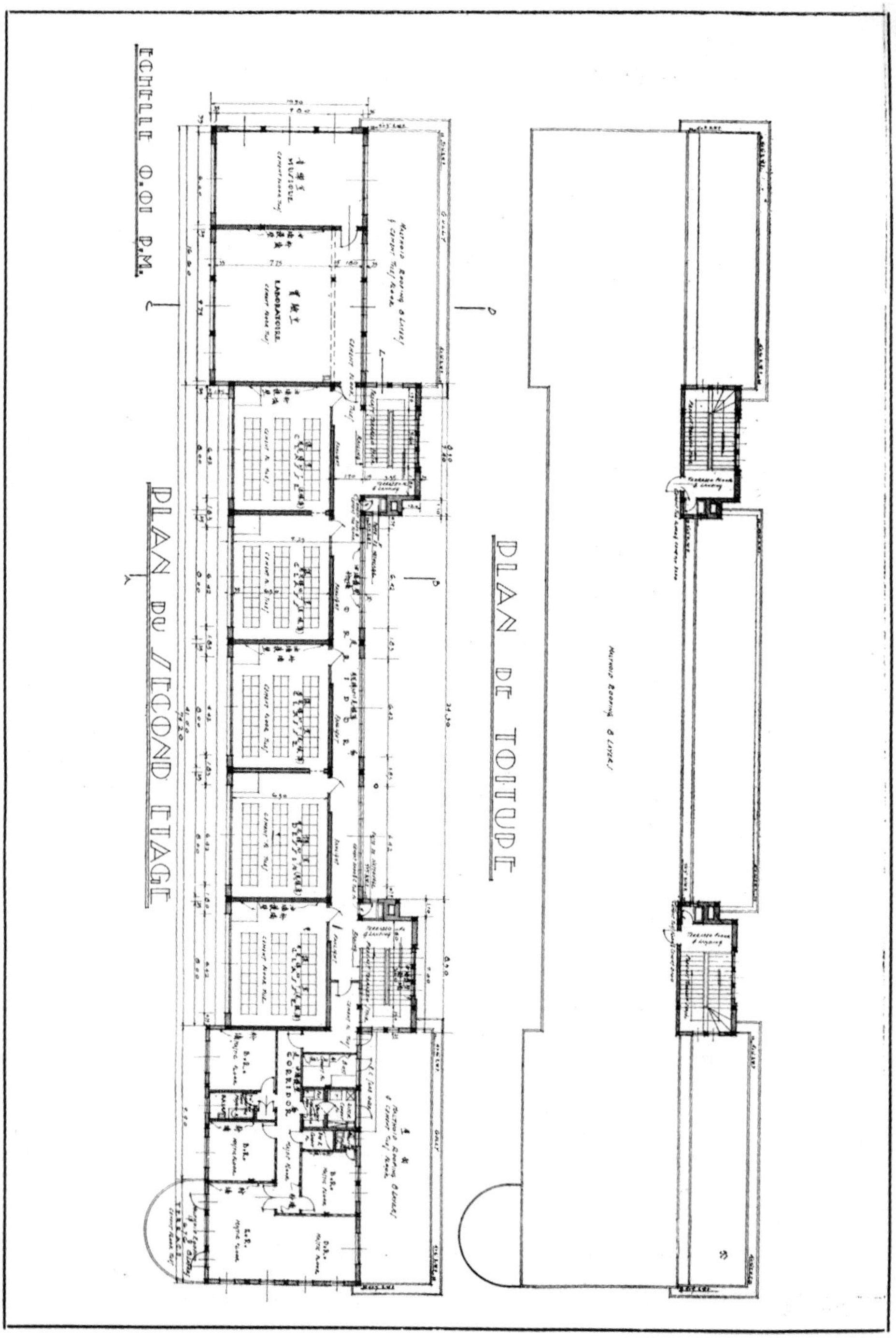
PLAN DU SECOND ETAGE
PLAN DE TOITURE
ECHELLE 0.01 P.M.
MUSIQUE
LABORATOIRE
CORRIDOR

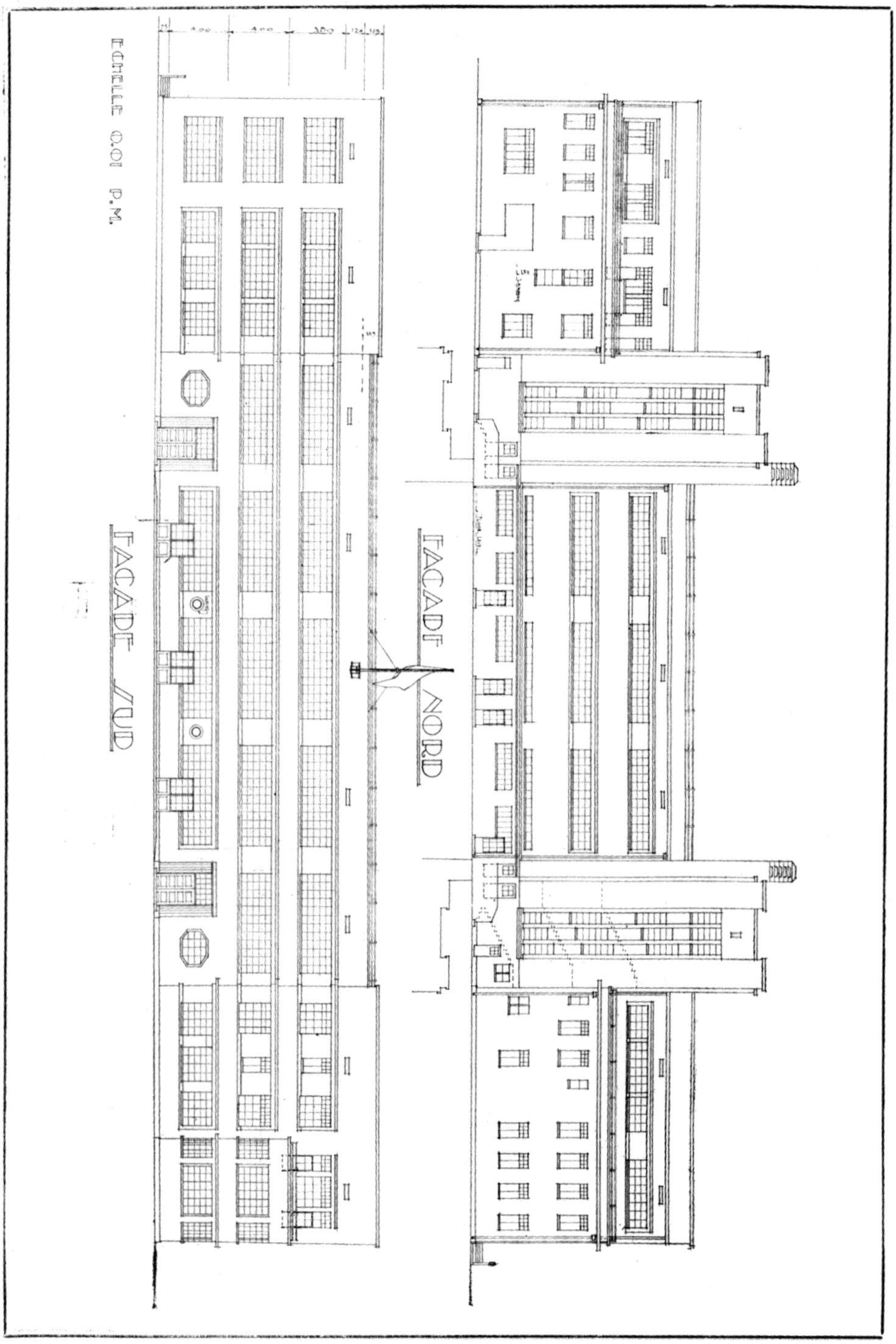
ECHELLE 0.01 P.M.
FACADE SUD
FACADE NORD

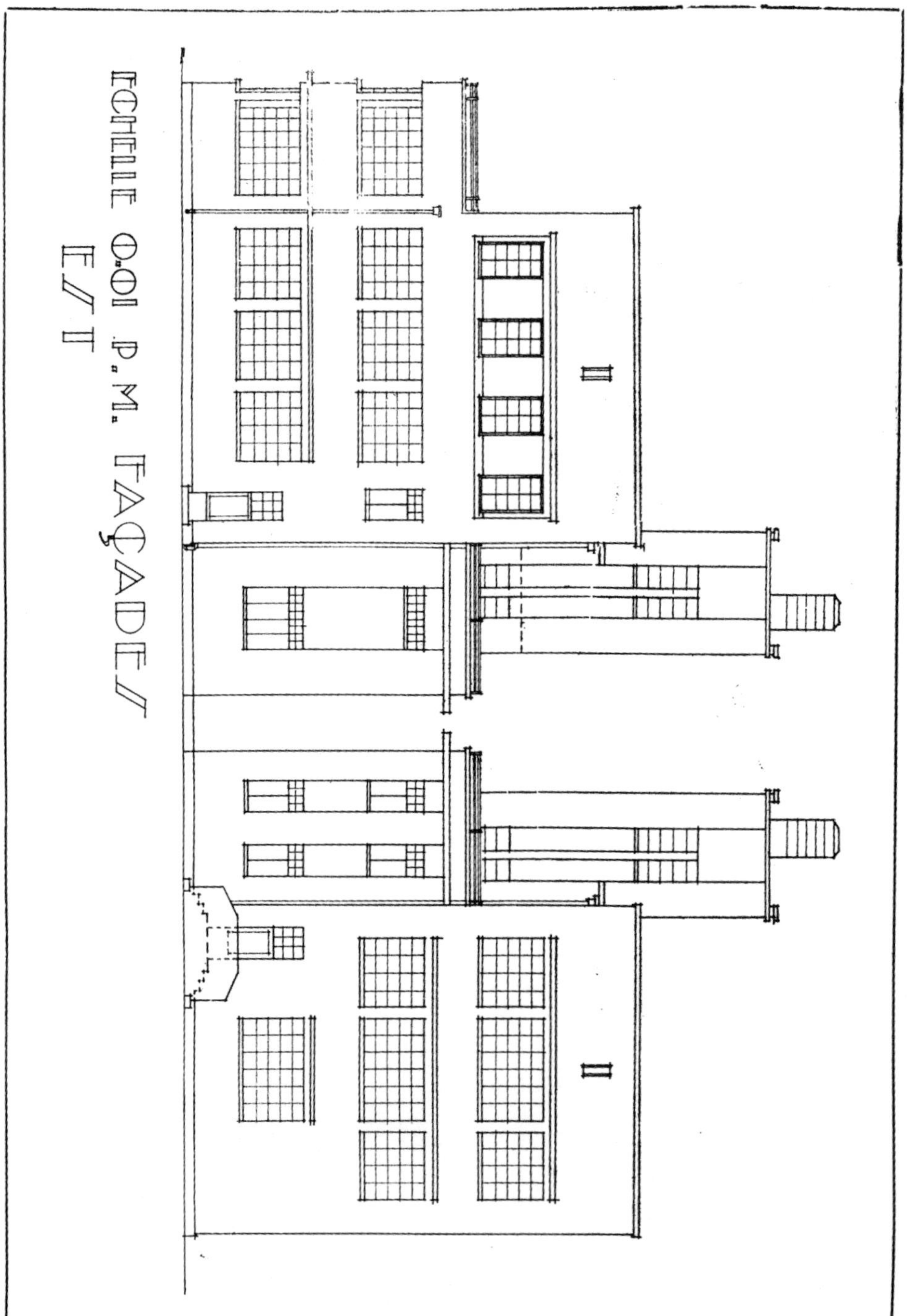
ECHELLE 0.01 P.M. FAÇADES
EST

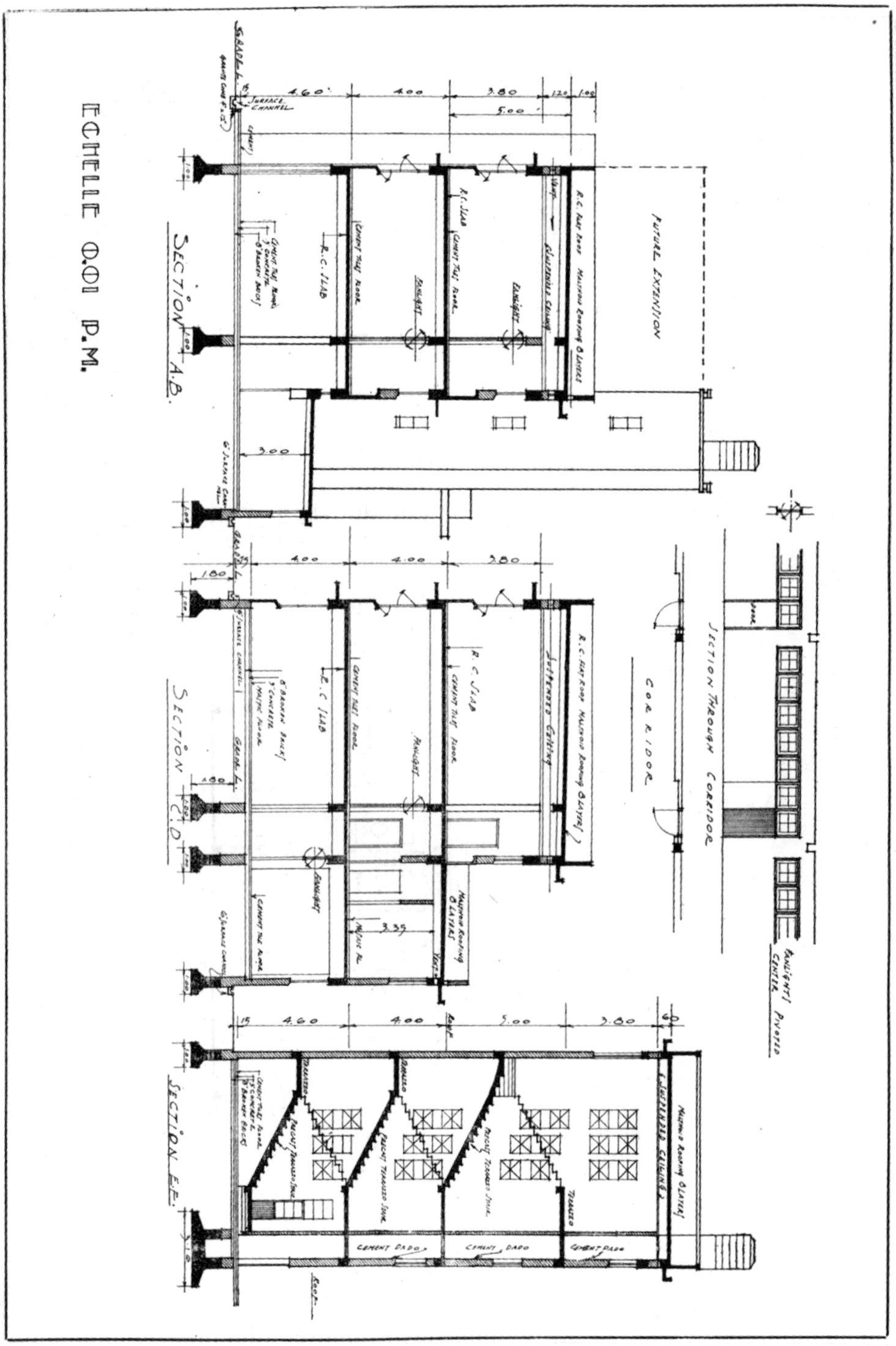
ECHELLE 0.01 P.M.
SECTION A.B.
SECTION C.D.
SECTION E.F.
FUTURE EXTENSION
SECTION THROUGH CORRIDOR
CORRIDOR
R.C. SLAB
CEMENT TILE FLOOR
SUSPENDED CEILING
CEMENT DADO

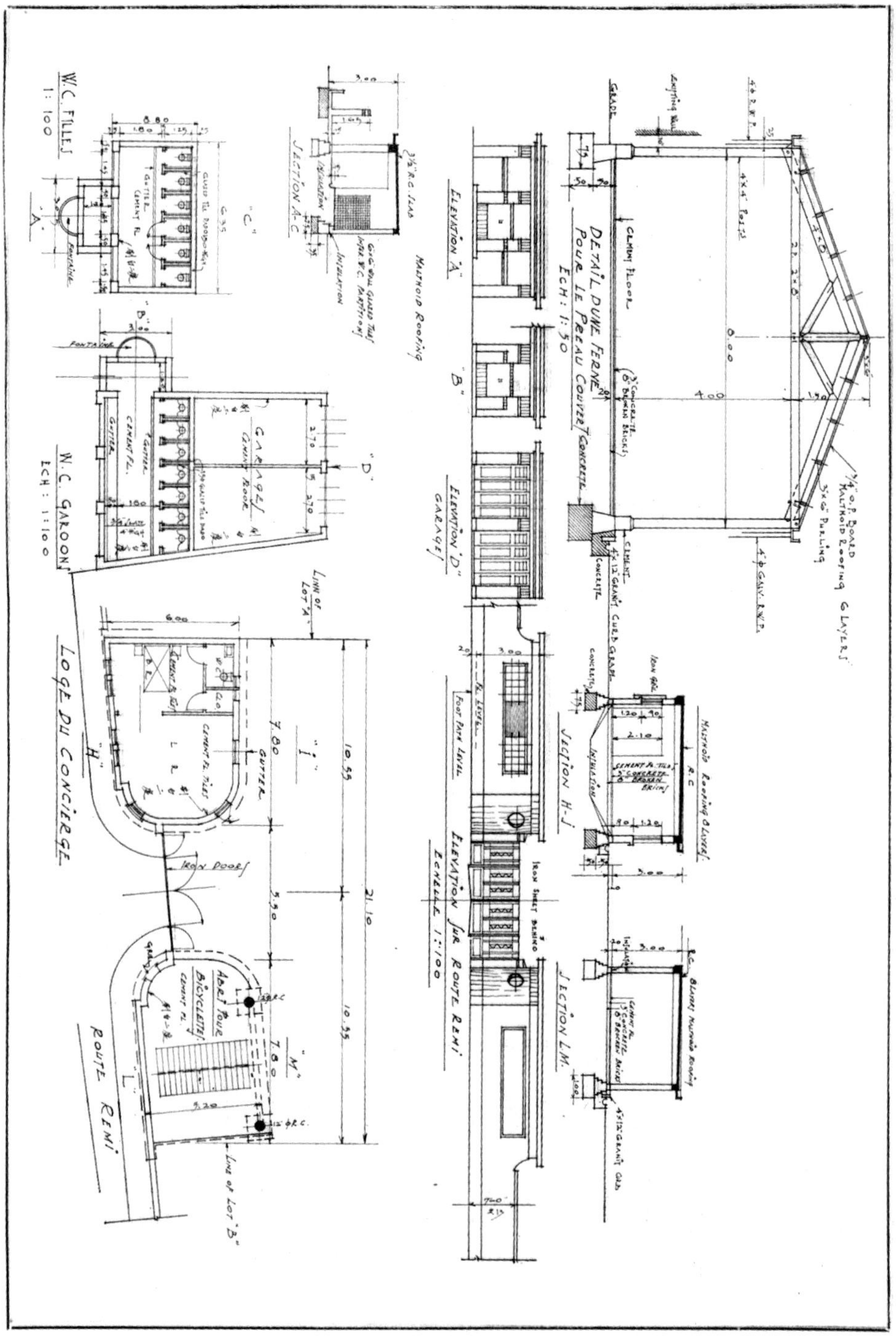
W.C. FILLES
1:100
W.C. GARÇON
ECH: 1:100
GARAGE
SECTION A-C
ELEVATION "A"
ELEVATION "D"
DETAIL D'UNE FERME POUR LE PREAU COUVERT
ECH: 1:50
SECTION H-I
SECTION L-M
ELEVATION SUR ROUTE REMI
ECHELLE 1:100
LOGE DU CONCIERGE
ABRI POUR BICYCLETTES
IRON DOORS
ROUTE REMI

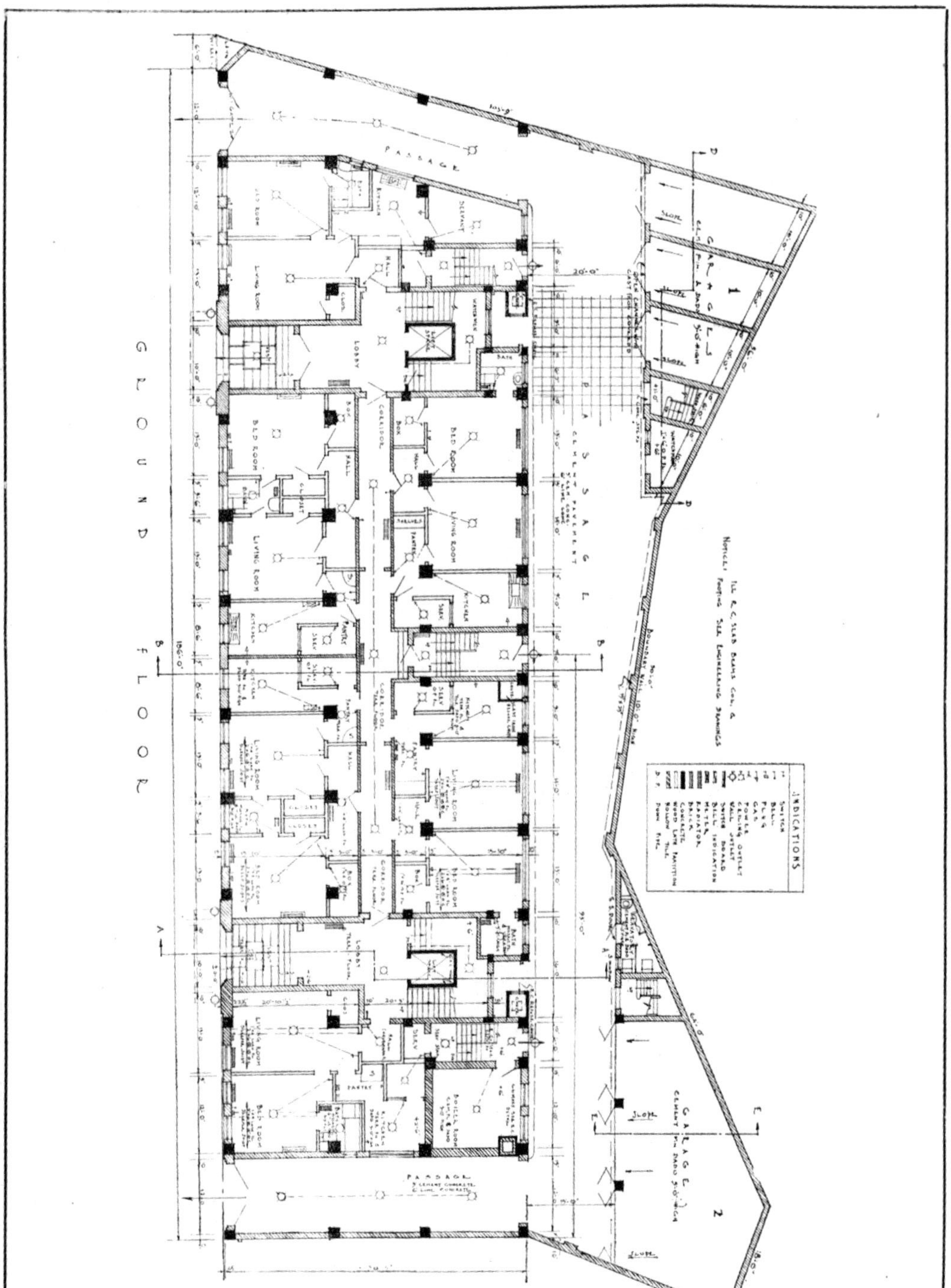

Apartment on Avenue Petain, Shanghai

Frank L. Chur, Architect

上海貝當路公寓圖樣

邱伯英建築師設計

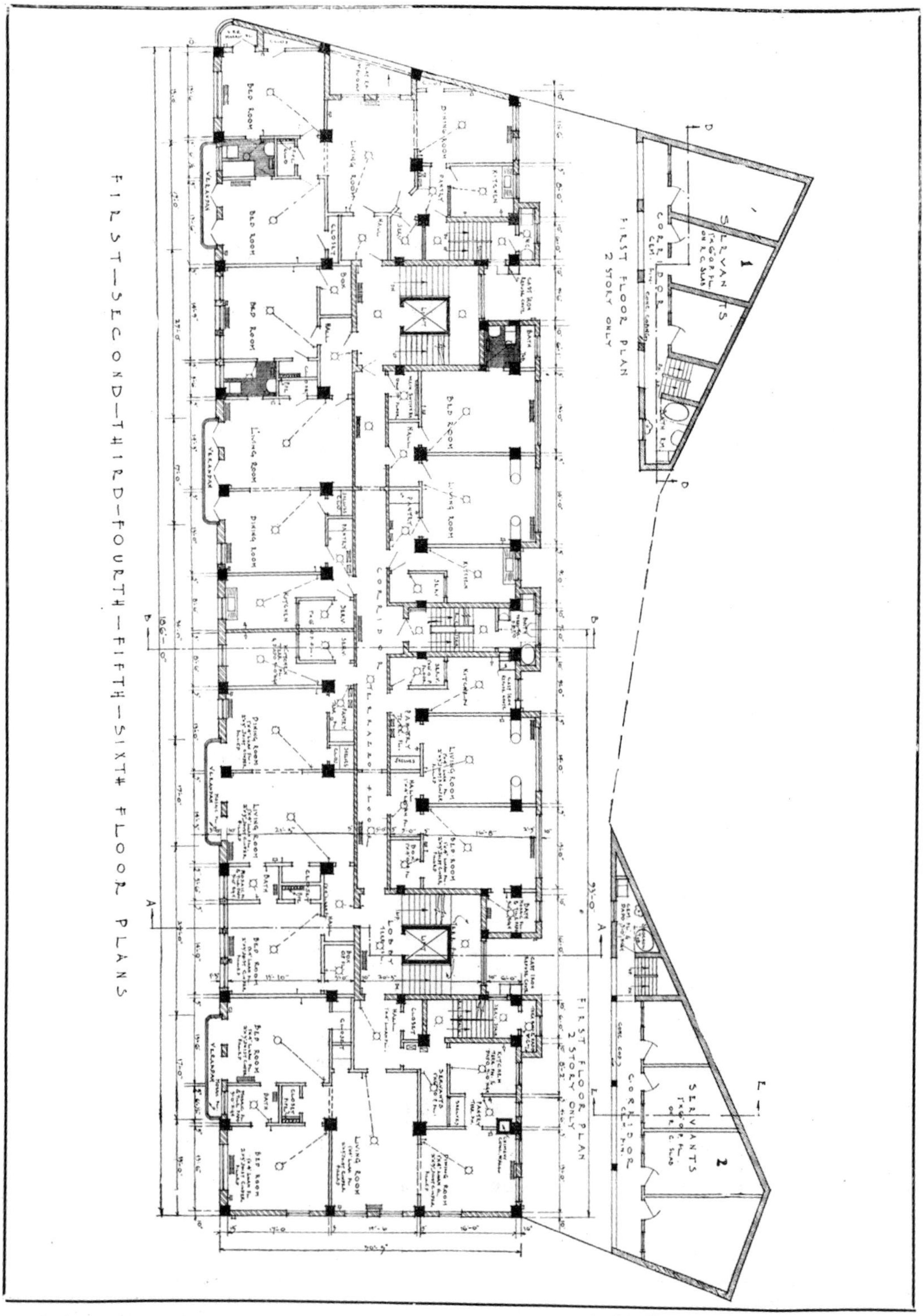

上海貝當路公寓圖樣之二

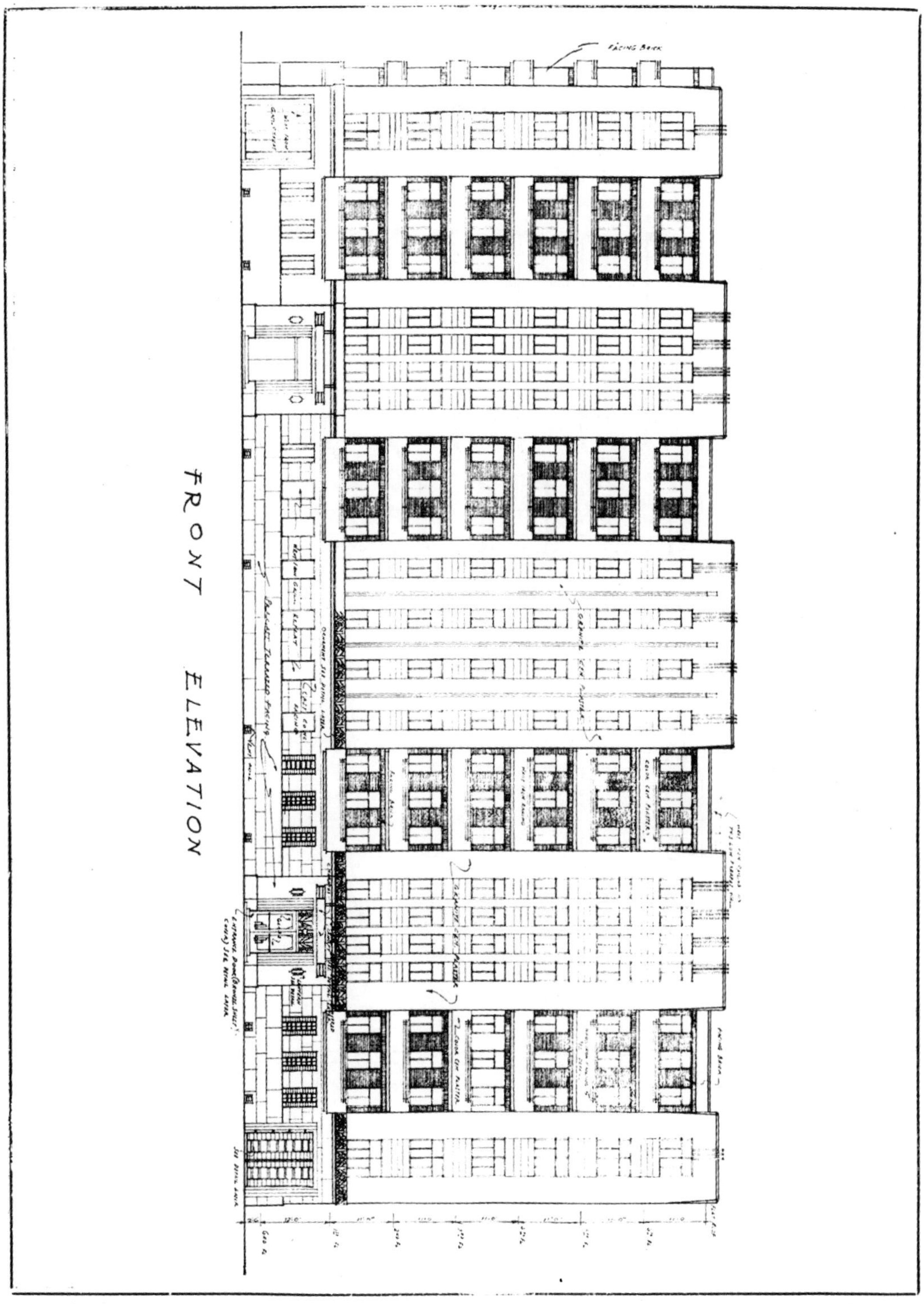

上海貝當路公寓圖樣之三

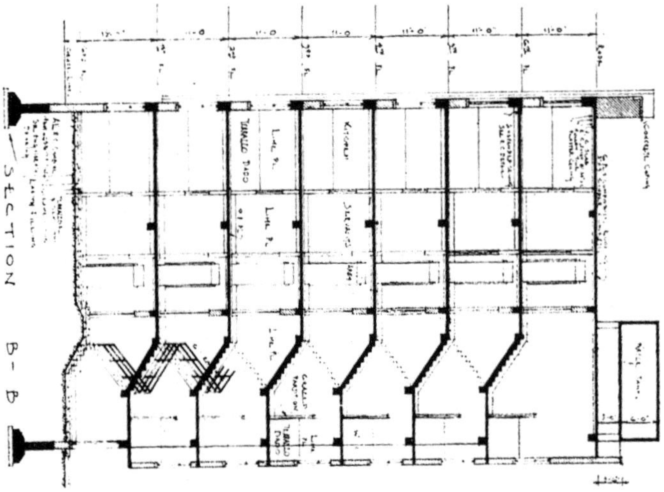

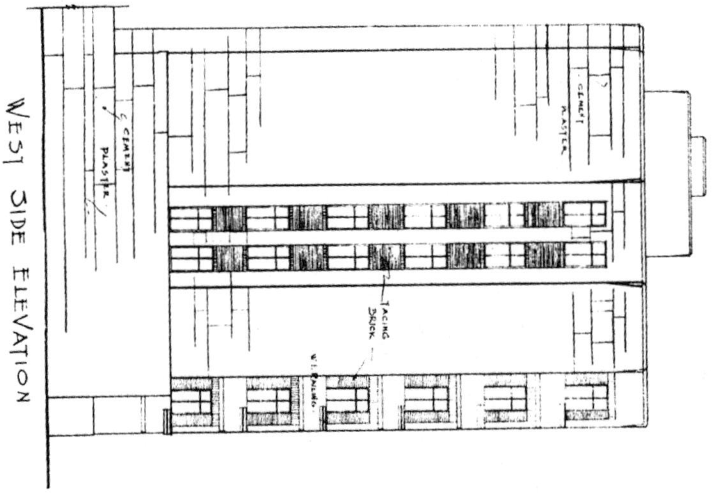

上海貝當路公寓圖樣之四

〇一二二二

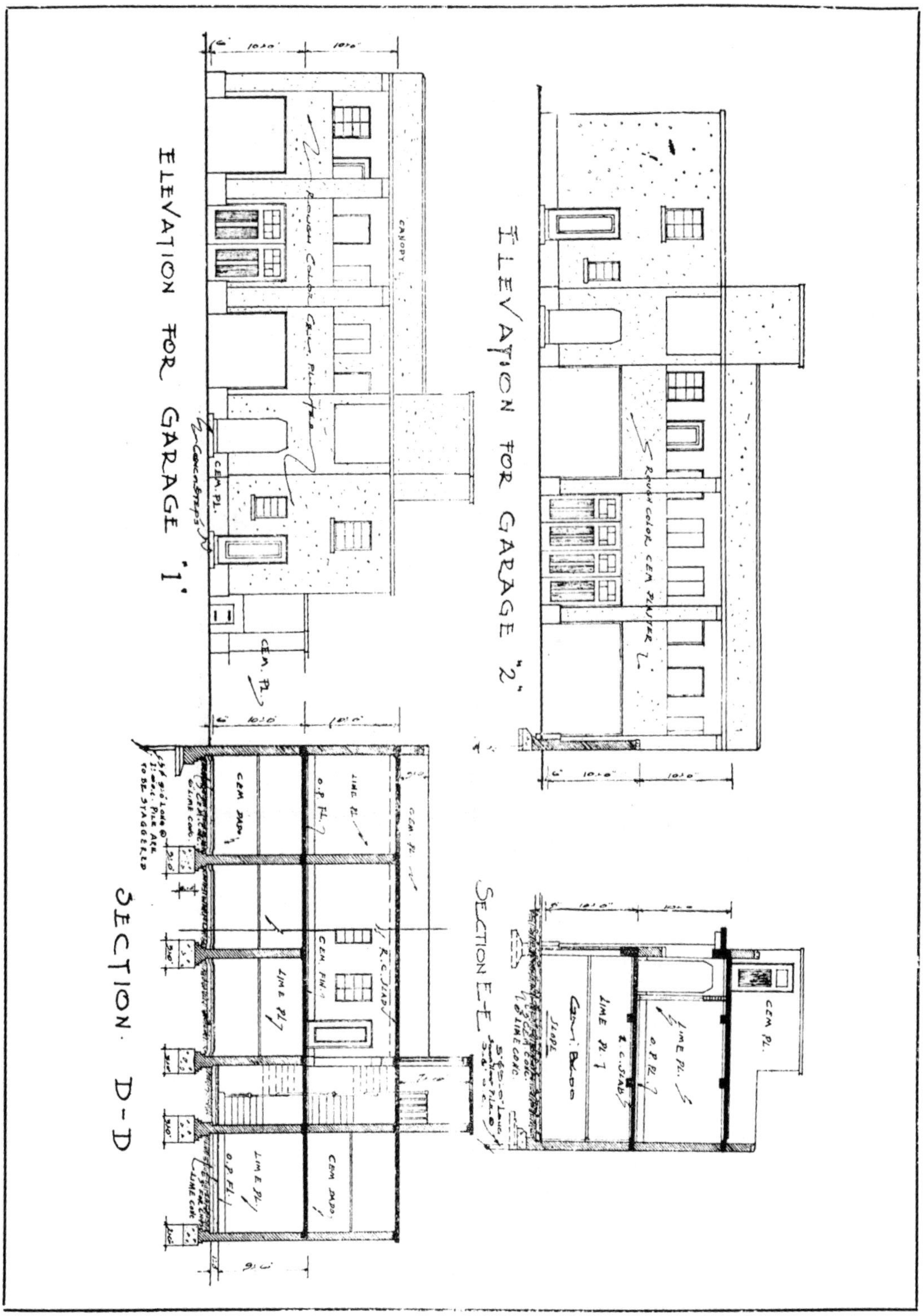

上海貝當路公寓圖樣之五

▲本會徵集圖書啓事

本會成立之始。卽以研究建築學術爲宗旨。研究之基礎。端爲蒐集圖書。藉供博採觀摩。故組織建築圖書館。亦嘗列入本會工作之一。而限於經濟。因循未成。耿耿之心。則無窜已。迺者。檢集歷年存書。得中西書刊數百本。束之高閣。殊背羅致之初衷。以致借閱。則嫌掛一而漏萬。爰擬積極籌劃。必期實現。除量力增購以圖擴充外。並盼熱心提倡建築學術之人士。踴躍捐贈。如割愛可惜。則暫行借存亦可。務使建築同人獲得讀書之機會。功在昌明建築學術。彌深企禱。倘蒙國內外出版家贈閱有關建築之定期刊物。亦所歡迎。本會當以本刊奉酬也。此啓。

本刊發行部啓事

本刊每期出版後，均經按期寄發；惟少數自取之定閱諸君，尙有未曾來取者，本刊殊感手續上之困難。且本刊銷路日增，時有告罄之虞，定閱諸君如歷久來取時書已售完，亦屬損失。嗣後凡自取定戶，希於出版三個月內取去，過期自難照補，尙希注意爲荷。

建築辭典（八續）

「I bar」工字鐵。

「I beam」工字梁。

「Ice house」「Ice room」冰室。

「Imbrex」圓筒瓦。

「Imbrication」鱗形。屋瓦蓋砌之形狀如鱗。

「Impost」墩子。〔見圖〕

「Imitation stone」假石。

「Imitation marble」假雲石。

「Impluvium」受雨天井。〔見圖〕

「Inch」英寸。

「Installation」設備。

「Inside lining」內度頭。內襯。

「Inlet」頭子，引入口。

「Instrument room」器械室。

『Inclined shore』斜坡，眠羊灘。

『Incrustation』裝表飾。因物之外觀簡陋，遂漆塗較優之物質，藉以生色；如粗石之於瑪賽克，木之包以金屬物，磚垣之以雲母石蓋面等等。

『Indentation』齒合形。

『Indented』齒合接。〔見圖〕

『Indented beam』齒合梁。

『India rubber』橡皮。揩除鉛筆線或墨蹟之物具。

『Industrial structure』工業建築。

『Infirmary』施療院。

『Insulate』音疎籟，隔絕。凡能隔絕熱炎，冷氣及音浪之物都稱之。

『Inter-axis』軸間，內心。

『Interbaluster』欄杆檔。

『Intercolumn』柱子檔。

『Intercolumniation』分柱法。〔見圖〕

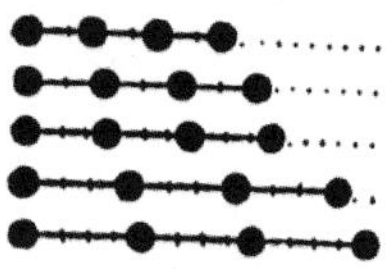

『Intercopula』內圓頂。

『Interdentil』排鬚檔。

『Interdome』內圓頂。圓頂內外壳之中層空間。〔見圖〕

『Interduce』雙拚短板牆筋。

『Interfenestration』窗間。兩窗中間距離之隔檔。

『Interglyph』排檔。

『Interior』裏面。

『Interjoist』擱柵檔。

『Interlaced arcade』蔴紋圈。〔見圖〕

『Intermural』壁間。意國宮闈中每有將扶梯置於壁間者。

『Internal mitre』陰角轉縫。

「Internal orthography」內面圖。

「Intersecting arcade」交點列圈。

「Intersecting tracery」拱頂交點。

「Intersecting vault」穹頂交點。

「Intertie」內結。

「Intrados」裡檔。如溝渠圓筒之內淨高度等。

「Inverted arch」倒法圈。〔見圖〕

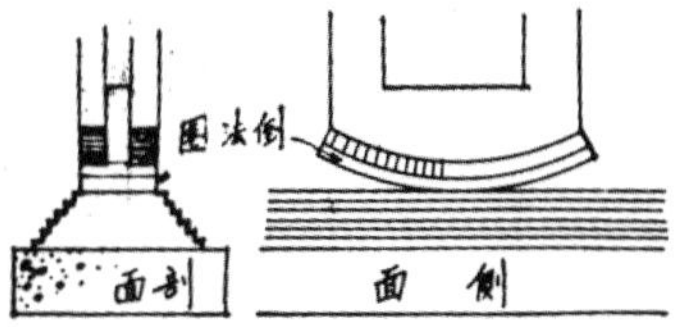

「Inverted cyma Recta」胃足線。〔見圖〕

「Inverted cyma Reversa」肫脯線。〔見圖〕

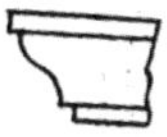

「Ionic order」伊華尼式表型。

Ionic capital 伊華尼式花帽頭。〔見圖〕

「Iron」鐵。

Angle iron 三角鐵。

Cast iron 生鐵。

Channel iron 水落鐵。

Corrugated iron 瓦輪鐵。

Plate iron 鐵板。

Rod iron 鐵條。

Sheet iron 鐵片。

T iron 丁字鐵。

Wrought iron 熟鐵。

Z iron 乙字鐵。

Iron foundry 鐵廠。

Iron wood 鐵木。

「Iron monger」五金商。

「Irregular coursed rubber」亂石組。

「Isle」與 Aisle 同。甬道，耳房。

『Isacontic』等響線。

『Isodomum』石牆。每皮石塊，厚度相等，長度亦同，豎直之頭縫均係騎縫。〔見圖〕

『Isolation hospital』隔離病院。

『Italian tile』意大利瓦。

『Iron work』鐵工。

『Ivory oil』奶色油。

『Jack』起重機。〔見圖〕

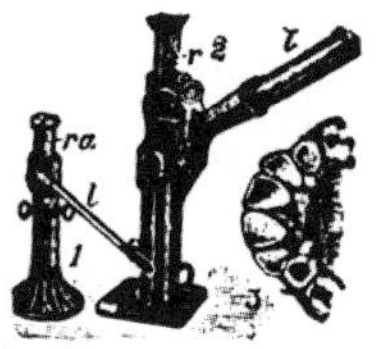

『Jack arch』粗法圈。毛草或臨時用之圈拱。

『Jack rafter』戧門。屋頂桷脊中之短段椽木。

『Jack rib』圓穹短筋。

『Jack screw』起重螺旋。

『Jack timber』甲克料。短段小料，撐於板牆筋中間，或桷脊中之戧門等。

『Jalonsie』遮窗。〔見圖〕

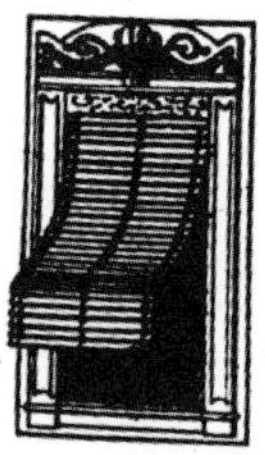

『Jamb』堂子梃、門或窗旁之直立框柱。

Jamb lining 度頭板。門旁或其他類似之豎直板框。

Jamb post 督頭柱。門或空堂旁之直立框柱。

Jamb stone 督頭石。門或窗旁之護角石。〔見圖〕

『Jerkin head』半截山頭。山頭尖端削去旁佐戧脊之屋面。

『Jerkin head roof』半山頭屋面。屋面之以半截山頭形成者。

『Jerry builder』粗工。以粗劣之材料構築者。

『Jerry building』陋屋。屋之以粗劣材料造成者。

『Jetty』碼頭，埠頭。

『Jib』吊杆。起重機之臂。

Job door 隱戶。門與牆面相平，髹之以漆，或用紙糊幔，使之隱蔽不見。

『Joggle』 嚙合，鑲合。石或木銜合牢固之接縫處；同柱頭開斜接合斜角撐或天平大料之斲口處。(見 King post 圖)

Joggle beam 拚大料，拚梁。梁之用數木以拚成者。

Joggle piece 正同柱。屋頂大料中央之支柱，亦即 King Post。

Joggle post 正同柱。柱之有肩甲者以資斜角撐之接合。正同柱用數木拚成者。

Joggle truss 獨柱梁。梁之以一柱支撐者。

Joggle work 鑲石工。每層石條用筍鑲合者。(見圖)

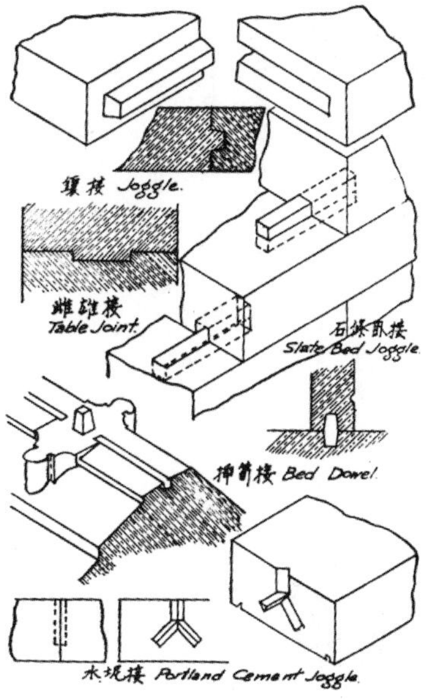

『Jonier』 小木工，做裝修木工。

『Joint』接縫。

『Joist』擱柵。一種平臥之材料，俾樓板舖置其上，與平頂之懸貼；前者謂樓板擱柵，後者謂平頂擱柵。樓板擱柵之厚度，至少不得薄於二寸，闊度亦須九寸。

Ceiling joist 平頂擱柵。

Floor joist 樓板擱柵。

Trim joist 千斤擱柵。

『Jube』簾屏。禮拜堂中聖壇前所懸之簾屏。

『Keel』薄口線。圓形線脚之上更起銳利之薄口。

『Kennel』 狗舍，溝渠。

『Keramic』陶器。

『Kerb』與"Curb"同。側石。

『Key』鑰匙。

Key hole 鑰匙孔。

Key hole escutcheon 鑰匙銅皮。

Key plan 總圖。

Key plate 鑰匙銅皮。

Key stone 老虎牌，拱心石，懸頂石。法圈中心之拱牌。〔見圖〕

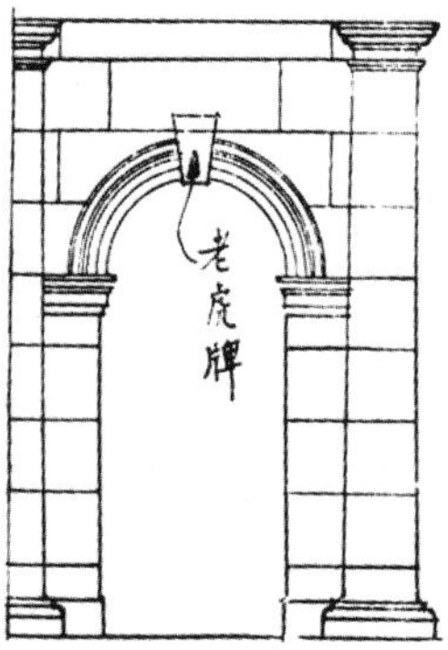

『Kick plate』踢板。門之下端，釘以金屬之薄片，所以防護踐踢也。

『Kiln』烘房，磚窰。

Kiln dry 烘乾。

『Kilometer』基羅米突。一千米突之長度為一基羅米突，即等於三二八〇•八英尺或〇•六二一里。

『King closer』八字角磚，圈磚。長方形之磚，一端裁去一角者。上闊下小筍形之磚，用以砌法圈者。（見圖）

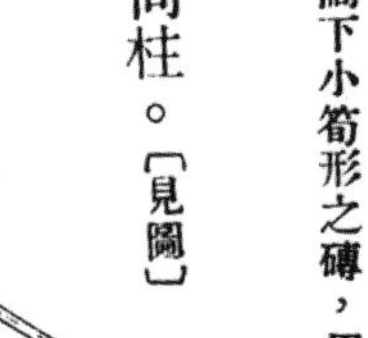

『King post』正同柱。〔見圖〕

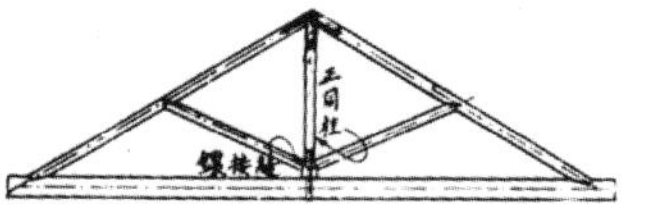

『King truss』正梁。

『Kiosk』涼亭。裝設富麗之涼亭，初於波斯及土耳其見之，現在各地公園中，均皆放置。

『Kitchen』廚房。

Kitchen range 鐵灶。

Kitchen dresser 廚房櫥。

Kitchen garden 菜圃。

『Knee』扶手彎頭。

『Knob』執手，握手。裝於門上者〔見圖〕。

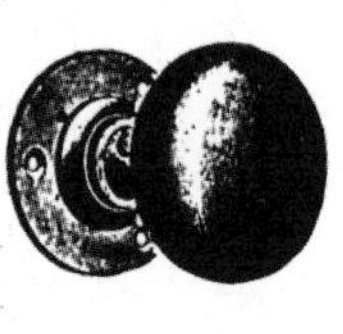

『Knot』木節瘤，結掣。

『Knulling』彎圓線。

（待續）

近代影院設計之趨勢

朗琴

近代電影院之設計，隨科學而演進。自有聲影片發明後，影界面目爲之一新，而觀衆視覺聽覺兩能應用，興趣倍增，於是影院營業之發達，爲臆料中之事；因此各院對於建築鈎心鬥角，不惜投以鉅資，以期富麗堂皇，迎合觀衆之心理，此又爲必然之結果。英國名建築師列赫氏(Mr. J.R. Leathart)最近在雪佛爾及南約州(Sheffield, South Yorkshire)區之建築師及測量員聯合會，演講近代影戲院設計之趨勢。將視線聽覺分別加以扼要之闡述。語多精詳，足徵經驗之有素，爰加迻譯，以備參閱。

視線問題

對於影片之生產，雖作科學化之探討，而於視線問題仍無影響，此實影院建築師所常遇之難題。關於視線之控掣，有二法則。其一爲戲院地面每十尺之平行線，其隆起不能超過一尺，否則除簾幕懸掛頗高外，後列坐位之視線將難以清楚。其二爲樓廂之傾斜，不能超過三十五度，此實予雙層院屋以困難之限制。此外關於目力緊張(Eye Strain)問題，亦有二種規定。其一卽第一列座位目力之水平與簾幕之頂，其視線之垂直角最高爲三十五度。若應用極闊之簾幕後，幕之長度亦須增加約十尺左右，於是前面數列座位，不得不加移去放棄，此在院主所應準備忍受者。若簾幕高度增加，樓廂亦須隨之增高，以期後列座位之觀衆，能得清晰之視線；換言之，戲院之高度容積，均隨之俱增矣。故加闊簾幕之應用，尙待諸時日，必須戲院有特殊之設計，始能適合應用也。

聽覺設計

經驗及研究足以證明，若欲免去過度之反響或回聲，對於戲院之容積亦不得不有相當之限制。其數約闊一二〇立方尺深一三〇立方尺爲最高度。但實際上此種限制實屬不能應用，因其有極大之樓廂，其高度足以阻止頂排座位所發生之雜沓也。有聲影片最初所生之回聲或反響，集於收音室(Recording Studio)內，然後再加放大，反射播送。爲欲將聲波重行放送起見，故必須將次重及其他室內回聲減低至最低度。欲達此目的，如將戲院容積減至上述限制，卽可奏效。或於幕後用高度播音器，糾正方向，傳送於各座位。（此爲最普通之設置）或於院之頂牆用吸音機(Absorbents)，亦可使聲浪清晰，遠近皆聞。或將地面舖以厚氈，座椅舖以墊褥，亦可奏同一效果。除上述外，有一點須注意者，卽平行邊牆之相互反音，或吸音機受牆飾或其他旗幟等垂飾物之震動，均使音波受不良之影響。扇形之戲院，不論在平面及剖面，均使聲波之趨向有反抗作用，除非戲台前部之闊度，與院之頂牆之闊度，其比例並不過當，適合程度也。

開林油漆公司

方今熱心救國之士。不莫以提倡國貨呼號於衆。而提倡國貨者。端賴國人能仿製外貨。或發明自造出品。務必優良。定價尤宜公道。方足以使國人信心樂用。雖有外貨列肆。亦勢必棄置勿顧。而後始克盡提倡國貨之能事。

向者。國人所需用之塗料油漆。純係購自外洋。每年漏巵之鉅。數足驚人。開林油漆公司有鑒於此。於民國四年。在滬設立工廠。聘請技師。發明雙斧牌各種塗料油漆。經歷廿年以來。銷路日增。該工廠擴充三次。出品仍有求過於供之勢。足見國人之愛國而樂用國貨者。與時日俱增。但竊念我國油漆業製造。尚在幼稚時代。復頻受外國資力雄厚之同業者。種種壓迫。若求抵抗。非有極大規模之製造。以及有極優美極齊備之出品。則又何能與舶來品競勝於市場。該公司努力猛晉。奮鬬不懈。特在滬北江灣西體育會路。自置地產三十餘畝。築最新式之巨大工廠。大加擴充。計自民十九一月興工。費二年之時間。工程方告完竣。所有內容設備。均異常爲最新式之製造油漆工廠。不稍軒輊。出品之範圍。首推製造白顏料之部份。所佔面積十畝有奇。此外研究室化驗室等。莫不設備完善。廠房之外。有一百三十五尺高之大烟囱。九十五尺高能容萬餘加侖之大水亭。以供全廠各科工業之用。一切佈置。無不採納最近科學上之新穎方法。規模之宏偉。足稱吾國空前最大油漆製造廠。亦欲爲吾國製造油漆界放一異彩也。

開林油漆有限公司製造廠中部鳥瞰全景
爲中國最偉大之油漆製造廠
The Bird's eye View of The Central Part of Kailum Paint & Varnish Mfg. Co., Ltd.
The Largest Paint Factory in China

開林油漆有限公司製造廠東南角全景
爲中國最偉大之油漆製造廠
The Southeastern View of Kailum Paint & Varnish Mfg. Co.,Ltd.
The Largest Paint Factory in China

〔接第四頁〕

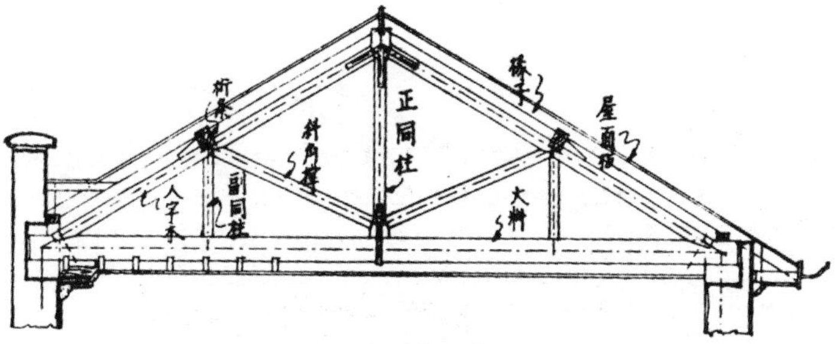

屋頂剖面圖

屋頂每方價格表

工料	尺寸 闊	厚	長	數量	合計	價格	結洋	備註
大料人字木等				每方約需	二〇〇尺	每千尺八〇元	一六•〇〇元	此係普通約數如欲詳確當視屋頂起伏之狀而別
桁條	六寸	三寸	十尺	三根	四十五尺	” ”	三•六〇元	
屋面板	一寸	六寸	十尺	二十二塊	一一〇尺	” ”	八•八〇元	
格椽	一寸半	六分	十尺	十根	一〇尺	” ”	•八〇元	
釘							一•五〇元	
木工					一二工	每工包工•六五元	七•八〇元	
牛毛毡		一層	(1 ply)	半捲	半捲	每捲八元	四•〇〇元	牛毛毡種類極多此爲兵牌
紅瓦片				一五〇張	一方	每千洋六三元	九•四五元	
蓋瓦工				二工半	一方	每方包工連飯六角	一•五〇元	
鉛絲							•三〇元	
				共計			五三•七五元	

水泥木壳　澆製鋼骨水泥。必用木壳爲之襯託。亦有用鋼壳者。惟滬上用者殊尠。木壳工程。亦爲草場木作中之重要部份。木壳所用材料。已如前述。惟每方（卽十英尺見方）之木料。平均約需自三百五十尺至四百尺。間有四百尺以外者。須視其大梁之高深與疎密爲判。玆將各種木壳圖樣及價格分析列下。

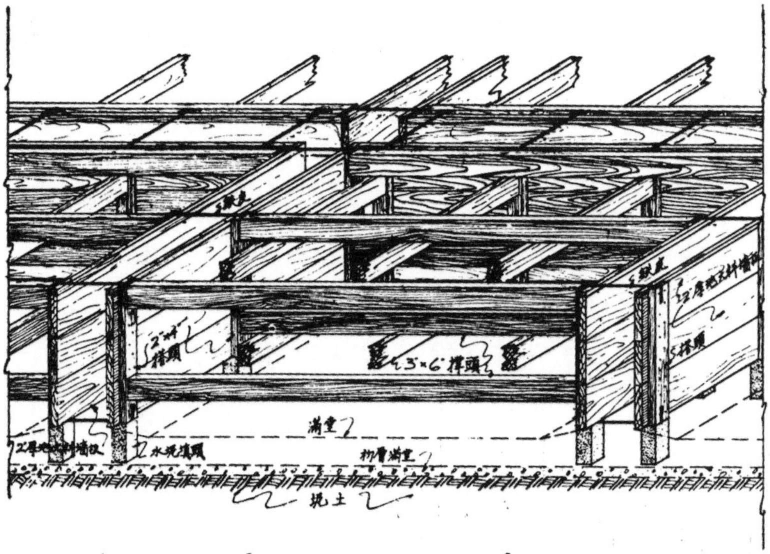

底脚木壳

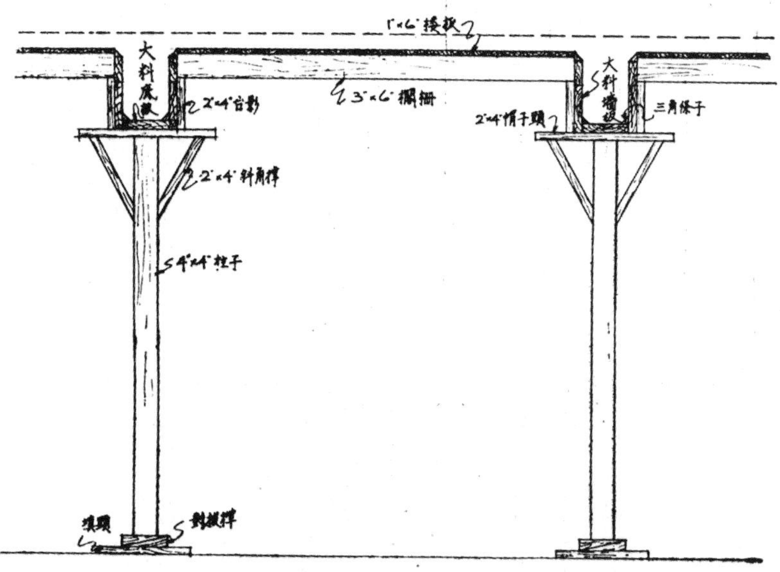

大料木壳

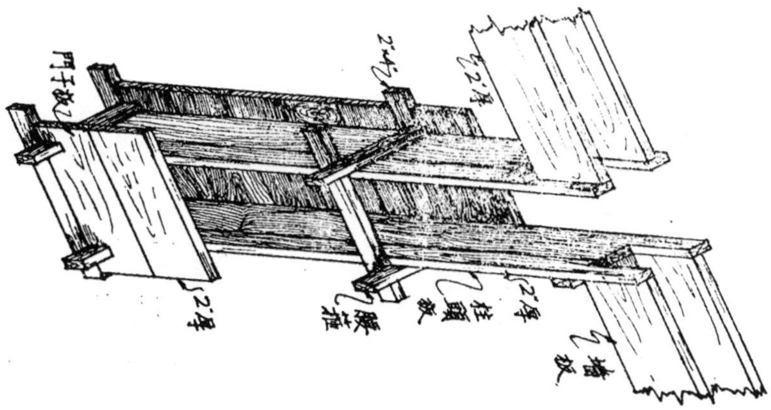

柱子木壳

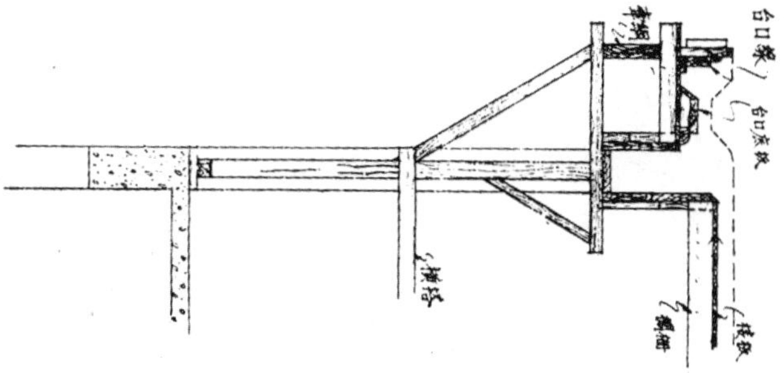

簷口木壳

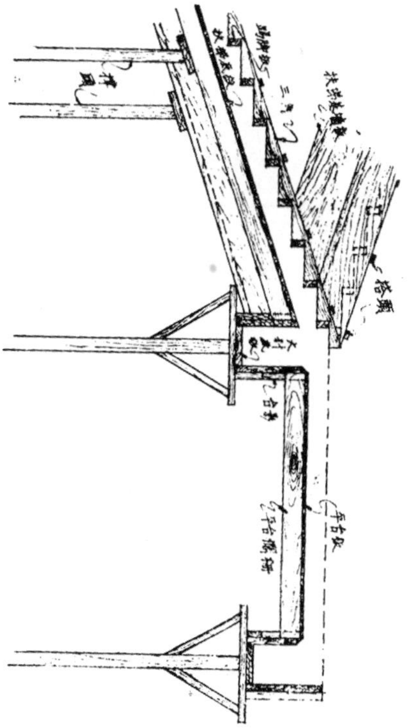

扶梯木壳

地大料木壳子工價分析表

十二尺半長　八尺闊　四尺高

工程	尺寸 闊	厚	長	數量	合計	價格	結洋	備註
地大料牆板	十二寸	二寸	十一尺	六塊	一三二尺	每千尺洋八〇元	洋一〇•五六元	此係約數欲求詳
,,	,,	,,	七尺十寸	,,	九四尺	,,　,,	,, 七•五二元	確視工程圖樣而
,,	一寸	,,	十一尺	二根	四尺	,,　,,	,, •三二元	估計之
,,	,,	,,	七尺十寸	一根	三尺	,,　,,	,, •二四元	
撑頭	六寸	三寸	十尺八寸	六根	九六尺	,,　,,	,, 七•六九元	
,,	,,	,,	六尺二寸	八根	七四尺	,,　,,	,, 五•九二元	
搭頭	四寸	二寸	三尺十一寸	十四根	三七尺	,,　,,	,, 二•九六元	
水泥墳頭	,,	四寸	十一寸	十四塊	一•四二立方尺	每方洋六二•四九元	,, •八九元	見第一期第四表
鐵皮			三尺	二十八條	八四尺	每担洋三•五元	,, •六〇元	
三寸元釘							,, 一•〇〇元	
木匠工				五工	一方	每方洋•六五元	,, 三•二五元	自五工至八工視工程簡易巨細爲判
							四〇•九五元	

大料柱子及平台木壳子工價分析表

大料十二寸×二十二寸　　柱子十八寸方

工料	尺寸			數量	合計	價格	結洋	備註
	闊	厚	長					
柱頭板	十二寸	二寸	十尺八寸	二塊	四三尺	每千尺洋八〇元	洋三•四四元	此係約數欲求詳
”	六寸	”	”	”	二一尺	” ”	”一•六八元	確視工程圖樣而
門子板	十二寸	”	二尺半	二四塊	一二〇尺	” ”	”九•六〇元	算之
腰箍	四寸	”	三尺半	一二根	二八尺	” ”	”二•二四元	
台影	”	”	一尺半	二根	二尺	” ”	” •一六元	
大料底板	十二寸	”	九尺半	二塊	三八尺	” ”	”三•〇四元	
大料牆板	”	”	”	四”	七六尺	” ”	”六•〇八元	
”	六寸	”	”	四”	三八尺	” ”	”三•〇四元	
三角條子	二寸	”	”	四條	一二尺	” ”	” •九六元	
帽子頭	四寸	”	三尺	四塊	八尺	” ”	” •三二元	
斜角撑	”	”	二尺	八”	一〇尺	” ”	” •八〇元	
柱子	四寸	四寸	八尺半	四根	四五尺	” ”	”三•六〇元	
塡頭	一二寸	二寸	二尺	四塊	一六尺	” ”	”一•二八元	
對拔榫	四寸	三寸	一尺	”	四尺	” ”	” •三二元	
樓板	六寸	一寸	八尺半	十八塊	七七尺	”四五元	”三•四七元	
欄柵	”	三寸	”	八根	一〇二尺	”八〇元	”八•一六元	
台影	四寸	二寸	一尺	十六根	一一尺	” ”	” •八八元	
三寸元釘					一方		”一•〇〇元	
木匠工				六工	一方	每工包工連飯洋•六五元	”三•九〇元	
							”五三•九七元	

（續待）

A MERRY CHRISTMAS AND
A PROSPEROUS NEW YEAR
新亞
SHANGHAI BUILDERS' ASSOCIATION

1934
A MERRY CHRISTMAS AND A PROSPEROUS NEW YEAR
AN-CHEE CONSTRUCTION CO.

建築裝飾與家具設計

黃鍾琳

在今科學發達的世界，一切都有標準可供參考，但審美力則沒有標準可稽。藝術的所謂美與醜，各人儘可站在主觀的立場去任意發表意見，因為一般人的目光是相差無幾的，故在普通情形之下，對於美的批判亦相近。在藝術方面，和諧是設計的基本，有時一人以為和諧者，在另一人却以為失却了和諧性。可是我們意想中審美之標準為和諧，在組織上之所謂和諧，即在使配合之各零件成為整個性，樂曲之成功，賴於諸音定律，畫家所作繪畫，亦須使設計與色彩相配和諧，在建築上，設計整個房間內部裝飾與佈置家具時，須使各物有相互的關係，如是才可稱為設計完美。

在前節雖把音樂圖畫與房間佈置並提，可是其中大有分別，一曲一畫大都由音樂家或畫家一人作成，但在房屋裝飾則不然，建築師工作在先，裝飾者完成於後，如各人做各人的工作而不相顧及，則其結果必致失却和諧性而遭失敗。如欲得滿意結果，建築師與裝飾者非祇合作，並須意見相同，渠等須先明瞭和諧之真義，然後方能使工作確甚和諧。

最近數十年來，新建築物式樣不一，其中家具式樣亦各不同，在中式建築中引用中式傢具，在西洋古式建築中則用相稱之西式家具，在最近現代式建築中，則用新式木器，其中雖都合乎和諧原理，可是也祇襲用大成而已，此點亦足表示社會思想之紊亂。我們欲創造適合中國社會之新式建築與家具，須協力研究，以求最後之成功。

家具之形式為裝飾設計之表現，故裝飾者須設計家具，以適合建築裝飾。設計並非祇是組合，更須有特種計劃，畫家先計劃畫之結構，然後畫於布上，其計劃之目的，祇在一圖。建築師與家具設計者所設計之意義較廣，在家具設計中，材料極為重要，材料之物理性足影響建築與裝飾設計，材料也有花紋，顏色，與纖維組織，設計即在使此種材料成形。建築師與裝飾者在設計之直視圖上，表出二種尺寸，成一平面形，惟在藝術圖畫上，則須表示三種尺寸，成立體形，以顯示其主意。

欲使一件家具與建築裝飾相配，其最使之法為二者用同樣材料。材料之式樣與色澤，影響及物件之彫刻，細潔材料適合精緻雕刻，紋粗的材料不適於細刻。粗紋橡木適用於粗糙另件，如空中天花板為斧斫橡木，地板為普通橡木板，則屋中家具應用橡木材料，並用粗糙雕刻，如室中裝飾用桃花木之雕刻物，則家具亦須用細紋木材與精細雕刻，桃花心木之雕刻物，與橡木之雕刻物不同，蓋桃花心木纖維組織較為細密。

因爲要得到和諧，所以有時牆壁粉飾，採用家具木紋，如是更可表示密切結合。可是如祗牆壁用木紋粉飾，則並不發生任何和諧色彩，在目前，建築物與內部裝飾，常用材料本色，於是更使裝飾時難於產生和諧結果，建築師與裝飾者原本意見不同，於是裝飾者如欲得美滿工作，必須採納建築師之意見，建築師建造房屋與裝飾其內部，當設計木作裝修，板塊，地板，天花板時，亦須顧及家具之佈置，蓋建築師所計劃之房屋，於裝飾完工家具佈置之前，並不能表示其成功。

上海貝當路住宅圖樣第六種

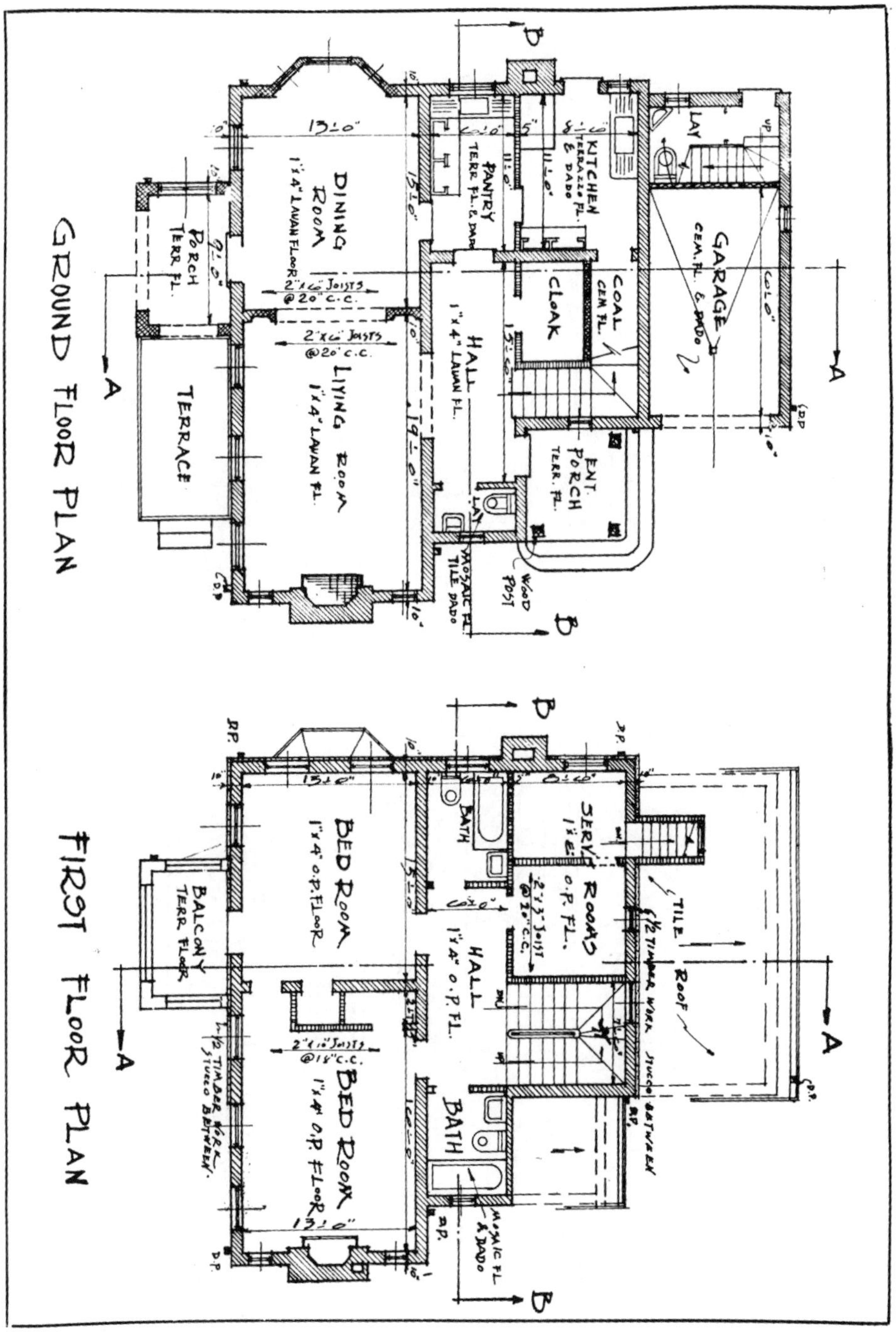

邱伯英建築師設計

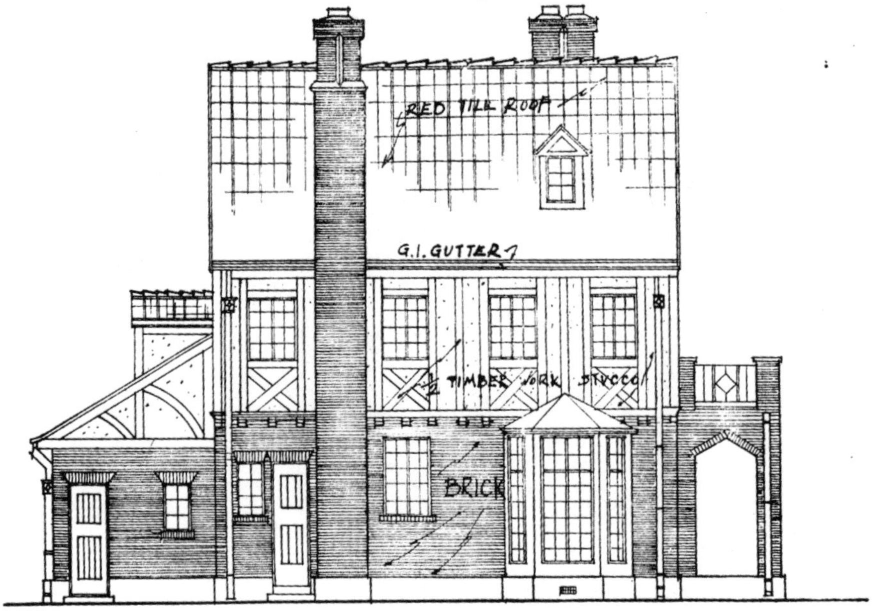

WEST ELEVATION

SOUTH ELEVATION

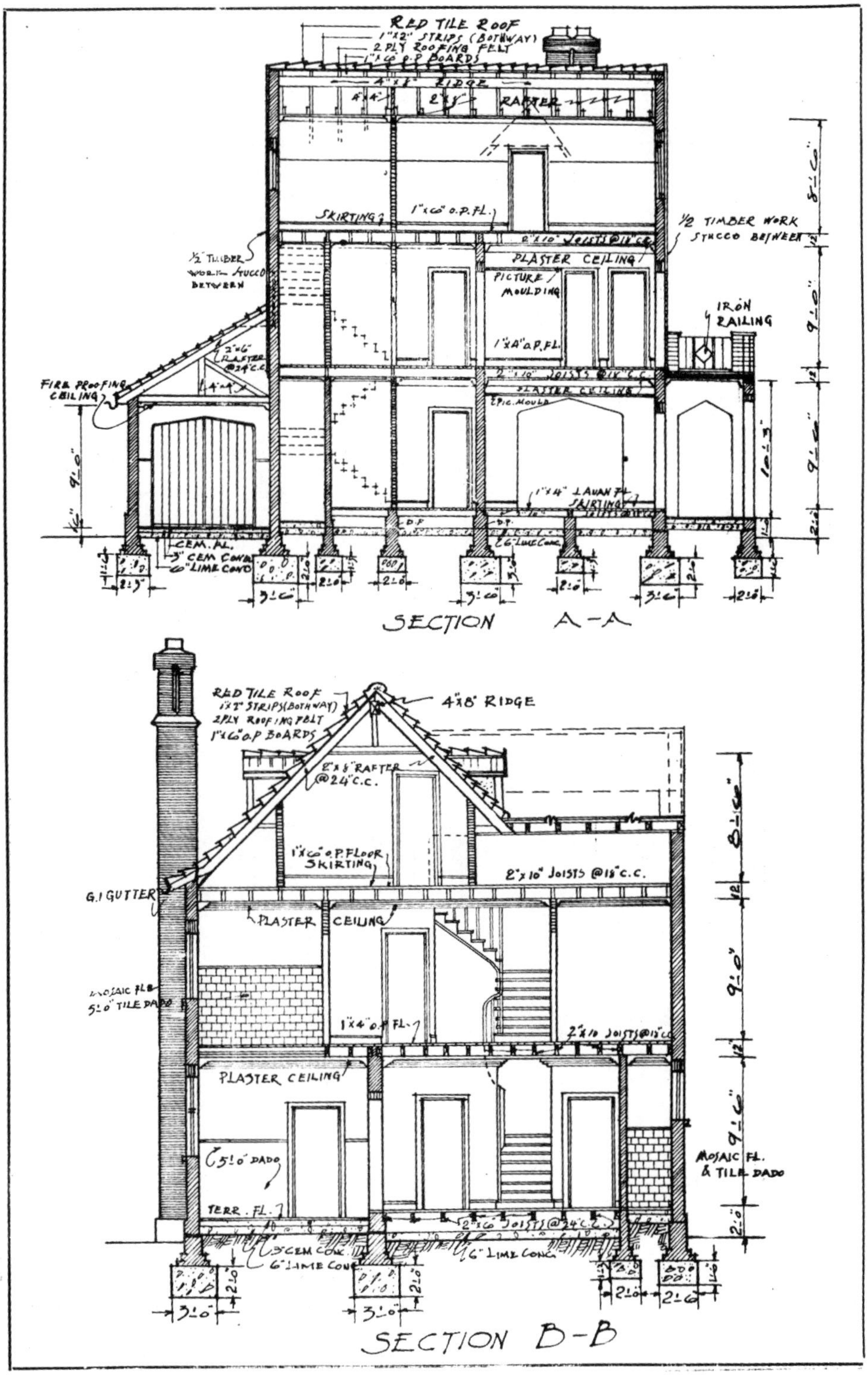
RED TILE ROOF
1"x2" STRIPS (BOTHWAY)
2 PLY ROOFING FELT
1"x6" O.P BOARDS
4"x8" RIDGE
RAFTER
SKIRTING
1"x6" O.P. FL.
1/2 TIMBER WORK
STUCCO BETWEEN
2"x10" JOISTS @18" C.C.
PLASTER CEILING
PICTURE MOULDING
IRON RAILING
1"x4" O.P. FL.
FIRE PROOFING CEILING
2"x6" RAFTER @24" C.C.
CEM. FL.
3" CEM CONC
6" LIME CONC
1"x4" LAUAN FL.
SKIRTING
SECTION A-A
RED TILE ROOF
1"x2" STRIPS (BOTHWAY)
2 PLY ROOFING FELT
1"x6" O.P BOARDS
4"x8" RIDGE
2"x6" RAFTER @24" C.C.
1"x6" O.P. FLOOR
SKIRTING
2"x10" JOISTS @18" C.C.
G.I GUTTER
PLASTER CEILING
MOSAIC FL
5'-0" TILE DADO
1"x4" O.P. FL.
PLASTER CEILING
5'-0" DADO
TERR. FL.
2"x6" JOISTS @24" C.C.
3" CEM CONC
6" LIME CONC
6" LIME CONC
MOSAIC FL.
& TILE DADO
SECTION B-B

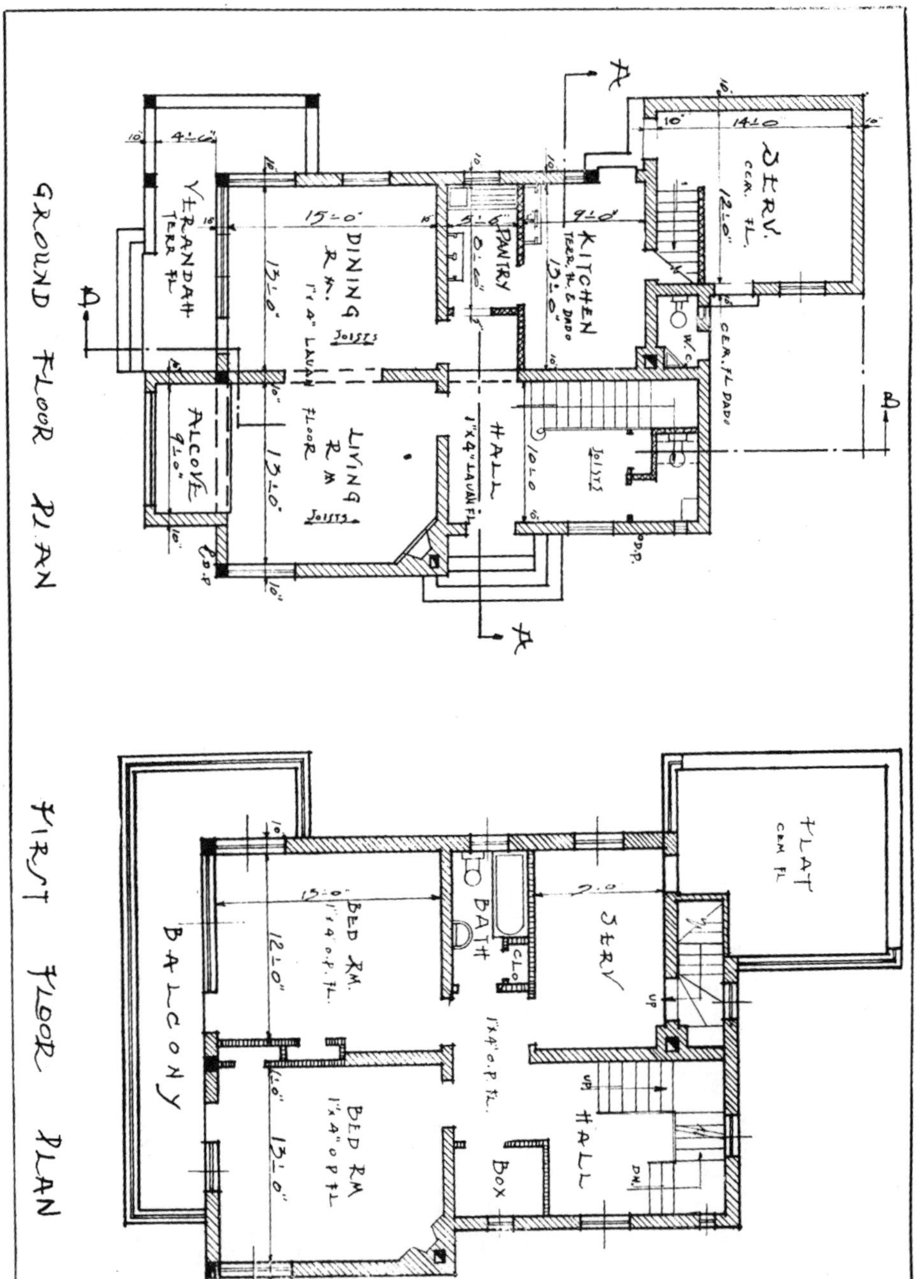

上海貝當路住宅圖樣第七種

邱伯英建築師設計

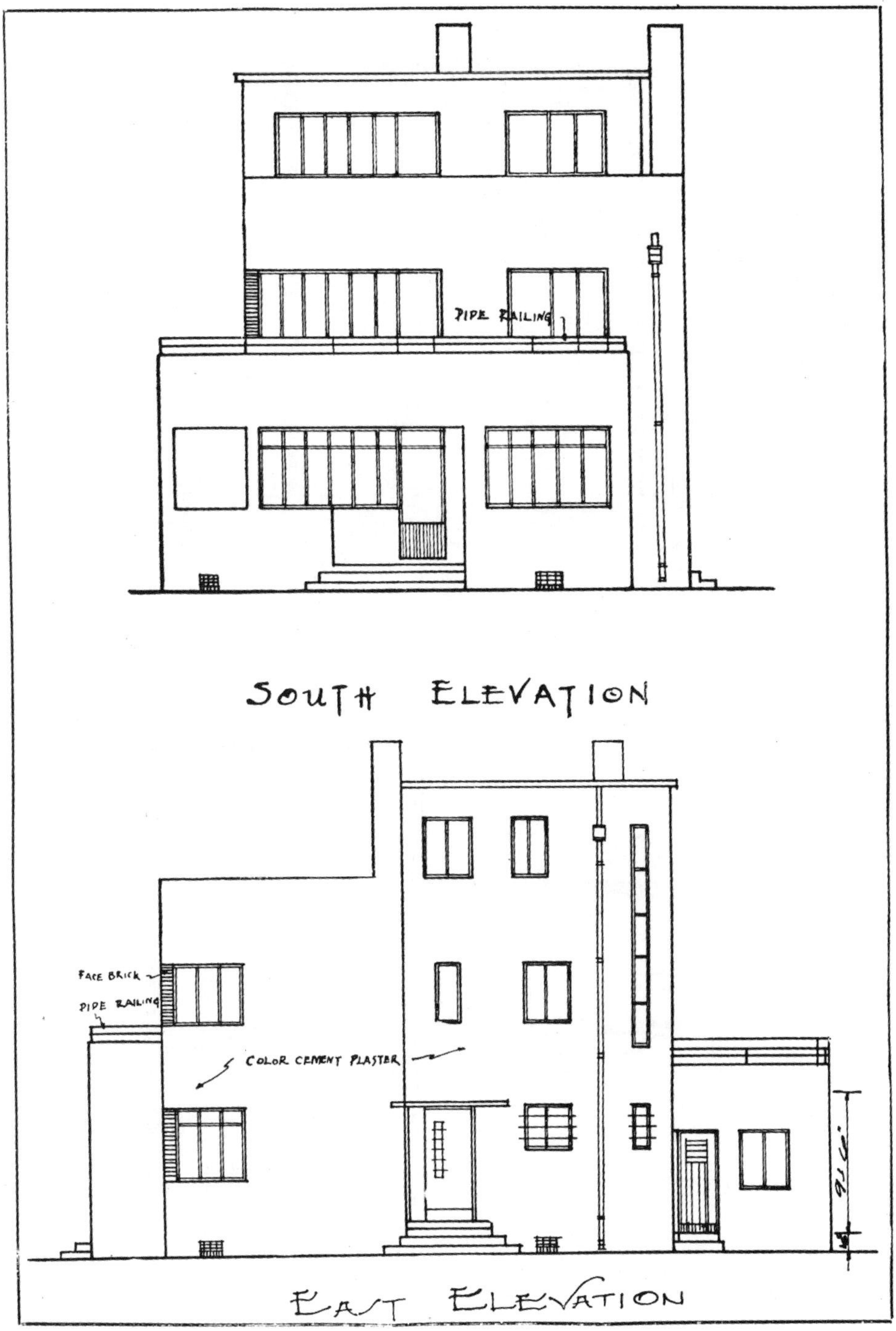
PIPE RAILING
SOUTH ELEVATION
FACE BRICK
PIPE RAILING
COLOR CEMENT PLASTER
EAST ELEVATION

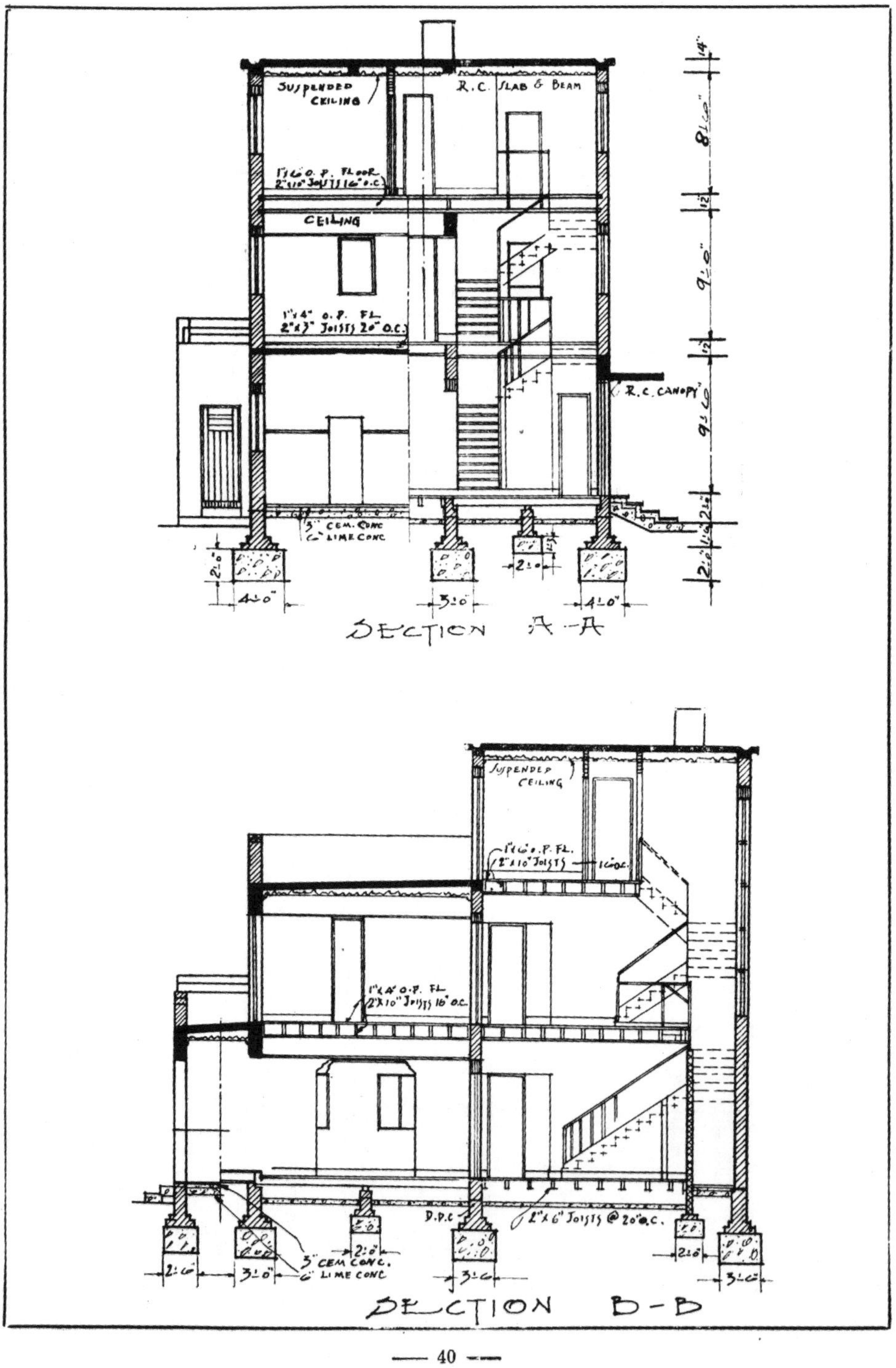
SUSPENDED CEILING
R.C. SLAB & BEAM
CEILING
R.C. CANOPY
3" CEM. CONC
6" LIME CONC
SECTION A-A
SUSPENDED CEILING
D.P.C
2"x6" JOISTS @ 20" O.C.
3" CEM CONC.
6" LIME CONC
SECTION B-B

關若湛君問（上海徐家匯海格路）

（一）小住宅建於較濕地帶，有何經濟方法，以避濕氣？

（二）中國南部尙少用煤電氣之廚房，多屬舊式之用柴廚房，未知貴部有何改良設施？貴刊有否新圖樣可發表？

服務部答

（一）以舖置牛毛毡爲最適宜，既可避免濕氣，所費又較爲經濟。

（二）容於本刊居住問題欄中刊登新式設計之圖樣？

徐泳青君問（湖北沙市福興營造公司）

（一）馬路中溝道之排水容積，每分鐘之流量如何？

（二）四英吋厚之青石版，能載重若干？可否作馬路中心之溝蓋？

服務部答

（一）據上海工部局測驗所得，每秒鐘之排水率爲二呎半。

（二）青石版每方吋承壓力約三百磅，拉力則極小，不宜作馬路溝蓋，以生鐵所鑄者爲佳。

沈純君問（廣東樂昌公記營造廠）

貴刊九十期合訂本刊登之工程估價總額單，各項單價及金額，爲銀洋抑銀兩，又數量何者用平方（一〇〇平方呎）何者用立方（一〇〇立方呎）？

服務部答

工程估價總額單均用銀洋（大洋）計算。又粉刷，磚牆，樓地板等，以平方計算；灰漿三和土，水泥三和土等以立方計算。

杭富祥君問（上海義申記營造廠）

（一）用於電廠內之避酸漆，用法如何？價格若干？

（二）每公噸等於若干磅？

（三）窨室或水箱等水泥工程，使用避水漿之方法如何？每方水泥應用若干避水漿爲度？

服務部答

（一）每加侖八元五角，用法與普通漆同。

（二）每公噸等於二二〇五磅。

（三）窨室或水箱等水泥工程，以和入雅禮避水漿百分之四及雅禮快燥精百分之二爲度，內部粉刷一：二水泥灰漿，內和雅禮避水漿百分之四。

施守一君問（上海徐家匯蒲東路）

（一）今有一屋架梁，下無平頂，照下列圖表算對否？

今用洋松料，擠力 1000磅，拉力 700磅：算得料之大小如下：

$$S = 1000\left(1-\frac{l}{60d}\right)$$

$$(1)\ S = 1000\left(1-\frac{6\times 12}{60\times 4}\right)$$

$$S = 1000\left(1-\frac{72}{240}\right)$$

$$= 1000\times(1-0.3)$$

$$= 1000\times 0.7 = 700$$

$$\frac{12060}{700} = 17.23\ \text{Sq. in.}$$

用 $4''\times 6'' = 24$ Sq. in.

$$S = 700\left(1-\frac{l}{60d}\right)$$

此算式對於 5,6，卽拉力方面，是否合用？

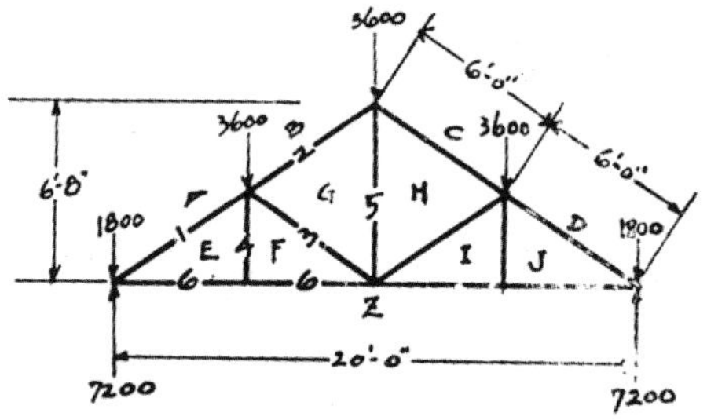

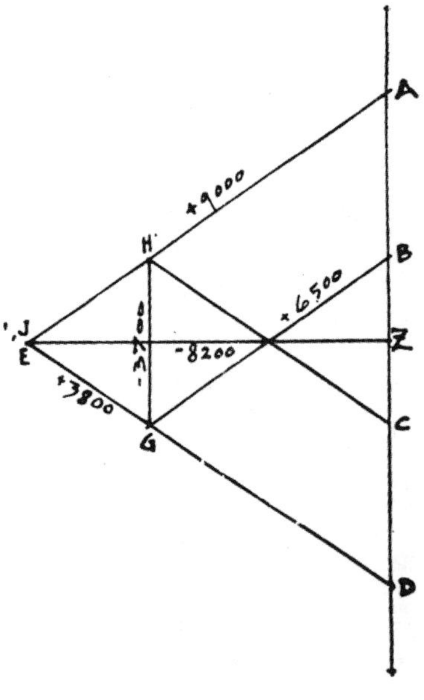

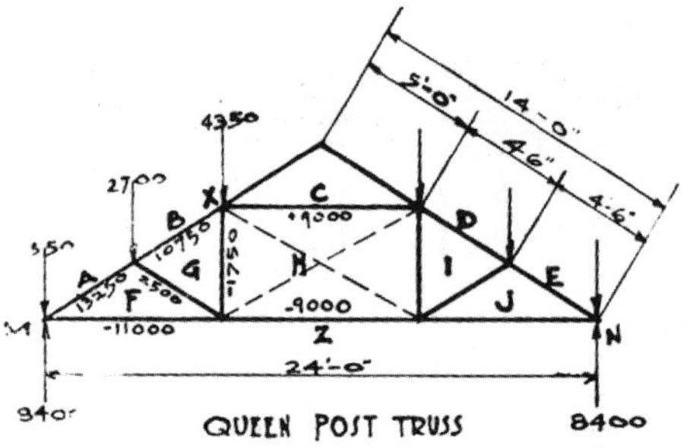

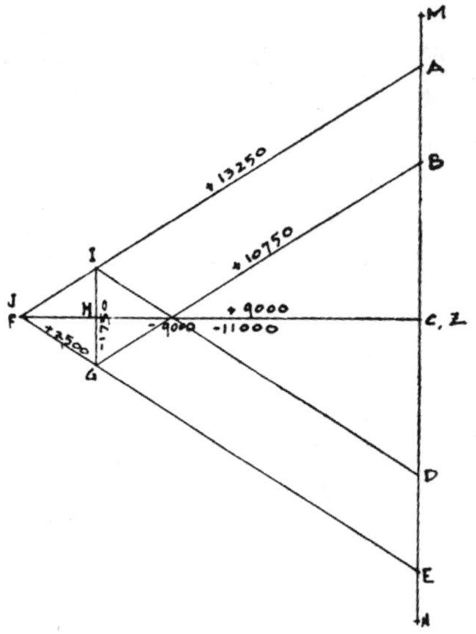

（二）現有一題（見上海地產大全第五十七章第一節計算架梁法），其屋架爲二十尺中到中，算式及疑問列下，請爲解答。

1. $3600\times 3.35 = 12060$

2. $3600\times 2.24 = 8064$

3. $3600\times 1.12 = 4032$

4. $= 0$

5. $3600\times 1 = 3600$

6. $3600\times 3 = 10800$

算式內 3.35，2.24，1.12，1 及 3 等從何處求得？用圖表求出之數較小，是否合用？

(2) 3.35w 在 $\frac{h}{l} = \frac{1}{4}$ 時才適用(參考附表)

今 $\frac{h}{l} = \frac{6}{20}$ 彼以 3.35 作係數，實誤。

惟屋架之高爲 6'—0" 君誤作 6'—8" 因之相差愈大。

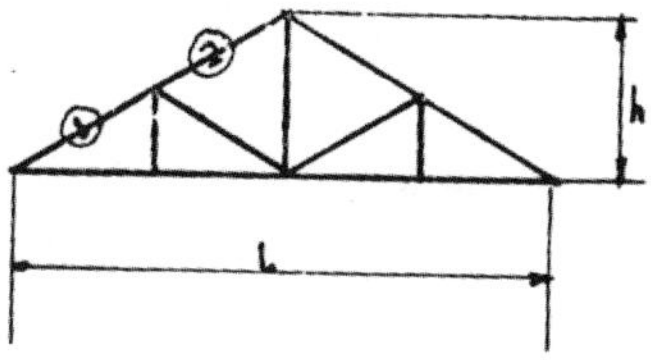

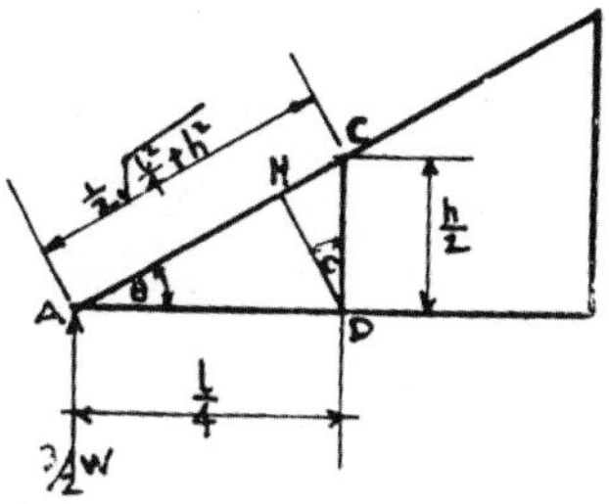

以 AC 作 member 1

$AD = \frac{l}{4}$, F = Member ① 所受力

$CD = \frac{h}{2}$

$AC = \sqrt{AD^2 + CD^2}$

$= \sqrt{\frac{l^2}{16} + \frac{h^2}{4}} = \frac{1}{2}\sqrt{\frac{l^2}{4} + h}$

自 D 點畫垂線 DH 遇 AC 在 H 點上

$\angle AHD = \angle CHD =$ rt.$\angle$

$\angle HAD = 90^\circ - \angle HDA$

$\angle CDH = 90^\circ - \angle HDA$

$\therefore \angle HAD = \angle CDH = \theta$

$HD = CD \cos\theta$ ……①

$HD = AD \sin\theta$ ……②

$HD^2 = CD \times AD \times \cos\theta \times \sin\theta$

……①×②

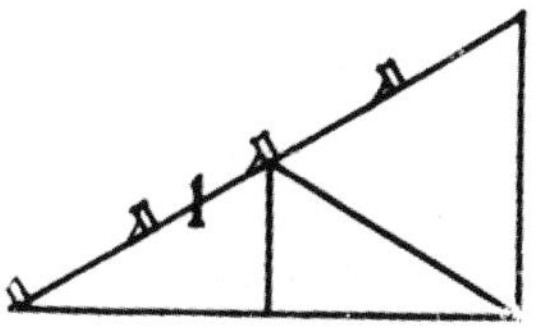

有桁條者先算

$M.M = \frac{wl}{4} \times 12.$

w ＝ 1800磅

M ＝ 32400 in磅

屋面有斜度，故將 $M \times \frac{8}{10} = 25920$磅

今用洋松，d 假定 8" $b = \frac{25920 \times 6}{1000 \times 8^2} = 2.43$

未用桁條前 Struss 所需之尺寸

$b = \frac{12060}{700 \times 8} = 2.15$, $2.15 + 2.43 = 4.58$

有桁條之人字木用 5"×8"

題內 $M \times \frac{8}{10}$，$\frac{8}{10}$ 從何得來?與斜度有何關係?

（三）今有一簡單屋架，照下圖計算，似不適宜；未知有何其他公式？求所需之人字木。

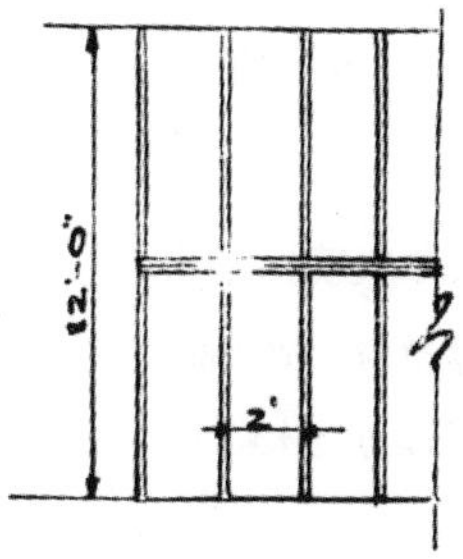

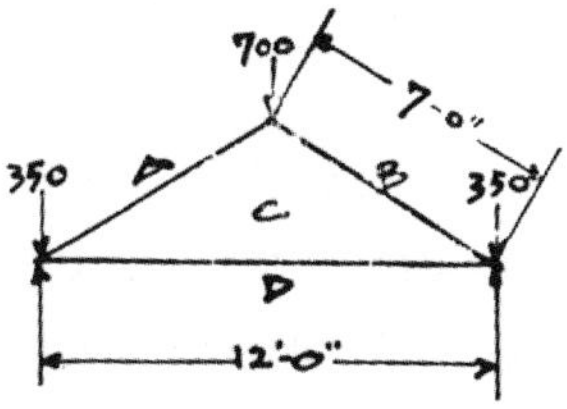

$1000\left(1 - \frac{7 \times 12}{60 \times 12}\right) = 300$

$\frac{700}{300} = 2\frac{1}{3}$

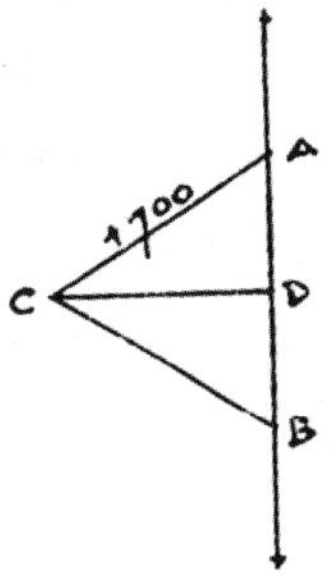

服務部答；

（一）對。

（二）有兩點錯誤，如下：

(1) 斜度應爲 $\sqrt{10^2 + 6^2}$ = 11'—8"

$$\therefore \quad DG = \frac{hl}{\sqrt{l^2 + 4h^2}}$$

Take moment at D

$$3/2\, w \cdot \frac{l}{2} - w\frac{l}{4} + F\frac{hl}{\sqrt{l^2 + 4h^2}} = 0$$

$$F = -\frac{wl}{2} \cdot \frac{\sqrt{l^2 + 4h^2}}{hl} = -\tfrac{1}{2}w\sqrt{\frac{l^2 + 4h^2}{h^2}}$$

$$= -\tfrac{1}{2}w\sqrt{n^2 + 4} = -\tfrac{1}{2}w(n^2 + 4)^{\frac{1}{2}}$$

$$= -\tfrac{1}{2}wN$$

今 $h = 6'\text{—}0''$; $l = 20'\text{—}0''$

$w = 3600$磅

member① 應受力

$$= -\tfrac{3}{4}wN = -\tfrac{3}{4}w\sqrt{n^2 + 4}$$

$$= -\tfrac{3}{4}w\sqrt{\left(\frac{20}{6}\right)^2 + 4} = -\tfrac{3}{4}w\sqrt{\frac{136}{9}}$$

$$= -\tfrac{1}{4}w\sqrt{136} = -\tfrac{1}{4} \times 11\,2/3\, w$$

$$= -2.92w = 2.92 \times 3600 = 10{,}510\text{磅}$$

$$S = F\left(1 - \frac{l}{60d}\right)$$

所以用此算式者，因受壓力之木料較長，則不但承受壓力，同時尚須承受相當拉力，故用此公式，以減少其單位應力。至於受拉力之木料，其長短毫無影響。

S 可仍爲 700磅/□"， 不須減少。

（三）結構物極小，因之所須面積亦小；但設或木料有節，人工不好，木料腐蝕等情，危險殊甚。故面積不宜過小，因結構物極小，無需計算。

更正 牛毛毡每捲二方一角六分，長七十二呎，闊三呎，可舖面積二方；一角六分則作爲搭頭。上期誤植每捲二百十六呎，特此更正。

$$= \frac{\frac{h}{2} \times \frac{l}{4} \times \frac{l}{4}}{\frac{1}{2}\sqrt{\frac{l^2}{4} + h^2}} \times \frac{\frac{h}{2}}{\frac{1}{2}\sqrt{\frac{l^2}{4} + h^2}}$$

$$= \frac{\frac{h^2 l^2}{64}}{\frac{1}{16}(l^2 + 4h^2)} = \frac{h^2 l^2}{4(l^2 + 4h^2)}$$

$$\therefore \quad HD = \frac{hl}{2\sqrt{l^2 + 4h^2}}$$

Take moment at D

$$3/2\, W \times AD + F \times HD$$

$$3/2\, W \cdot \frac{l}{4} + F \cdot \frac{lh}{2\sqrt{l^2 + 4h^2}}$$

$$F = -\frac{3/8\, wl}{\frac{hl}{2}\sqrt{l^2 + 4h^2}} = \frac{-3/4\, w}{\frac{h}{\sqrt{l^2 + 4h^2}}}$$

$$= \frac{-3/4\, w}{\sqrt{\frac{h^2}{l^2 + 4h^2}}} = -3/4\, w\sqrt{\frac{l^2 + 4h^2}{h^2}}$$

$$= -\tfrac{3}{4}w\sqrt{n^2 + 4}$$

$$= -\tfrac{3}{4}w(n^2 + 4)^{\frac{1}{2}} = -\tfrac{3}{4}wN$$

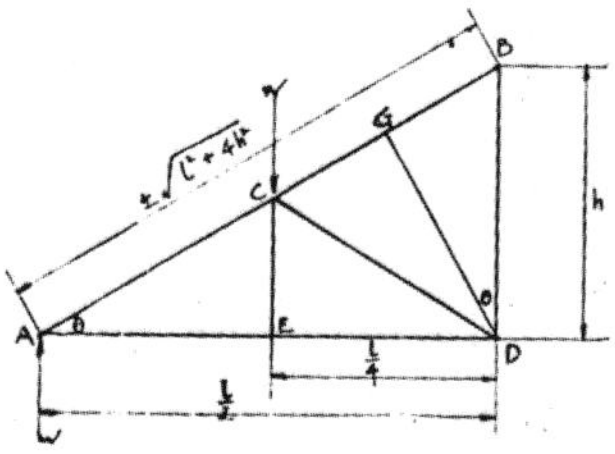

以 BC 作 Member ②

自 D 點畫垂直線遇 AB 在 G 點上

$$\therefore \angle BDG = \angle CAD = \theta$$

$$DG = BD\cos\theta$$

$$DG = AD\sin\theta$$

$$DG^2 = BD\, AD\cos\theta\sin\theta$$

$$= \frac{\frac{hl}{2} \times \frac{hl}{2}}{\frac{l^2}{4} + h^2} = \frac{h^2 l^2}{l^2 + 4h^2}$$

編者

時光跑的這樣快，計劃創刊的情形如在目前，而漫漫的一年又過去了。回憶這一年中，承海內外讀者交相獎勵，使同人感到非常的興奮。雖則尚未能滿足我們的初衷，但本此精神，決盡力謀改進。

第二卷第一期起，有革新的計劃，關於內容，將分爲建築，工程，營造三門，聘請特約撰述，按期供給文字，圖樣，及攝影等材料。幷經規定，取材實際與理論並重，而尤注意於讀者之應用。編排方面，亦擬注意美化新穎。

其他如出版時間，仍定爲每月一冊，決不脫期，二十三年度必出滿十二冊。

本刊對於圖樣攝影之製版問題，曾用了不少的心思，最初的幾期非常模糊，非但有損美觀，並且不能覘其實物的美點。經過了好多次的研究與更換製版廠，現在已清晰得多了。但以後當有更好的成績哩。

二卷一期已開始付印，一面尚在繼續蒐羅材料。凡上海一年來之重要建築，其圖樣與攝影除已在本刊發表過者外，將再有最新式的公寓十所，銀行三所，醫院一所，和香港青島等將建偉大建築圖樣數十幅，同時發表。一九三三年之代表建築，已包羅無遺。文字方面除建築辭典與工程估價仍續載外，關於建築，工程及營造三門，亦均有名作刊登，幷有上海一年來上海建築事業概況暨建築材料商業調查等發表。材料與篇幅增加一倍以上。

至於本期的內容，也約略介紹一番：

學校與公寓的建築，比較特殊，而公寓在現代的都市中非常蓬勃，學校建築也是普及教育之基礎，本期特選載上海雷米小學及貝當路公寓圖樣各全套，這是很新式的兩種建築，可資參考。還有電影在近代，已成爲普遍的娛樂，影戲院建築在大小都市，正如雨後春筍之興建，故本期譯著欄中，特刊載郎琴君譯之「近代影院設計之趨勢」一文，對於影院工程，頗多指示。另有「建築裝飾與家具設計」一文，爲黃鍾琳君所作，因極切實用，亟選刊之。別的，請讀者諸君自己去瀏覽罷。

上期本刊插圖「蘇州路建築中之六層堆棧」面樣，是本刊根據公和洋行圖樣而繪的；而在繪畫時却故意僅畫一層表面，而將後面漏去，所以要這樣的緣故，是要藉以引起讀者的興趣，並且試驗讀者對於本刊篤促的程度。但事實給我們非常失望，截止發稿時止，並無接到一封讀者對於該圖指摘的信，編者僅在友朋間聽到一種私議，大家都在詫異公和洋行怎樣繪出這種圖樣。現在特地將西洋鏡拆穿，想讀者亦不禁啞然失笑哩！

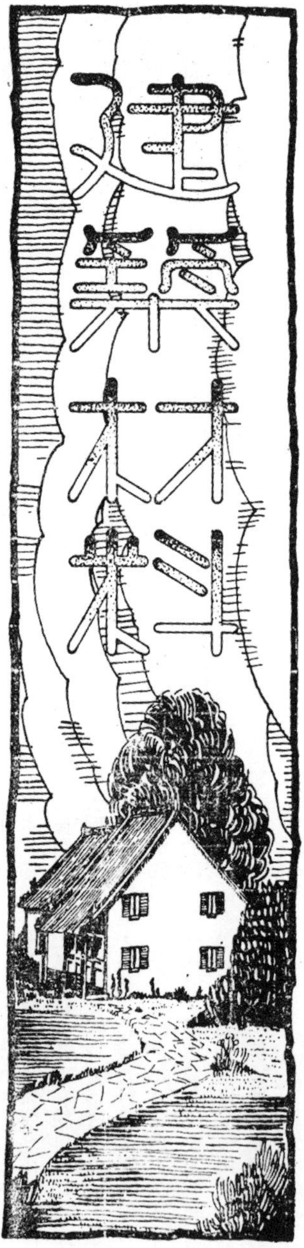

建築材料價目表

本欄所載材料價目，力求正確，惟市價瞬息變動，漲落不一，集稿時與出版時難免出入。讀者如欲知正確之市價者，希隨時來函或來電詢問，本刊當代爲探詢詳告。

磚瓦類

貨名	商號	標記	數量	價目
空心磚	大中磚瓦公司	12"×12"×10"	每千	二八〇元
空心磚	同前	12"×12"×8"	同前	二二〇元
空心磚	同前	12"×12"×6"	同前	一七〇元
空心磚	同前	12"×12"×4"	同前	一一〇元
空心磚	同前	12"×12"×3"	同前	九〇元
空心磚	同前	9¼"×9¼"×6"	同前	九〇元
空心磚	同前	9¼"×9¼"×4½"	同前	七〇元
空心磚	同前	9¼"×9¼"×3"	同前	五六元
空心磚	同前	4½"×4½"×9¼"	同前	四三元

貨名	商號	標記	數量	價格
空心磚	大中磚瓦公司	3"×4½"×9¼"	每千	二六元
空心磚	同前	2½"×4½"×9¼"	同前	二四元
空心磚	同前	2"×4½"×9¼"	同前	二三元
實心磚	同前	8½"×4⅛"×2½"	每千	一四元
實心磚	同前	10"×4⅞"×2"	同前	一三元三角
實心磚	同前	9"×4⅞"×2"	同前	一一元二角
實心磚	同前	9"×4⅜"×2¼"	同前	一二元六角
紅平瓦	同前		每千	七〇元
青平瓦	同前		同前	七七元

磚瓦類

貨名	商號	標記	數量	價目
青脊瓦	大中磚瓦公司		每千	一五四元
蘇式灣瓦	同前	11"×6½"	同前	四○元
西班牙筒瓦	同前	16"×5½"	同前	五六元
手工大二二	華興機窰公司	2¼"×5"×10"	每萬	一五○元
手工小二二	同前	2¼"×4½"×9"	同前	一三○元
手工二五十	同前	2"×5"×10"	同前	一三五元
機製大二二	同前	2¼"×5"×10"	同前	一六○元
機製小二二	同前	2¼"×4½"×9"	同前	一四○元
機製二五十	同前	2"×5"×10"	同前	一四○元 以上均上海碼頭交貨
機製洋瓦	同前	12½"×8½"	每千	七十四元
六眼空心磚	同前	9¼"×9¼"×6"	同前	七十五元
六眼空心磚	同前	12"×12"×8"	同前	二二○元
六眼空心磚	同前	12"×12"×6"	同前	一六五元
四眼空心磚	同前	12"×12"×4"	同前	一一五元
四眼空心磚	同前	3"×9¼"×4½"	同前	四十元
三眼空心磚	同前	9¼"×9¼"×4½"	同前	七十元
三眼空心磚	同前	9¼"×9¼"×3"	同前	五五元
二眼空心磚	同前	4"×9¼"×6"	同前	四五元 以上均作場交貨
瓦筒	義合花磚瓦筒廠	十二寸	每只	八角四分

貨名	商號	標記	數量	價目
瓦筒	義合	九寸	每只	六角六分
瓦筒	同前	六寸	同前	五角二分
瓦筒	同前	四寸	同前	三角八分
瓦筒	同前	小十三號	同前	八角
瓦筒	同前	大十三號	同前	一元五角四分
青水泥花磚	同前		每方	二○元九角八
白水泥花磚	同前		每方	二六元五角八
空心磚	振蘇磚瓦公司	9¼"×4½"×2¼"	每千	二十四元
同前	同前	9¼"×4½"×3"	每千	二十七元
同前	同前	9¼"×9¼"×3"	每千	五十五元
同前	同前	9¼"×9¼"×4½"	每千	七十元
同前	同前	9¼"×9¼"×6"	每千	九十元
同前	同前	9¼"×9¼"×8"	每千	一二五元
同前	同前	9¼"×4½"×4½"	每千	四十元
同前	同前	12"×12"×4"	每千	一一○元
同前	同前	12"×12"×6"	每千	一六五元
同前	同前	12"×12"×8"	每千	二二○元
紅磚	同前	10"×5"×2¼"	每千	十三元五角
同前	同前	10"×5"×2"	每千	十三元

磚瓦類

貨名	商號	標記	數量	價目
紅磚	振蘇磚瓦公司	9¼″×4½″×2¼″	每千	十二元五角
紅磚	同前	9¼″×4½″×2″	每千	十二元
光面紅磚	同前	10″×5″×2¼″	每千	十三元五角
同前	同前	10″×5″×2″	每千	十三元
同前	同前	9¼″×4½″×2¼″	每千	十二元五角
同前	同前	9¼″×4½″×2″	每千	十二元
青平瓦	同前	12½″×8″	每千	七十五元
水泥		象牌	每袋	五元五角半
水泥		泰山	每袋	同前
水泥		馬牌	每袋	五元六元

木材類

貨名	商號	標記	數量	價目
洋松	上海市同業公會公議價目	八尺至三十二尺（再長照加）	每千尺	八十二元
一寸洋松	同前		同前	八十四元
半寸洋松	同前		同前	八十五元
洋松二寸光板	同前		同前	六十四元
四尺洋松條子	同前		每萬根	一百二十元
一寸四寸洋松一號企口板	同前		每千尺	一百〇五元
一寸六寸洋松一號企口板	同前		同前	一百十元
俄紅松方	同前		同前	六十七元
俄麻栗光邊板	同前		同前	一百二十元
俄麻栗毛邊板	同前		同前	一百十元

貨名	商號	標記	數量	價目
一二五·四寸一號洋松企口板	上海市同業公會公議價目		每千尺	一百三十元
一二五·六寸洋松一號企口板	同前		同前	一百六十元
柚木（頭號）	同前	僧帽牌	同前	六百三十元
柚木（甲種）	同前	龍牌	同前	四百五十元
柚木（乙種）	同前	龍牌	同前	四百二十元
柚木段	同前	龍牌	同前	三百五十元
硬木	同前		同前	二百元
硬木火介方	同前		同前	一百五十元
九尺坦戶板	同前		每丈	一元四角
柳安	同前		每千尺	一百八十元
紅板	同前		同前	一百〇五元
抄板	同前		同前	一百二十元
十二尺三寸六八皖松	同前		同前	六十元
一二五一四寸柳安企口板	同前		同前	一百八十五元
十二尺二寸皖松	同前		同前	十六元
一寸六寸柳安企口板	同前		同前	一百七十五元
二寸一半建松片	同前		同前	六十元
一丈字印建松板	同前		每丈	三元三角
一丈足建松板	同前		同前	五元二角
八尺寸甌松板	同前		同前	四元

木材類

貨名	商號	說明	數量	價格
一寸六寸一號甌松板	上海市同業公會公議價目		每千尺	四十六元
一寸六寸二號甌松板	同前		同前	四十三元
八尺機鋸五分杭松板	同前		每丈	二元
九尺機鋸五分甌松板	同前		同前	一元八角
八尺足寸皖松板	同前		同前	四元五角
一丈寸皖松板	同前		同前	五元五角
八尺六分皖松板	同前		同前	三元五角
台松板	同前		同前	四元
九尺八分坦戶板	同前		同前	一元二角
九尺五分坦戶板	同前		同前	一元
八尺六分紅柳板	同前		同前	二元一角
七尺俄松板	同前		同前	一元九角
八尺俄松板	同前		同前	二元一角

油漆類

貨名	商號	說明	數量	價格
AA純鋅上白漆	開林油漆公司	雙斧牌	二十八磅	九元五角
AA純鉛上白漆	同前	同前	同前	八元五角
A白漆	同前	同前	同前	六元八角
B白漆	同前	同前	同前	五元三角半
K白漆	同前	同前	同前	三元九角
KK白漆	同前	同前	同前	二元九角
A各色漆	同前	同前	同前	三元九角

貨名	商號	標記	數量	價格
B各色漆	同前	同前	同前	三元九角
銀硃調合漆	同前	同前	一介倫	十一元
白色調合漆	同前	同前	同前	五元三角
各色調合漆	同前	同前	同前	四元四角
白及各色磁漆	同前	同前	同前	七元
金粉磁漆	同前	同前	同前	十二元
白打磨磁漆	同前	同前	半介倫	三元九角

商號	品號	品名	裝量	價格	用途	每介侖能蓋方數
元豐公司	建一	白厚漆	28磅	二元八角	木質打底	三方
同前	建二	黃厚漆	同前	二元八角	土木質打底	三方
同前	建三	紅厚漆	同前	二元八角	鋼鐵打底	四方
同前	建四	頂上白厚漆	同前	十元	蓋面	五方
同前	建五	燥頭	七磅	一元二角	促乾	
同前	建六	淺色魚油	六介侖	十六元半	調合厚漆	(土)三方 (木)六方
同前	建七	快燥亮油	五介侖	十二元九	同前	同右
同前	建八	三煉光油	六介侖	二十五元	同前	同右
同前	建九	發彩油(紅黃藍)	一磅	一元四角半	配色	
同前	建十	香水	五介侖	八元	調漆	
同前	建十一	漿狀洋灰釉	二十磅	八元	門面	四方

油漆類

商號	商標	貨名	裝量	價格
永華製漆公司	醒獅牌	AA特白厚漆	廿八磅	六元八角
永華製漆公司	醒獅牌	A上白厚漆	廿八磅	五元三角
永華製漆公司	醒獅牌	二號各色厚漆	廿八磅	二元九角
永華製漆公司	醒獅牌	快燥硍硃磁漆	一介倫	九元
永華製漆公司	醒獅牌	快燥各色磁漆	一介倫	六元六角
永華製漆公司	醒獅牌	快燥金銀磁漆	一介倫	十元七角
永華製漆公司	醒獅牌	汽車凡立水	一介倫	四元六角
永華製漆公司	醒獅牌	清凡立水	一介倫	三元二角
永華製漆公司	醒獅牌	清凡立水	五介倫	十五元
永華製漆公司	醒獅牌	黑凡立水	一介倫	二元五角
永華製漆公司	醒獅牌	黑凡立水	五介倫	十二元
永華製漆公司	醒獅牌	硃紅調合漆	一介倫	八元五角
永華製漆公司	醒獅牌	白色調合漆	一介倫	四元九角
永華製漆公司	醒獅牌	各色調合漆	一介倫	四元一角
永華製漆公司	醒獅牌	改良金漆	一介倫	三元九角
永華製漆公司	醒獅牌	改良金漆	五介倫	十八元
永華製漆公司	醒獅牌	核桃木器漆	一介倫	三元九角
永華製漆公司	醒獅牌	核桃木器漆	五介倫	十八元
永華製漆公司	醒獅牌	硃紅汽車磁漆	一介倫	十二元
永華製漆公司	醒獅牌	各色汽車磁漆	一介倫	九元
永華製漆公司	醒獅牌	淡色魚油	五介倫	時價

商號	品號	品名	裝量	價格	用途	每介倫能蓋方數
元豐公司	建十二	調合洋灰釉	二介侖	十四元	門面地板	五方
同前	建十三	漿狀水粉漆	二十磅	六元	牆壁	三方
同前	建十四	橡黃釉	二介侖	七元五角	門窗地板	五方
同前	建十五	柚木釉	同前	七元五角	同前	五方
同前	建十六	花利釉	同前	七元五角	同前	五方
同前	建十七	上白磁漆	同前	十三元半	蓋面	六方
同前	建十八	朱紅磁漆	同前	廿三元半	同前	五方
同前	建十九	純黑磁漆	同前	十三元	同前	五方
同前	建二十	紅丹油	五六磅	十九元半	防銹	四方
同前	建二一	鋼窗灰	五六磅	廿一元半	防銹	五方
同前	建二二	鋼窗李	同前	十九元半	防銹	五方
同前	建二三	鋼窗綠	同前	廿一元半	同前	五方
同前	建二四	屋頂紅	同前	十九元半	同前	五方
同前	建二五	上白調合漆	五介侖	三十四元	蓋面	五方
同前	建二六	上綠調合漆	同前	三十四元	同前	五方
同前	建二七	水汀銀漆	二介侖	二十一元	汽管汽爐	五方
同前	建二八	水汀金漆	同前	二十一元	同前	五方
同前	建二九	凡宜水（清黑）	二介侖 五介侖	七元 十七元	罩光	五方
同前	建三十	各色一層漆丙種	五十六磅	十三元九	普通	（土木）三 （金）四方

油漆類

商號	商標	貨名	裝量	價格	用途
永固造漆公司	長城牌	各色磁漆	一介侖	七元	髹於銅鉄及木製器具上顏色鮮豔堅韌耐久
同前	同前	同前	半介侖	三元六角	
同前	同前	同前	二五介侖	一元九角	
同前	同前	金銀色磁漆	一介侖	十元七角	同前
同前	同前	同前	半介侖	五元五角	
同前	同前	同前	二五介侖	二元九角	
同前	同前	改良廣漆	五介侖	十八元	有金黃紅木及棕紅色數種最合于木器傢具地板等處
同前	同前	同前	一介侖	三元九角	
同前	同前	同前	半介侖	二元	
同前	同前	清凡立水	五介侖	十六元	易乾耐用光亮透明用於傢具木器地板等可增美觀而防物腐
同前	同前	同前	一介侖	三元三角	
同前	同前	同前	半介侖	一元七角	
同前	同前	黑凡立水	五介侖	十二元	
同前	同前	同前	一介侖	二元五角	
同前	同前	同前	半介侖	一元三角	
同前	同前	灰防銹漆	五六磅	二十二元	用於鋼鉄器具上最有防銹之功效
同前	同前	同前	一介侖	四元四角	
同前	同前	紅防銹漆	五六磅	二十元	
同前	同前	同前	一介侖	四元	
同前	同前	各色調合漆	五六磅	廿元五角	
大陸實業公司	同前	固木油	一介侖	三元五角	
同前	同前	同上	五介侖	十七元四九	
同前	同前	同上	四十介侖	一二元八九	

貨名	商號	數量	價格	備註
二二號英白鐵	新仁昌	每箱	六七元五五	每箱廿一張重四二〇斤
二四號英白鐵	同前	每箱	六九元〇二	每箱廿五張重量同上
二六號英白鐵	同前	每箱	七二元一〇	每箱卅三張重量同上
二二號英瓦鐵	同前	每箱	六一元六七	每箱廿一張重量同上
二四號英瓦鐵	同前	每箱	六三元一四	每箱廿五張重量同上
二六號英瓦鐵	同前	每箱	六九元〇二	每箱卅三張重量同上
二八號英瓦鐵	同前	每箱	七四元八九	每箱卅八張重量同上
二二號美白鐵	同前	每箱	九一元〇四	每箱廿一張重量同上
二四號美白鐵	同前	每箱	九九元八六	每箱廿五張重量同上
二六號美白鐵	同前	每箱	一〇八元三九	每箱卅三張重量同上
二八號美白鐵	同前	每箱	一〇八元三九	每箱卅八張重量同上
美方釘	同前	每桶	十六元〇九	
平頭釘	同前	每桶	十八元一八	
中國貨元釘	同前	每桶	八元八一	
半號牛毛毡	同前	每捲	四元八九	
一號牛毛毡	同前	每捲	六元二九	
二號牛毛毡	同前	每捲	八元七四	
三號牛毛毡	同前	每捲	三元五九	

建築工價表

名稱	數量	價格
清混水十寸牆水泥砌雙面柴泥水沙	每方	洋七元五角
柴混水十寸牆灰沙砌雙面清泥水沙	每方	洋七元
清混水十五寸牆水泥砌雙面柴泥水沙	每方	洋八元五角
清混水十五寸牆灰沙砌雙面柴泥水沙	每方	洋八元
清混水五寸牆水泥砌雙面柴泥水沙	每方	洋六元五角
清混水五寸牆灰沙砌雙面柴泥水沙	每方	洋六元
汰石子	每方	洋九元五角
平頂大料線脚	每方	洋八元五角
泰山面磚	每方	洋八元五角
磁磚及瑪賽克	每方	洋七元
紅瓦屋面	每方	洋二元
灰漿三和土（上脚手）		洋十一元
灰漿三和土（落地）		洋十元五角
掘地（五尺以上）	每方	洋六角
掘地（五尺以下）	每方	洋一元
紮鐵（茅宗盛）	每擔	洋五角五分
工字鐵紮鉛絲（仝上）	每噸	洋四十元
擣水泥（普通）	每方	洋三元二角

名稱	商號	數量	價格
擣水泥（工字鐵）		每方	洋四元
二十四號九寸水落管子	范泰興	每丈	一元四角五分
二十四號十二寸水落管子	同前	每丈	一元八角
二十四號十四寸方管子	同前	每丈	二元五角
二十四號十八寸方水落	同前	每丈	二元九角
二十四號十八寸天斜溝	同前	每丈	二元六角
二十四號十二寸還水	同前	每丈	一元八角
二十六號九寸水落管子	同前	每丈	一元一角五分
二十六號十二寸水落管子	同前	每丈	一元四角五分
二十六號十四寸方管子	同前	每丈	一元七角五分
二十六號十八寸方水落	同前	每丈	二元一角
二十六號十八寸天斜溝	同前	每丈	一元九角五分
二十六號十二寸還水	同前	每丈	一元四角五分
十二寸瓦筒擺工	義合	每丈	一元二角五分
九寸瓦筒擺工	同前	每丈	一元
六寸瓦筒擺工	同前	每丈	八角
四寸瓦筒擺工	同前	每丈	六角
粉做水泥地工	同前	每方	三元六角

THE BUILDER

Published Monthly by The Shanghai Builders' Association

620 Continental Emporium, 225 Nanking Road.

Telephone 92009

中華民國二十二年十月份初版

建築月刊

第一卷第十二期

編輯者 上海市建築協會 南京路大陸商場六樓六二〇號

發行者 上海市建築協會 南京路大陸商場六樓六二〇號

電話 九二〇〇九

印刷者 新光印書館 上海法租界聖母院路聖達里三十一號

投稿簡章

一、本刊所列各門，皆歡迎投稿。翻譯創作均可，文言白話不拘。須加新式標點符號。譯作附寄原文，如原文不便附寄，應詳細註明原文書名，出版時日地點。

一、一經揭載，贈閱本刊或酌酬現金，撰文每千字一元至五元，譯文每千字半元至三元。重要著作特別優待。投稿人却酬者聽。

一、來稿本刊編輯有權增刪，不願增刪者，須先聲明。

一、來稿概不退還，預先聲明者不在此例，惟須附足寄還之郵費。

一、抄襲之作，取消酬贈。

一、稿寄上海南京路大陸商場六二〇號本刊編輯部。

本刊價目表

零售	每冊大洋五角。
定閱	全年十二冊大洋五元（半年不定）
郵費	本埠每冊二分，全年二角四分；外埠每冊五分，全年六角；香港及南洋羣島每冊一角八分；西洋各國每冊三角。
優待	同時定閱二份以上者，定費九折計算。

定閱諸君如有詢問事件或通知更改住址時，請註明（一）定單號數（二）定戶姓名（三）原寄何處，方可照辦。

廣告價目表
Advertising Rates Per Issue

地位 Position	全面 Full Page	半面 Half Page	四分之一 One Quarter
底封面外面 Outside back cover.	七十五元 $75.00		
封面及底面之裏面 Inside front & back cover	六十元 $60.00	三十五元 $35.00	
封面裏頁及底面裏頁之對面 Opposite of inside front & back cover.	五十元 $50.00	三十元 $30.00	
普通地位 Ordinary page	四十五元 $45.00	三十元 $30.00	二十元 $20.00
分類廣告 Classified Advertisements	每期每格三寸半闊一寸高洋四元 - $4.00 per column		

廣告概用白紙黑墨印刷，倘須彩色，價目另議；鑄版彫刻，費用另加。

Designs, blocks to be charged extra. Advertisements inserted in two or more colors to be charged extra.

“一日辛勤之後”

晚餐既畢，對爐坐安樂椅中，囘憶日間之經歷，籌劃明天之工作；更進而設計將來之幸福的享用，興味盎然。神往於烟繚絲繞之中，腦際湧起構置新屋之思潮。思潮推進，希望』『理想』趨於『實現』：下星期，下個月，或者是明年。

欲實現理想，需要良好之指助；良助其何在？是惟『建築月刊』。有精美之圖樣，專門之文字，能告你如何佈置與知友細酌談心之客房，如何陳設與愛妻起居休憩之雅室；且能指示建築需用材料，與夫房屋之內部位置外部裝飾等等之智識。『建築月刊』誠讀者之建築良顧問，『一日辛勤後』之良伴侶。伊將獻君以智識的食糧，贈君以精神的愉快。——伊亦期君爲好友。如君歡迎，伊將按月趨前拜訪也。

（定閱月刊）

茲定閱貴會出版之建築月刊自第……卷第……號起至第……卷第……號止計大洋……元……角……分外加郵費……元……角……分一併匯上請將月刊按期寄下列地址爲荷此致

上海市建築協會建築月刊發行部

……啓……年……月……日

地址……

（更改地址）

啓者前於……年……月……日在

貴會訂閱建築月刊一份執有……字第……號定單原寄……收現因地址遷移請卽改寄……收爲荷此致

上海市建築協會建築月刊發行部

……啟……年……月……日

（查詢月刊）

啓者前於……年……月……日

訂閱建築月刊一份執有……字第……號定單寄……收茲查第……卷第……號尙未收到祈卽查復爲荷此致

上海市建築協會建築月刊發行部

……啓……年……月……日

研討實業問題的基本要籍

實業界一致推重商業月報

商業月報於民國十年創刊迄今已十有二年資望深久內容豐富討論實際印刷精良致銷數鉅萬縱橫國內外故爲實業界一致推重認爲討論實業問題刊物中最進步之雜誌解決並推進中國實業問題之唯一資助

君如欲發展本身業務瞭解國內外實業界現狀　解決中國實業問題請讀「商業月報」應立即訂閱

全年十二冊　報費國內三元 國外五元（郵費在內）

出版者　上海市商會商業月報社

地址　上海天后宮橋　電話四〇一二六號

CITROËN

Wheelbase 167"

異軍突起之兩噸「雪鐵龍」

六汽缸運貨汽車

構造堅固。機力强大。

費用節省。駛行極便。

投資於此。萬無一失。

總經理

法大汽車公司

上海霞飛路四二四—四二六號

電話 八四一〇四 八四一〇五

協隆地產建築公司
The Yaloon Realty & Construction Co.

Architects
Real Estate
Mortgages
Property Owners
Construction

Work done:
Shanghai Silk Development Bldg.
Corner of Hankow & Fokien Roads.
Owners & Building Contractors for new building on corner of Bubbling Well Road & Love Lane.
Owner & Building contractors for the new 3 story hongs & shops on Cad. Lot No. 539 – corner of Foochow & Fokien Roads.
Architects for the Neon Apartments under construction on Race Course Road.

715-717 BUBBLING WELL ROAD.
TELEPHONE 31844

設計打樣
代客買賣
地產押款
承包工程
地產業主

承造工程：
上海綢業銀行大樓　漢口路石路口
承造兼業主：
新建市房　上海靜安寺路斜橋衖口
設計工程：
年紅公寓　上海跑馬廳路

協隆建築打樣部　電話 三一八四四
遠東公司經租部　電話 三三四〇九一
上海靜安寺路七一五至七一七號

The Universal Engineering Co.
Plumbing & Heating
Engineers & Contractors

有利洋行

承辦衛生
器管冷熱
水管工程

修理部日夜營業
如有關於煖氣
衛生工程委託
修理無任歡迎

總經理：夏杜維
夜間電話請打八一四八一

上海圓明園路二十九號
電話一七二八六

S. D. Schedrovitch, Gen. Mgr.
29 Yuen Ming Yuen Road.
Room 512 Tel. 17286

鐘山營造廠

總事務所 天潼路三八一號
電話 四〇七一九號

眞茹分廠 眞茹車站對面
江灣分廠 江灣路東體育會路上海信託公司第一模範村
南京分廠 花牌樓大同洋服店內

本廠承造洋房碼頭駁岸橋樑道路大小裝修及一切土木工程等工作堅固美觀各部職員悉屬專門人才倘蒙諮詢無不竭誠答覆

監理　黎明旭工程碩士
總經理　庾蔭堂工程學士
工程師　黃五如工程學士
南京分廠經理　徐宗堯工程學士
江灣分廠主任　李昌運工程學士
眞茹分廠主任　黃熾昌工程學士

NATIONAL NEON LIGHTS

美商國際紫氣電光公司

氣電(又名年紅)朔自發明至今不過十載在這時期之中經過許多困難犧牲在極力奮鬪改良之下已經得到吾人所希望之成功

在氣電先進之美法各國是最發達及普遍非但公司廣告商號招牌多已裝置以資招睞就是普通家庭已將氣電代以電燈其能如此者確因費用經濟裝璜美觀在那經濟美觀實用普遍以及一切給人們讚美悅服之下已經創造一個紫氣電光的新時代現在本公司不惜巨資特聘外人技師數位以驥出品之精良並設一九三三年新式樣機械以求製造之完善茲據一美人技師之證明本公司(氣電燈)之耐久力有三萬小時之久倘每日燃點六小時計每燈至少能用十五年之長久倘能保完善無欠本公司不敢自滿自尊誠爲滬上設備最完善出品最精良之唯一氣電公司至於所費電力因本公司之(氣電)優美完善極爲節省較之普通電燈所費不過四分之一(以AMPERE較算)故滬上各大公司及商號已經裝置本公司之氣電者有凡皆碑異口同聲均謂本公司之出品確爲最美最善本公司在此讚譽之下尤當依服務社會之志繼續精益求精以惠雅意倘蒙賜顧不勝歡迎

品質良好　價格低廉　樣式新奇

色光豐富　技術優越　長期保險

事務所　北京路一九〇號卽四川路口　電話一三〇六〇——九

製造廠　倍開路三六號　電話五二三九六

NATIONAL NEON LIGHTS

I-N-C.　U.S.A.

Shanghai Cement Tile Work Co.

承索樣品　當卽寄奉

THE KWANG HWA CEMENT TILES FACTORY

光華

水泥花方磚廠

廠設河南路東首靶子路四五七號

457 RANGE RD.
SHANGHAI

顏色任憑顧主自定

電話四一六四五號

Telephone No: 41645

如蒙委託估價　無任歡迎

ESTIMATES AND SAMPLES SUBMITTED
ON REQUEST.

湯秀記營造廠

總廠：華界斜徐路四百十號……電話南市二三七七七
事務所：法租界公館馬路昇平里十五號……電話北市八一二七八

本廠最近承造工程之一

本廠專造

中西房屋
碼頭
鐵道
橋樑
以及一切
大小鋼骨
水泥工程

Neon Apartments on Race Course Road
Architects-Yaloon Realty & Construction Co.

BUILDING CONTRACTOR

For the illustrated building

by

TONG SIU KEE

Passage 396, Rue du Consulat, Sang Bing Lee No. 15
SHANGHAI.

新仁記營造廠

總賬房
愛文義路一四二三號
電話三〇五三一

事務所
江西路一七〇號二樓二五八號
電話一〇八八九

二十層百老滙大廈　本廠最近承造工程之一

Broadway Mansions

本廠承造工程之一班：

沙遜大樓　南京路
漢彌爾登大廈　江西路
都城飯店　江西路

Sin Jin Kee & Company

Head office: 1423 Avenue Road Tel. 30531

Town office: Hamilton House
Room No. 258 Tel. 10889
170 Kiangse Road

政特准掛號認為新聞紙類

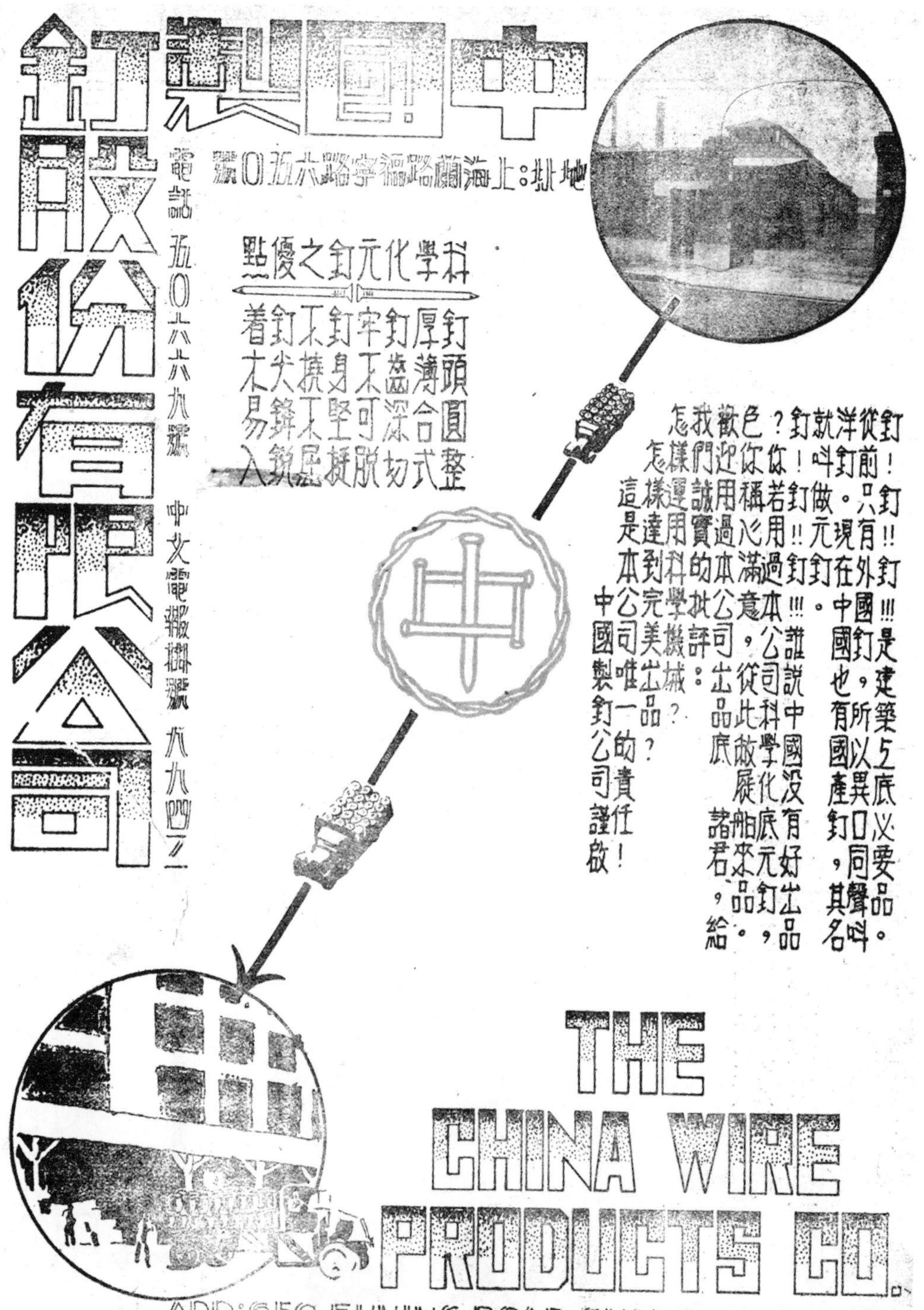

中國近代建築史料匯編（第一輯）

建築月刊

第二卷　第一期

建築月刊
THE BUILDER
RST-ANNIVERSARY
ANNUAL-APRIL

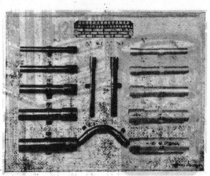

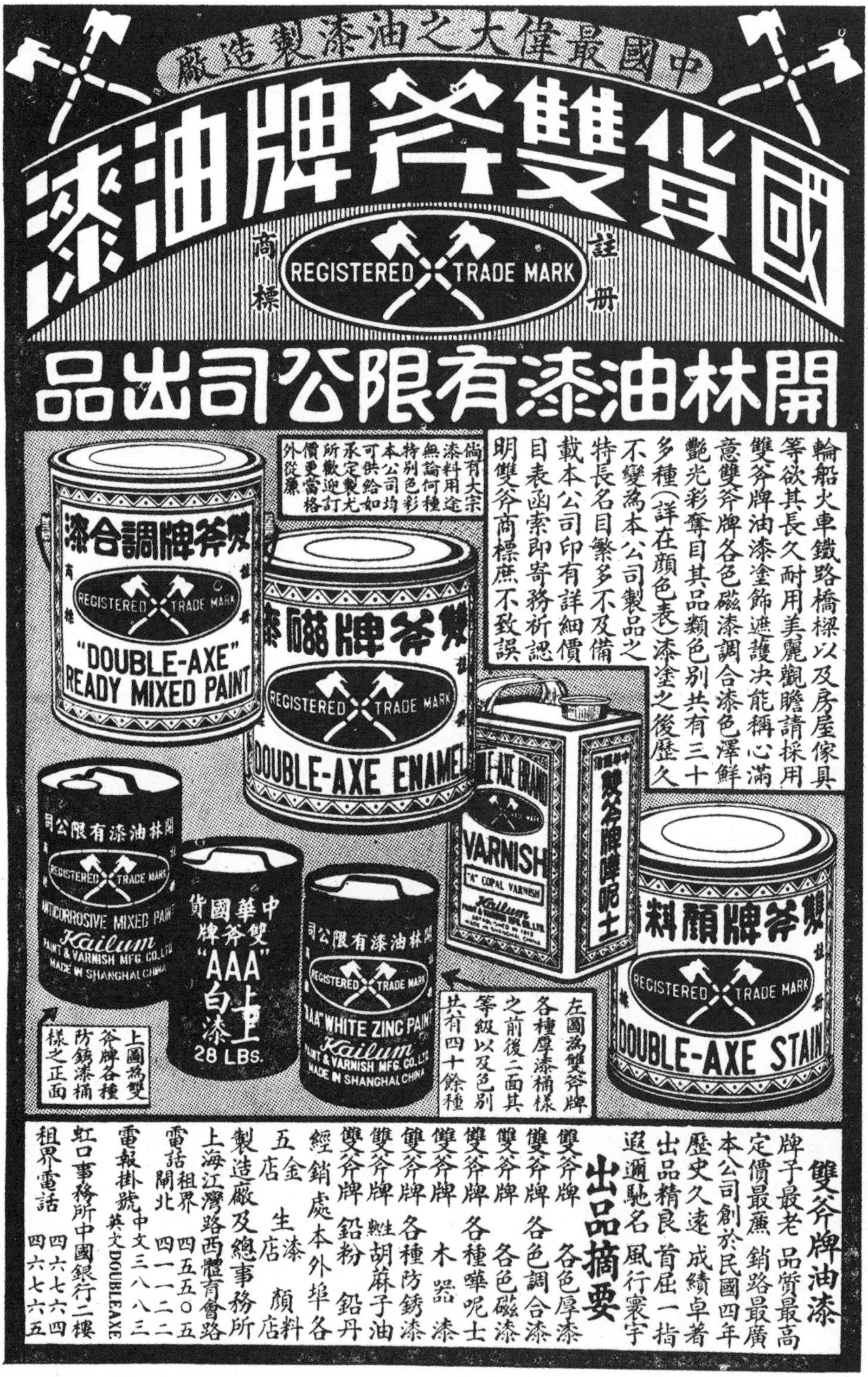
中國最偉大之油漆製造廠
國貨雙斧牌油漆
註冊商標
REGISTERED TRADE MARK
開林油漆有限公司出品
輪船火車鐵路橋樑以及房屋傢具等欲其長久耐用美麗觀瞻請採用雙斧牌油漆塗飾遮護決能稱心滿意雙斧牌各色磁漆調合漆色澤鮮艷光彩奪目其品類色別共有三十多種（詳在顏色表）漆塗之後歷久不變為本公司製品之特長名目繁多不及備載本公司印有詳細價目表函索即寄務祈認明雙斧商標庶不致誤
倘有大宗漆料用途無論何種特別色彩本公司均可供給如承定製尤所歡迎訂價更當格外從廉
雙斧牌調合漆
"DOUBLE-AXE" READY MIXED PAINT
雙斧牌磁漆
DOUBLE-AXE ENAMEL
VARNISH
雙斧牌嗶呢士
"A" COPAL VARNISH
雙斧牌顏料
DOUBLE-AXE STAIN
開林油漆有限公司
ANTICORROSIVE MIXED PAINT
Kailum PAINT & VARNISH MFG. CO. LTD. MADE IN SHANGHAI, CHINA
中華國貨 雙斧牌 "AAA" 上重白漆 28 LBS.
"AAA" WHITE ZINC PAINT
上圖為雙斧牌各種防銹漆桶樣之正面
左圖為雙斧牌各種厚漆桶樣之前後二面其等級以及色別共有四十餘種
雙斧牌油漆
牌子最老 品質最高
定價最廉 銷路最廣
本公司創於民國四年
歷史久遠 成績卓著
出品精良 首屈一指
遐邇馳名 風行寰宇
出品摘要
雙斧牌 各色厚漆
雙斧牌 各色調合漆
雙斧牌 各色磁漆
雙斧牌 各種嗶呢士
雙斧牌 木器漆
雙斧牌 各種防銹漆
雙斧牌 熟生胡麻子油
雙斧牌 鉛粉 鉛丹
經銷處本外埠各五金店 生漆店 顏料店
製造廠及總事務所
上海江灣路西體育會路
電話租界 四五五〇五
閘北 四一一二二
電報掛號中文三八八三
英文DOUBLEAXE
虹口事務所中國銀行二樓
租界電話 四六七六四
四六七六五

泰　康　行

CHINA UNITED ENGINEERING CORP.

SOLE AGENTS FOR

TRUSCON STEEL COMPANY

YOUNGSTOWN, OHIO, U.S.A.

本行專門代客規劃或設計鋼骨水泥及工字鐵房屋橋樑等發售鋼窗鋼門鋼絲網避水漿水泥油漆磁磚花磚屋頂油毛氈等建築材料

設計工程				鋼窗	
南京大戲院	上海	臨時法院	上海	西僑青年會	上海靜安寺路
北京大戲院	上海	鐵道部	南京	同濟大學	吳淞
光華大戲院	上海	衛生署	南京	白洛克賽特西人公寓	上海海格路
浙江大戲院	上海	救火會	常州	上海療養院	上海靶子路
珠光大戲院	上海	寶隆醫院	上海	臨時法院	上海
新光大戲院	上海	鄉下總會	上海	清心中學	上海大東門
東海大戲院	上海	花旗總會	上海	震旦大學	上海呂班路
金城銀行	上海	信大麵粉廠	上海	寶隆醫院	上海
四銀行儲蓄會	上海	裕豐麵粉廠	上海	上海紗廠	上海楊樹浦
上海銀行大廈	上海	東華紗廠	上海	聖芳濟學堂	上海韜朋路
中國銀行虹口分行	上海	崇明紗廠	崇明	申新紗廠	上海楊樹浦
爵祿飯店	上海	大豐紗廠	上海	工部醫院	上海靶子路
惠中旅舍	上海	大同麵粉廠	上海	福新麵粉廠	上海楊樹浦
遠東飯店	上海	工足襪廠	上海	恆豐紗廠	上海楊樹浦
中國飯店	上海	上海牛皮廠	上海	申報館	上海望平街
一品香飯店	上海	上海啤酒廠	上海	安息日會亞東總會	上海華德路
半島飯店	九龍	和豐紙廠	嘉興	江蘇銀行	上海及蘇州
青年會	濟南	怡和洋棧	漢口	蔣介石先生住宅	蘇州
郵政局	北平	金陵女子大學	南京	公大紗廠	上海
申報館	上海	清華大學	北平	內外紗廠	上海
商務印書館	北平	暨南大學	眞茹	中央研究院	上海白利南路

其餘工程繁多不及備載

行址　上海圓明園路廿九號　　電話一一二六六（兩線專接各部）

廠址　上海匯山路DL一一九三號　　電話五〇二七〇

The Robert Dollar Co.,

Wholesale Importers of Oregon Pine Lumber, Piling and Philippine Lauan.

美商

大來洋行

本行專售大宗洋松椿木及菲律濱柳安烘乾企口板等

各種裝修如門窗等以及考究器具請貴主顧須要認明大來洋行獨家經理之菲律濱柳安有I.L.CO.標記者爲最優美並請勿貪價廉而採購其他不合用之劣貨統希貴主顧注意爲荷

大來洋行木部謹啓

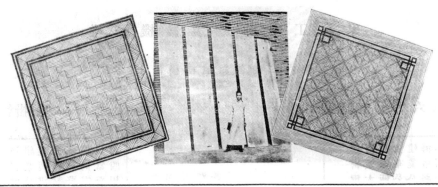

本廠最近承造之二大工程

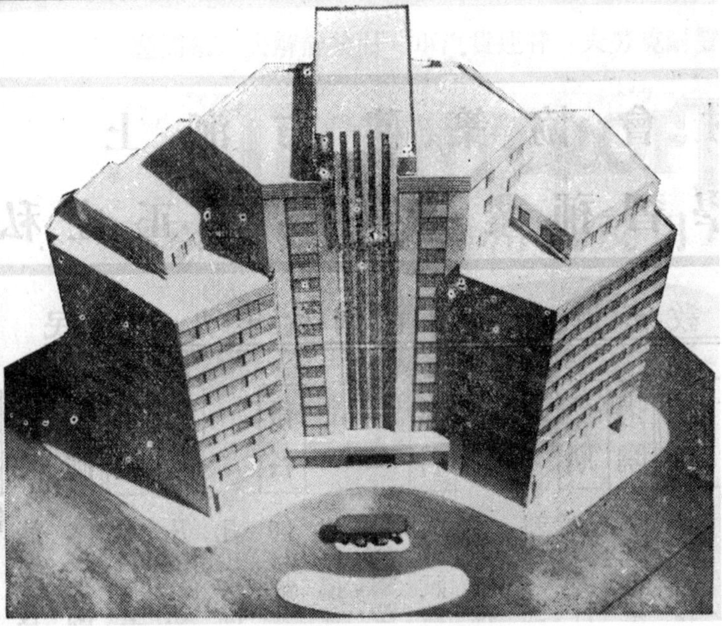

麥特赫司脫公寓

新申營造廠

總辦事處 上海康腦脫路五一二號

電話 三四一七一

專門承造一切大小建築鋼骨水泥工程工場廠房以及碼頭橋樑等

New Shanghai Construction Co.

General Building Contractors

Head Office : 512 Connaught Road

Phone 34171

中央捕房

上海市建築協會附設
私立正基建築工業補習學校招生

民國十九年秋創立　○　上海市教育局登記

宗旨　本校利用業餘時間以啓示實踐之教授方法灌輸入學者以切於解決生活之建築學識爲宗旨

編制　本校參酌學制暫設高級初級兩部每部各三年修業年限共六年

年級　本屆招考初級一二三年級及高級一二年級各級插班生

程度　凡投考初級部者須在高級小學畢業初級中學肄業或具同等學力者
凡投考高級部者須在初級中學畢業高級中學理工科肄業或具同等學力者

報名　即日起每日上午九時至下午六時親至南京路大陸商場六樓六二〇號上海市建築協會內本校辦事處塡寫報名單隨付手續費一圓（錄取與否概不發還）呈繳畢業證書或成績單等領取應考證憑證於指定日期入場應試

考科　入學試驗之科目　國文　英文　算術（初一）　代數（初二）　幾何（初三）　自然科學（初二三）投考高級一二年級者酌量本校程度加試高等數學及其他建築工程學科（考試時筆墨由各生自備）

考期　二月四日（星期日）上午九時起在牯嶺路長沙路口十八號本校舉行

揭曉　應考各生錄取與否由本校直接通告之

校址　牯嶺路長沙路口十八號

附告　（一）函索本校詳細章程須開具地址附郵四分寄大陸商場建築協會內本校辦事處空函恕不答覆
（二）本校授課時間爲每日下午七時至九時
（三）本屆招考插班生各級名額不多於必要時得截止報名不另通知之

中華民國二十三年一月　日　　校長　湯景賢

君必信用『雙耐克勞夫』牌運貨汽車。而後能解決運輸問題。

THORNYCROFT

現有車用及船用兩種狄塞爾引擎

五十種式類之「雙耐克勞夫」牌運貨及載客汽車。從二噸起至十二噸止。裝有汽油或狄塞爾引擎底盤。

車用汽油引擎底盤
從兩噸二十五匹馬力
至十一噸八十七匹馬力

車用狄塞爾引擎
從三十六．一匹馬力
至五十六．四匹馬力

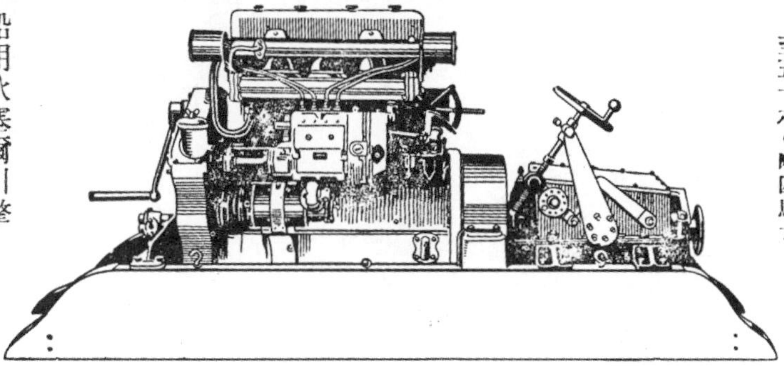

船用狄塞爾引擎
從九匹實馬力
至一百廿六匹實馬力

船用汽油引擎
從九匹實馬力
至四百匹實馬力

欲知以上價格及詳情請向本行接洽

上海廣東路三號大來房子　**固敏洋行**　電話　一四二七〇

JOHN I. THORNYCROFT & CO., Limited.

君必信用『雙耐克勞夫』牌運貨汽車。而後能解決運輸問題。

張德興電料行

上海電料行

本行承裝各埠電氣工程略舉如下備資參考

上海北四川路六九〇至九二號

青島吳淞路十五號

本埠工程

華商證券交易所 漢口路
四明銀行號房及市房 福煦路
美華地產公司市房 施高塔路
交通部王部長公館 愚園路
外國公寓 威海衛路
永安公司地產市房 北四川路
四達地產公司市房 施高塔路
中華學藝社 愛麥虞限路
普益社 南市蔑竹街
青心女學 南市跨龍路
楊虎臣公館 環龍路
馬公館 賓建路
林虎公館 祁齊路
文廟圖書館 文廟路
吳市長公館 海格路
華慶煙草公司 賈西義路
劉志樂公館 趙主教路
好來塢影戲院 乍浦路
維多利亞影戲院 海甯路
恆裕地產公司市房 寶樂安路
大夏大學 中山路

外埠工程

青年會 甯波新江橋
華美醫院 甯波北門外
國立山東大學 青島
浙江圖書館 杭州
嚴春陽公館 南通石港
鐵道部孫部長公館 南京
軍政部何部長住宅 南京
日本領事館 蘇州
暨南大學 真茹
鐵道部 南京
明華銀行公寓 青島

張德興電料行
上海電料行 謹啓

電話 上海 四六六二一號
青島 二九三六號

元豐公司

專製上等油色漆墨

上海北京路九十六號

▲元豐牌建築油漆

白厚漆 黃厚漆 紅厚漆 頂上白厚漆
燥頭 淺色魚油 快燥亮油 三煉光油
香水 漿狀洋灰釉 調合洋灰釉 漿狀水粉漆
橡黃釉 柚木釉 花利釉 紅丹釉
各色 一層又名普及漆

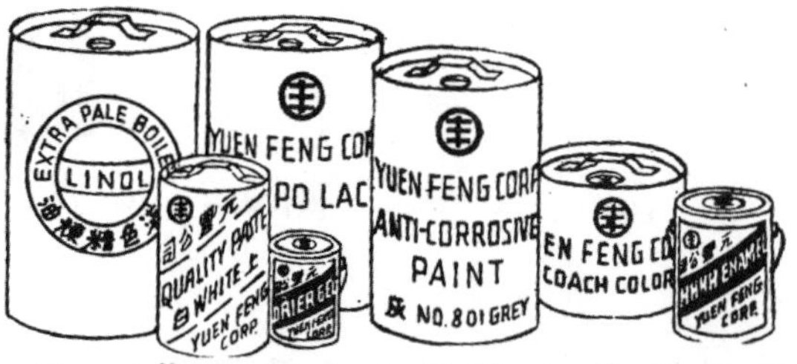

鋼窗灰 鋼窗李 鋼窗綠 屋頂紅 上白磁漆 朱紅磁漆 純黑磁漆 上白調合漆 上綠調合漆 水汀銀漆 水汀金漆 營造凡宜水（清黑） 發彩釉（紅黃藍）

價目表承索即寄

電話一二八九五

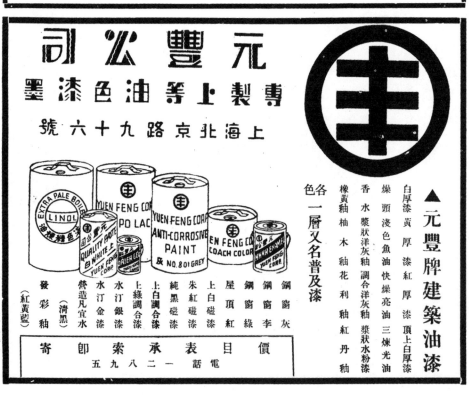

瑞昌工廠
銅鐵五金
承辦建築一切銅鐵工程
常備大批新式異樣堅固門鎖
漢口路四二一號 電話九四四六〇
靜安寺路六六七號 電話三一九六七號
工廠 同孚路二四三號

久記營造廠

本廠專造棧房碼頭鐵道橋樑以及一切大小鋼骨水泥工程

事務所：上海圓明園路二十三號

廠設：上海南市機廠街二一七號

電話 一九一七六
　　 二二〇二五

SPECIALISTS IN

GODOWN, HARBOR, RAILWAY, BRIDGE, REINFORCED CONCRETE AND GENERAL CONSTRUCTION WORKS.

THE KOW KEE CONSTRUCTION CO.

Town office: 23 Yuen Ming Yuen Road.

Factory: 217 Machinery Street, Nantao.

TELEPHONE 19176
22025

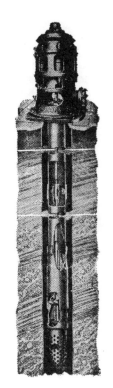

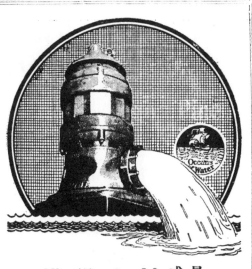

MANUFACTURE CERAMIQUE DE SHANGHAI

OWNED BY

CREDIT FONCIER D'EXTREME ORIENT

MANUFACTURERS OF

BRICKS

HOLLOW BRICKS

ROOFING TILES

FACTORY:
100 BRENAN ROAD
SHANGHAI
TEL. 27218

SOLE AGENTS:
E. L. MOELLER & C O
110 SZECHUEN ROAD
SHANGHAI
TEL. 16650

上海

義品磚瓦廠

附屬

義品放款銀行

製造

各種上等

面磚 空心磚 瓦片

工廠
白利南路第一百號
電話
二七二一八

獨家經理
懋資地產公司
四川路一百十號
電話：一六六五〇

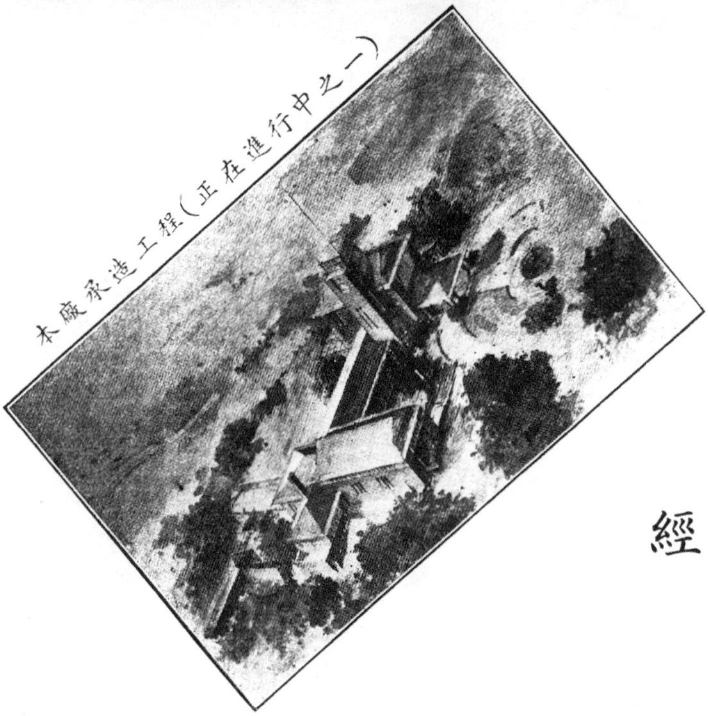
本廠承造工程(正在進行中之一)

迅速

經濟

堅固

泰來營造廠

上海博物院路十九號

電話一七二六九

建築月刊

第二卷第一號
新年特大號
民國二十三年一月份出版

目錄

插圖

譯著

THE BUILDER

Vol. 2 No. 1 January 1934

LEADING CONTENTS

ILLUSTRATIONS

ARTICLES

廣告索引

上海中國通商銀行新屋。位於福州路及江西路之角。現正在進行打樁工程。將來造成後。底層及夾層全供銀行營業處所之用。全屋計十八層。頂尖離地面高二百二十三呎。江西路之側翼比較爲低。故用鋼骨水泥建築。餘均用鋼架。設計者爲新瑞和洋行。

上海中國通商銀行新屋

NEW BUILDING FOR THE COMMERCIAL BANK OF CHINA.

Davies, Brooke & Gran
Architects.

凌霄

上海漢彌爾登大廈

陳傳霖攝

HAMILTON HOUSE.

Photo by Chen Chuan Lin

PICARDIE APARTMENT, SHANGHAI

Messrs Minutti & Co., Architects.

上海萬國儲蓄會新建之偉大公廨

此屋位於貝當路及汶林路之角。現正建築中。落成後將名爲"Picardie"（係一法國最繁華之省名）。屋高二百尺。除辦公處所外。並有八十七處公廨。自二室至八室不等。一切裝置設備。均屬最新穎之近代化。設計者爲法商營造公司。

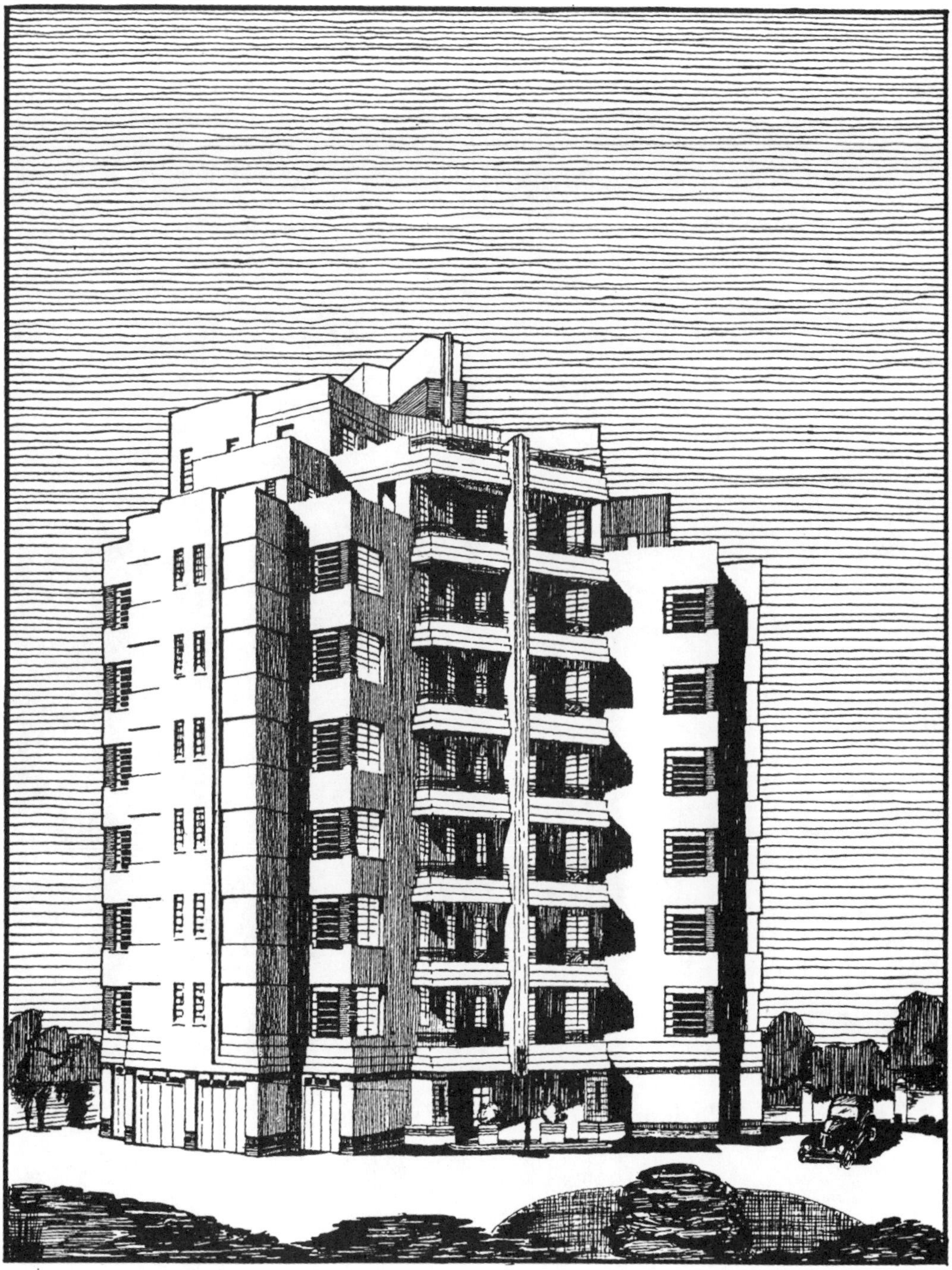

CAVENDISH COURT　　PALMER & TURNER, ARCHITECTS.

上海貝當路新建之公寓

公和洋行設計

EXTENSION TO THE HAI—ALAI BUILDING, SHANGHAI.

上海回力球場添造新屋

上圖爲計劃添造中亞爾培路回力球場之壯觀。設計者法商營造公司。圖示大門入口處。並有上海最新式偉大舒適之酒吧間。圓徑六十尺。

NEW EIGHT-STOREY APARTMENT HOUSE. W. LIVIN, ARCHITECT.

新式八層公寓

此屋在建築中。位於邁爾西愛路及環龍路之角。全廈有店鋪十六間。住室七十處。每室自一間至四間不等。一切設備。均屬近代式樣。並有無綫電裝置。供客隨時使用。建築師爲列文氏。

上海法租界擬建之公寓

聯合建築公司海傑克建築師設計

PROPOSED APARTMENT BUILDING IN HE FRENCH CONCESSION, SHANGHAI.

Designed by H. T. Hajek, B A., of the Universal Building & Engineering Co.

LARGE POLICE STATION FOR FRENCH CONCESSION.

上海法租界將建之新巡捕房

上海法租界當局已擇定現在法工部局之北・愛多亞路相近・建築一大規模之捕房。上圖即爲新屋之圖樣。預計可駐住四百人・並有公廨二十間，以備有妻室之服務員居住。新屋之入口處在公館馬路。

青島最新式之旅館

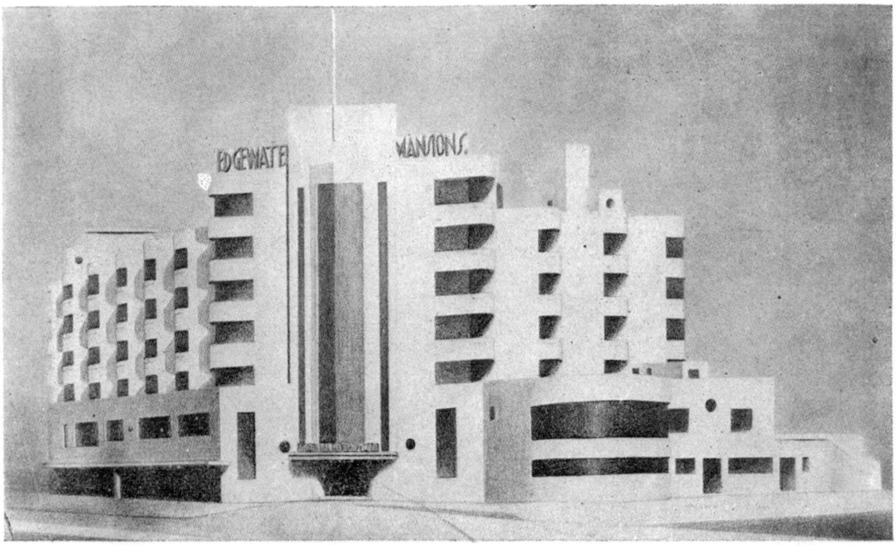

AN UP-TO-DATE HOTEL FOR TSINGTAO.

Davies Brooke & Gran, Architects.

圖係進行建築中之青島最新式旅館。名稱"海濱大厦"（Edgewater Mansions）。由上海新瑞和洋行設計。完成後全屋有八十八臥室。每間各有浴室及遊廊。此旅館之特點。即為備有極大之蓄水塔。足供數日之用。屋前築有堤岸。以供旅客游泳或划船之戲。

上海貝當路最新式之公寓

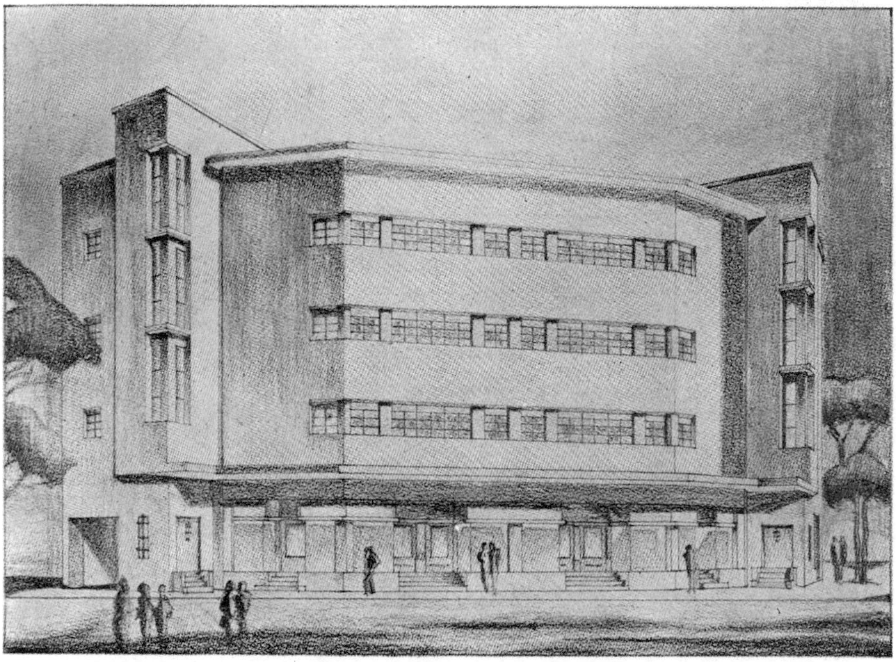

THE MODERN APARTMENT HOUSE ON AVENUE PETAIN, SHANGHAI.

Palmer & Turner, Architects.

皇家影戲院，英國，惠勃爾登。

THE REGAL CINEMA, WIMBLEDON.

英國皇家影戲院 大廳

THE REGAL CINEMA, WIMBLEDON. THE AUDITORIUM

英國皇家影戲院入口處

THE REGAL CINEMA, WIMBLEDON. THE ENTRANCE HALL

英國皇家影戲院

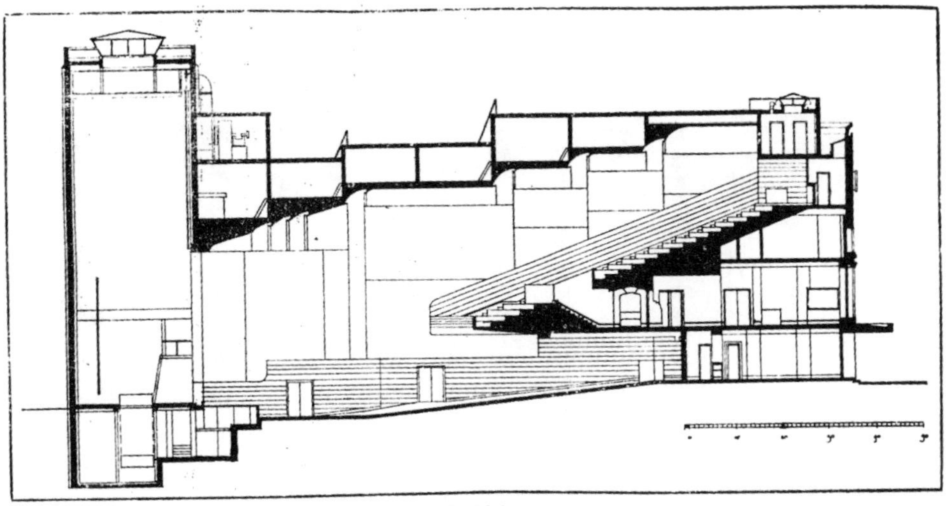

SECTION.

剖面圖

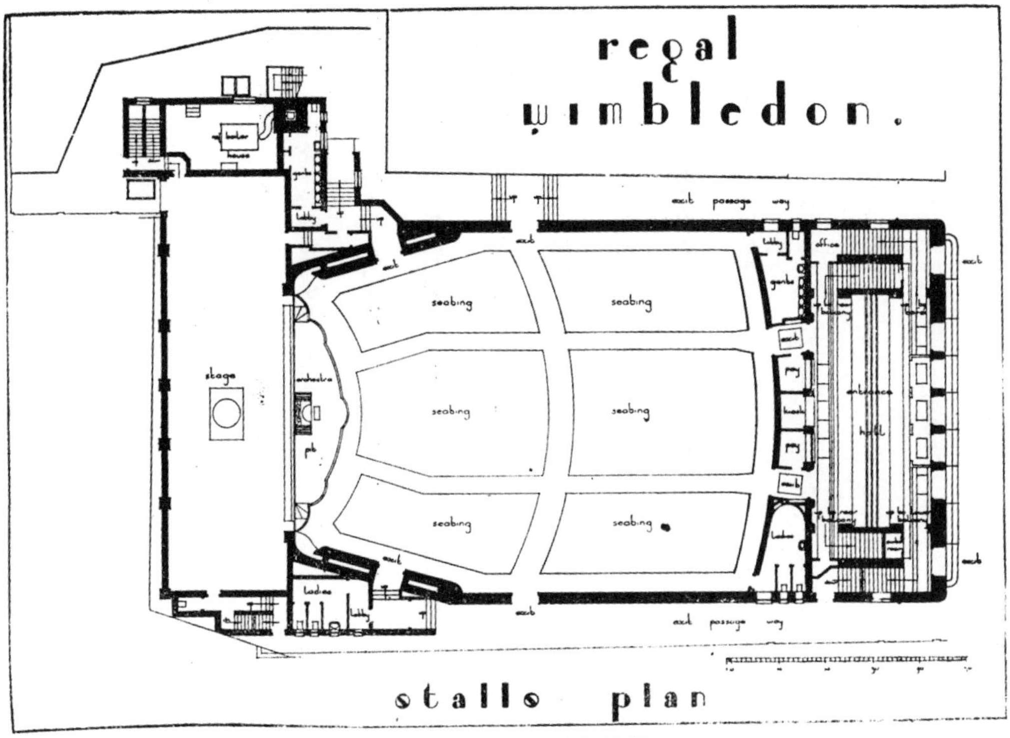

平面圖

THE REGAL CINEMA, WIMBLEDON.

MR. ROBERT CROMIE, F.R.I.B.A., Architect.

香港匯豐總行新屋

香港匯豐銀行總行新屋，由上海公和洋行設計，即將興工建築。該屋爲近代最新式之銀行建築，除辦公處所外，另有寫字間出租，及西籍職員宿舍，網球場等。新屋位置之佳，在香港允推第一。除原有地址外，加添市政廳廳址之一部，皇家戲院，及華德雷街（Wardley Street）等，故連前舊址，門面計濶二四七尺六寸。新屋之軸心將集中於維多利亞紀念碑。因皇后大道之地平較福賜路(Des Voeux Road) 略高數尺，故其底層則建爲爐子間，幇浦，及流通空氣設備等。主要銀行辦公廳面對皇后大道，庫房保管室等則在福賜路；其他管理處如總經理室經理室，總賬室等，則面對 Statue Square 。主要銀行辦公廳長計二一五尺，闊百尺，高二七尺，兩邊俱有夾層。一層至四層用以出租，因地段既佳，光線空氣尤屬合宜，故已有預定者。再上層爲職員宿舍，附有飲食堂一處。餘層爲高級已婚職員宿舍，及總經理宿舍等。另有一層，則專供職員公餘消遣之用。

此屋設計係用樸質莊嚴之直線形體，極少裝飾。外層全用花岡石砌築。其高度自福賜路至屋頂之塔，計爲二二〇尺。兩翼之設計，則務使兩傍之屋對於空氣光線，並不發生阻礙。屋用鋼骨建築，使用木料極少。主要銀行辦公廳部份，所有設計與佈置，均倣照加拿大、美國、倫敦、及歐洲各國最新式之銀行建築。底層夾層及上層等，俱用氣候調節機，不受外界任何影響。現暫借市政廳舊址之一部，作爲臨時辦公處，俟原有行址拆卸時，再行遷移。設計此屋者爲公和洋行威爾遜君(Mr. G. L. Wilson)。上海匯豐銀行行屋設計，亦出威君之手。至於工程管理及監督等，則由勞甘 (Mr. M. H. Logan)及恩普 (Mr. L. W. Amps) 兩君担任。勞恩兩君俱由英國特聘而來，對於工程經驗，頗稱宏富云。

香港滙豐銀行總行新屋

公和洋行設計

THE HONGKONG & SHANGHAI BANKING CORPORATION
NEW BUILDING IN HONGKONG

Palmer & Turner, Architects

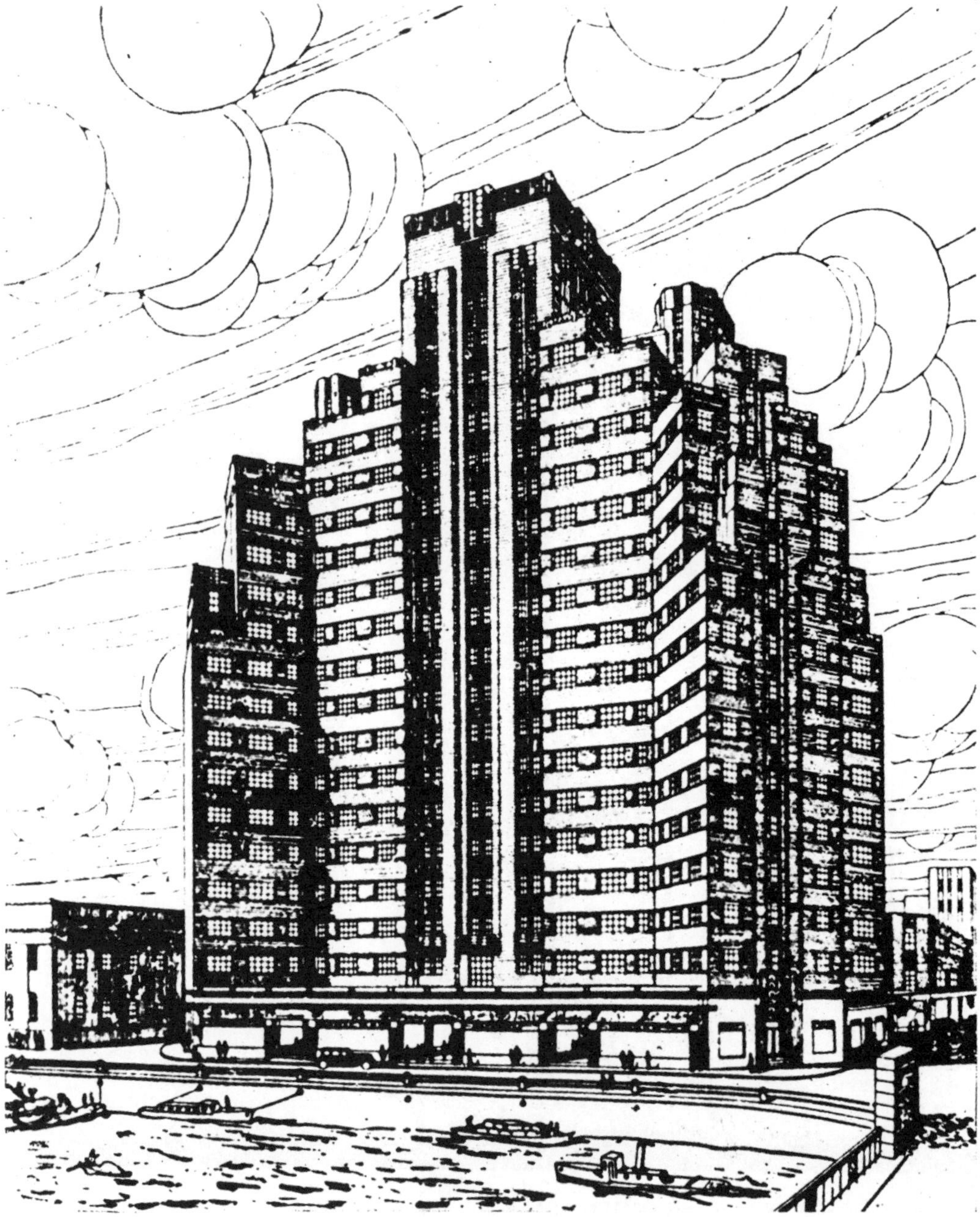

BROADWAY MANSIONS, SHANGHAI.

上海百老滙大廈

不久將來，蘇州河畔又有一矗立之巨廈出現，此即進行建築中之百老滙大廈。屋爲上海英商業廣公司所有，承造者爲本會委員竺泉通君所主持之新仁記營造廠。

上海療養院

啓明建築師設計

安記營造廠承造

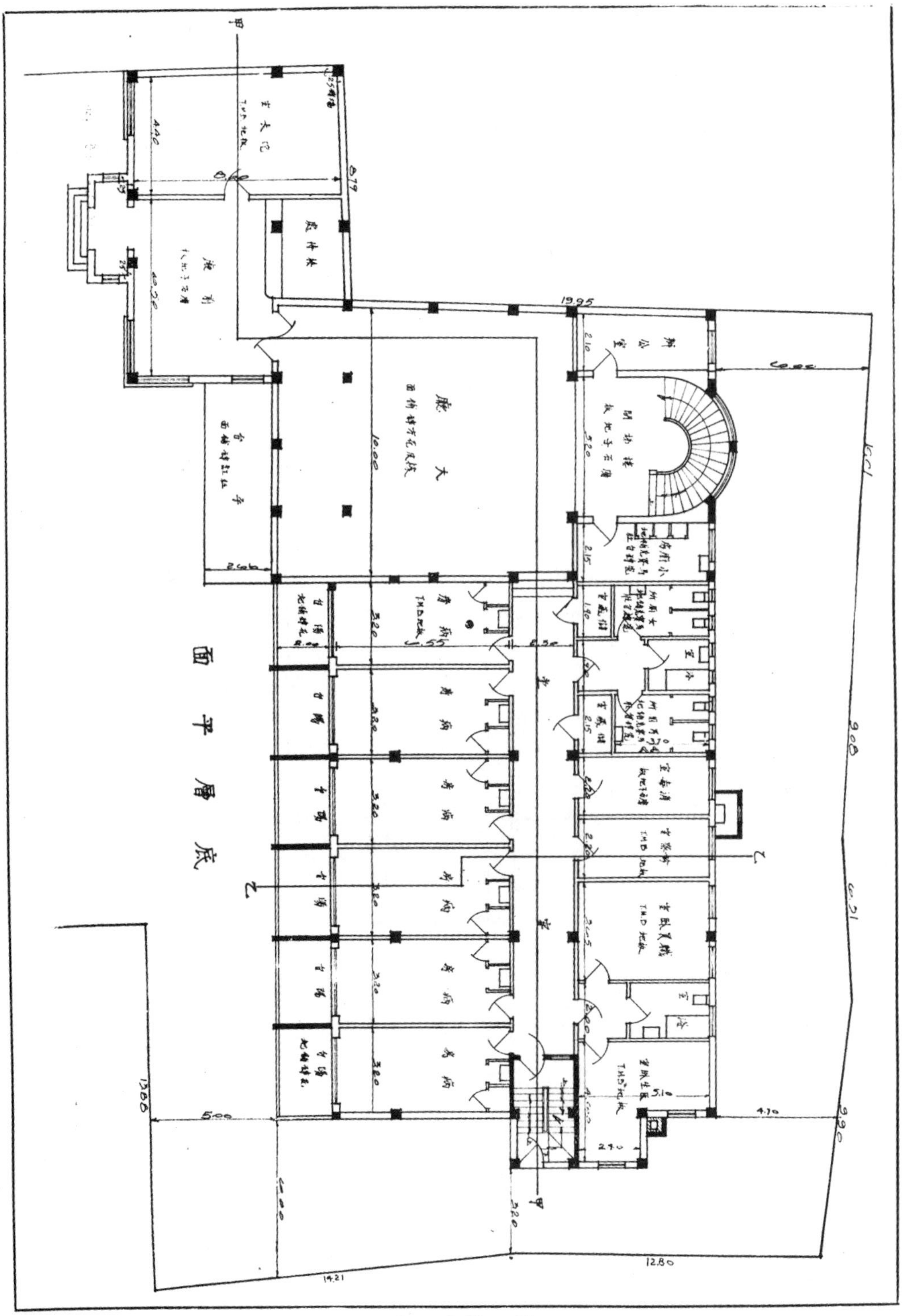

Ground Floor Plan

Shanghai Sanitarium.——Chang, Ede & Partners, Architects.——An-Chee Construction Co., Contractors.

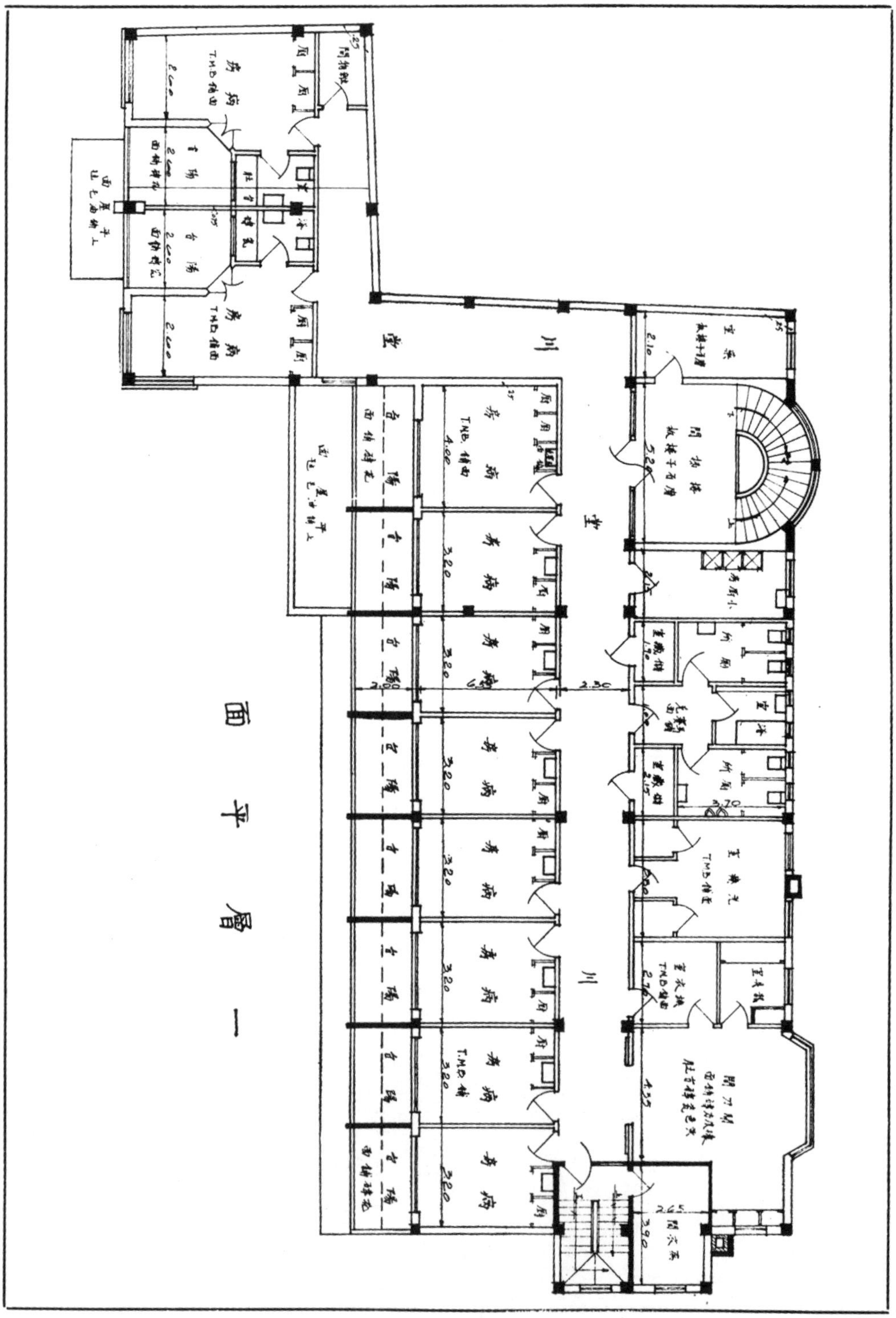

上海療養院

啓明建築師設計

安記營造廠承造

First Floor Plan

Shanghai Sanitarium.——Chang, Ede & Partners. Architects,——An-Chee Construction Co., Contractors.

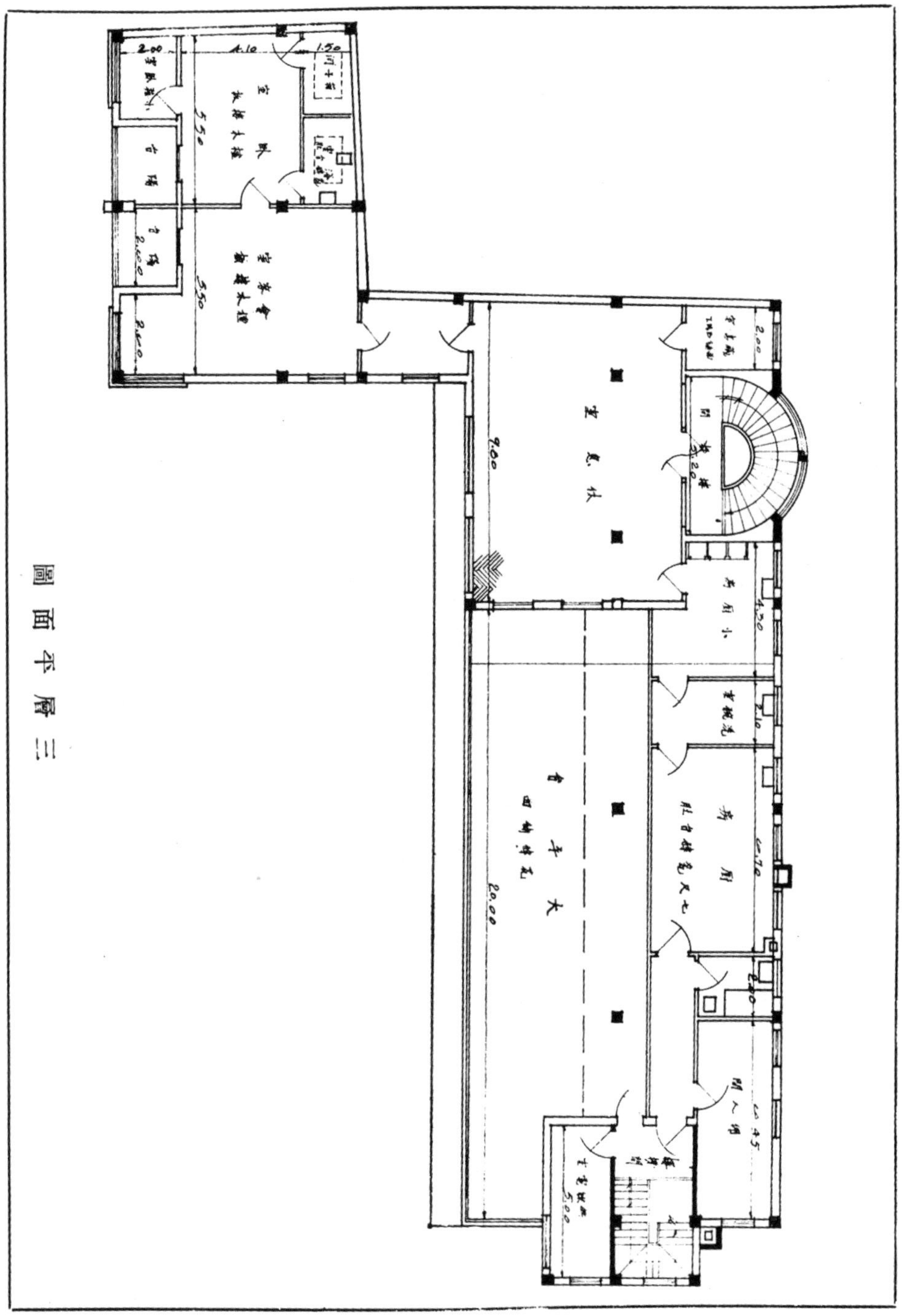

Second Floor Plan

Shanghai Sanitarium.——Chang, Ede & Partners, Architects,——An-Chee Construction Co,, Contractors.

上海療養院

啓明建築師設計

安記營造廠承造

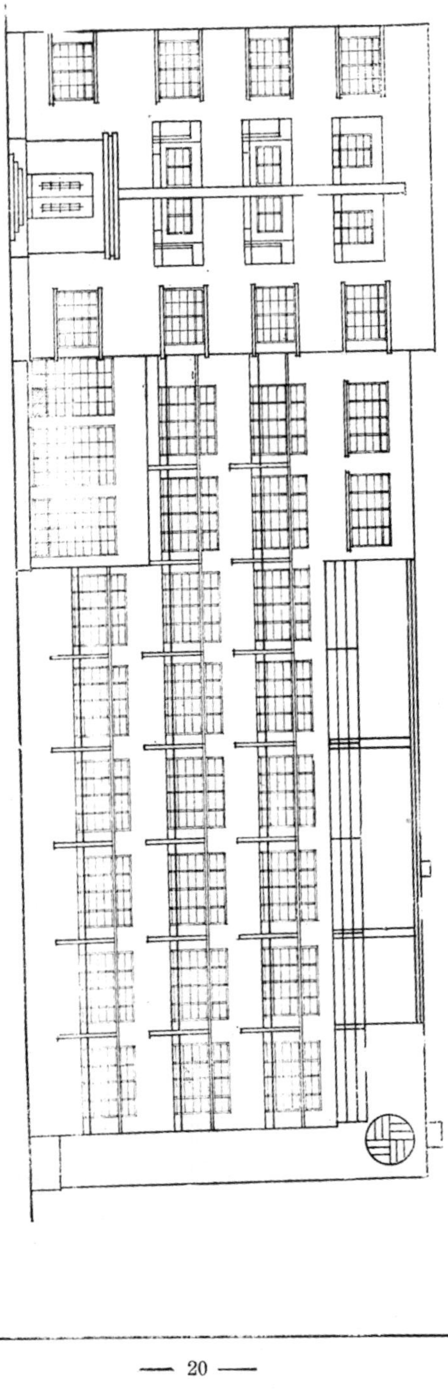

正面圖

FRONT ELEVATION

上海療養院

啓明建築師設計

安記營造廠承造

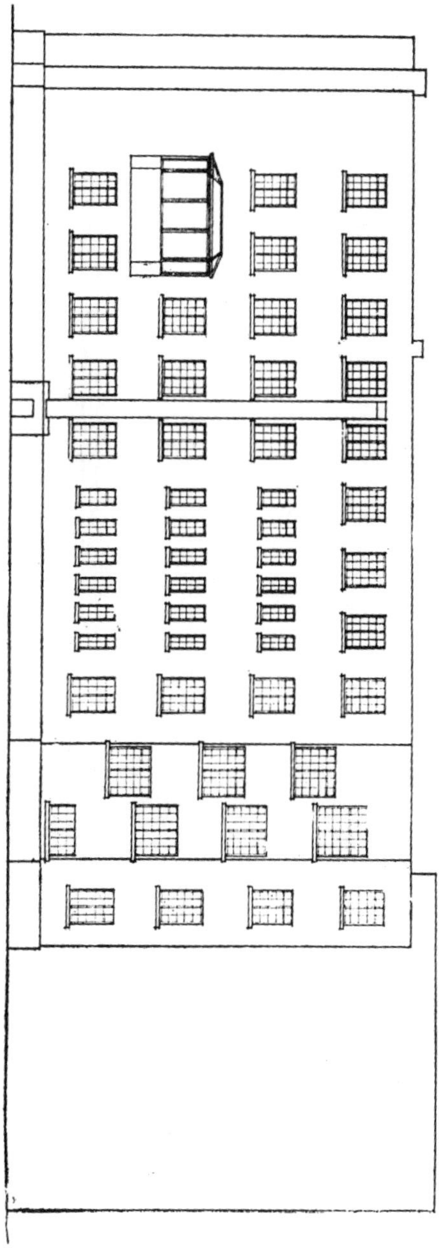

後面圖

REAR ELEVATION

上海療養院

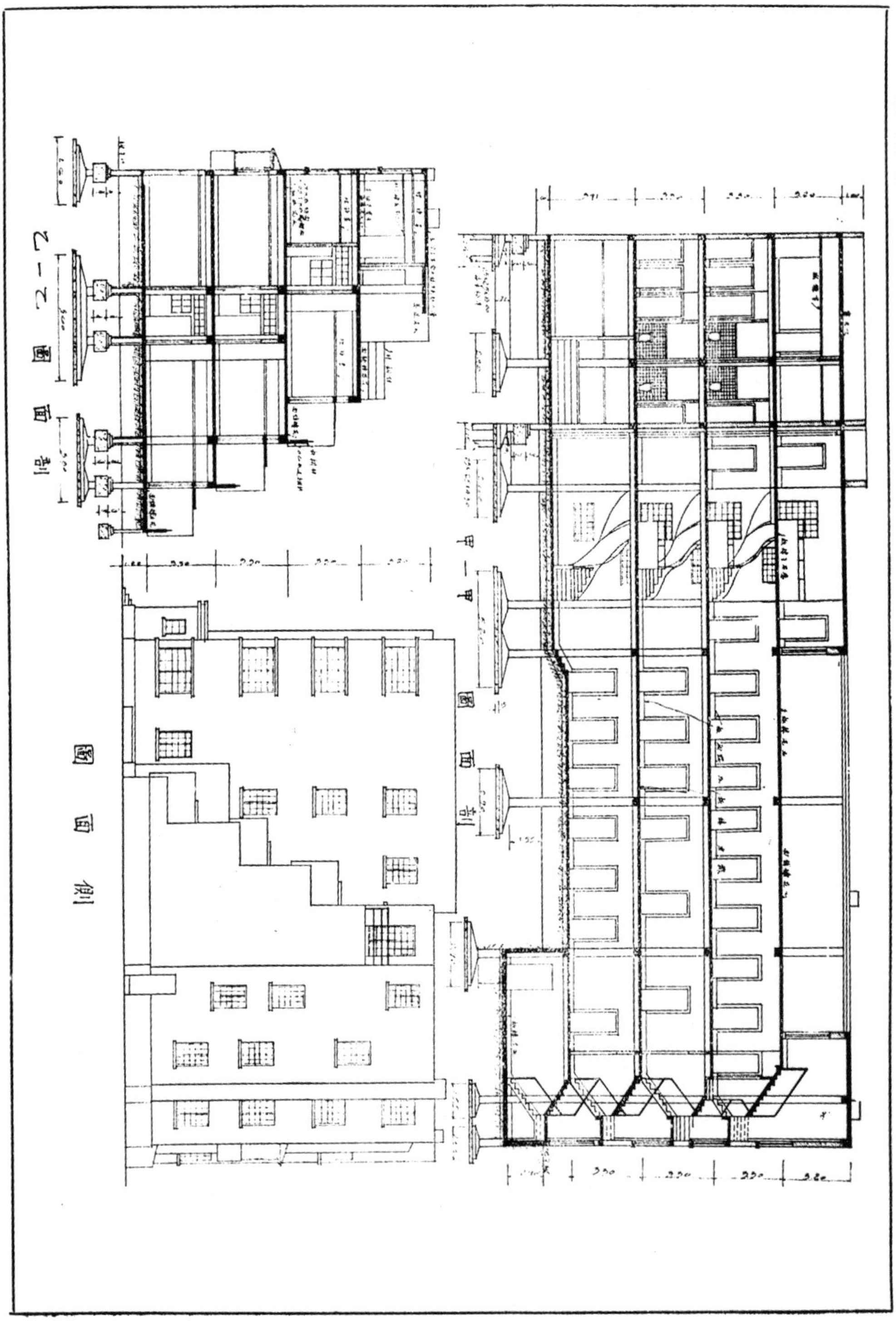

Section And Side Elevation

啓明建築師設計

安記營造廠承造

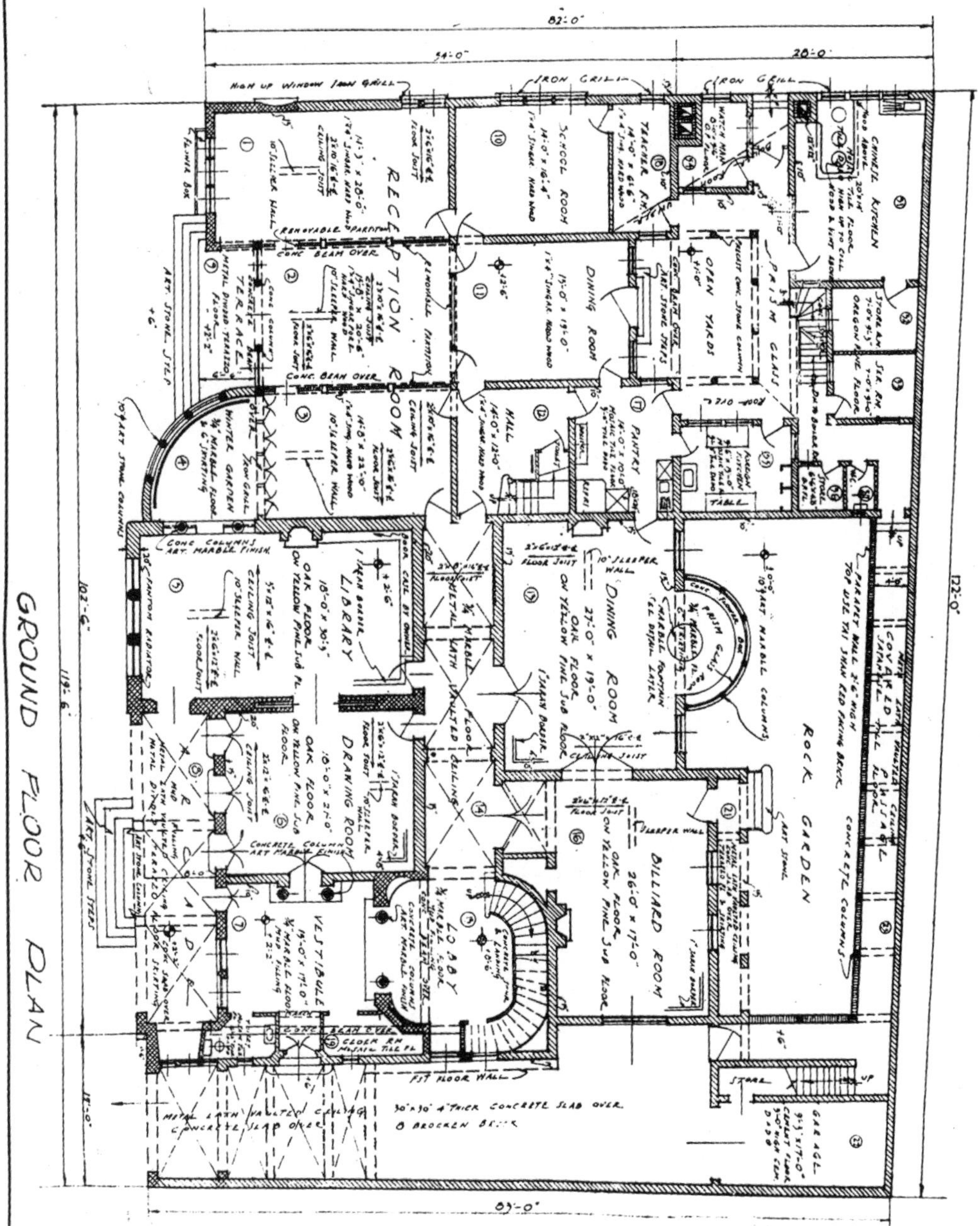

A Residence.——Mr. L. E. Hudec, Architect.Chong Sun, General Contractor.

上海斜橋街巨廈平面圖

鄔達克建築師設計

昌生營造廠承造

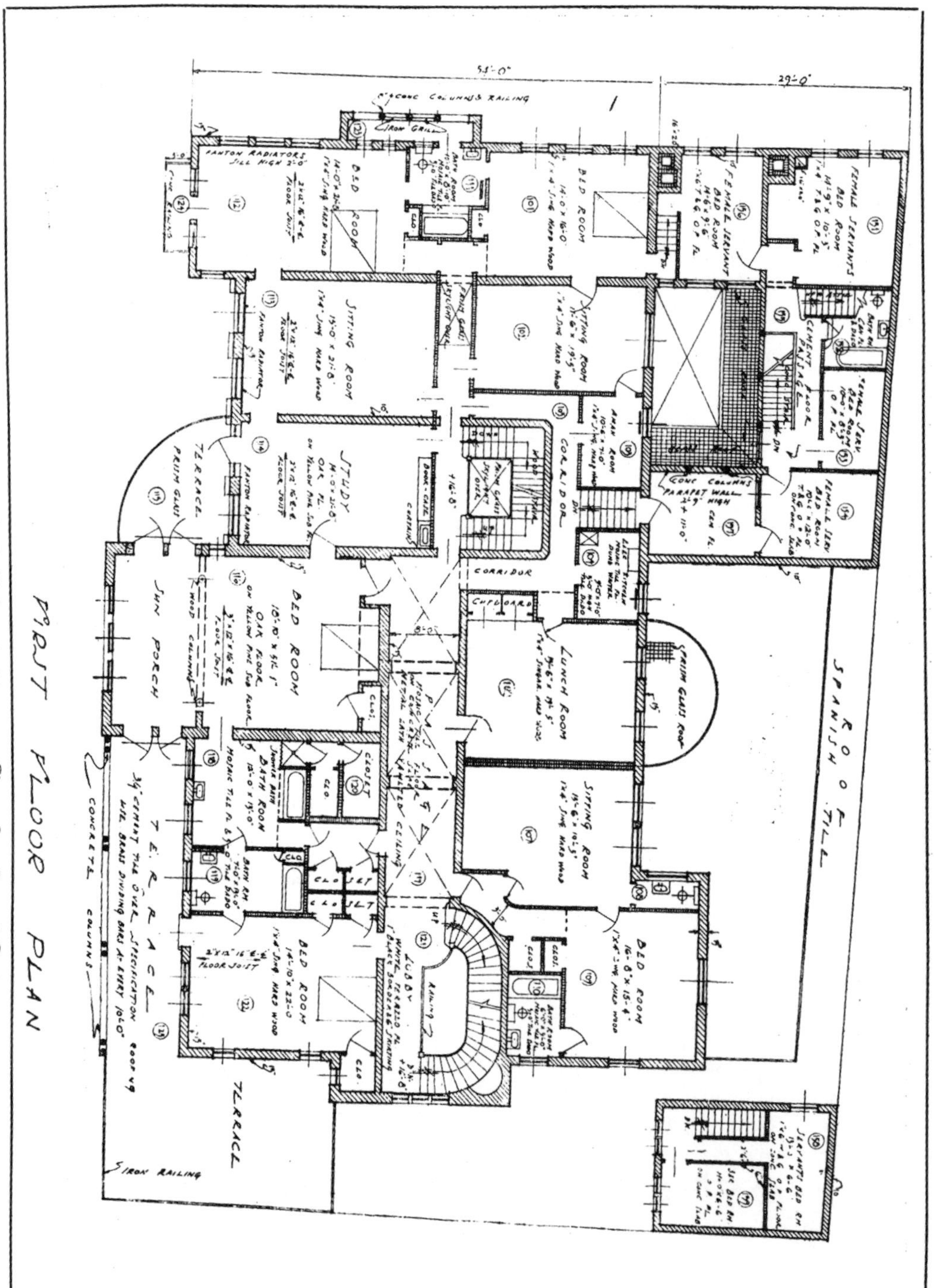

A Residence.——Mr. L. E. Hudec, Architect.——Chong Sun General Contractor.

上海斜橋街巨廈二層平面圖

鄔達克建築師設計

昌生營造廠承造

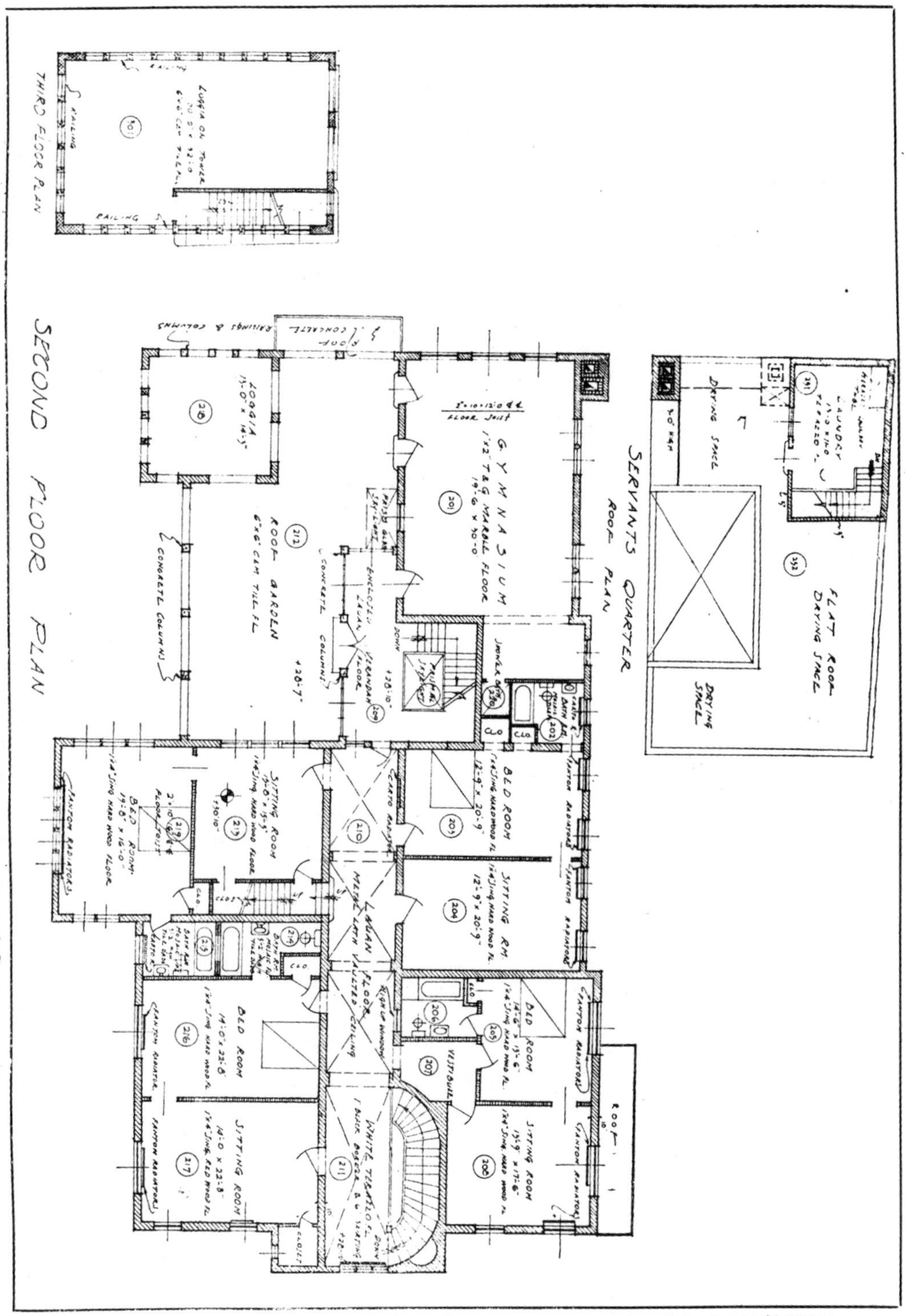

A Residence.——Mr. L. E. Hudec, Architect.——Chong Sun General Contractor.

上海斜橋衖巨廈三層平面圖

鄔達克建築師設計

昌生營造廠承造

上海斜橋衖巨廈立體圖

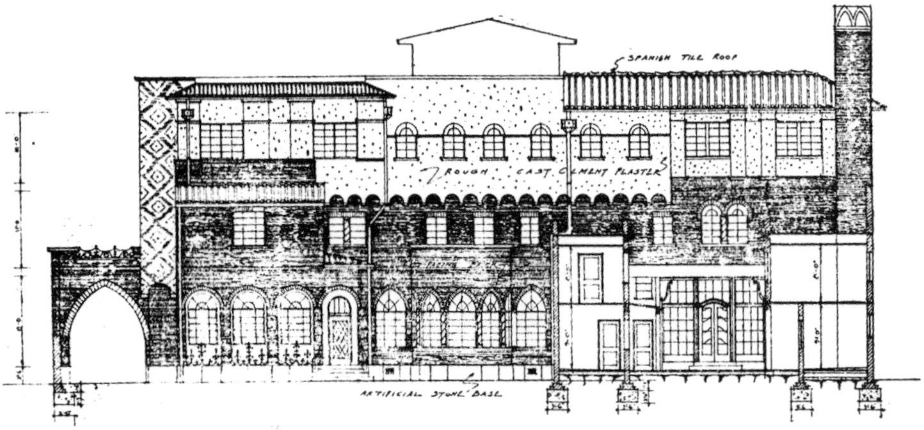

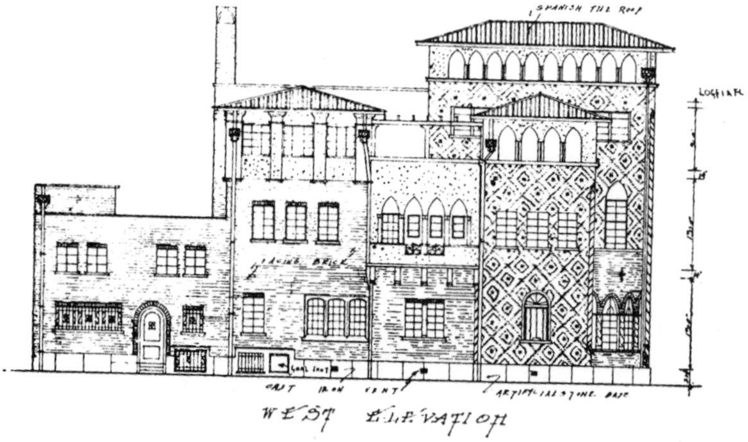

鄔達克建築師設計

昌生營造廠承造

A Residence.——Mr. L. E. Hudec, Architect.——Chong Sun, General Contractor.

上海斜橋衖巨廈立體圖

鄔達克建築師設計

昌生營造廠承造

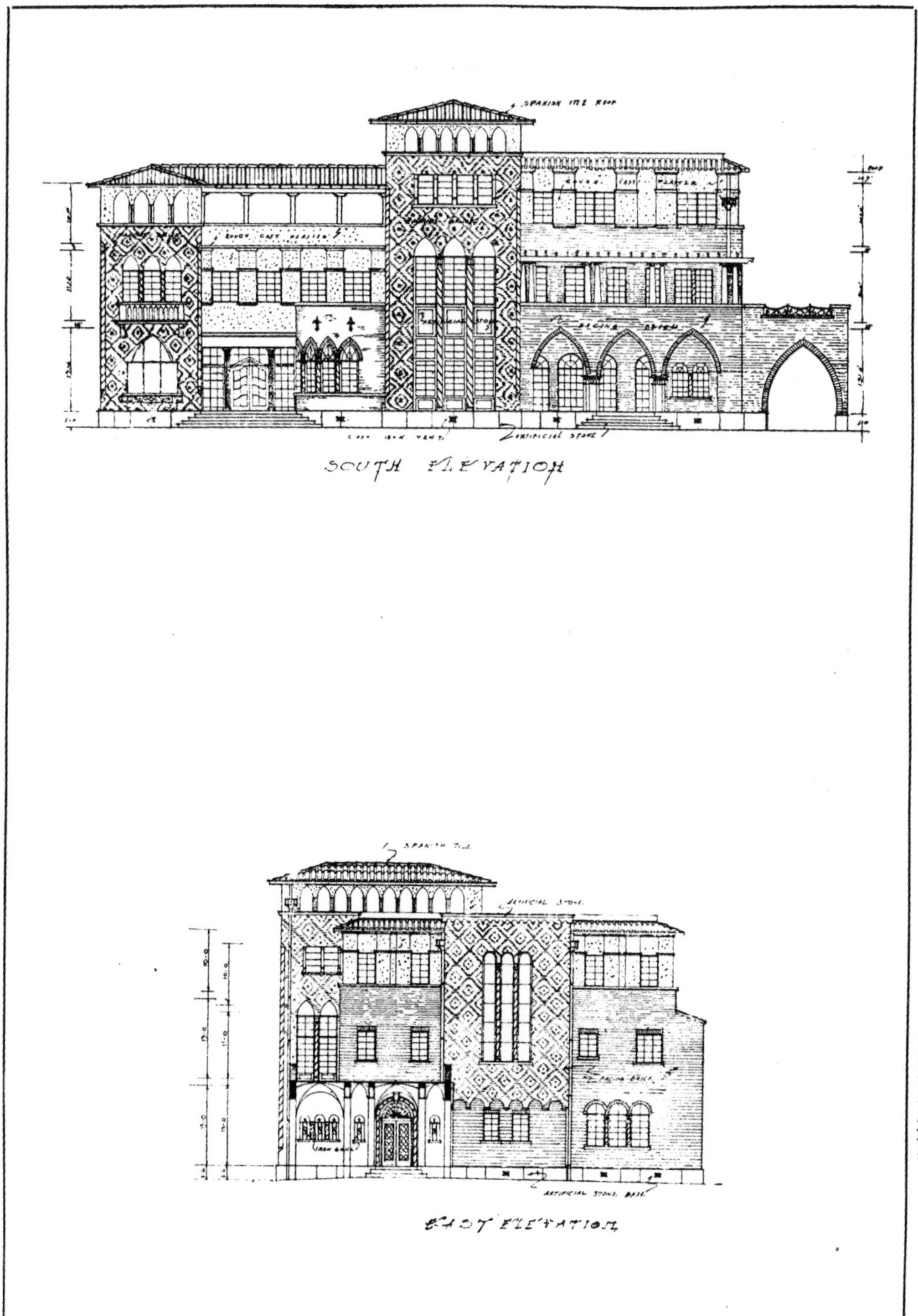

A Residence.—Mr. L. E. Hudec, Architect.—Chong Sun, General Contractor.

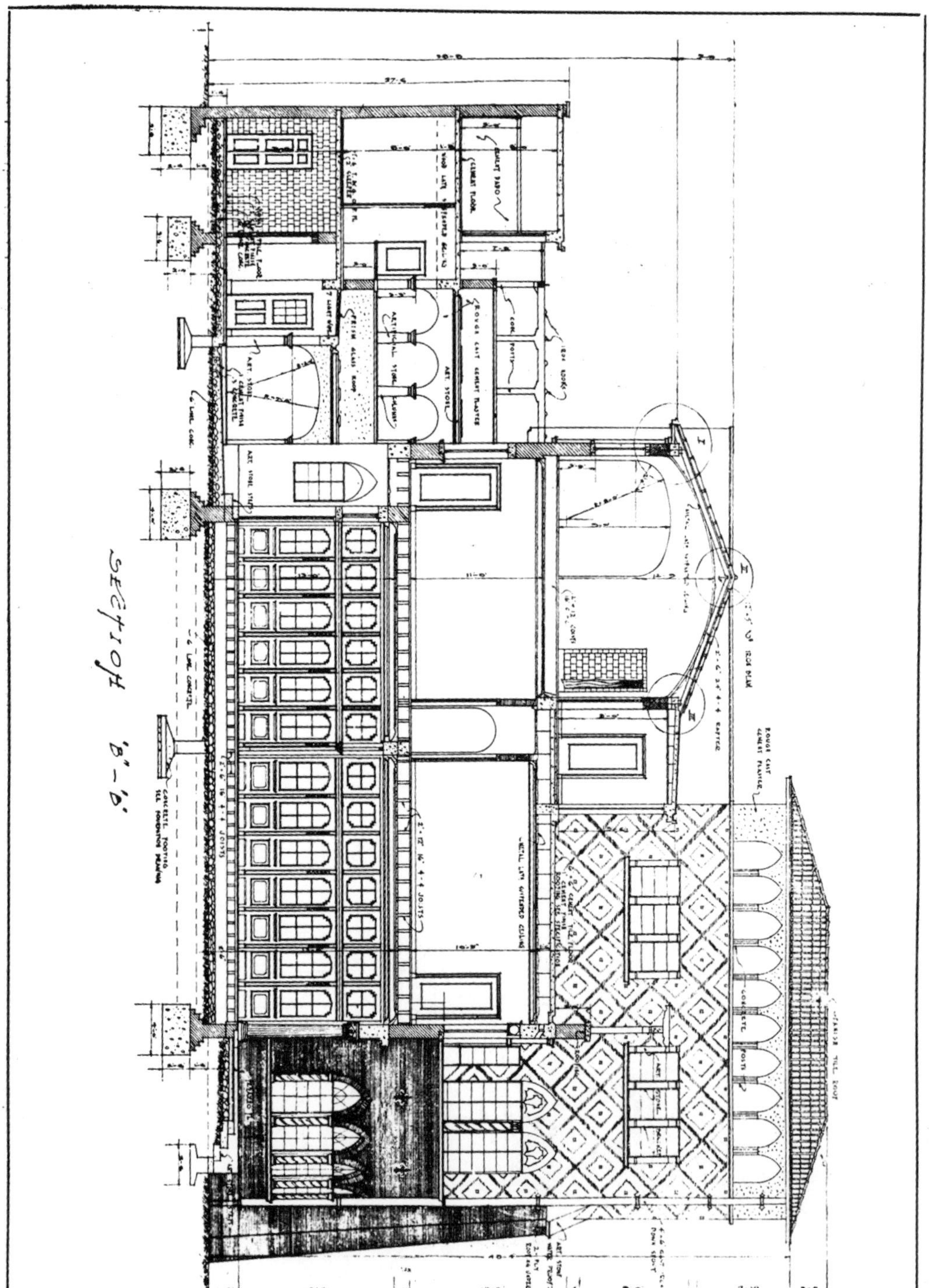

A Residence.—Mr. L. E. Hudec, Architect.—Chong Sun, General Contractor.

上海斜橋街巨廈剖面圖

鄔達克建築師設計

昌生營造廠承造

上海斜橋街巨廈剖面圖

鄔達克建築師設計

昌升營造廠承造

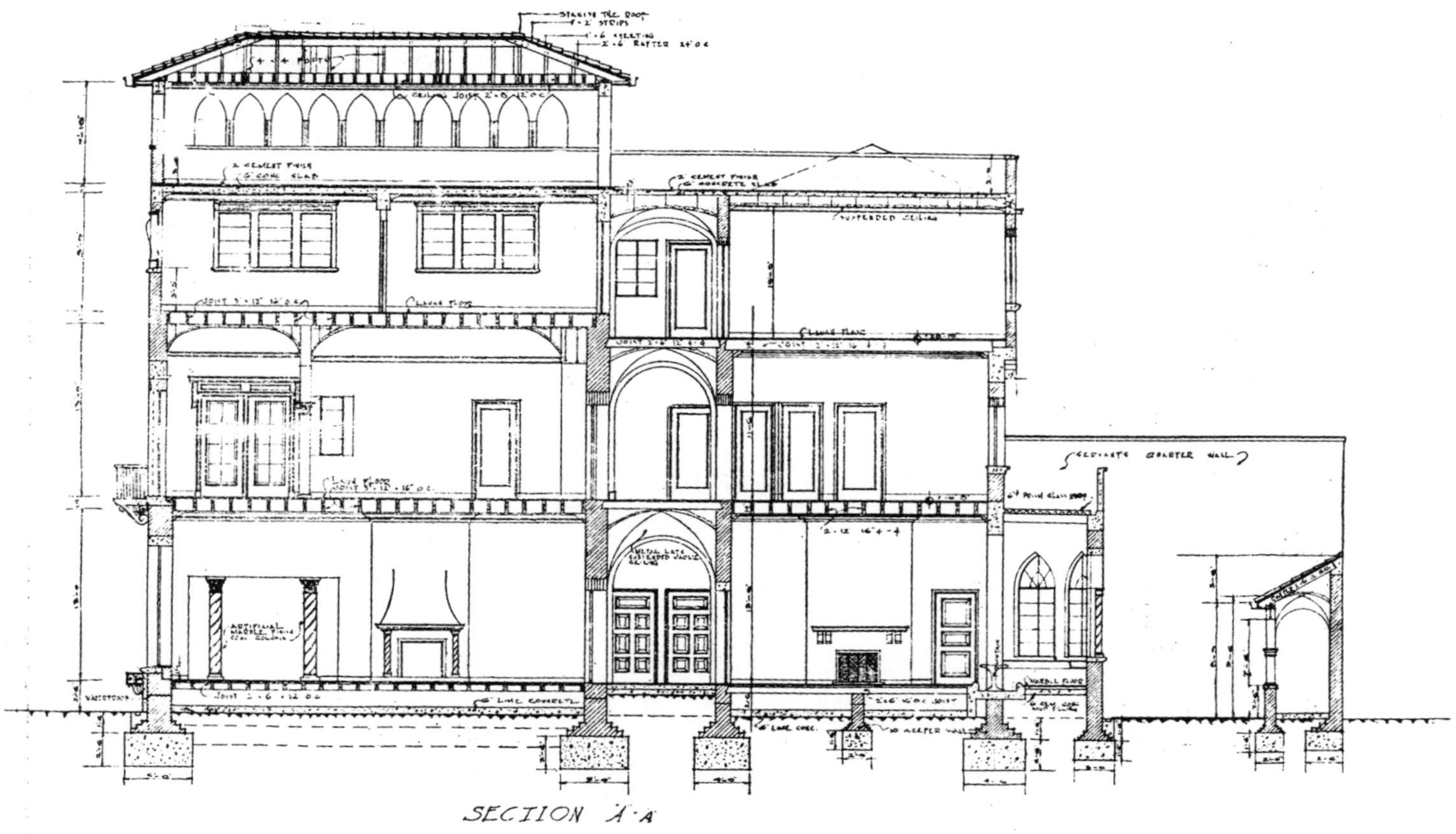

A Residence.——Mr. L. E. Hudec, Architect.—— Chong Sun, General Contractor.

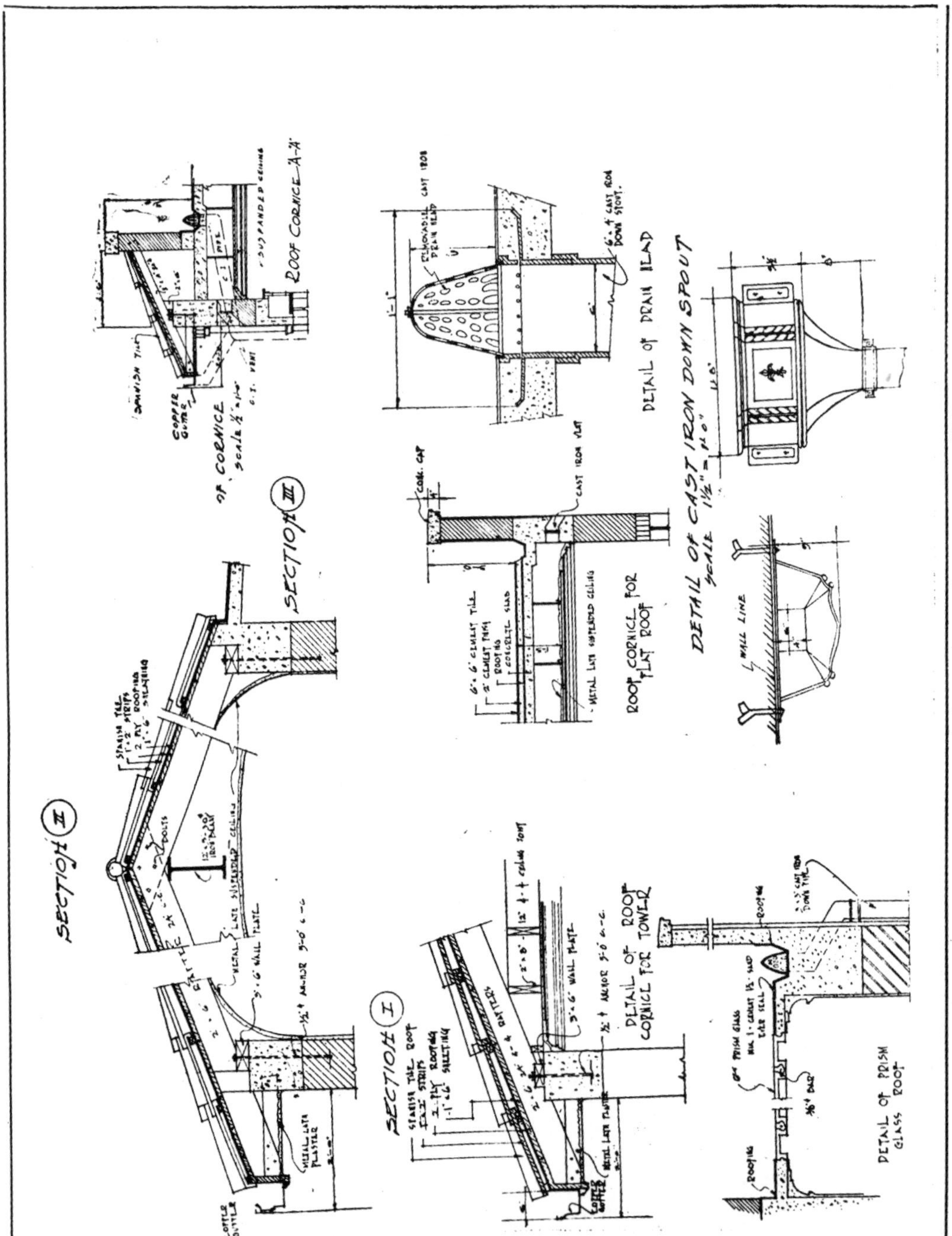
SECTION II
SECTION III
ROOF CORNICE 'A-A'
SECTION I
DETAIL OF ROOF CORNICE FOR TOWER
ROOF CORNICE FOR FLAT ROOF
DETAIL OF DRAIN HEAD
DETAIL OF CAST IRON DOWN SPOUT
DETAIL OF PRISM GLASS ROOF

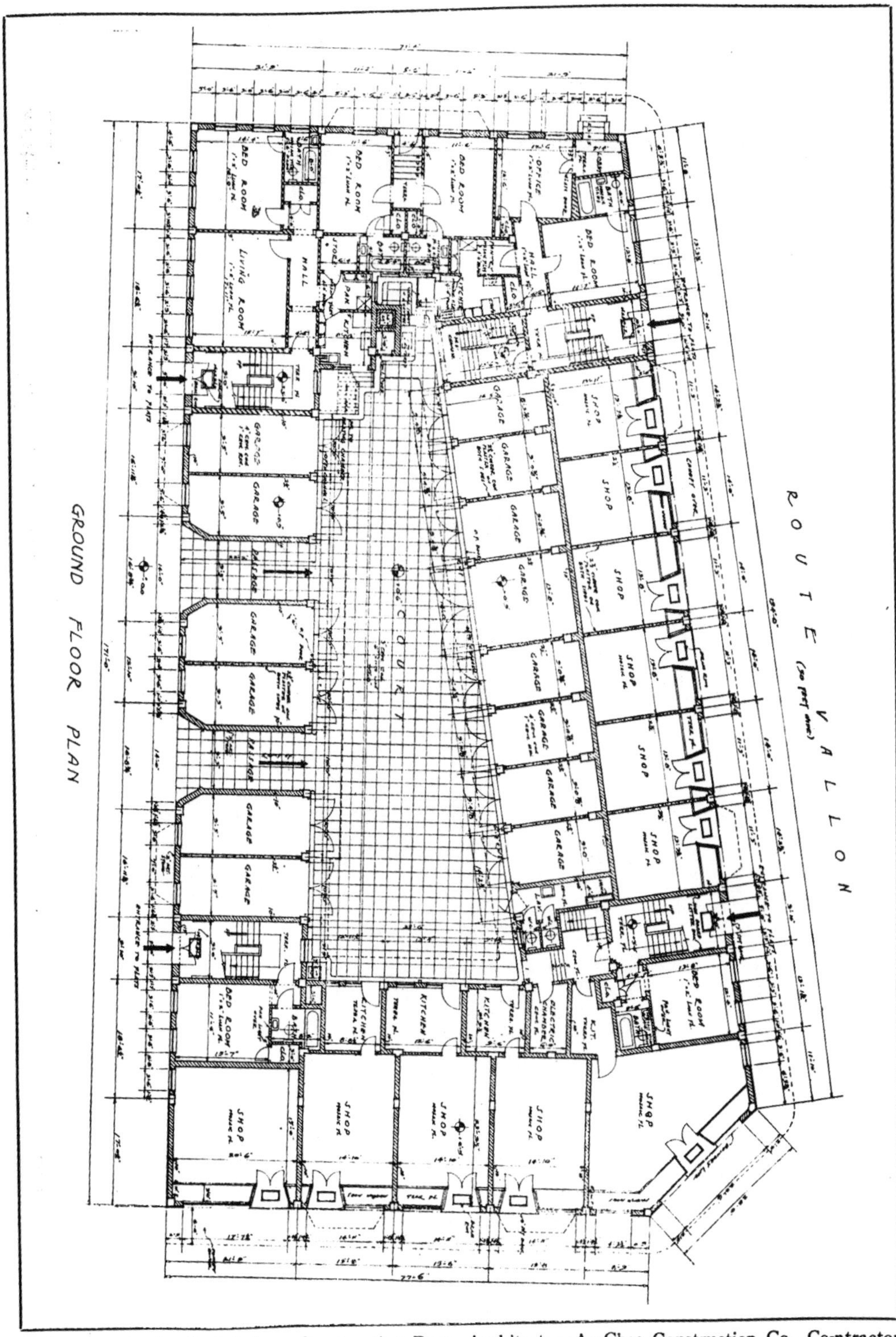

上海環龍路建築中之公寓平面圖

永安地產公司設計

安記營造廠承造

An Apartment.—Credit Asiatique Construction Dept. Architects.—An-Chee Construction Co., Co-ntractors.

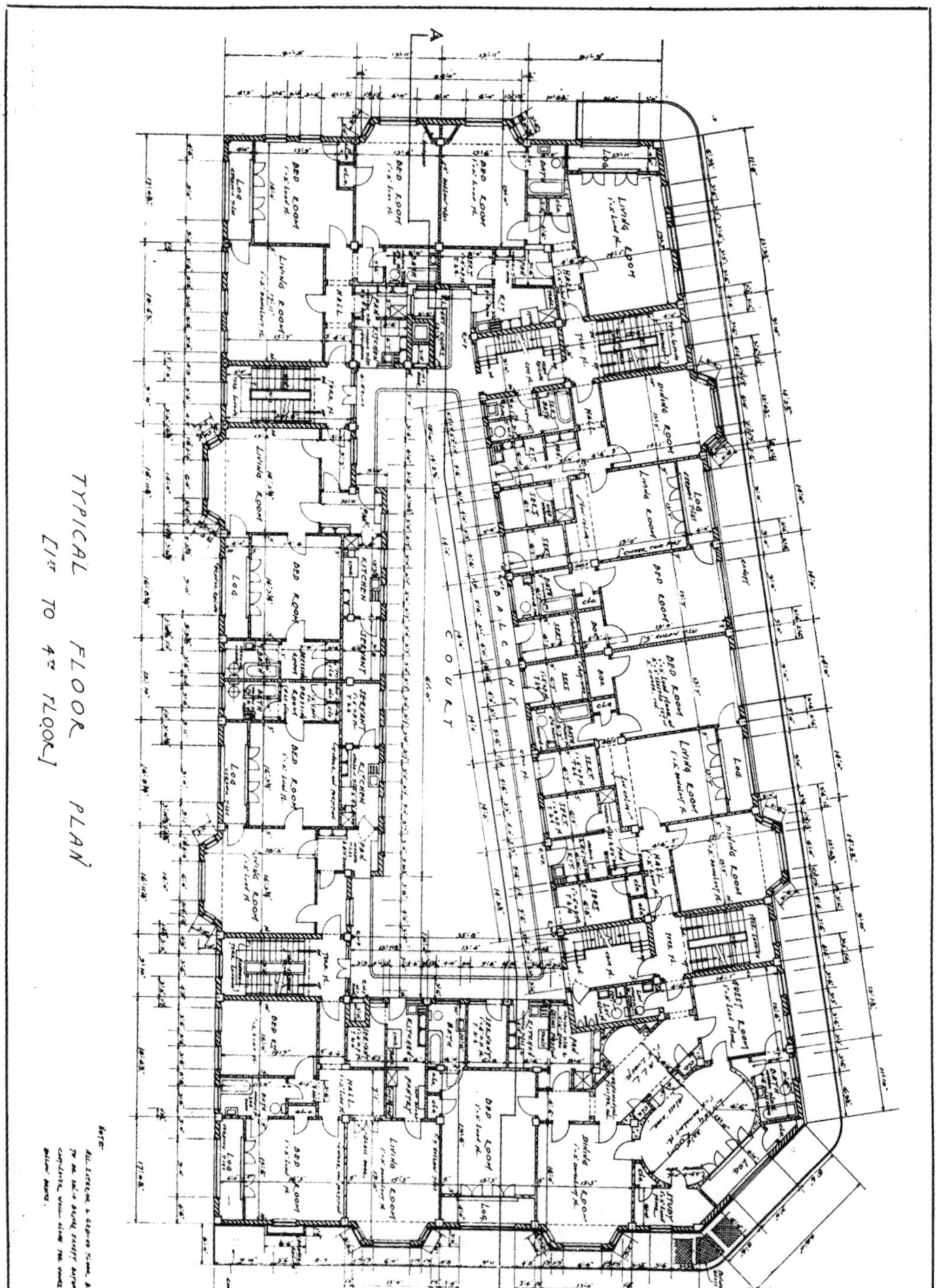

上海環龍路建築中之公寓二層以上各層平面圖

永安地產公司設計

安記營造廠承造

An Apartment.—Credit Asiatique Construction Dept. Architects.—An-Chee Construction Co., Contractors.

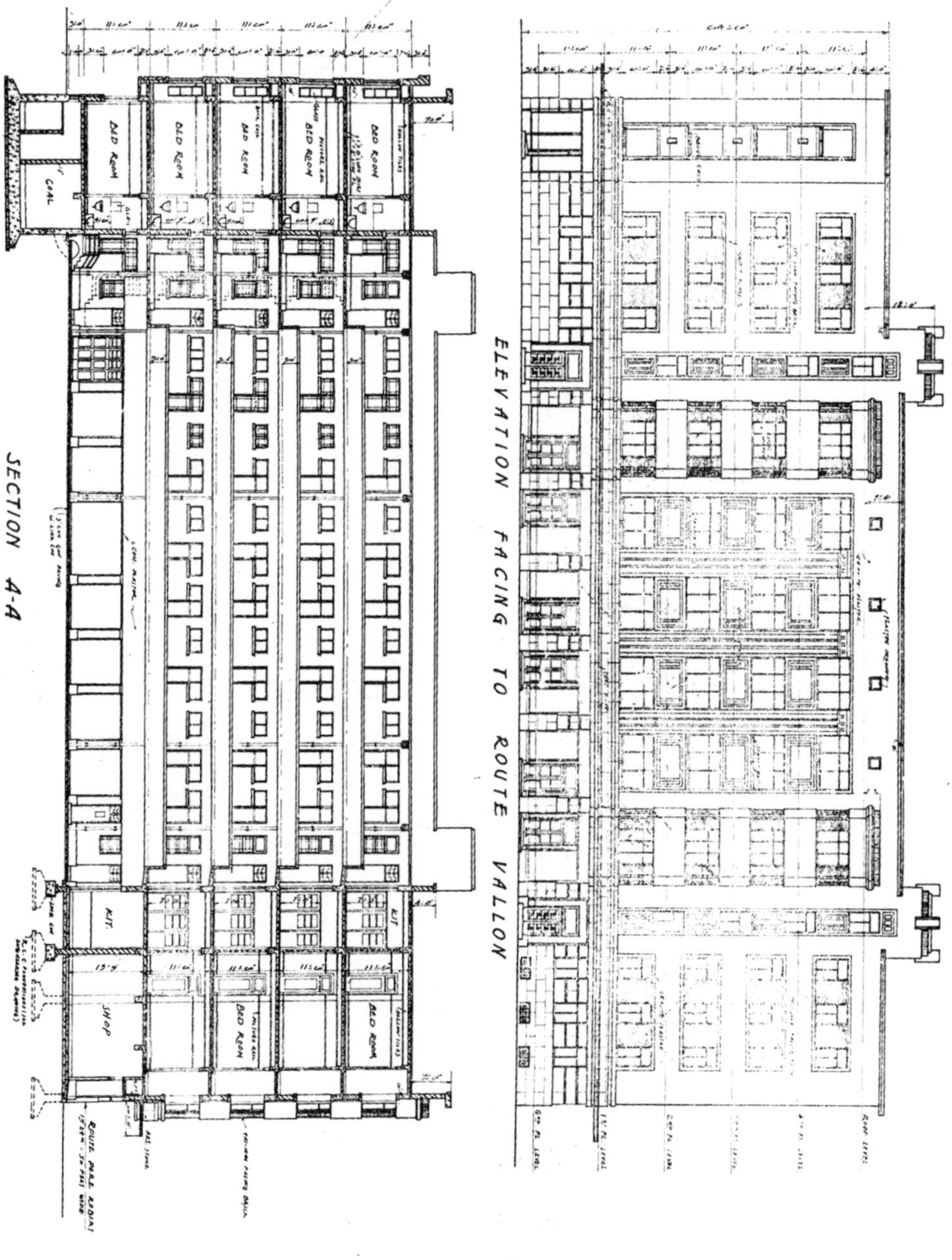

An Apartment.——Credit Asiatique Construction Dept. Architects.——An-Chee Construction Co., Contractors.

上海環龍路公寓立體圖及剖面圖

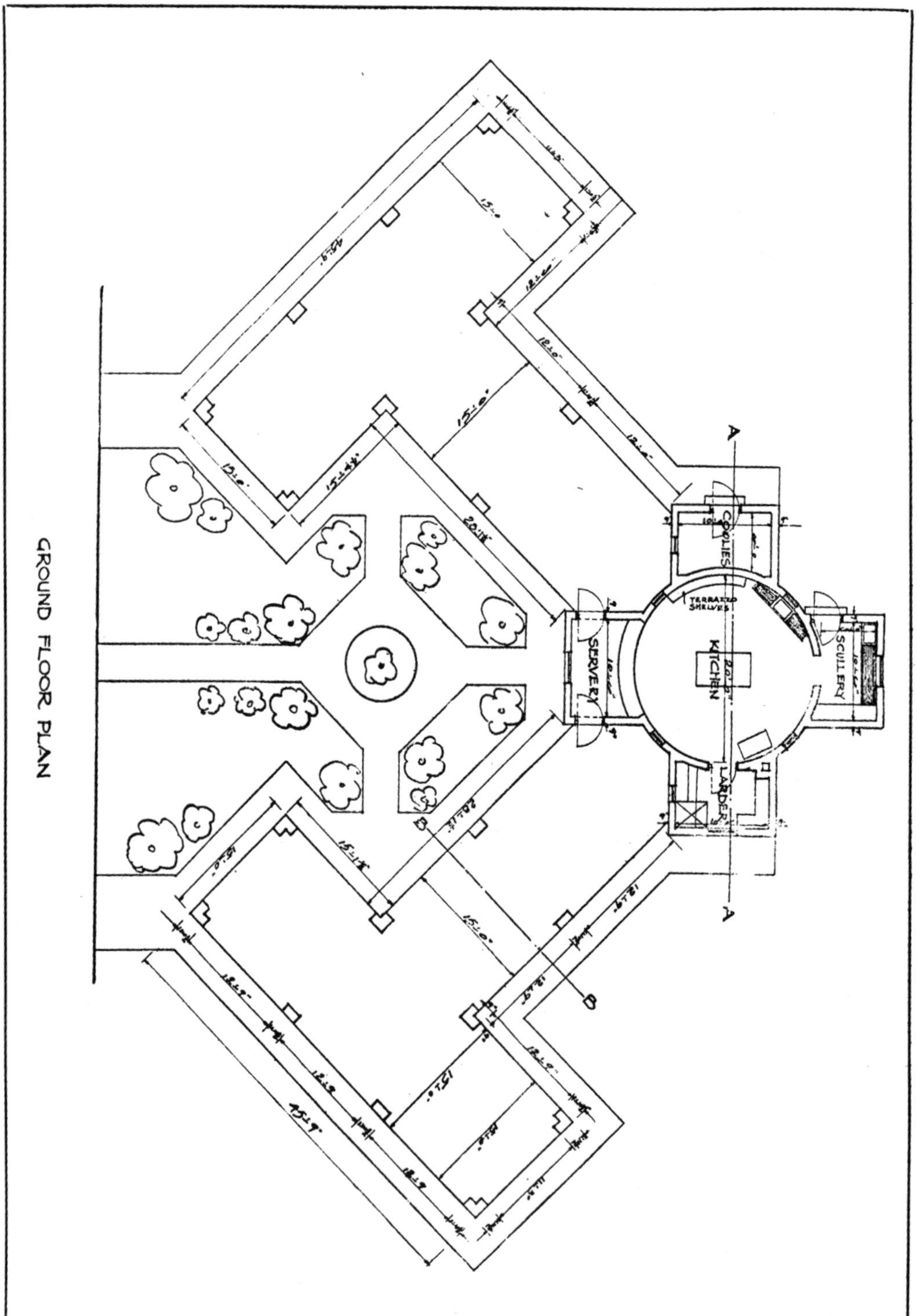

A Pavilion, Jessfield Park.

上海工部局極司斐而路公園

園亭平面圖

上海工部局極司斐而路公園園亭立面圖

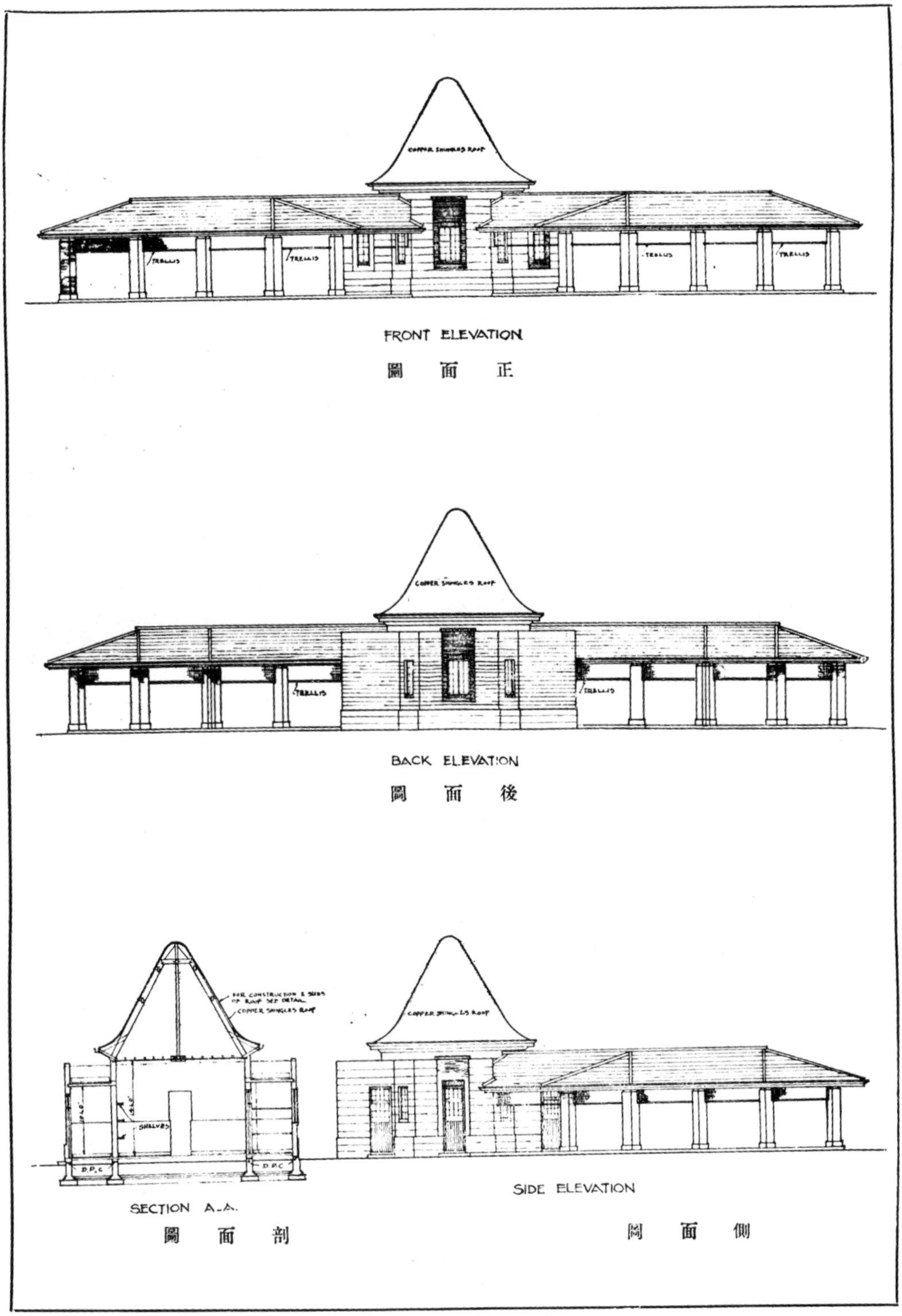

A Pavilion, Jessfield Park.

新建跑馬總會售票間領彩處之壯觀　　馬海洋行建築師設計

上海跑馬總會新屋

本埠馬霍路跑馬總會新屋，（面樣已載本刊第一卷第九十期合訂本）自動工改建以來，僱用水木工匠，數近千人，施工迅速，已告完成。此項改建新看台，所佔面積計長三六〇尺，闊一一五尺，地位包括舊有會員俱樂部及來賓看台之全部。新屋底層爲會員及來賓之售票處領彩處二大間，各長一五〇尺，闊一〇〇尺。夾層爲會員之滾球場。一樓爲會員俱樂部，計有咖啡室一處，長一〇〇尺，闊四二尺，外有走廊，長一五〇尺，闊二四尺。並有紙牌室，閱報室，及彈子房等，來賓小食堂在一樓之南部，外有走廊，前卽爲斜倚之看台。二樓及三樓有會員包廂三十處。前面走廊直接對望跑馬場地。頂層則爲職員住室等。各處佈置設計，均爲最近代之俱樂部式樣。鐘樓位於屋之北端，高一六〇尺。鐘之四面直徑計十尺，故在遠處卽可望見指針。屋之外面砌以交織之紅磚，間飾石塊，極爲壯觀。承造者爲本會會員余洪記，建築師爲馬海洋行云。

跑馬總會新屋富麗舒適之餐室　　馬海洋行建築師設計

大門入口處及升樓之大扶梯

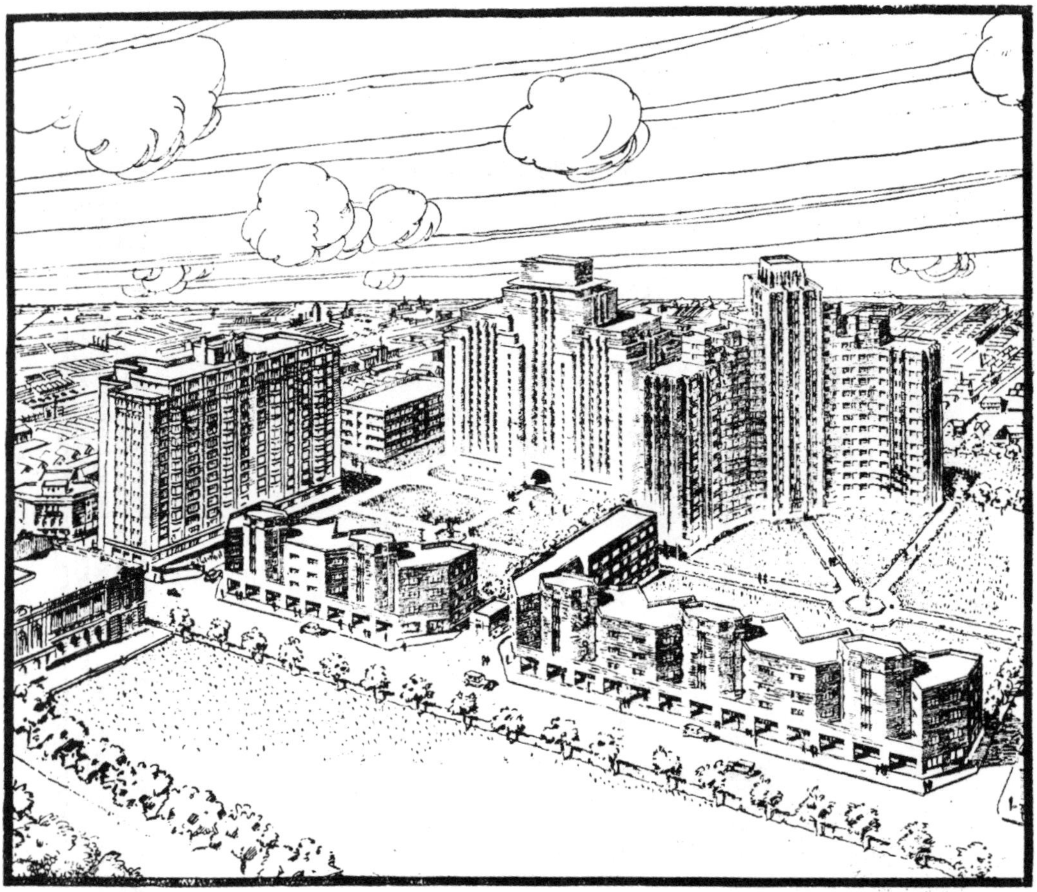

華懋地產公司偉大發展計劃

上列鳥瞰圖係示華懋地產公司之發展計劃，於最近數年中卽將促其實現。地段南臨霞飛路，西爲邁爾西愛路，北向蒲石路。是圖係從西南面法國總會觀看，左中心之大廈卽係華懋房子。圖之右面爲巍然矗立引人注目之大廈，卽在進行建築中之峻嶺寄廬是也。此廈高凡二十一層，內外俱用避火材料建築，舉凡近世最新式之公寓裝飾及佈置，無不備具。外觀新穎，內部裝置使居此者咸感舒適，足副新公寓之標式，並使與已完成之華懋房子相諧和。此屋主要各層，佈置均各不同，別具色調，以免枯燥單純。屋頂並有花園及洋臺，以便居停者得以縱觀全市景物。各層方向朝南，故陽光空氣，十分充足。每層除最新式及綜錯不同之設計外，並裝置無線電設備。全層計劃不用長廊，備有高速度電梯，俾便居住者搭乘，直至寓所。每層毗鄰均有侍役，以供呼喚。底層全部闢爲技擊室，備全寓住客之運動。屋之北面並有廣大汽車間，以供車輛停憩。屋前街沿向後退進，非爲平行狀。此舉不但能增進建築上之美觀，並使屋前留有餘地，以壯瞻觀，而切實用。此屋底層並有各式商店，面臨街道；背有巨大玻門，直通峻嶺寄廬之花園。上層包括三室或四室之公寓，租價低廉，雖未竣工，而訂租者已紛至沓來矣。

在峻嶺寄廬及華懋房子兩者之間，並擬建築其他房屋，其式樣尚未取決。但此圖足見業主欲將整個地段，將公寓，旅舍，花園，商店等平均分配，務使各個建築之四週有寬綽之餘地，及觸目之花園也。

若從工程方面言，此種建築在本埠尚屬創見。每座建築並不裝置鍋爐間；以免除厭惡視線之煙囱，僅在峻嶺寄廬設一總鍋爐房，用管直通各處。此鍋爐房有鍋四隻，每隻能容一千二百萬之B.T.U.(英國熱度單位)其巨大可見一斑矣。同時並與法商電氣公司接洽就緒，將全部電氣設置經由一方棚間，再從地底轉接各處，使室內無從瞥見電線。

現在本埠人口日益增多，擁擠程度，與時俱進，不久將來，恐有人滿之患，寸地千金，居住問題殊屬不易解決。此圖設計俱見業主及建築師籌謀將來，未雨綢繆，能將地產善爲利用，切合時代需要，足徵識見之遠大。而其建築四周之環境，能留有餘地及花園，以謀居住者之幸福，更屬不可多得。建築師係爲本埠公和洋行，承造圖之右面峻嶺寄廬者，爲本會執委王岳峯，湯景賢，盧松華，會員陳壽芝所組織之新蓀記營造廠。特爲介紹如此。

『Label』出緣。門窗左右及頂上凸出之塑形或滴水石。〔見圖〕

『Label course』賦磚。法圈上端所蓋之滴水線。

『Labour』工役。無高深學識，恃勞力以充工役，故自別於土木工程師，營造人等。

『Laboratory』化驗室。

『Labyrinth』迷宮，迷陣。

『Laced beam』格子梁。

『Laconicum』熱浴室。室中燃燒熱氣，藉資洗浴；此室之熱度較"Caldarium"尤熱。

『Lacquer』髹漆。

『Lacunar』陷平頂。平頂或簷口底框格之落陷者。

『Ladder』梯子。用以攀援上登。普通二旁兩直杆中間，橫置格檔，每格約十二寸或十二寸以下，用木製，鐵製或繩製。

『Ladies' toilet』女洗盥室。

『Lag』脚。爐子脚，鐵窗之鐵脚等。

『Lagging』撐脚。當石工在放置法圈石時，圈下所撐之狹條。

『Lake dwelling』水居。湖中置樁，構屋於樁巔，瑞士紀元前有此住屋。〔見圖〕

『Lamasery』喇嘛廟。〔見圖〕

『Lamp』燈。

『Lancet』尖頭窗。尖頂之窗或法圈，或尖頂之玻璃配於尖頂之窗者。

Triple lancet window 三尖頂連壤窗。〔見圖〕

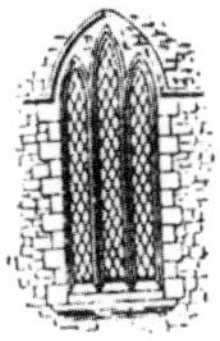

『Land』地。

『Landing』梯臺，扶梯平台。在扶梯之一端或扶梯轉彎處之平台。

Half pace landing 半梯台。上樓與下樓之梯步，在梯台之同一邊際者。〔見圖〕

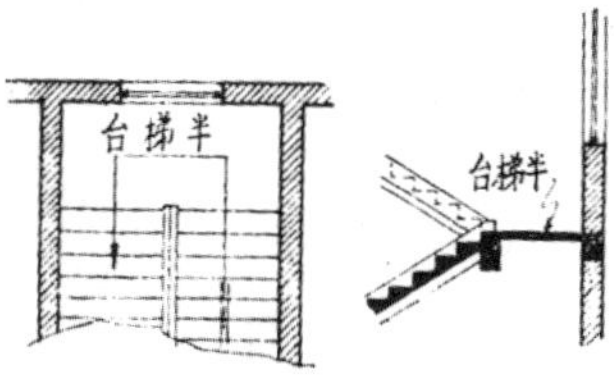

『Landlord』房東，業主。

『Lane』里弄。一條狹隘之走道，兩邊以籬笆、牆垣或其他建築物為之界圍者。此項里弄每見之於廛市喧囂之區。

『Lantern』提燈。〔見圖〕

『Lantern』燈籠幢。隆起於屋面之塔，或於建築物上加起之物，下端開啓，俾光線射入屋內。一種豎直天窗；小塔或亭建於圓頂之巔者。

『Lap』重疊，接搭。摺叠蓋覆，如布之蓋於另一布上；物之一部蓋置另一物上，或匿其下。

漢德森著「樂園集」第一四五頁云：『玻璃接搭之處，至多不過二分；若接搭過多，雨水易於滲進；接搭之間，設因冰凍，玻璃即被冰碎。』

『Larder』貯藏室。相近廚房儲藏食物之室。

『Larmier』平臥滴水線。平直之滴水線脚，使雨水自牆面淌下滴去之束腰線。

『Larry』薄灰沙，薄漿，長柄鋤。

『Lat』表柱。印度宗教之杆柱，上鐫佛經，亦有燃點燈亮者。

最古之表柱爲阿沙袈王所建。〔見圖〕

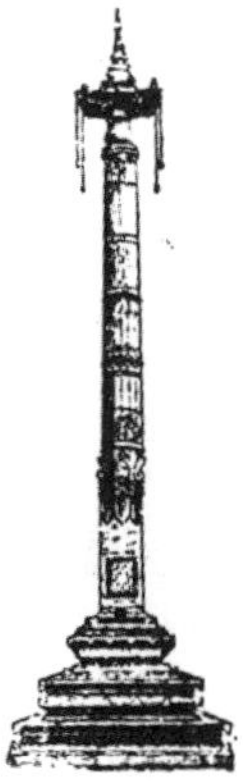

匕圖爲花崗石表柱，高五十二尺，建於淨寺 Jain Temple 之前，在印度默達彼得來，相近孟加羅。

『Latch』關鍵。使門關住不用鑰匙下鍵，蓋全恃門自身重量或彈簧之功；啓門時必將鍵鑰按起，俾使離開鈎摘。〔見圖〕

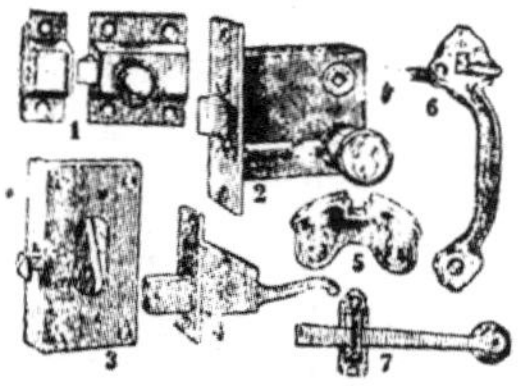

1. 樹門鍵
2. 彈簧大門插鎖
3. 與 4. 手指鍵
5. 搓門鍵
6. 大門鍵
7. 大門鍵之裏門。

Night latch 彈簧鎖。門上所裝之鎖，在外必用鑰匙開啓，在內僅須用手旋轉門鈕便開。〔見圖〕

『Lath』板條子，泥幔條子。薄而狹之木條，釘於板牆筋上或梁上，以便泥粉之塗施。用以釘於屋椽之上，鈎摘屋瓦或遮蓋屋面之薄片。

Metal lath 鋼絲網。效用與板條子相仿。

『Lattice』滿天星。在積水潮濕之處，地下密舖方格之木板踏脚。

Lattice beam
Lattice girder } 格子梁。〔見圖〕

Lattice window 格子窗托。大塊玻璃窗後面托襯疏孔多格之木板者。〔見圖〕

『Latrine』廁所。

『Lauan』柳安。裝修木材之一種，產於斐列濱，色紅質堅。

『Laundry』洗衣作。

『Lavatory』盥洗所，廁所。此中設有衞生抽水馬桶，尿斗，洗手盆等，如旅舍，辦公房，學校等，都有此裝置。

『Lawn』草地。

「Lay」 舖放，舖置。

「Layer」 層。一層厚度之物，舖於任何物體之上，如一層泥土或一層石層是。

「Lead」 青鉛。

「Leaf」 葉，扇。建築裝飾中之葉形飾物。門或窗之扇數，如雙扇者曰"double leaves"。

「Leak」 漏。若屋面漏雨，地坑進水等。

「Lectern」 經台。閱讀經書之臺，用木製銅製或其他材料。臺上置放經書，歌誦於禮拜堂中。〔見圖〕

「Lecture hall」 講堂。

「Ledge」 平面，上平面。台口線或窗盤之上端平面。平面之上可擱置物件如擱板之面。高低線最接近之一面。腰線。椅子擱檔。

Ledged and braced door 直拚斜角撐門。

Ledge door 實拚板門。門之用平板實於框檔中間者。〔見圖〕

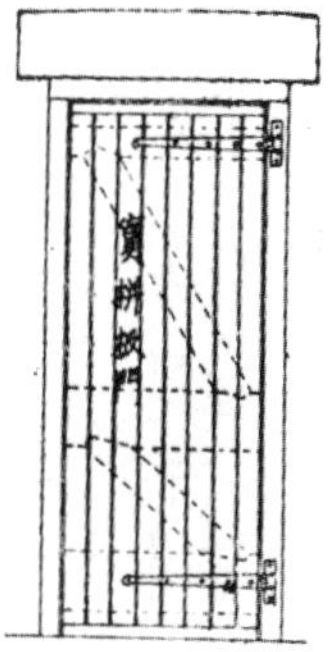

「Ledger」 棺坑蓋礅，脚手牽綱。

「Ledgment」 上口方板。踢脚線等上口之方地。〔見圖〕

「Ledgment」 實體圖表。一紙圖表，顯示一切建築物實體之面部，有如連續不斷之線脚自平面凸出。

「Ledgment」 組合腰線。多種線脚組合之束腰線層。

「Ledgment table」 卓越勒脚。勒脚之卓越顯然部份。

「Length」 長度。自此端至另一端之距離。

「Level」 平。

First floor level 二層樓板面。

Ground level 地平面。

Ground floor level 地板面。

Spirit level 水銀平尺。〔見圖〕

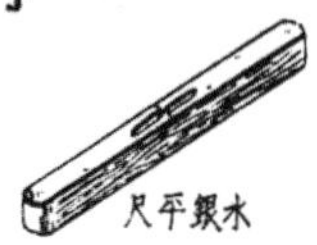

Surveyors' level 測量平準儀。〔見圖〕

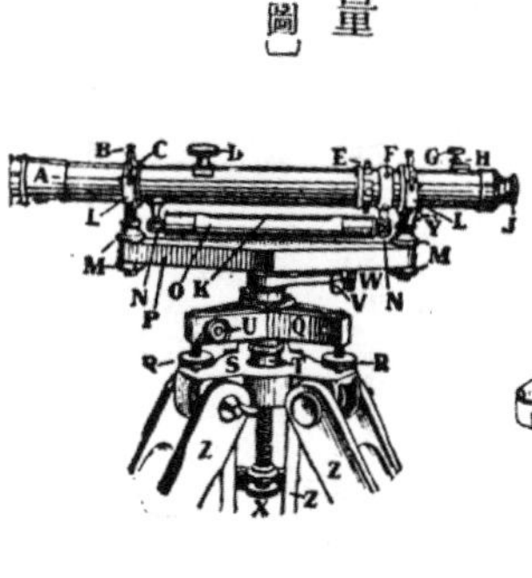

『Leveling』平準。平準地面置平準儀於一端，測望另一標點之拔尺。

『Leveling-rod』 平準拔尺。 可以活動抽拔之平準拔尺，上鐫紅白相間之標記，俾自平準儀測望記讀。〔見圖〕

1. 斐拉台爾斐
2. 紐約
3. 波士頓

『Lewis』倒摘筍。〔見圖〕

a, a, 鳩尾筍
b, 中鍵
c, c, 梢子

『Library』 圖書館，藏書樓。

『Lich gate』 墓門。

『Lich house』殯舍。

『Lierne rib』 枝肋。 穹窿中交錯之枝肋。

『Lift』 升降機。

『Light』光，亮。

Borrowed light 印窗。

Electric light 電燈，電亮。

Fan-light 腰頭窗。

Foot light 足光。舞台口之足光。

Gas light 瓦斯燈，煤氣燈。

『Light house』 燈塔。〔見圖〕

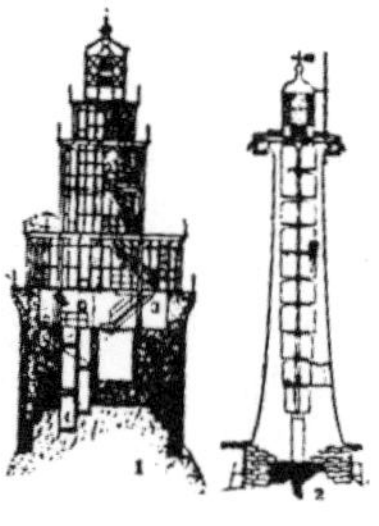

1. 燈塔之以鋼骨水泥搆造者，在美之舊金山。
2. 水泥構造之燈塔，在英之億台斯東 Eddystone Rock, England.

『Lightning Conductor』 避雷針。

『Lime』石灰。

Lime mortar 灰沙。 砌牆用之灰沙，係用石灰與沙泥混合者。

『Lime stone』石灰石。

『Lime wash』刷白石灰。

『Limit of Elasticity』 彈性限度。

『Limit of Proportionality』 比例限度。

『Linen closet』 布櫥。櫥中專放被單，台毯等布匹。

『Linen panel』 浜子度頭。 窗或門兩旁掩蓋牆角之木框板。

『Linoleum』 油氈。

『Linseed oil』魚油，胡麻油。調製油漆之主要材料。

『Lintel』過梁。跨越門或窗空之橫梁。

『Living room』 起居室。

『Load』荷重，載重。載重有靜載重 (Dead load) 與活載重 (live load) 之別。建築物之本身重量為靜載重，活動之貨堆置於建築物上為活載重，如火車之經過橋樑。

Assumed load 假定載重。

Breaking load 破壞載重。

Dead load 靜載重。

Live load 活載重。

Safe load 安全載重。

『Lobby』川堂。

『Lock』鎖。

Dead lock 死鎖。〔見圖〕

Mortise lock 插鎖。

Master keyed lock 同匙鎖。

Rim lock 霍鎖。

Upright lock 豎直鎖。

『Lodge』小舍。

『Loft』汽樓。棧房或其他建築屋面下所闢之室，用以製作或商業之需者。

『Log』樹段，大木料，方子。

Log cabin 木房。

『Loggia』走廊。意大利建築：❶屋之上層有遮掩之走廊，屋柱擺列一旁或多旁通透空氣。❷巨大美觀之窗櫺，普通每見突出牆面形成構築之一特殊點。

『Longiludinal Section』長斷剖面。

『Looking glass』鏡子玻璃。

『Loop, loop hole』狹眼，狹窗。狹小之洞眼或窗，古建築之堡壘中最多。

『Loose pin hinge』抽心鉸鏈。

『Lotus』荷花樣，蓮花飾。

『Louver』硬百葉。〔見圖〕

Louver board 硬百葉板。

Louver window 硬百葉窗。

『Lozenge』菱形。

Lozenge moulding 菱形線脚。腦門式 Normen 菱形組成之線脚。

『Lucarue』屋窗。

『Lumber』木料。

『Lunch room』小食堂，午膳室。

『Lunette』弦月窗。

『Machicolation』暗守望台。自沿口挑出隙地，前堵以牆，闢小窗以資遼望守敵。〔見圖〕

『Magazine』火藥庫。

『Mahomedan Architecture』回教建築。

『Maid's room』女傭室。

『Mail chute』滑郵筒。

『Mahogany』桃花心木。花紋美觀，質堅色紅，可作木器傢具。產於美之西印地安者，曰 Spanish mahogany 。產於中美者曰 Honduras m. 或 bay-wood 。產於墨西哥者曰 Mexican m. 用他種木材做紅色之泡立水，亦名默哈格耐色。

『Main drain』大陰溝。

『Main Entrance』大門。

『Main building』大房子。屋之前部，包括起居室，餐室，川堂，書房，臥室，浴室者。後部包括廚房浜得利，汽車間，傭人室等者，曰 Servants quarter 小房子。

『Main beam』大樑。

『Mallet』木槌。〔見圖〕

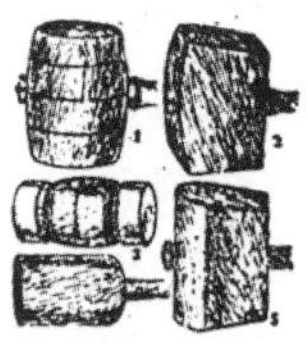

『Malt house』醱酵廠。

『Malthoid roofing』牛毛毡屋面。

『Manhole』天窗。地面留空，從此空洞通至爐房，池，溝渠或其他類似之處，所以便於清滌，修理及檢視也。〔見圖〕

『Mainhole cover』天窗蓋。〔見圖〕

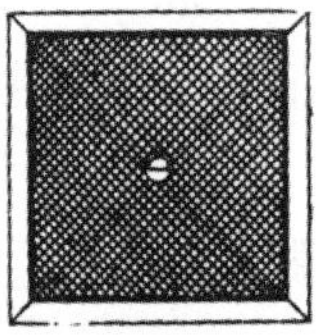

『Mansard roof』欄圍屋頂。係法國建築師所發明，屋面四周簷口圍以欄牆，屋面之坡度極平，俗稱法國屋面。〔見圖〕

『Mansion』邸宅，公館。大而美之居宅。

『Mantel piece』火斗架子。護壁火爐面之木架，亦有用石製者。〔見圖〕

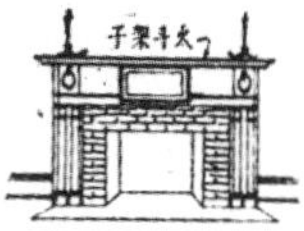

『Mantel shelf』火斗面子。火斗架子挑出之面，可置臺鐘及飾物古玩等物。

『Maple』梅不爾。與Mahogany相類之木，惟色較淡。

『Marble』大理石，雲石。石之含有鈣炭酸，而紋色美觀，作房屋中之裝飾或彫鐫。

『Margin』邊緣。〔見圖〕

『Market』小菜場，市場。

『Martello tower』防禦塔。用石叠置之圓形塔，尋常二層高，可禦彈火。此種防守塔於十六世紀，創建於意大利海岸一帶，藉以防海盜；後英格蘭與愛爾蘭亦倣製，以防拿破崙之侵略。〔見圖〕

『Mason』磚石工。構造房屋堆砌磚石之工人。承包磚石工程者。

『Masonry』磚石工藝。

『Master builder』建築主宰。握營造權之營造廠主，司理或建築師。

『Master key』主鑰。同一鑰匙可開其他各門鎖。

『Mastic』補塡料。鋼窗上下及兩旁空槽中灌注之粘性材料，以防雨水之滲入。其他補塡空隙防禦雨水等之材料。

『Match boarding』和諧板，鑲合板。

『Matched joint』接合縫。

『Material』材料。

Building material 建築材料。

Fire resisting material 抗火材料。

「Mausoleum」紀念堂。〔見圖〕

「Measuring」量算，測算。

「Mediseval Architecture」中世建築。

「Metal」金屬。

「Metal lath」鋼絲網。

「Medicine box」藥箱。浴室中置於牆內者。

「Melt」熔烊。以火熔烊固體使成流質。

「Metre」公尺，米達尺。用米達制測量距離。

「Method」方法。

「Metope」排檔。在陶立克建築式中，排鬚檔中之花板。〔見 Mutule 圖〕

「Mezzanine」擱層，暗層。

「Middle」中間。

「Middle style」中梃。

「Military Architecture」軍事建築。

「Mill construction」工業建築。

「Mint」造幣廠。

「Minute」分。

「Mitre」陽角轉彎。〔見圖〕

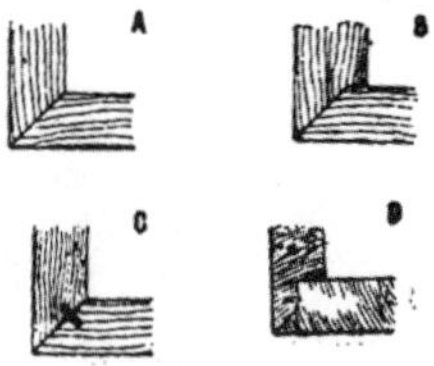

「Mitre box」合(音鴿)角箱。〔見圖〕

「Model」模型。

「Modern Architecture」現代建築。

「Moment」能率。

Bend moment 彎能率。

Negative moment 反能率。

Positive moment 正能率。

Resisting moment 應能率。

「Mica」石英。花岡石中精亮之點粒，有黑白二色。

「Mirror」鏡子，鏡子玻璃，銀光片。

「Mix」拌合。以數種材料和合者，如水泥黃沙與石子拌合之混凝土；石灰與沙泥拌合之砌牆灰沙等是。

「Mixer」拌機，諸拌者。拌三和土之機或匠。

「Moisture」汽水。新完成之牆面，逢天雨或潮濕之氣候時，汽水隱隱自牆面淌下。

「Mould」殼子，型範。水泥工程容受水泥之木殼子。澆鑄生鐵等之型範。

「Moulder」做殼子匠，範匠。鐵殼子匠之機械。〔見圖〕

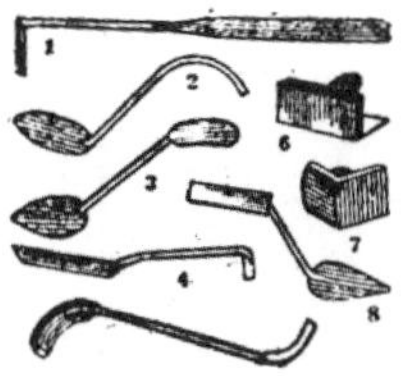

「Moulding」線脚。〔見圖〕

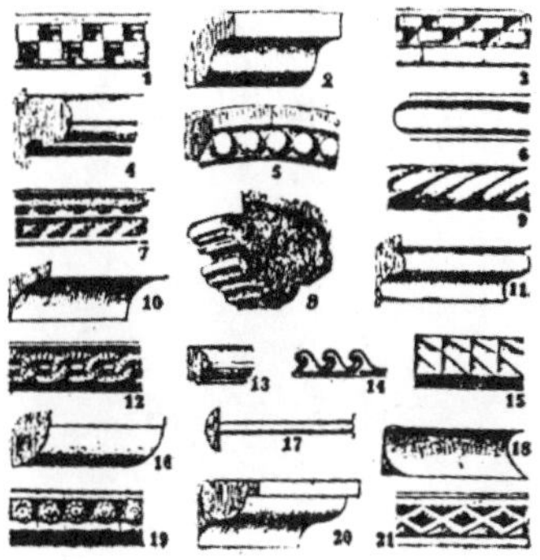

Moulding bed 線脚床。割製雲石線脚之機。

Moulding Machine 線脚車。刨製木線脚之機。

「Monastery」僧房。

「Monument」紀念建築物。

「Monkey-wrench」活絡搫頭。〔見圖〕

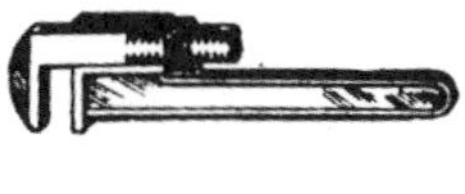

「Morning room」晨餐室。

「Mortar」灰沙。

Cement mortar 水泥灰沙。

Lime mortar 石灰灰沙。

「Mosaic」瑪賽克，碎錦磚。

「Mortiseng machine」鑿眼車。〔見圖〕

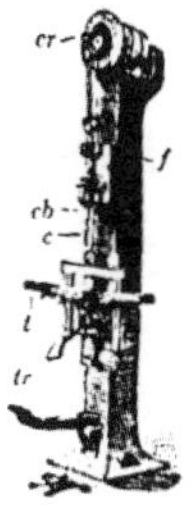

「Mosquito Screen」蚊蟲窗。

「Mud」泥。

「Muddy」泥凝。

「Muffled glass」雲霧片，雲霧玻璃。玻璃之不透明者，如冰雪片，冰梅片，冰浪片等。

「Mullion」中挺。分隔玻窗及任何豎直之框柱。

「Municipal building」市政辦事廳。

「Mural arch」附壁法圈。

「Mural column」附壁柱子。

「Mural painting」壁畫。

「Museum」博物院。

「Music hall」音樂廳。

「Mutule」囊頭。陶立克式台口下簷仰頂粘貼圓餅於囊頭成飾。

〔見圖〕

A. 囊頭
B. 圓飾
C. 排檔
D. 方板
E. 排鬚

（待續）

國民政府建築顧問

茂飛建築師小傳

國民政府建築顧問茂飛建築師 (Mr. Henry K. Murphy)，美國紐海文藉。(New Haven, Connecticut) 一八九九年畢業於耶魯大學，得學士位。一九〇〇年至紐約，經五年之訓練，自一九〇四年起，在業務上卽頗勤活。一九〇八年與台那君 (Richard Henry Dana係名詩人 Longfellow之孫) 合夥組織公司，先後凡十二年。業務範圍先僅及於紐約及新英格蘭，繼及於近東及遠東。故在一九一四年茂氏曾游歷東方；今番蒞滬，已屬第八次矣。一九二〇年，因但氏專致力於紐約附近之業務，故脫離公司，另由馬奇與漢倫二氏(Mc-Gill and Hamlin) 加入，與茂氏合作。至一九二三年，馬漢二氏退出，乃由茂氏單獨經營。

茂氏在美，以設計殖民地式建築(Colonial Architecture) 著稱。其代表作如 Loomis Institute, Windsor兒童學校，(均在 Conneticut) 及耶魯大學教授飛爾浦氏(Prof. William L. Phelps) 之住宅，(在紐海文)曾由美國建築師公會，選認爲唯一殖民地式建築，在舊金山世界市場 San Francisco Worlds' Fair) 公開陳列。因茂氏在業務上之成功，於一九二三年由耶魯大學贈以藝術學士(B. F. A.)學位，以示激勵。

茂氏在國民政府建築顧問任內，曾將南京作初步之首都設計，安置各院部會，以壯瞻觀。並受蔣委員長之聘，設計南京紫金山陣亡將士墓。該項工程業已完工，並於上年七月九日正式落成，蓋亦紀念由廣東出發北伐之七週紀念也！茂氏此外並担任廣東嶺南大學校董，及北平之中美文化經濟協會保管委員等職云。

美國之道路建設

揚靈

美國政府前爲利用道路建築，救濟失業工人起見，曾於一九三三年會計年度，準備鉅款二二六，〇〇〇，〇〇〇元，從事大規模之道路建設。據公路局報告，截至上年六月三十日止，應付與四十八州及夏威夷之路欵，計爲一二六，三六九，〇〇〇元。在上述二二六，〇〇〇，〇〇〇元鉅款中，內一〇六，〇〇〇，〇〇〇元係爲普通經費，其餘一二〇，〇〇〇，〇〇〇元則爲急救基金，用以救濟國內失業工人，從事道路建築。據公路局云，此款將由政府在預徵五年間之補助金中減除，撥還財政部云。

在此二萬萬餘元中，紐約州計已撥六，六一八，二三八元，尚餘六九一，〇〇〇元普通經費未付。紐傑賽州連普通經費及急救基金，共得二，三五六，七三三元。康奈蒂克州 (Connecticut) 已派得四九五，三八四元。尚餘二二二，六二一元之普通經費，及三五〇，八〇一元之急救基金未派。據公路局報告，一九三二年會計年度，曾以一四四，七二〇，六一〇元修築公路一五，九九七•二里；全部工程需費三一七，二一六，二七一元，不敷之數，由政府撥助云。

總計美國全國各州，紐約得派最多，計應得九，五六六，二〇二元，此款用以建築公路五三七里，全部需費二三，〇七九，一二二元。紐傑賽得八四三，〇〇三元，築路四二•一里，需費二，四二四，七九九元。康奈蒂克州得八七八，〇二〇元，築路二六•二里，需費一，八六七，六三六元。

至於利用此種基金，與建道路，救濟失業，其效果極爲顯然。據公路局所發表之表格，在一九三一年一月，直接所僱用之築路人員計三〇，九八四名，數尚不多。此蓋因政府經濟拮据，無能爲力；迨後採用急救基金，以補不足，於七月間突增至一五五，四六六名，其效大著。昔之無業者，今均有相當工作可做矣。

籌設建築銀行緣起

殷信之

物質建築，爲國家繁榮之基礎，而建築事業，尤爲物質建設之中堅，此不易之論也。而一國文化之隆替，民族思想之嬗蛻，復輒舉建築物之表現形相，以爲衡度之準鵠。我華立國悠久，文物悉備，舊有建築，若長城運河之偉，廊廟臺觀之勝，咸能彪炳千載，蔚爲不朽盛業；其設計深湛，結構縝密，尤足垂爲世界之典型。徒以我國曩時政制，右文尊儒，對營造工事，視等卑役；兼以民性因循，繩守故步，以致空留陳蹟，而未克發揚光大，實殊堪惋惜者也。降至近代，以科學演進，文化日新，國人之因襲觀念爲之頓革，建築一業，亦因緣時會而方興未艾，觀乎各都市畵皇巨廈之繁興，當可對現時國內建築界之動態，約略窺見一斑。然而我人試以客觀目光，夷攷其實，則知今日之蓬勃氣象，特不過一種畸形之發展而已。蓋我國現時建築，純處於模倣時期，對固有技術，既委之如敝屣，而舉手投足之間，靡不奉歐化爲圭臬，殊不能自行濬發參融，以謀新穎之創造。他若工程之設計，材料之取給，亦惟事事仰丐於人；而國人之投資經營斯業者，尤多短視之嫌。內地僻壤之農村建設固無論矣；卽就特殊澎漲之都市言，凡稍稍有補於國計民生之工程，殆寥落若晨星，而一般消費場合如旅社飯店舞場劇院等之建造，則羣趨若騖，猶虞其未遑。此種現象，實屬莫大之病態，流弊所及，惟驅使我整個之建築業，深陷于動搖不定中耳。雖然，我薄海同仁，甯無識者，謀循正道，以拯斯頹運，實繁有徒；顧非拙於貲力，卽囿於才能，至令奮發有心，進取乏術。而少數豐裕之商賈，輒又計不及此；且爲營業上之角逐，復多挾貲壟斷，以圖操縱市場。財力呰窳者，則在在掣肘，不能越雷池一步，惟有和光同塵，以求苟全。壽致同道攜貳，各自爲政，終不能互相團結，致力於整個企業之開展。是以比年以還，外受世界經濟恐慌之衝激，內罹天災人禍之緊迫，我欣欣方榮之建築業，亦不旋踵而淪洒於不景氣之漩渦。我人處此嚴重情勢下，設不急起直追，以圖挽救，則瞻望前途固未許樂觀也。

危機當前，利在速圖，我人亦知惟有改弦易轍，始可力挽狂瀾於既倒；爲今之計，首在積極聯絡同業，爲縝密之團結，集中實力，謀系統之發展，當爲唯一之策略。環顧世界各先進國家，若計劃經濟之實現，統制生產之勃興，其能適應時代要求，而爲救亡圖存之工作，實在在足爲我人所取法。而建築業之在歐美。其力謀振興之方，尤竭盡精心擘劃之能事，如營造企業之集體組織，貸欵團體之普遍設立，材料商地產商之互惠組合，設計與估價機關之專門設施等等，均屬實踐之新猷；其成效最著實力最充者，則莫如建築銀行之剏立。蓋一般企業，欲圖進求開展，端賴金融之調劑流動，爲先決之要件，建築業之增設銀行，卽負有調融經濟之使命，擁殷厚之貲力，爲鞏固之組織，並得盡量吸收外資，確立發展業務之基礎，實爲整個建築商最有力之中樞機關。此種事業之興辦，更予我人以莫大之啓示而得知所遵循焉。我人既深知現時國內建築業之式微情勢，與其癥結所在，並瞭然於應付當前艱境須實施之何種策略，則建築銀行之積極創辦，實屬間不容緩。然返觀乎我國一般工商界，若農工煤礦墾殖航業鹽業綢業各業，均能應時之所趨，謀爲自身之競存，而次第組立銀行，獨我偉大之建築反付闕如，而迄未聞創設之議。詎我同業諸公，安於現實而無意及此乎？抑竟視危機而自甘落伍乎？我人殊未敢遽下論斷也。

綜上所述，知籌辦建築銀行，實爲當前唯一之急務，我人爲顧念整個建築業自身之存亡計，因有積極籌設之建議，關於建築業銀行應行舉辦之營業事項，就我人計劃所及，約有三大部門。玆扼要列舉如下：

（一）一般事業

甲、收受存款及放款

乙、票據貼現

丙、匯兌及押匯

丁、信托事業

按上項事業，係指普通銀行所經營之一般業務而言，亦卽我國現行銀行法所規定之營業項目；就中最主要部份，當在收受存款一項。蓋年來銀行業所以風起雲湧者，究其原委，實因現時國內生產凋敝市廛寥落，遊資出路殊形壅塞，是以擁有鉅金者，恆不敢貿然嘗試於一般企業之投資，於是相率存放現銀於穩固之銀行，以謀坐收其利；觀乎滬地各大銀行存欵項下數額之增長，可爲明顯之實證。惟今之一般銀行支配存銀之方策，輒就不關生產之投資，如有價證券之經營與套利，居爲營業之要項；揆諸實際，殆無殊於變相之投機，常帶數分危險性。而我建築銀行，則儘量吸收鉅欵，純爲擴展整個建築事業之用，奠定其穩固充實之地位，擯除一般類於投機之經營，其能安操勝算，殊勿庸疑；其他票據匯兌信托各項，亦純屬正當之收益，而堪循序邁進於繁榮之大道者。

（二）特種事業

甲、建築之放欵及貸欵

乙、工程進行中之押款

丙、建築材料之押款

丁、房地產之抵押

戊、有關於建築之一般工業之投資或墊欵

己、代表業主撥付造價

庚、代表廠主撥付工資及工料之貨欵

辛、營造業職工之儲蓄

壬、職工獎金及撫卹金之存儲及代撥

按上項事業，係指直接扶植建築業之營業而言，亦卽我建築銀行全部業務之必要部份。關於放欵貸欵押欵墊欵各項，其性質有若美國現代之建築貸款團體；而範圍尤較廣大，蓋卽根本樹立發展建築業之基礎。如前述大企業之操縱，與小商賈之掣肘等弊，均堪迎刃而解，使整個營造業爲最平衡與最準碻之進展，誠指日可期也。至一般材料工業之投資，當視力之所及而經營之，關於代付造價及工資貸欵等等，通常輒爲普通銀行或信托公司等所兼營；而建築銀行承替其業，是不僅爲同業所稱便，且不令他人代庖，自堪杜塞漏巵，其裨益於建築商，亦良匪淺尠。其於儲蓄事業，則一方爲銀行生產之工作，一方尤屬維護職工本身權益，及助長其服務興趣，蓋彼此得互蒙其利者。

(三)附帶事業

甲、賣買地產及房屋

乙、經租事宜

丙、押造事宜

丁、對置產者之放款及貸款

戊、代表設計

己、平準估價事宜

庚、工料之代辦及運輸

辛、建築保險(包括已完成及未完成之工程)

壬、建築材料之保險

按上項事業，係指間接有關於建築業之營業而言，且爲我建築銀行謀爲擴充業務之豫定標準。關於地產事業，本與營造商有脣齒相輔之關繫，際此商戰之季，尤有亟行攜手之必要，若美國羅鳩斯洲等處設立之聯合地產公司，卽與建築商合作經營而獲特異之成功者。年來滬地一區，建築與地產之貿易狀況，其盈虛消長，適爲絕對之正比，而彼此爲業務上之聯絡者，尤數見不鮮；我建築銀行，所以確立此項營業項目者，蓋亦適合時代之要求，而使建築地產銀行三業爲基本之連繫，以充厚整個之合作能力，業務前途，實未可限量也。至代表設計暨平準估價之事，現時泰半爲洋商所先僭，而國內此項設施，殊形旁落，攸關利權，亦非微纖，我建築銀行誠能遴聘專家，特闢專科，當屬有意義之要圖。尙有代辦代運工料之事，暨保險事業，其營業範圍旣廣，苟能陸續增設，積極進行，自更易於發揚光大也。

以上所述三項事業，當俟於日後營業計劃書中詳爲論列之。至建築銀行籌設進行期間一切事項，如章程之釐訂，股本之募集，內部之組織，人選之支配，以及業務之擘畫等等，則幸冀我環海同仁，恪力匡護，而共襄盛舉焉。中華民國二十三年一月。

水泥儲藏于空氣中之影響

琳

藏于密封錫管內之水泥，其性質經年不變；藏于蔴袋中之水泥，則呈重要之變化。結硬時間，因儲藏而增長，普通水泥較强力水泥所受影響爲小。普通水泥經七日之儲藏，初凝約爲三小時半，結硬約爲五小時半；經十二月之儲藏，初凝約爲五小時半，結硬約爲十小時半。强力水泥經七日之儲藏，其初凝約爲四十五分鐘，結硬約爲二小時；經十二月之儲藏，初凝約爲五小時半，結硬約爲七小時五十分。經十二月之儲藏，雖有時成塊，惟每吋一百八十孔篩上之存餘減少。標準黏度所需之水量減少，漲度減小，燒失量增加，（在一年中，自百分之一左右，增至百分之十左右。）與比重減小。（由三•一降至二•八四）

在空氣中儲藏，足繼續降低抵拉力與抵壓力，由純水泥試驗結果，不甚和合，惟一比三灰泥則可靠。普通水泥試驗品，儲于潮氣中一天，水中二天，其餘時間則于空氣中。儲藏于空氣中一年後之水泥，其抵力祇及儲藏空氣中七天之水泥的抵力百分之四六•一。水泥試驗品儲于潮氣中一天，水中廿七天，則儲藏一年後之水泥，其抵力爲儲藏七天之水泥抵力的百分之八三•六。强力水泥之比爲30.5%65.3%。

强力水泥抵力之降低，較之普通水泥爲劇烈；且試驗期短者，其影響亦較大。

普通水泥於空氣儲藏期，以二三月爲限，儲藏二三月後之水泥，已不可靠。

克勞氏連架計算法

林 同 棪

此文係敍論 Hardy Cross 氏 Method of Moment Distribution, 並略述其用法，而加入作者個人見解，與原文大有不同。其應用實例，亦將一一算出，惠寄本刊發表。若是，當成爲英文雜誌及課本上所不可得之作品也。林君尙著有"改頁克勞氏連架計算法"一文，用英文寫作，較原文頗多增益，已寄美國工程師聯合會（A.S.C.E.）發表；擬譯成中文，惠登本刊，現正去函該會徵求同意中。

第一節 緒論

近來各種建築用混凝土者，日見增加。爲建築上之便利起見，此種構造架式多用連續結架(Continuous frames, 以下簡稱連架)； 而舊式連架算法，學用繁難，工程師苦之。於是設計連架者，往往用任意指數如 $\frac{wl^2}{12}$ ， $\frac{wl^2}{10}$ 等，以求連架之動率(Moment)。 甚或犧牲建築上之便利，多用斷節，以便計算。其結果不但不濟經，而且常不安全，殊有背工程學之原則。

按連架算法，種類繁多；其出發點各殊，而其結果則一。茲將其分爲四類： 一曰彈性工作論(註一)(Theory of work or elastic energy theory)，二曰過餘桿件法(註二)(Method of redundant members or stresses)，三曰坡度撓度法(註三)(Slope-deflection method)，四曰定點法(註四) (Die Methode der Festpunkte)。前三法盛行於美國，構造學課本幾無不有之。後一法在德國較爲知名，英美則鮮識之者。此外尙有最少工作論(註五)(Theory of least work) 對點法(註六) (Method of conjugate points)等等，皆可屬於上列四法之中，無新穎足道者，學之不勝學矣。

計算法之目的在乎設計，故但能達到目的求其得數，其方法自以簡爲妙。綜以上各法，雖各有所長，而以之計算連架，均不免難學難用之病。學之者必先深明數理，用之者又費時頗多。最近伊立諾大學敎授克勞氏，(Professor Hardy Cross, University of Illinois)，在美國土木工程學會

茲姑舉各法之基本參考書各一如下：

(註一) Van Den Broek, "Elastic Energy Theory," 1931, New York.

(註二) Parcel and Maney, "Statically Indeterminate Stresses," 1926, New York.

(註三) Wilson, "Analysis of Statically Indeterminate Structures by the Slope-deflection Method," Bulletin No. 108, 1918, Engineering Experiment Station, University of Illinois.

(註四) Suter, "Die Methode der Festpunkte," 1923, Berlin.

(註五) Hiroi, "Statically Indeterminate Stresses," 1905, Van Nostrand Co.

(註六) Nishkian and Steinman, "Moments in Restrained and Continuous Beams by the Method of Conjugate Points," Transactions, A.S.C.E., 1927, pp.1-206.

會刊發表其動率分配法(註七)， 或稱克勞氏法(Cross' method of moment distribution)。此法大引起工程界之注意，參加討論者數十人。而應用之者，則已遍及全美。各工程學院，各設計室未有不學而用之者；亦未有不稱其易於學而簡於用。各種建築構架，因之而改良者，在在皆是。蓋此法之得數雖與老法同，而簡易遠駕其上。如此則普通工程師均能用之以計算連架；其爲益良非鮮淺。我國工程界，近頗不肯落後，學之者諒不乏人，介紹之者亦有一二。惜未見有以國文表之，並加以整理與改善，以供國人之參考與討論也。

第二節　桿件各性質之定義

欲學克勞氏法，須先明以下三定義：—

(定義一)桿端之硬度(Stiffness of an end of a member) 簡寫 K。

設將一桿件 AB 之 B 端固定着 (Fixed)，而將其 A 端平支着 (Simply-supported) 如第一圖；然後在 A 端用動率 M 將此端轉過單位坡度，此動率即爲 AB 桿件之 A 端硬度，(簡寫 K_{AB})

第一圖

第二圖

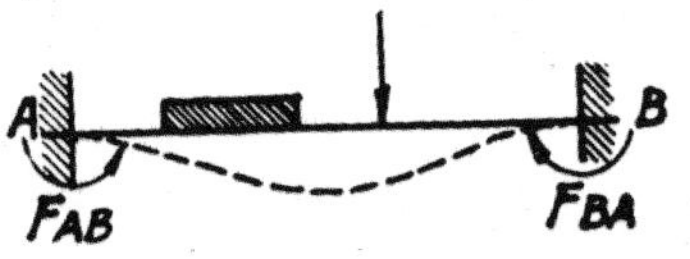

第三圖

(定義二)桿端之移動數(Carry-over factor of an end of a member) 簡寫 C。

設將一桿件 AB 之 B 端固定着，而將其 A 端平支着，然後在 A 端用一單位動率 M=1，如第二圖；則 B 端因此所發生之動率 m，爲 AB 桿件從 A 到 B 之移動數，(簡寫 C_{AB})

(定義三)桿端之定端動率(Fixed-end moments)簡寫 F。

設將桿件 AB 之 A,B 兩端均固定着，而加重量於其上，如第三圖；則在 A, B 兩端所發生之動率，爲其定端動率，(簡寫 F_{AB},F_{BA})。 桿端外用動率之順鐘向者，如 F_{AB}，其號爲正；反鐘向者，如 F_{BA}，其號爲負。

(註七) 參看 Transactions, A.S.C.E., 1932, pp. 1-156, 並 Cross and Morgan, "Continuous Frames of Reinforced Concrete," 1932, New York.

第三節　定惰動率之直桿件

(Straight members of uniform moment of inertia)

㊀定惰動率之直桿件，其兩端之硬度相等。該硬度係與該桿之惰動率"I"成正比例，並與其長度"L"成反比例。應用克勞氏法時，只要求得各桿端硬度之比例數，如其$\frac{I}{L}$，足矣。

㊁定惰動率直桿件之兩端移動數，均永爲$+\frac{1}{2}$，卽 0.5。

㊂定惰動率直桿件之定端動率，可用以下公式求之：

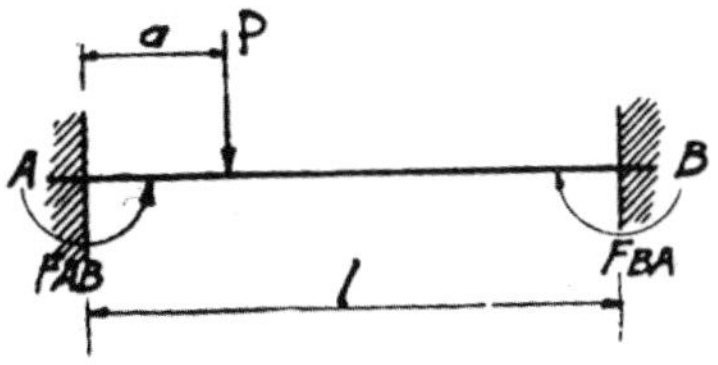

第四圖

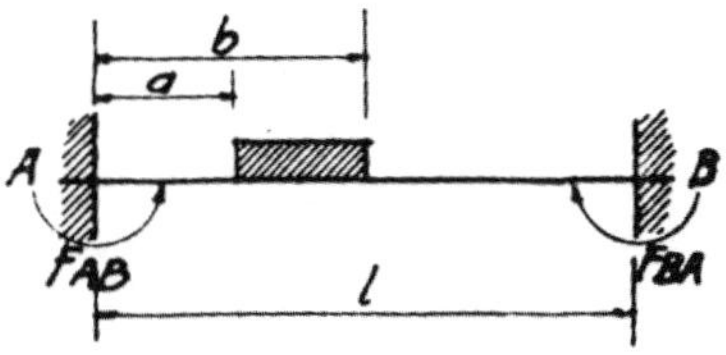

第五圖

第四圖：—

$F_{AB}=\frac{-Pa(L-a)^2}{L^2}$，$F_{BA}=\frac{Pa^2(L-a)}{L^2}$

如 P 在桿中，則 $-F_{AB}=F_{BA}=\frac{PL}{8}$。

第五圖：—

$F_{AB}=-\int_a^b\frac{WX(L-X)^2\,dx}{L^2}$，$F_{BA}=\int_b^b\frac{WX^2(L-X)dx}{L^2}$

如載重均布於全桿，則$-F_{AB}=F_{BA}=\frac{WL^2}{12}$。

第四節　應用克勞氏法之手續

試舉例以明之如下：— 設連架如第六圖，各桿件均爲定惰動率，並已知其 I 及 L。且假設架中各交點只能轉向，不能上下或左右而動移。

㊀算求各桿端之硬度 $=\frac{I}{L}$，寫於第七圖各圓圈中，如，

$$\text{桿件 CD, } K_{CD}=\frac{45}{12}=3$$

$$\text{桿件 AE, } K_{AE}=\frac{72}{12}=6$$

……………………………………

各桿端之移動數均爲½，不必計算。

㊁假設各交點均暫被固定，不能轉向，則各桿端因載重而發生之定端動率（第七圖中註以"f"者），可計算之如下：—

$$F_{CD}=\frac{-900\times5\times10^2}{15^2}=-2000$$

$$F_{ED}=\frac{30\times20^2}{12}=1000$$

……………………………………

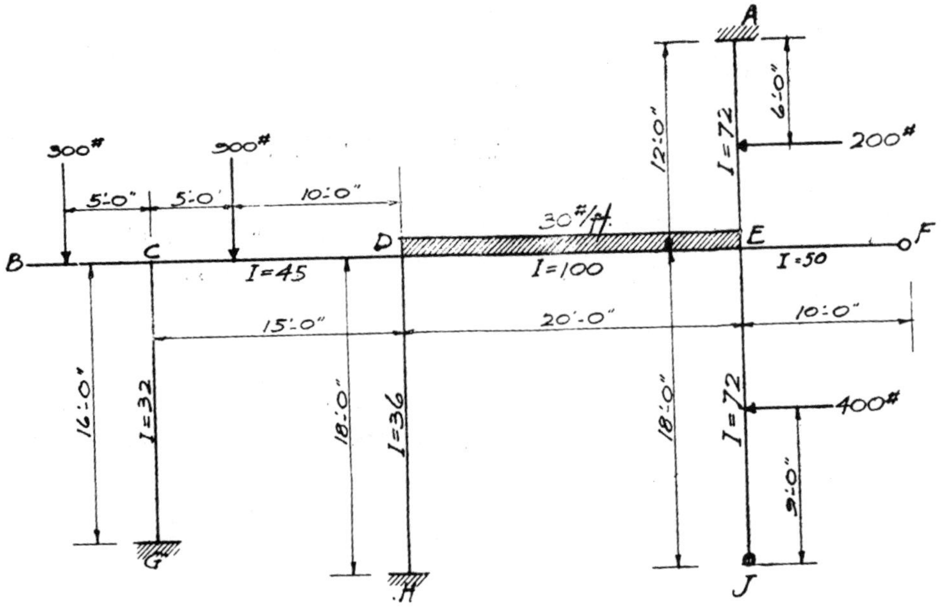
A
300#
300#
5'-0"
5'-0'
10'-0"
12'-0"
6'-0"
I=72
200#
30#/ft.
B
C
D
E
F
I=45
I=100
I=50
15'-0"
20'-0"
10'-0"
16'-0'
I=32
18'-0"
I=36
18'-0"
I=72
400#
9'-0"
G
H
J

第六圖

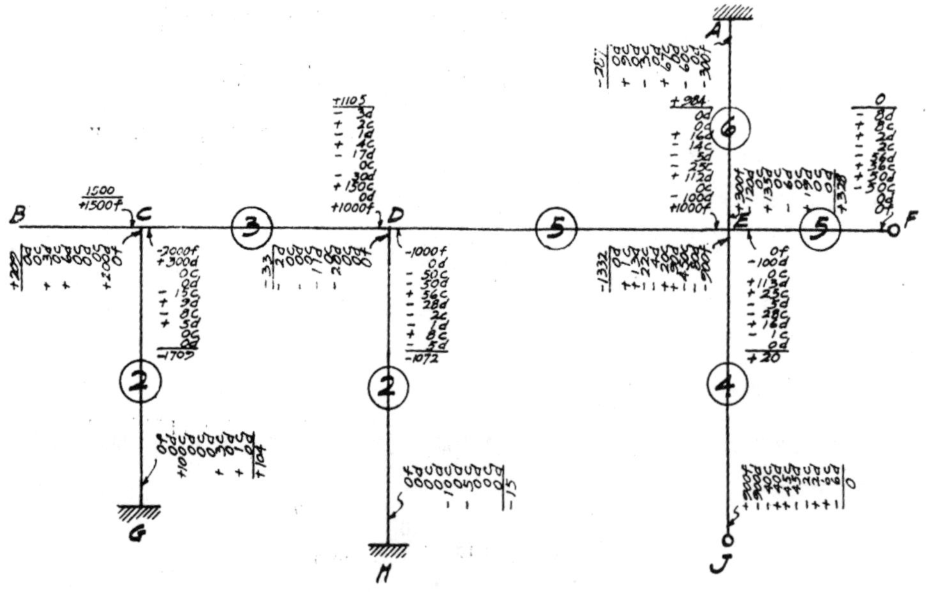
A
B
C
D
E
F
G
H
J
+1105
+984
+1500f
-1709
-1072
+20
+1000f
-1000f
-2000f
+300d
-1332
-13

第七圖

㊂在此種假設情形下，各交點均發生不平動率，其數量爲在該交點各定端動率之和。此不平動率，亦卽固定該交點所應用之外來動率，如，

在 C 點，其不平動率 = 1500—2000 = —500

在 E 點，其不平動率 = 300+1000—900 = +400

………………………………………………………

㊃將架中各交點，一一依次放鬆，使其不爲外來動率所固定。放鬆之法，係將他點均固定着，而在一點加以與該點不平動率相反而同量之動率，使該點各桿端均轉一相同之坡度。故應將該動率，分配於交在該點之各桿端。各桿端所分得之動率，應與其硬度成正比例，如，

在 E 點之總硬度 = 5+6+5+4 = 20,

而其不平動率爲 400，故，

桿件 EA 應得， $-400\times\frac{6}{20} = -120$

EF, $-400\times\frac{5}{20} = -100$

EJ, $-400\times\frac{4}{20} = -80$

ED, $-400\times\frac{5}{20} = -100$。

在 A 點，AE 支座之硬度爲無窮大，故其不平動率 —300 全歸於支座，而 AB 無所得。在 J 點，JE 支座之硬度爲零，故其不平動率 +900 全歸於 JE。在 D, F, G, H 各點，其不平動率均等於零，故各桿端均無所得。在 C 點，BC 之 B 端無支座，其 A 端之硬度爲零；故 CB 亦無所得。各桿端所分得之動率，在圖中均以"d"字註之。

㊄當該架每一交點被放鬆時，其他各點仍被固定着。因此，交在該點各桿之他端，均發生一種移動動率，其數量爲各第一端所分得之動率與其移動數之積，如，

桿件 DE, D 端得 $-100\times\frac{1}{2} = 50$

E 端得 $0\times\frac{1}{2} = 0$

桿件 EJ, E 端得 $-900\times\frac{1}{2} = -450$

J 端得 $-80\times\frac{1}{2} = -40$

………………………………………………………

各桿件所分得之動率，均如法移動之。此項移動動率，在圖中以"c"字註之。

㊅各交點因受此等移動動率，又發生第二次不平動率，等於該點各移動動率之和，如，

在 C 點，第二次不平動率 = 0

在 D 點， = 150—50 = 100

在 E 點， = —450

………………………………………………

於是再將各點依次放鬆，而將此不平動率依第四步分配於各桿端，如，(在圖中仍以"d"字註之)，

在 D 點，DC 得 $-100\frac{3}{10} = -30$

DE 得 $-100\frac{5}{10} = -50$

DH 得 $-100\frac{2}{10} = -20$

………………………………………………

㊆第二次分配之後，各桿端又發生移動動率；仍乘以½而移動之如第五步，(在圖中仍以"c'字註之)，如，

桿件 DE, D 端得 $112 \times \frac{1}{2} = 56$

E 端得 $-50 \times \frac{1}{2} = -25$

………………………………………………

㊇移動之後，又須分配。分配之後，又須移動。二種手續，轉相應用，直至其移動動率縮至極小爲止。

㊈然後將各端之定端動率，分配動率，與移動動率自行全體相加。其得數卽爲該端之眞動率，如，

$M_{CD} = -1709$

$M_{DC} = +1105$

$M_{HD} = -15$

$M_{DH} = -33$

………………………

各交點不直受外來動率者，其各桿端眞動率之和，應等於零，如在 D 點，

$1105-33-1072 = 0$

………………………

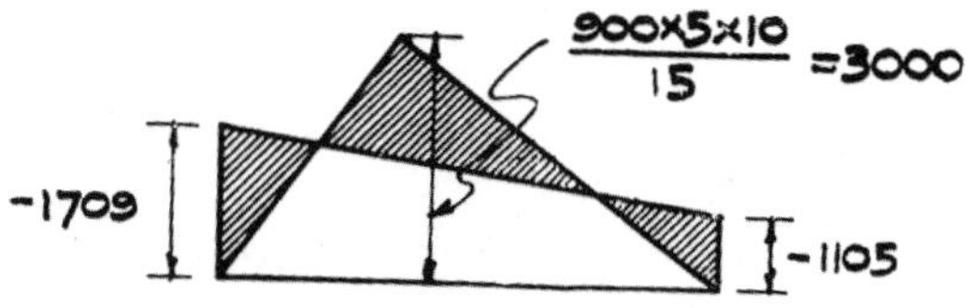

第八圖

㊉既得各桿端之眞動率，其全桿各處之動率，可用圖解求之，如第八圖，(請注意兩端動率正負號之意義；右端動率此時所用之號，應與以上所得者相反)。其剪力亦可用靜力學求之。

第五節　簡化算法

以上舉例，係純爲讀者便利起見，逐步寫出於第七圖。計算稍熟，欲簡化之者，可注意下列各點：—

㊀各零數可不必寫出。f, c, d 等字或亦可省去。

㊁每交點各桿端硬度與該點總硬度之比例，可算出註於端下。

㊂平支端或鉸鏈端 (Simply-supported or hinged ends) 如 J, F 等，被放鬆一次後，可不必再固定之。如此則他端之硬度，將變爲原硬度之¾，如，

$$K_{EJ} \text{ 變爲 } 4\times 3/4 = 3$$

$$K_{EJ} \text{ 變爲 } 5\times 3/4 = 3.75$$

而 E 點之總硬度，將變爲，

$$5+6+3.75+3 = 17.75\text{。}$$

分配動率時，可按此變後之硬度算之。J, F 兩端既被永遠放鬆，則不更發生移動動率矣。

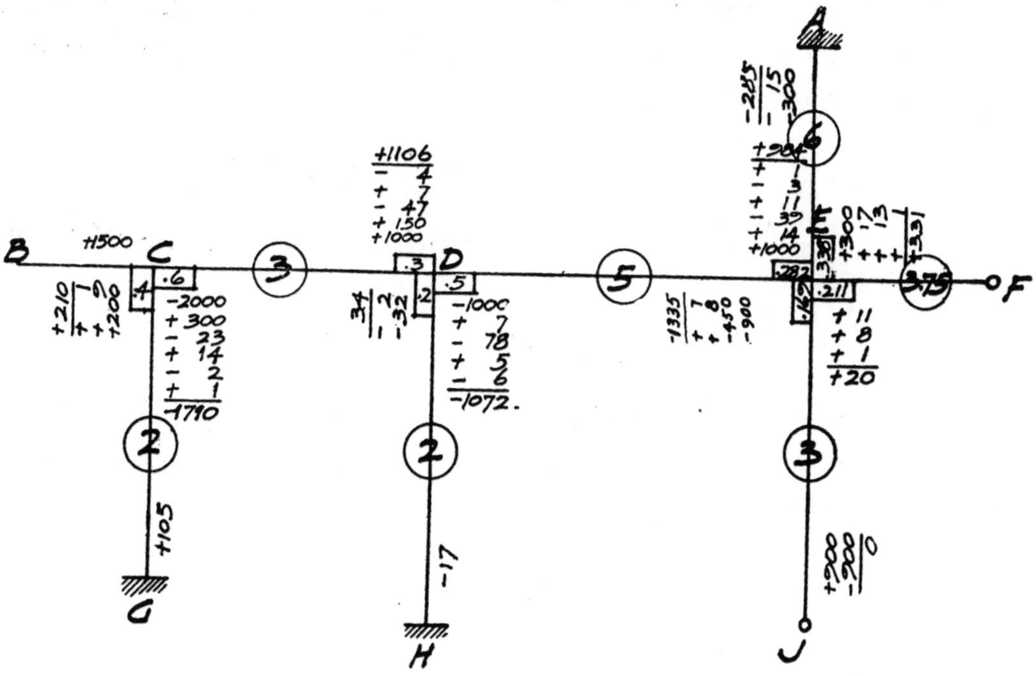

第九圖

㊃固定端如 G, H, A, 等，可不必按步接收移動動率。只須於本桿他端結算時，將其所分得之動率乘上½，即爲此固定端之總移動動率。

應用以上各點簡化之後，其寫法當如第九圖。

第六節　變惰動率之桿件，或彎形之桿件

上例只用定惰動率之直桿件。如桿件之惰動率不定，如第十圖；或其中心線爲彎形如第十一圖，

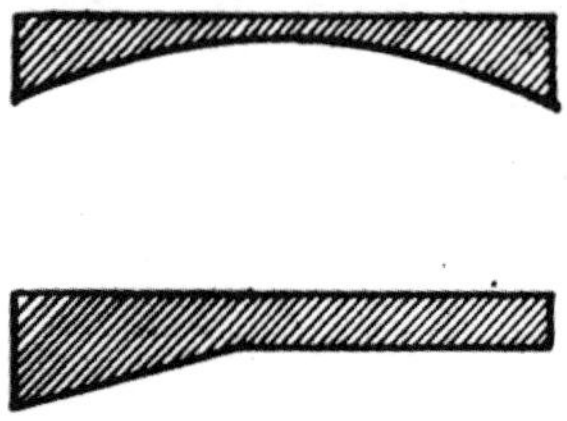

第十圖

第十一圖

只要其兩端不動移，則克勞氏法仍可如前應用。惟此種桿件之硬度，移動數，及定端動率各數，不如前之易求。普通常用之桿件形式及各種載重，在美國已有表圖等等，可供設計者之用(註八)。如未能得之者，可用各法算求。容另詳說。

第七節　交點動移之連架

許多連架，其交點皆不但能轉向，且能上下或左右而動移；則此法不能直接如上例用之。但稍費手續，仍可應用。

第八節　結　論

此法學用既易，應付無窮。紳縮應力 (Temperature stress)，沈座應力 (Stress due to settlement of supports) 以及桁樑第二應力 (Secondary stress in trusses) 等等，均可以之計算。讀者詳盡此篇後，當已能計算日用之連架矣。

(註八) 參看註七中之第二參考書，並 Large and Morris, "Lateral Loads and Members of Variable Section," Bulletin No. 66, 1931, Engineering Experiment Station, The Ohio State University.

氣候温度對於水泥，灰泥與混凝土三者之影響

黃鍾琳

上——温度對於水泥凝結之影響

自一八七五年台維斯氏發明水泥以後，土木工程界獲得偉大之幫助。今日之土木工程，幾無不應用之。水泥對於土木工程，既有重要之關係，各國學者因對之努力研究。惟水泥之本性，目前尚未能完全明瞭；非僅限於化學組成方面，卽物理方面亦如是。故研究者猶孜孜於繼續研究，藉謀澈底明瞭，而完成改進工作。又因水泥工程易受氣候影響，故研究水泥者同時且致力於研究溫度與水泥之關係。水泥凝結之遲緩，與工程之進行及水泥建築之強力均有關，是以所費研究工夫亦特多。經許多試驗之結果，乃知水泥之初凝與結硬之時間速度，均有賴乎溫度之情形；此種情形，對於寒帶與冬季尤為重要。

大致雖不變；而溫度較標準溫度低時，凝結時間延長；較高時，凝結時間縮短。凝結時間之延長縮短，亦視混合時所用水量之多少而變動；其變動之強弱，則因水泥牌號種類之不同而異。嘗有數位研究水泥之先進者，將研究所得，列為公式，以求水泥凝結時間：

（一）開薩氏(Kasai)根據化學反應速率公式，定有下列公式：

$$\log\frac{1}{Z}=\frac{a}{273+t}+b$$

z為水泥在攝氏表t度時之凝結時間，a與b為某牌水泥之定數。

（二）德忒曼攸(Tetmajer)定的公式：

$$Z=\frac{a}{b+t}+c$$

a，b，與c均為某牌水泥之定數。

（三）希拉諾(Hirano)定有後列公式，應用於攝氏表五度與四十五度之間。

$$Z=a+bt+ct^2$$

a，b，與c為某牌水泥之定數。

如以適合之定數加入前列各式，求初凝與結硬，均可適用。

由試驗上得知，不同水泥所受不同溫度之影響，亦不同。凝結時間與因溫度變化而起之凝結時間變化，無直接關係；二種不同水泥，在某溫度時凝結時間相同，惟於另一溫度時，其凝結時間則相去甚遠。例如水泥甲，於攝氏表零度時，其結硬所需時間為二十小時十二分；在六•一度時，為十一小時五十四分；十二•八度時，為八小時四十八分；二十一•一度時，為四小時十八分。水泥乙於零度時，為十三小時二十四分；六•一度時，為九小時五十四分；十二•八度時，為六小時十二分；二十一•一度時，為四小時十八分。根據前例，可知水泥在冰點時，亦可凝結。

快燥水泥所受溫度之影響，和普通水泥一樣。不同牌號之快燥水泥，在不同溫度時，所需凝結時間，相差甚遠。平常在低溫度時，所需之凝結時間，遠過于標準溫度時所需之時間。此點與普通水泥相似。

用韋卡德試驗器(Vicat Needle)試驗，則較爲複雜，因爲於調合時，與溫度有關。如以某種水泥試驗於攝氏表十八度時，需水百分之二十，然於十四度時，需水百分之三十，方可得同樣之黏性。由是可知，於低溫度時，水泥黏性較强，足影響針之插入；結果於低溫度時，反得較短之初凝時間。克爾博士(Dr. Kuhl)試驗結果，溫度自標準溫度降至攝氏表三度或四度時，初凝時間由二小時增至六小時，結硬時間由五小時增至十四小時。

鋁質水泥(Aluminous Cement)常用於海河工程，其初期抵力極大。於澆搗後四十八小時，卽可產生相等於普通水泥二十八日後所得之抵力；如是逐漸發展，結果可得二倍於普通水泥之抵力。

鋁質水泥凝結時，發出巨量之熱；但其本身爲不良傳導體，故如於大量體積時，其所產之熱量不易發散。其凝結時間(尤爲結硬)有時視建築物之體積而定。其影響較普通水泥爲大。大量混凝土中之溫度，可急速增高，超乎四週空氣溫度之上，故其凝結可比發散較速者爲快。除少數外。普通當溫度低於標準溫度時。其凝結時間增長。

當溫度增高時，結硬化學作用可加速；但因爲所含水分之蒸發過速，故得相反之結果；除非四週濕度甚高，鋁質水泥因發生高速大量之熱，以及四週之高溫度足以蒸發結硬時所需之水分。不同研究者獲不同之結果，惟大致則溫度降低時，凝結時間延長。

下——溫度對於水泥，灰坭與混凝土三者抵力上之影響

溫度在標準以上時，因凝結時化學作用與物理學作用加速之故，足影響灰泥與混凝土之抵力。在另一方面，於低溫度時，其作用遲緩，已如前述。普通觀念，以爲在高溫度凝結者可得較高之抵力，在低溫度凝結者得較低之抵力。實則，其情形極爲複雜，在高溫度凝結較速，易生內應力(Internal stresses)；於低溫度凝結者，則作用較緩，內應力所生之影響不及前者之大。於空氣中乾燥物體內所失水分較大，於是發生緊縮應力(Shrinkage Stresses)，其影響頗大。此種初期應力(Initial Stresses)與緊縮應力，二者於高溫度時，足消去因高溫度時凝結而產生之高抵力。溫度對於灰泥與混凝土之影響，於不同環境之下，其變化甚大。不同水泥對於溫度情形，作不同反應。

後列數項，亦屬影響抵力之重要原素：

(一)水泥，混合物與水之原溫度。

(二)調合之成分，混合物性質，與水量等等。

(三)調合與澆置時之空氣溫度。

(四)調合物與試驗品之大小影響及冷熱之速度。

(五)乾燥時之溫度。

(六)乾燥時之情形，如濕度與蒸發等等。

在過去許多試驗工作報告中，各項記錄每多不完全之處，故有時難於判斷；如做模型時之溫度，是否與乾燥時之溫度相同，或是否於標準溫度時調合，尚屬疑問。

設混凝土與灰泥受攝氏表零度以下之溫度，則其情形更為複雜，當原料已冰凍之後，混凝土不能調合完美。於實際上，原料可先設法使之熱，然後於零度以前先行調合。混凝土之作用亦賴乎調合時之確實溫度，四週溫度；大部份則在乎混凝土之數量與保護物之性質，如稻草蔴袋之類。薄層與小塊之混凝土，較大量者容易喪失熱度，而呈冰凍作用。當凝結時，所產生之熱度，雖普通水泥不若鋁質水泥劇烈，惟其影響，則未必全無。調合物水泥成分之多少，混合物之性質與水量之多少，都足影響於低溫度時凝結之混凝土性質。雖有時於攝氏表零度以下，混凝土不能結硬，然大都於試驗室中所得結果，混凝土於零度以下亦能凝結。

試驗室內之試驗品須製成小塊，其所得之結果與實際工程有時不合，因於大體積混凝土中閉有巨量之熱，關於此點，對於鋁質水泥，影響尤大。至於各研究者所得結果，可略述如后：

(一)材料於標準溫度以外，攝氏表零度以上調合與凝結，而於標準溫度乾燥。

材料於較低溫度調合凝結者，得較高抵力；此種結果，大概由於凝結所起之內應力作用。蓋溫度愈高，凝結愈速，其影響亦愈大。其最大抵力，約在攝氏表十度至二十度之間。

(二)材料於標準溫度時調合與凝結，而於標準溫度以下零度以上乾燥。

在乾燥期間，溫度愈低，抵力亦愈低；在一•五度時乾燥之混凝土，祇約及在一六•六度時乾燥者所生抵力之半。

(三)材料於標準溫度調合與凝結，而於標準以上溫度中乾燥。

達尼爾氏由試驗一：二：四混凝土所得結果，于三五•三度乾燥者，較之在二二•一度乾燥者，七天後强百分之十三，十四天後强百分之十七。此項試驗品，先于二十度時凝結六小時。

(四)材料於標準溫度以外，不冰凍時，調合，凝結與乾燥。

英國建築研究所試驗結果，于攝氏表五度調合，凝結與乾燥者，較之於十八度調合，凝結與乾燥者為强；惟有數研究者如台尼爾，約翰生等，所得結果則相反，溫度愈低，抵力亦愈低。

快燥水泥於低溫度時調合，凝結與乾燥者，其抵力亦較弱。

鋁質水泥在試驗室中所得結果，與快燥水泥相似，惟實際情形並不確切明白，要之大概相似。

(五)材料調合，凝結，及一部份乾燥在標準溫度以下，其餘一部時間則在標準溫度中乾燥。

設有一：三之灰泥，先在攝氏表零度乾燥十四天，然後於十五度與二十度之間，乾燥四十二天，其抵力較之該灰泥五十六天都在十五度至二十度之間乾燥者為弱，平均祇及百分之五十至八十。

如第一天於零度至五度間溫度中乾燥，然後於溫度十五度至二十度間乾燥者百分之五十；及後，即急速增加，且畧超於後者之抵力。此實由於初期內應力作用。是以前者反佔優勢。

鋁質水泥亦有相似現像，惟初期乾燥溫度在十五度與二十度間時，其抵力較高。如初期溫度在七十度以上，其抵力祇及前者百分之五十左右。鋁質水泥在高溫度時所受影響，較在低溫度所受影響爲大。

(六)材料於零度以上調合，在零度以下做型乾燥，試驗品於開凍後受試驗。

關於此點，試驗結果各有不同，有時雖於零下十八度時亦能凝結，有時於零度以下則不能凝結。卽於零度以下凝結者，其抵力祇及平時所生者百分之十至百分之三十；日子漸久，抵力亦較增進。

(七)材料於零度以上調合，於零度以下做型與初期乾燥，並繼續於零度以上溫度中乾燥。

初期於零度時乾燥者，其抵力祇約及於標準溫度中乾燥者百分之五十左右。

其可注意者，水泥，灰泥，以及混凝土，確能於零度以下凝結，惟對於抵力上則損失頗大，水分愈多，影響愈大。

(八)材料於零度以上調合，調合後在該溫度擱置一時，然後再放入零下溫度中，於試驗以前，先使其解凍與乾燥。

水泥，灰泥與混凝土，於冰凍前所受之凝結時間，愈長愈妙；蓋凝結後所受冰凍之影響較小，故於冰凍前須給予充分之凝結時間，以減少因冰凍而所受之抵力損失。

(九)更迭冰凍解凍之影響。

更迭冰凍解凍，其影響於抵力者，較之長期冰凍爲尤大。因冰凍而產生之裂隙，於解凍後可漸次自身復原。當結硬開始後，雖於零度以下，亦可繼續進行。如祇遇一次冰凍，則其所造成之裂隙可以補滿。如遇更迭冰凍解凍，則此種復原工作被阻，以致材料損毀。普通工程遇冰凍後之破壞，實由於是。故此種現像，宜設法防止，水泥成分較富時，其影響亦較大。

(十)冰凍時期之影響。

經試驗得知，於低溫度時，結硬工作繼續進行，因其抵力確是與日俱進；惟其所產之抵力，遠不如于普通溫度所產之抵力。

(十一)冰凍劇烈之影響。

冰凍時所受溫度愈低，其影響愈大；於零下十度時所受影響，較之在六度時爲劇烈。

(十二)水泥成分以及水分與溫度對於抵力之影響。

水泥成分較少者，其影響較小；水量較多時，其影響較大。

(十三)水泥成分與冰凍抵抗力之關係。

關於此點，尚無正確之結論，因各人試驗結果，恰成相反。

(十四)水量與冰凍抵抗力之關係。

水分多時，其抵抗力薄弱。

住宅

虹橋路上一茅廬

上圖由公和洋行建築師設計。屋頂冬暖夏涼。兼可避火。此種建築材料之使用。在滬地尚屬創見。

別具風格之二住宅

此兩住宅亦位於虹橋路畔。佔地數畝。設計樸質。不染都市繁華習氣。設計者亦爲公和洋行云。

上海大西路李氏住宅之二模型

周春壽設計　　鄺樹勤製模

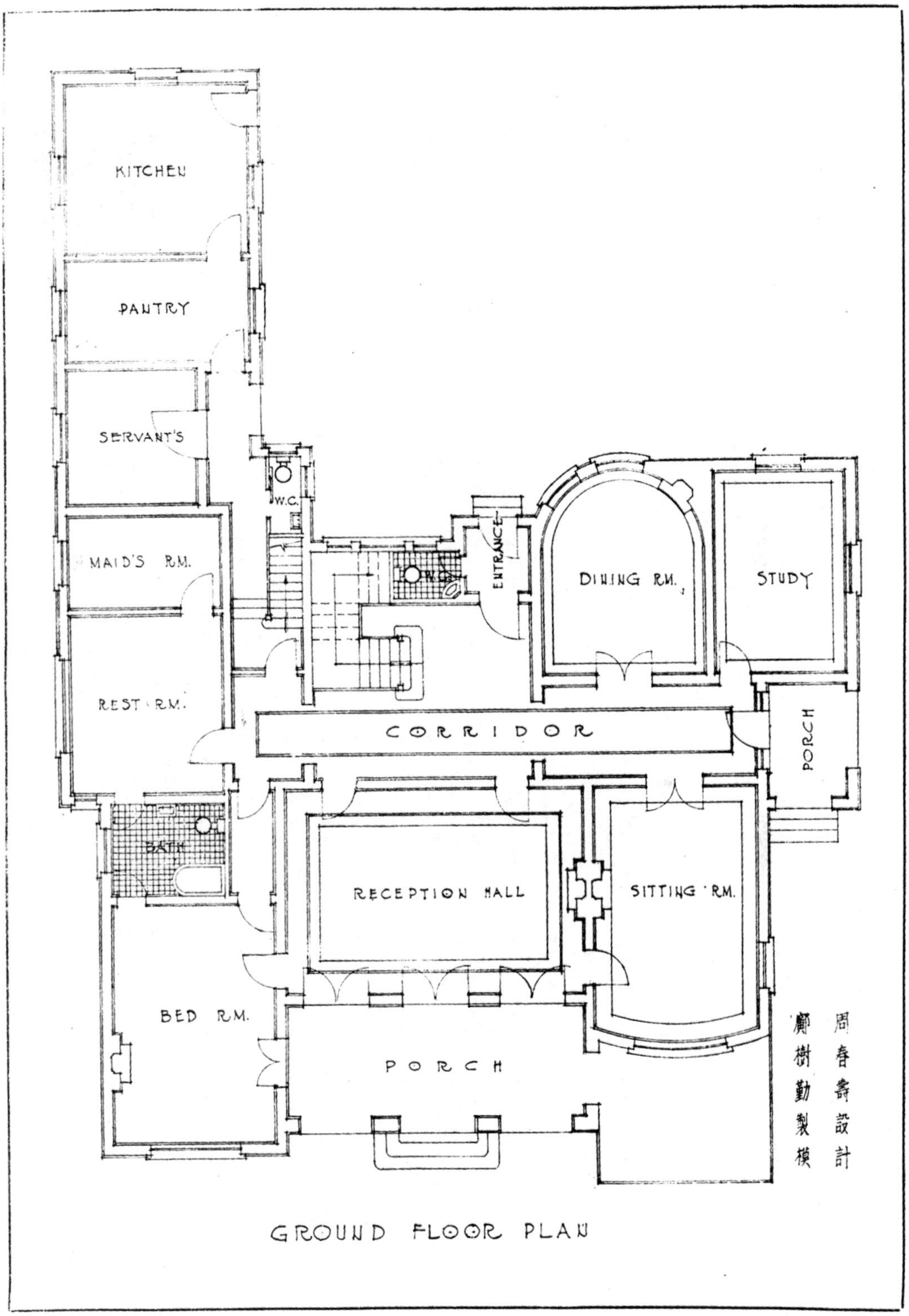
KITCHEN
PANTRY
SERVANT'S
W.C.
MAID'S RM.
REST RM.
BATH
W.C.
ENTRANCE
DINING RM.
STUDY
CORRIDOR
PORCH
RECEPTION HALL
SITTING RM.
BED RM.
PORCH
周春壽設計
鄺樹勤製模
GROUND FLOOR PLAN

上海大西路李氏住宅　　平面圖

罰款與賠款之研究

朗琴

在建築合同中，當事人恐因對方未能遵守契約時間，或不能履行合同中所載各節，每在條文中註明違約後罰欵或賠款之處分，此舉蓋所以促對方之注意，使其遵守前約，準時實踐也。此種罰欵與賠欵之條文，在各種商業合同中，均屬備載，固不僅建築合同有如此記錄。但罰款與賠欵，兩者意義含混，解釋各異，若使用不當、每因此引起糾紛，發生訴訟。故當事者不可不愼也。

罰欵之意，就字義言，似專指延誤合同時間，未能如期履行，故處罰相當款項，薄示警告，催促注意，藉此或可彌補因延期而受之損失。處罰之法，或以逾契約期間後按日或按時計算，如延誤一週罰金百元，十週千元，可依次類推。罰欵數額之多寡、或視合同內容之大小而定，或由當事人同意，另用他種方法取決。吾人所須注意者，罰欵之舉，原使當事者之迅速履行合同時間。但若中途違約，不加履行，合同所載之罰款條件，殊不足以彌補因此所受之損失。當事人能補救因毀約而受之損失者，惟以賠款方法出之。此二者驟視似判然各別，但使用不當，則一經涉訟，各持見解，難以取決。吾國工商業各界因罰款或賠欵糾紛之訟案，報章日有零星記載，缺乏具體資料，以供參攷。試舉英國Widnes Foundry, Ltd. 與Cellulose Acetate Silk Co. 一案，曾因此問題互控經年，訴訟不息，甚至達於最高法院，始行解決。此案原告爲一絲商，與一被告之營醋酸鹽(Acetate)者，訂立購置機械之契約。蓋醋酸鹽爲製絲時之重要原料。每噸人造絲須需醋酸鹽三噸。醋酸鹽每噸價值七十六磅，但若用蒸發收斂之方法，則可省九成。此時原告方面需要此機甚急，商談結果，購置十二噸重之機器一具 價值一萬九千二百五十磅。但並未提及交貨時期。最後被告要求九個月後交貨，原告則嫌時間過長，須加縮短，否則將另請他廠製造。最後雙方訂定准將交貨期間減短，機器價格則增五百磅，爲一萬九千七百五十磅。但若過十八星期後尙未交貨，則每一星期須向被告罰金二十磅。並訂立合同，互各遵守。但若罷工拒業或人力不可抗之故而延期，則不在其限。此合同訂立於一九二九年三月十四日，應於同年七月二十七日交貨；但被告延誤至一九三〇年二月十日始行將機器全部交貨，已逾合同期限有三十星期之久。結果原告提出訴訟，請求被告賠償因此所受之損失。審判結果，推事科被告以罰欵，計償原告估計因此所受之損失五千八百五十磅，而並不名之曰賠欵。在推事之意，因（一）合同價格與預料所得之損失分配不當（二）此種損失爲直接的確定的，但可預計的。被告不服原判，提起上訴。結果上訴院判詞與原判適得其反，科罰原告應用賠欵名義，不能謂爲罰欵。賠款數額應照合同規定，每星期為二十磅；今逾期三十星期，應賠償原告六百磅。上訴院對此判詞之根據，蓋以此案若不能預料有發生毀約之可能，則損失將極難估計。今雙方既預先估及，自應即以訂定之數賠償之。（即每星期二十金磅）但此處又須注意者，即賠償所得，不足彌補原有之損失，則又將若何？能否應用罰款之方法否？法官史克魯登氏 (Lord Justice Scrutton) 解釋此點，謂可根據鄧耐定法官對於 Dunlop Pneumatic Tyre Co. 與 New Garage & Motor Co. 之判案，即凡雙方恐因延時違約而訂有一定金額按時計算者，不能謂為罰款，祇能謂為賠款。余（史氏自稱）非謂當事人即被上述合同中定額之束縛，而不能彌補其巨大之損失；但若其數小於實際損失數，殊難稱為罰金也。

二十二年度上海英租界營造概況

二十二年度英工部局所發給房屋執照，計有五、一三〇起。（工部局自建房屋除外）此數與過去四年比較，可得表如左圖：

年別	中區	北區	東區	西區	共計
十八年	八一六	七〇五	二、五二九	三、五三六	七、五八六
十九年	六一一	七五〇	三、九六三	三、五一二	八、八三六
二十年	四二二	七八六	五、二一二	二、二七九	八、六九九
二十一年	二七七	三五一	一、二九二	一、五一九	三、四三九
二十二年	三七一	二二三	一、七七〇	二、七六六	五、一三〇

至於各種建築之性質，再可列表分析如下圖：

核准圖樣計二，七七八件（內華人送請者二，一五四 西人送請者六二四）

類別	十八年	十九年	二十年	二十一年	二十二年
華人住宅	5,282	6,818	6,987	2,071	3,545
西人住宅	380	327	97	95	257
旅館	1	3	2	3	0
公寓	8	5	9	5	13
寫字間	33	35	41	21	13
西人商店	310	298	273	216	204
戲院	6	6	4	2	4
學校	1	6	5	0	7
紗廠	3	3	4	6	0
麵粉廠	0	0	0	0	0
工廠	50	24	73	28	27
其他實業廠屋	24	38	28	23	63
棧房	52	64	27	27	20
汽車行	116	75	158	48	98
其他	1,076	893	730	680	616
廁所	244	241	261	214	263
總計	7,586	8,836	8,699	3,439	5,130
估價總額（兩爲單位）	25,149,690	46,633,800	37,327,215	18,181,900	25,324,100

二十二年度各區主要建築之已完成及在進行中者，（工部局自建房屋除外）其類別可列表分析如左圖：

種類 數目 區別	中區	北區	東區	西區
華人住宅	一一一	八八	一三七四	一九七二
西人商店	六三	三三	一二	九六
寫字間	二	○	九	二
戲院	三	○	一	○
公寓	一	四	○	八
西人住宅	一二	一三	二	二三○
工廠	一	○	二四	二
棧房	一	○	一六	三
汽車行	一	九	三	八五
茅屋	一	○	一七	一三
職員宿舍	二	○	六	五
學校	○	○	三	四
銀行	○	○	○	一

建築物價值估計表

年別	公寓	西式住房	半西式住房	中式住房	其他	合計
十四年	1677000	2 000 000	1 385 000	4 950 000	212 000	10 224 000
十五年	1 260 000	900 000	416 000	4 055 000	200 000	6 831 000
十六年	840 000	665 000	552 000	1 883 000	200 000	4 140 000
十七年	6 300 000	920 000	1 815 000	3 300 000	282 000	12 617 000
十八年	7 550 000	2 672 000	2 682 000	4 128 000	435 000	17 467 000
十九年	7 133 000	1 654 000	4 080 000	5 300 000	422 000	18 589 000
二十年	8 000 000	1 746 000	1 420 000	4 463 000	385 000	16 014 000
二一年	4 987 000	1 900 000	572 000	3 540 000	385 000	11 274 000
二二年	4 884 500	2 374 800	1 080 000	5 076 000	536 500	13 951 800

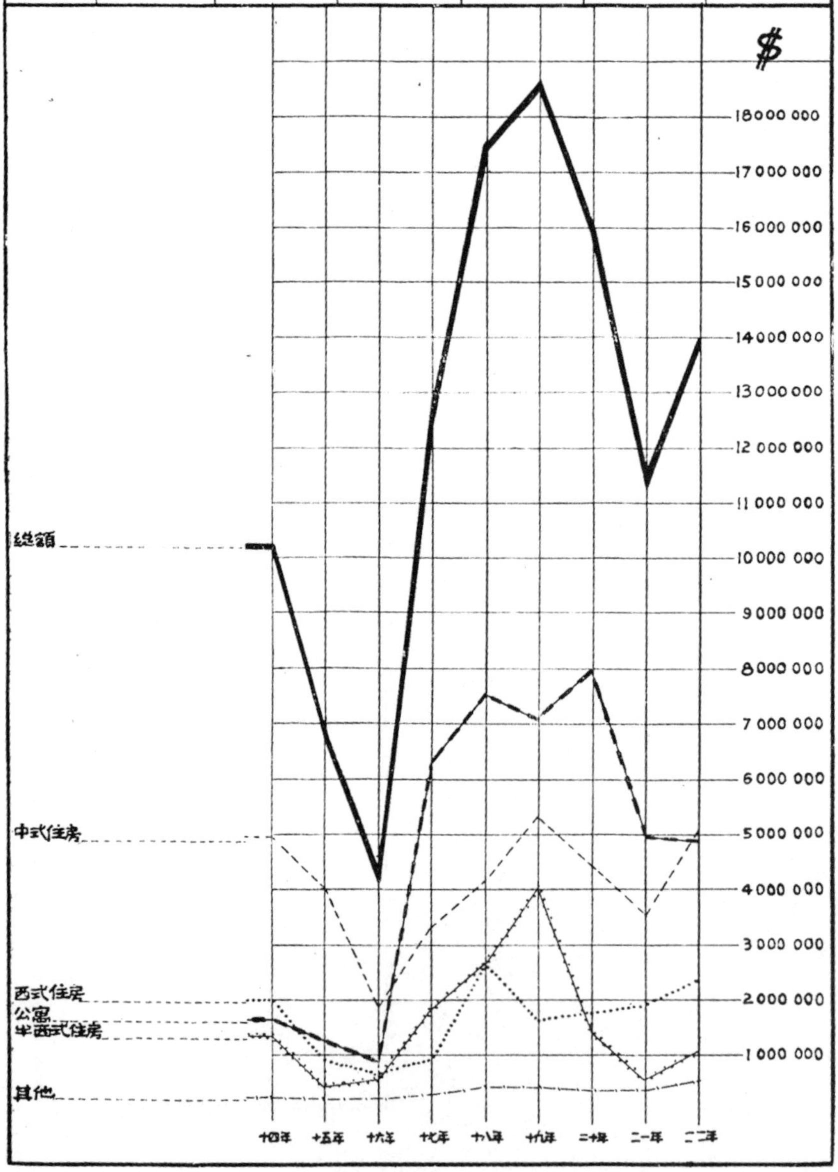

民國十三年至二十二年建築之進展

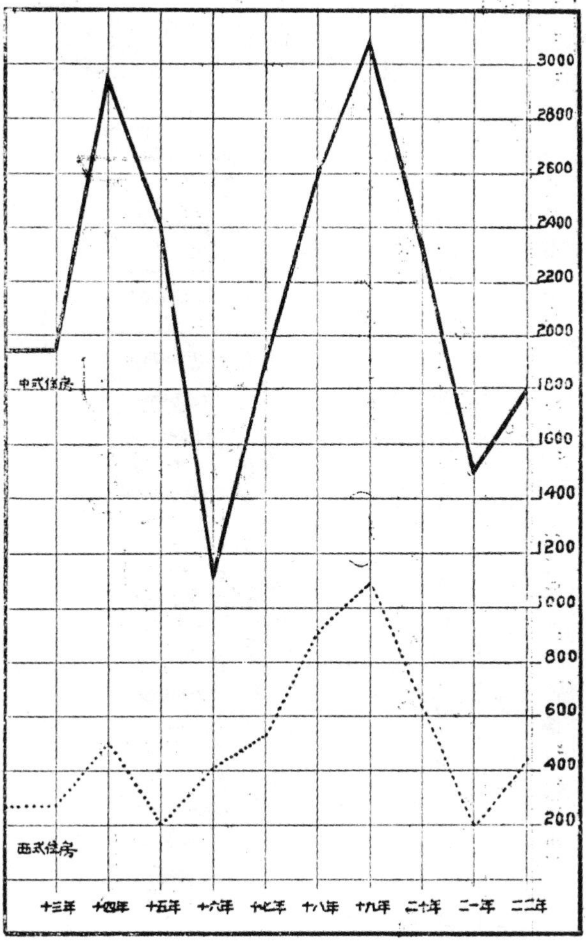

年別	西式住房	中式住房
十三年	265	1949
十四年	498	2947
十五年	198	2433
十六年	404	1117
十七年	527	1901
十八年	911	2596
十九年	1090	3083
二十年	625	2347
二一年	182	1514
二二年	439	1820

民國二十二年所發准許建築執照

准許執照 72張 西式住房 439宅
〃〃〃〃 173 〃 中式住房 1820宅
〃〃〃〃 113 〃 其他建築 639宅
油漆及改裝 准許執照 2656張

工程估價

（十一續） 杜彥耿

第五節　木作工程　（續）

樓板：　關於樓板，一寸四寸洋松企口板二種，業於上期論及。然因地板之種類繁多，故再舉較重要之數種，列表如下：

種類	尺寸	塊數	數量	每千尺金額	總額
洋松企口板	4"×1"×10'-0"	35塊	117'-0"B.M.	連力$ 97.65	$ 10,957
〃〃〃〃〃	6"×1"×10'-0"	22 〃	110'-0" 〃	〃 〃 115.50	〃 12,705
〃〃〃〃〃	4"×1¼"×10'-0"	35 〃	145'-7" 〃	〃 〃 136.50	〃 19,888
〃〃〃〃〃	6"×1¼"×10'-0"	22 〃	125'-0" 〃	〃 〃 168.00	〃 21,000
柳安企口板	4"×1¼"×10'-0"	35 〃	145'-7" 〃	〃 〃 185.00	〃 26,954
〃〃〃〃〃	6"×1"×10'-0"	22 〃	110'-0" 〃	〃 〃 175.00	〃 16,250
檀木企口板	2"×1"×10'-0"	81 〃	166'-6" 〃	〃 〃 280.00	〃 46,620
亞克企口板	2"×1"×10'-0"	81 〃	166'-6" 〃	〃 〃 260.00	〃 43,290
柚木企口板	2"×1"×10'-0"	81 〃	166'-6" 〃	〃 〃 400.00	〃 66,600

（註）尚有梅不爾(Maple)茄栗等，因不多採用故略之。

●●● **踢脚板**　即室中四邊沿牆底下之護板，爲草場工程之一。板之上口往往刨起線脚，亦有刨圓角或斜口等者。木匠包工，踢脚板照例帶進在樓地板內，不另計算工資。若僅做踢脚板，則每丈包工自一工至三工，用料則視需料之厚薄與高低爲判；更須視料之貴賤估算之。

種　類	尺　寸	數量 / 工數	每千尺金額 / 每工工值	結計料值 / 結計工值	總　計
洋松踢脚板	6”×1”×10’-0”	5’-0” 一　工	$ 80.00 ” .60	$ .40 ” .60	$ 1.20
” ” ” ” ”	8”×1”×10’-0”	6’-6” 一工半	$ 80.00 ” .60	$ .52 ” .90	$ 1.42
” ” ” ” ”	1¼”×10”×10’-0”	10’-4” 一工半	$ 80.00 ” .60	$ .832 ” .90	$ 1.732
柳安脚踢板	6”×1”×10’-0”	5’-0” 一　工	$ 130.00 ” .60	$ .65 ” .60	$ 1.25
” ” ” ” ”	8”×1”×10’-0”	6’-6” 一工半	$ 130.00 ” .60	$ .845 ” .90	$ 1.745
” ” ” ” ”	1¼”×10”×10’-0”	10’-4” 一工半	$ 130.00 ” .60	$ 1.352 ” .90	$ 2.252
註一：上列各項踢脚板之材料，均係淨料，最妥應照淨數加三成之耗損。					
註二：上列係普通需用者，餘如柚木，麻栗等因不多用，故略。					

●●●● **裝修工程**　估算裝修工程，殊覺困難，因裝修花樣，初無一定之標準。是以材料與人工二者，不能遽下斷定。歐美各國，有現成做就之門可購，每扇普通約十五先令至四十五先令。美則以方尺計值，一門之值試舉數例如下：

美洲估算定製之膠夾板門，以門之平面計算，其厚度至多二寸。平面一統浜子板或四分塊浜子板及簡潔之浜子線。

註：門之最小面積，不過十七平方尺半。

白楊(White Pine)
黃松(Yellow ”)
賽不勒斯(Cypress)
無花點亞克(Plain Oak)
普通松木(Unselected Birch)
白麻栗(Ash)
梅不爾(Maple)
第一括弧中之材料，用以作門，每方尺價美金四角半。

紅松(Red Birch)
二五鋸紅亞克
三夾木(Sycamore)
白梅不爾(White Maple)
白楊
第二括弧中之材料，用以作門，每方尺價美金五角二分。

二五鋸白麻栗
二五鋸三夾木
第三括弧中之材料，用以作門，每方尺價美金六角五分。

鬆紋黃松(Curly Yellow Pine)
鬆紋松木(Curly Birch)
支利(卽櫻木)(Cherry)
華爾納(Walnut)
} 第四括弧中之材料，用以作門，每方尺美金七角半。

鬆紋梅不爾(Curly Maple)
鳥目紋梅不爾(Bird's eye Maple)
桃花心木(Mahogany)
} 第五括弧中之材料，用以作門，每方尺美金九角半。

一切膠夾板門，做平光一統浜子洋門，倘欲做其他式樣，則必另行規定。

膠夾板門應須加費者

剷剮板浜子	每塊	加美金二角半。
門之厚度超過二寸者	每二分	加美金八角。
門之闊度超過三尺六寸者	每六寸	加美金八角。
門之高度超過八尺者	每六寸	加美金六角。
門之浜子板欲做二種材料，照原定之材料	每扇	加美金九角。

一門浜子板超過五張以上，應須加費者

第一括弧	加美金二角。
第二括弧	加美金三角。
第三括弧	加美金四角。
第四括弧	加美金五角。
第五括弧	加美金七角。

大門圈框之加重線脚者

第一括弧	加美金一元二角。
第二括弧	加美金一元五角。
第三括弧	加美金二元。
第四括弧	加美金二元二角。
第五括弧	加美金二元五角。

每倉浜子線脚突高應加費者

第一括弧	單面線脚	加美金四角。
	雙面線脚	加美金六角。
第二括弧	單面線脚	加美金四角半。
	雙面線脚	加美金六角半。
第三括弧	單面線脚	加美金五角。
	雙面線脚	加美金七角。
第四括弧	單面線脚	加美金五角半。
	雙面線脚	加美金七角半。
第五括弧	單面線脚	加美金六角。
	雙面線脚	加美金八角。

膠夾板門
不精選洋松及簡單紅喳克
四帽頭一中梃六塊浜子板

大		小	松木(每扇)	喳克(每扇)
闊	高	厚		
二尺	六尺八寸	一寸三分	美金四元八角	美金六元
二尺	六尺八寸	一寸三分	„ „ 五元	„ „ 六元二角
二尺	七尺	一寸三分	„ „ 五元八角	„ „ 七元二角
二尺八寸	七尺	一寸三分	„ „ 六元	„ „ 七元六角
三尺	七尺	一寸三分	„ „ 六元四角	„ „ 八元
二尺八寸	六尺八寸	一寸六分	„ „ 五元八角	„ „ 七元二角
二尺四寸	七尺	一分六分	„ „ 六元八角	„ „ 八元二角
二尺八寸	七尺	一寸六分	„ „ 七元	„ „ 八元四角
二尺十寸	七尺	一寸六分	„ „ 七元二角	„ „ 八元八角
二尺半	七尺半	一寸六分	„ „ 七元六角	„ „ 九元二角
二尺八寸	七尺半	一寸六分	„ „ 七元八角	„ „ 九元六角
三尺	七尺半	一寸六分	„ „ 八元四角	„ „ 十元二角

裡面門一堂價格分析

門堂一副配於五寸板牆者	美金一元二角
門摺頭	美金二角
雙面門頭線及墩子	美金一元五角
門一扇2'8"×6'8"×1⅜" 四浜子黃松	美金五元
普通油漆	美金六角
銅件配全	美金二元五角
木匠工(六小時每小時一元)	美金六元
共計	美金十七元

茲欲使讀者明晰國外價格，藉與國內價格比較起見，故不厭周詳，列舉如上。國內專製門窗裝修之工廠殊尠；滬地僅有中國造木公司一家，初本全爲華股，自一二八之變後，廠房被燬；迨和議告成，收拾殘機，盤歸英商祥泰木行，仍名中國造木公司。該廠機器設置，在國內頗稱完備，然仍難普及。僅上海一埠，除少數大建築外，均由營造廠自雇木工製造。

(未完)

二十二年度之國產水泥

談鋒

水泥一名士敏土，爲現代建築物品中之重要材料。查外商水泥之運華傾銷者，有香港，安南，澳門，日本等處；惟自九一八後，日本水泥，故意壓低價値，在我國各口，大肆傾銷，我國水泥業蒙受絕大之影響，自不待言；幸政府增加關稅，國產水泥得以一線生機。茲姑將去年一年來之國產水泥銷售狀況，誌之於後。

甲　產量

我國水泥廠有啓新，中國，華商及廣州之西村等四家，合計資本連同借款等約共三千萬元。各廠之每年產量如後：

一、啓新洋灰公司　廠設河北唐山，年產馬牌水泥一百七十餘萬桶。分廠設湖北大冶，年產塔牌水泥二十餘萬桶。

二、中國水泥公司　廠設江蘇龍潭，年產泰山牌水泥八十餘萬桶。

三、華商上海水泥公司　廠設上海龍華，年產象牌水泥五十餘萬桶。

四、西村士敏土廠　廠設廣州西村，年產五羊牌水泥四十餘萬桶。聞現該廠正在擴充中，本年年底可以完成，預計將來產額，每年可增一倍。

上述各廠，每年產額總計約三百八十萬桶左右，若悉數銷去，可售銀約共一千三百五十萬元（稅款在外）。

乙　銷數

二十二年度各廠總銷數約爲三百萬桶，較以前各年約增銷四五十萬桶，考其原因，由於政府增加關稅，外貨減少進口所致；但查海關貿易報告：二十二年度外貨進口水泥，雖較二十一年度減少，然乃達一、九一一、七〇一擔之譜，茲分別如下：

國別	數量（擔）	價値（海關金單位）
安南	五四一、七四五	六三三、六八九
日本	五一三、二七五	二四一、九四四
香港	四六一、二五八	五一八、八二六
澳門	一七四、〇〇八	一八二、七五三
其他	二二一、四一五	二三七、三八三
總額	一、九一一、七〇一	一、八一四、五九五

查國產各廠，總產額現爲三百八十萬桶，二十二年度銷數雖見增加，而過剩之數，尚達八十萬桶，假令外貨進口絕跡，則產銷適可相抵；倘廣州士敏土廠擴充以後，外貨卽不進口，全國產量仍有過剩之虞。

丙　銷售區域

國產各廠出品，在全國各地，均有經銷；惟各地實銷數額，則以輾轉運輸關係，殊難統計。至國外各處，則因運輸困難，且以日貨傾銷關係，難與競爭，故無銷路。

二十二年度國產建築材料調查表（續）

公司名稱	出品種類	商標	資本總額	二十二年度銷額 總計	本埠佔	長江各埠佔	華北佔	華南佔	南洋各屬佔	其他各地
大中機製磚瓦有限公司	空心磚、實心磚、紅瓦	大中	三十萬元	標準數三千萬塊計洋三十萬元	百分之九十	百分之五				杭州佔百分之五
泰山磚瓦公司	各種機製磚瓦		二十五萬元	三十餘萬元	百分之六十	百分之十	百分之五	百分之五	百分之十	百分之十
山海大理石廠股份有限公司	大理石、磨石子		十萬元	四十萬元	百分之六十八	百分之二	百分之五	百分之五		
中國石公司	雕刻及磨光之閃長石、玉沸石大理石、晶粒石	地球	五十萬元	一萬五千平方呎合洋八萬二千四百〇八元	百分之六十二	南京漢口佔百分之十一	青島濟南天津百分之三十七			
益中福記機器瓷電有限公司	各種碼賽克瓷磚等	㊥	五十萬元	約二十萬元	四分之三			四分之一		
大東鋼窗股份有限公司	鋼窗門及鋼鐵建築材料		八萬元	約五六十萬元	約三四十萬元					約二三十萬元
上海鋼窗公司	鋼窗鋼門銅窗銅門及鋼鐵材料		五萬元	三十萬元	百分之四十一	百分之二十五	百分之六	百分之二十		百分之八
開林油漆有限公司	各種漆油	雙斧牌	收實二十五萬元	約一百二十萬元	約百分之四十	約百分之十	約百分之五	約百分之廿五	約百分之二十	
永固造漆公司	各種油漆	長城牌	十二萬元	一百萬元	百分之二十	百分之三十	百分之十	百分之二十	百分之十	百分之十
振華油漆公司	各種油漆	飛虎 雙旗	二十萬元							

（註）中國石公司，在滬傾銷，祇有半年，故尚無全年精確之統計。

建築材料價目表

磚瓦類

貨名	商號	大小	數量	價目	備註
空心磚	大中磚瓦公司	12″×12″×10″	每千	$250.00	車挑力在外
,, ,, ,,	,, ,, ,, ,,	12″×12″×9″	,, ,,	230.00	
,, ,, ,,	,, ,, ,, ,,	12″×12″×8″	,, ,,	200.00	
,, ,, ,,	,, ,, ,, ,,	12″×12″×6″	,, ,,	150.00	
,, ,, ,,	,, ,, ,, ,,	12″×12″×4″	,, ,,	100.00	
,, ,, ,,	,, ,, ,, ,,	12″×12″×3″	,, ,,	80.00	
,, ,, ,,	,, ,, ,, ,,	9¼″×9¼″×6″	,, ,,	80.00	
,, ,, ,,	,, ,, ,, ,,	9¼″×9¼×4½″	,, ,,	65.00	
,, ,, ,,	,, ,, ,, ,,	9¼″×9¼″×3″	,, ,,	50.00	
,, ,, ,,	,, ,, ,, ,,	9¼″×4½″×4½″	,, ,,	40.00	
,, ,, ,,	,, ,, ,, ,,	9¼″×4½″×3″	,, ,,	24.00	
,, ,, ,,	,, ,, ,, ,,	9¼″×4½″×2½″	,, ,,	23.00	
,, ,, ,,	,, ,, ,, ,,	9¼″×4½″×2″	,, ,,	22.00	
實心磚	,, ,, ,, ,,	8½″×4⅛″×2½″	,, ,,	14.00	
,, ,, ,,	,, ,, ,, ,,	10″×4⅞″×2″	,, ,,	13.30	
,, ,, ,,	,, ,, ,, ,,	9″×4⅜″×2″	,, ,,	11.20	
,, ,, ,,	,, ,, ,, ,,	9″×4⅜″×2¼″	,, ,,	12.60	
大中瓦	,, ,, ,, ,,	15″×9½″	,, ,,	63.00	運至營造場地
西班牙瓦	,, ,, ,, ,,	16″×5½″	,, ,,	52.00	,, ,,
英國式灣瓦	,, ,, ,, ,,	11″×6½″	,, ,,	40.00	,, ,,
脊瓦	,, ,, ,, ,,	18″×8″	,, ,,	126.00	,, ,,
瓦筒	義合花磚瓦筒廠	十二寸	每只	.84	
,, ,, ,,	,, ,, ,, ,,	九寸	,, ,,	.66	
,, ,, ,,	,, ,, ,, ,,	六寸	,, ,,	.52	
,, ,, ,,	,, ,, ,, ,,	四寸	,, ,,	.38	
,, ,, ,,	,, ,, ,, ,,	小十三號	,, ,,	.80	
,, ,, ,,	,, ,, ,, ,,	大十三號	,, ,,	1.54	
青水泥花磚	,, ,, ,, ,,		每方	20.98	
白水泥花磚	,, ,, ,, ,,		每方	26.58	

水　　泥　　類

貨　　名	商　　號	標　　記	數量	價　　目	備　　註
水　　泥		象　　牌	每　桶	$ 6.25	
水　　泥		泰　　山	,,　,,	6.25	
水　　泥		馬　　牌	,,　,,	6.30	

木　　材　　類

貨　　名	商　　號	說　　明	數量	價　　格	備　　註
洋　　松	上海市同業公會公議價目	八尺至卅二尺再長照加	每千尺	洋八十二元	
一寸洋松	,,　,,　,,		,,　,,	,, 八十四元	
半寸洋松	,,　,,　,,		,,　,,	八十五元	
洋松二寸光板	,,　,,　,,		,,　,,	六十四元	
四尺洋松條子	,,　,,　,,		每萬根	一百二十元	
一寸四寸洋松一號企口板	,,　,,　,,		每千尺	一百〇五元	
一寸四寸洋松一號企口板	,,　,,　,,		,,　,,	七十八元	
一寸六寸洋松一號企口板	,,　,,　,,		,,　,,	一百十元	
一寸六寸洋松二號企口板	,,　,,　,,		,,　,,	七十八元	
一二五四寸一號洋松企口板	,,　,,　,,		,,　,,	一百三十元	
一二五四寸二號洋松企口板	,,　,,　,,		,,　,,	九十五元	
一二五六寸一號洋松企口板	,,　,,　,,		,,　,,	一百六十元	
一二五六寸二號洋松企口板	,,　,,　,,		,,　,,	一百十元	
柚木（頭號）	,,　,,　,,	僧　帽　牌	,,　,,	六百三十元	
柚木（甲種）	,,　,,　,,	龍　　牌	,,　,,	四百五十元	
柚木（乙種）	,,　,,　,,	,,　　,,	,,　,,	四百二十元	
柚　木　段	,,　,,　,,	,,　　,,	,,　,,	三百五十元	
硬　　木	,,　,,　,,		,,　,,	二百元	
硬木（火介方）	,,　,,　,,		,,　,,	一百五十元	
柳　　安	,,　,,　,,		,,　,,	一百八十元	
紅　　板	,,　,,　,,		,,　,,	一百〇五元	
抄　　板	,,　,,　,,		,,　,,	一百二十元	
十二尺三寸六八皖松	,,　,,　,,		,,　,,	六十元	
十二尺二寸皖松	,,　,,　,,		,,　,,	六十元	

貨名	商號	說明	數量	價格	備註
一二五四寸柳安企口板	上海市同業公會公議價目	龍牌	每千尺	一百八十五元	
一寸六寸柳安企口板	,, ,, ,,		,, ,,	一百七十五元	
二寸一半建松片	,, ,, ,,		,, ,,	六十元	
一丈字印建松板	,, ,, ,,		每丈	三元三角	
一丈足建松板	,, ,, ,,		,, ,,	五元二角	
八尺寸甌松板	,, ,, ,,		,, ,,	四元	
一寸六寸一號甌松板	,, ,, ,,		每千尺	四十六元	
一寸六寸二號甌松板	,, ,, ,,		,, ,,	四十三元	
八尺機鋸杭松板	,, ,, ,,		每丈	二元	
九尺機鋸甌松板	,, ,, ,,		,, ,,	一元八角	
八尺足寸皖松板	,, ,, ,,		,, ,,	四元五角	
一丈皖松板	,, ,, ,,		,, ,,	五元五角	
八尺六分皖松板	,, ,, ,,		,, ,,	三元五角	
台松板	,, ,, ,,		,, ,,	四元	
九尺八分坦戶板	,, ,, ,,		,, ,,	一元二角	
九尺五分坦戶板	,, ,, ,,		,, ,,	一元	
八尺六分紅柳板	,, ,, ,,		,, ,,	二元一角	
七尺俄松板	,, ,, ,,		,, ,,	一元九角	
八尺俄松板	,, ,, ,,		,, ,,	二元一角	
九尺坦戶板	,, ,, ,,		,, ,,	一元四角	
六分一寸俄紅白松板	,, ,, ,,		每千尺	七十元	
一寸二分四寸俄紅白松板	,, ,, ,,		,, ,,	六十七元	
俄紅松方	,, ,, ,,		,, ,,	六十七元	
一寸四寸俄紅白松企口板	,, ,, ,,		,, ,,	七十四元	
一寸六寸俄紅白松企口板	,, ,, ,,		,, ,,	七十四元	
俄麻栗光邊板	,, ,, ,,		,, ,,	一百二十元	
俄麻栗毛邊板	,, ,, ,,		,, ,,	一百十元	
一二五，四寸企口紅板	,, ,, ,,		,, ,,	一百三十九元	

油　漆　類

貨名	商號	標記	裝量	價格	備註
AAA上上白漆	開林油漆公司	雙斧牌	二十八磅	九元五角	
AA上上白漆	, , ,	, , ,	, ,	七元五角	
A上白漆	, , ,	, ,	, ,	六元五角	
A白漆	, , ,	, , ,	, ,	五元五角	
B白漆	, , ,	, , ,	, ,	四元七角	
AA二白漆	, , ,	, , ,	, ,	八元五角	
K白漆	, , ,	, , ,	, ,	三元九角	
KK白漆	, , ,	, , ,	, ,	二元九角	
A各色漆	, , ,	, , ,	, ,	三元九角	紅黃藍綠黑灰棕
B各色漆	, , ,	, , ,	, ,	二元九角	, , ,
銀硃調合漆	, , ,	, , ,	五介侖	四十八元	
, , , ,	, , ,	, , ,	一介侖	十元	
白及紅色調合漆	, , ,	, , ,	五介侖	二十六元	
, , , ,	, , ,	, , ,	一介侖	五元三角	
各色調合漆	, , ,	, , ,	五介侖	二十一元	
, , , ,	, , ,	, , ,	一介侖	四元四角	
白及各色磁漆	, , ,	, , ,	, ,	七元	
硃紅磁漆	, , ,	, , 1	, ,	八元四角	
金銀粉磁漆	, , ,	, , ,	, ,	十二元	
銀硃磁漆	, , ,	, , ,	, ,	十二元	
銀硃打磨磁漆	, , ,	, , ,	, ,	十二元	
白打磨磁漆	, , ,	, , ,	, ,	七元七角	
各色打磨磁漆	, , ,	, , ,	, ,	六元六角	
灰色防銹調合漆	, , ,	, , ,	, ,	二十二元	
紫紅防銹調合漆	, , ,	, , ,	, ,	二十元	
鉛丹調合漆	, , ,	, , ,	, ,	二十二元	
甲種清嘩呢士	, , ,	, , ,	五介侖	二十二元	
, , , ,	, , ,	, , ,	一介侖	四元六角	
乙種清嘩呢士	, , ,	, , ,	五介侖	十六元	
, , , ,	, , ,	, , ,	一介侖	三元三角	

貨名	商號	標記	裝量	價格	備註
黑嗶呢士	開林油漆公司	雙斧牌	五介侖	十二元	
，，，，	，，，	，，，	一介侖	二元二角	
烘光嗶呢士	，，，	，，，	五介侖	二十四元	
，，，，	，，，	，，，	一介侖	五元	
白牌純亞蔴仁油	，，，	，，，	五介侖	二十元	
，，，，	，，，	，，，	一介侖	四元三角	
紅牌熟胡蔴子油	，，，	，，，	五介侖	十七元	
，，，，	，，，	，，，	一介侖	三元六角	
乾液	，，，	，，，	五介侖	十四元	
，，，，	，，，	，，，	一介侖	三元	
松節油	，，，	，，，	五介侖	八元	
，，，，	，，，	，，，	一介侖	一元八角	
乾漆	，，，	，，，	廿八磅	五元四角	
，，，，	，，，	，，，	七磅	一元四角	
上白塡眼漆	，，，	，，，	廿八磅	十元	
白塡眼漆	，，，	，，，	，，	五元二角	

五金類

貨名	商號	數量	價格	備註
二二號英白鐵	新仁昌	每箱	六七元五角五分	每箱廿一張重四二〇斤
二四號英白鐵	同前	每箱	六九元〇二分	每箱廿五張重量同上
二六號英白鐵	同前	每箱	七二元一角	每箱卅三張重量同上
二二號英瓦鐵	同前	每箱	六一元六角七分	每箱廿一張重量同上
二四號英瓦鐵	同前	每箱	六三元一角四分	每箱廿五張重量同上
二六號英瓦鐵	同前	每箱	六九元〇二分	每箱卅三張重量同上
二八號英瓦鐵	同前	每箱	七四元八角九分	每箱卅八張重量同上
二二號美白鐵	同前	每箱	九一元〇四分	每箱廿一張重量同上
二四號美白鐵	同前	每箱	九九元八角六分	每箱廿五張重量同上
二六號美白鐵	同前	每箱	一〇八元三角九分	每箱卅三張重量同上
二八號美白鐵	同前	每箱	一〇八元三角九分	每箱卅八張重量同上
美方釘	同前	每桶	十六元〇九分	

貨名	商號	數量	價格	備註
平頭釘	同前	每桶	十八元一角八分	
中國貨元釘	同前	每桶	八元八角一分	
半號牛毛毡	同前	每捲	四元八角九分	
一號牛毛毡	同前	每捲	六元二角九分	
二號牛毛毡	同前	每捲	八元七角四分	
三號牛毛毡	同前	每捲	三元五角九分	

會務

本刊爲發表會中大事，流通會員聲氣，特闢會務一欄；並將原有之通信欄歸入。卽自本期爲始，尙希讀者諸君注意！

（一）呈請財政部收回加徵水泥統稅成命

財政部稅務署自二十二年十二月五日起，倍徵水泥統稅，本會各會員營造廠，以該項增稅，影響所及，損失殊大，紛紛要求籌謀補救方法，爰召集執監聯席會議，討論辦法，經決議聯合上海市營造廠業同業公會，具呈財部，請求收回成命，茲附錄呈財部原文及財部批復如後：（一）呈爲加徵水泥統稅，窒礙難行，懇請收回成命，以卹艱困，仰祈鑒核照准事。竊維國家多故，帑藏支絀，財政開源，固爲要務，故鈞部公布倍增水泥統稅之日，屬會等雖深感國貨之將蒙重大影響，而激於愛國之熱忱，曾召集會議，多數表示贊同；並決議此項突增之統稅，初非預算所及，應歸業主負担，經分別刊登滬上各中外日報通告在案。而進行以來，困阻叢生，推厥要因，約有數端：一曰僅增國貨，業主將舍國產水泥，而採用跌價傾銷之外貨水泥。二曰實施匆促，不及籌措準備。三曰驟增一倍，不勝負担。有此數因，勢將別啓糾紛。屬會洞察工商實業之疲憊，深不願重視社會之不安現象；而連日屬會等會員，又以損失綦重，顚仆可慮，環請補救。屬會等愫同業前途之莫測，國產水泥銷路之黯淡，用敢不避冒瀆，瀝陳下悃，呈請鈞部鑒核，俯准收回倍增水泥統稅之成命，仍照向例徵收六角，以利產銷，而卹商困，實爲德便，毋任迫切盼禱之至。（二）呈悉。查水泥加稅，原爲政府不得已之舉，際此國庫支絀，建設大政，剿匪軍事，在在需款之時，各廠商自應勉爲其難，俾資協助。且查此次新訂水泥統稅稅率，全國一律增加，各廠負担平等，在廠商不過負代收代繳之責，實際仍由消費者負納稅義務，各建築商尤不至感受若何困難。至舶來水泥既須另完關稅，更何能貶價傾銷。事關通案，所請收回成命，礙難照准。各該建築商，均屬深明大義，仰卽妥爲勸導，勉力遵辦，是所厚望。此批。

（二）製發「日後新增之稅概由業主負担」圖章

本會各會員營造廠，於進行工程時，因建築材料驟增新稅，或啓重要糾紛，或蒙意外損失，苟無妥善辦法，殊難救濟來茲。本會執行委員會有鑒於此，爰於開會時籌議辦法，當經決議，由會製就「日後新增之稅概由業主負担」之圖章，分發各會員營造廠，以後各廠於估計造價時，用以印諸估價單上，藉維利益，而免糾紛。

同時並分別通知各建築師工程師查照在案。茲錄致會員營造廠暨致建築師工程師二函原文於後。(甲)致會員營造廠函：逕啓者：本會鑒於建築材料之課稅，時有增加，同業所受影響極鉅，用特召開執監聯席會議，討論辦法。當經議決：以後所增各種稅欵，概由業主負擔，並製就『日後新增之稅概由業主負擔』之圖章，分發各會員營造廠，用以印於估價單上，藉資憑證。除已另行通知各建築師工程師查照外，相應檢同圖章一枚，送達存用，即希檢收爲荷。專此。順頌台祺。上海市建築協會啓。中華民國二十三年一月六日。(乙)致建築師工程師函：逕啓者：敝會所屬會員營造廠，以建築材料增加課稅，所受意外之損失極鉅，用特開會議決，凡於開賬後所增各種新稅，概歸業主負擔，並由會製就「日後新增之稅概由業主負擔」之圖章，分發各會員營造廠，在開賬時用以印於估價單上，作爲憑證，業已分發啓用，相應函達，即希台督。爲荷！此致建築師工程師。上海市建築協會啓。中華民國二十三年一月六日。

(三)推陳松齡湯景賢二委員籌備年會

本會第三屆會員大會，應即定期舉行，照章改選執監會員，已付第九次執監聯席會議討論，決議積極籌備，並推定陳松齡湯景賢二委員負責進行。

(四)籾辦建築學術討論班

本市建築事業頗有進展氣象，從業者探求新知之慾望甚切，本會應事實之需要，籾辦學術討論班，茲錄緣起暨簡章於下：「上海市建築協會建築學術討論班簡章」科學因探討而發明，藝術由切磋而嬗化，墨守繩規，不足以應付時代。我滬據遠東之中心，建築事業，日新月異，同人探求智識之慾望必高；本會基於集思廣益，推陳出新之義，特舉辦建築學術討論班。徵集服務建築業者，以從業之餘暇，聚首一堂，共同研究，並延請建築專家，輪流演講，俾獲進益。謹訂簡章如后。(一)定名爲上海市建築協會建築學術討論班。(二)以利用業餘時間，研究建築學術爲宗旨。(三)凡建築界有志研究者，不論會員或非會員，均可加入；惟非會員須經本會會員之介紹。(四)有出席聽講研究之權利。(五)有遵守本班一切規則之義務。(六)不收任何費用。(七)以每星期日晚七時至九時爲研究時間，由本班延請築建專家演講，得互相提出問題討論。(八)須先期來會報名。(九)準二十三年一月開始，惟不滿三十人時，得酌量展緩。(十)甲，本章程未盡善處得隨時修正之。乙，本班設上海南京路大陸商場六樓六二〇號上海市建築協會內。

(五)本會附設夜校近況

本會附設正基建築工業補習學校，創辦於民國十九年秋季，爲本埠唯一工業夜校，向學者大率爲營造建築等工務人員。校長本會執委湯景賢先生，現任泰康行總理，爲實業部註册工業技師，出其餘緒，籌謀校務發展，不遺餘力。學生由二十餘人增至一百十餘人，辦學成績，深得各界信仰。湯君近鑒於一般投考學生中英文程度低落，數學根基不良，入學後實施敎育，至感困難。爰經一月二十日校務會議提出將初高各級全部課程，重付審查，修改更正。聞下學期起初級一年級即將實施此新課程標準，其他各級亦在積極設法改進中。訓育方面原設有訓育委員會，湯君爲謀事權統一易於管理起見，將訓育委員會取消，全校敎職員均爲當然訓育委員，另請朱友仁先生爲訓育主任。訂製「學生操行報告表」，分發各敎員，俾便隨時報告，予以處分。該校下屆招生廣告，已載本期本刊。

編餘

本刊本諸上海市建築協會提倡學術之宗旨而誕生，刱始於二十一年冬，按月發行一次，迨去歲尾，出齊一卷十二期。雖發刊以來，同人尙知自勉，頗蒙讀者獎勵，然勸進之心，固無甯已，爰經再數籌磋，決於風雨之中，堅樹全力之幟，除仍持己往主張，爲社會人羣服務外，並於本刊內容，予以革新，力謀充實。

革新計劃，自本期起逐步實踐。玆舉要約略陳之：(一)將譯著分爲建築，工程，營造三部分，雖仍混合編制，而於三者之量與質，則求其平均發展。(二)擴大建築圖樣與攝影之取材範圍，凡與各階級各方面有關之各種建築圖樣，祇須具備參考價值，當予蒐羅刊布，藉供觀摩。(三)以後刊登之文字或圖樣，均求切合實用，不尙空談；而於著譯等文字，尤重簡明，力避浮華奧澀，免耗讀者寶貴之光陰。

本期爲第二卷第一期，又值二十三年獻歲，特增加篇幅，擴充內容，刊行特大號。插圖計二十餘種，壹百餘幅；譯著十篇；正文篇幅一百餘頁。插圖中如上海療養院，斜橋弄巨廈，以及環龍路公寓等，均屬全套圖樣。其他如銀行，警務機關，旅館，電影院等各種特殊建築，亦均有圖樣發表。如香港匯豐銀行，上海中國通商銀行等新屋，規模頗大；年來銀行事業，氣象蓬勃，建築界對於此種建築必注意，故樂爲刊之。又因各大都市應事實之需要，競建公寓，就上海一埠言，最近一年來，大量產生，已不少崇樓峻廈之公寓建築矣，是以本期於公寓圖樣，亟多選載，以爲各大都市建築界之參考。

譯著除杜彥耿先生之「工程估價」續稿及「建築辭典」續稿外；短篇有林同棪先生之「克勞氏連架計算法」，黃鍾琳先生之「氣候溫度對於水泥，灰泥與混凝土三者之影響」，此二文對於建築工程頗多貢獻。又有朗琴先生之「罰款與賠欵之研究」一文，係討論建築上法律問題之專著；年來建築界糾紛迭起，如能略具法律常識，當不乏可消弭於無形者，本刊因擬擇尤繼續發表也。

上海市建築協會同仁，曩爲發展建築業起見，曾擬籌設建築銀行，旋以中輟。玆復由委員殷信之先生發起籌設，擬有計劃；本刊鑒於建築銀行確爲建築界亟應籌設者，特將其籌設緣起刊載之。

我國建築界自接受外洋建築界空氣，改革國內建築物以後，因工程上之需要，材料多仰給外貨，年來國人頗知自營建造，本會特將一年來之產銷狀況，分別調查，製成統計表，發表於本期。並登載談鋒先生之「二十二年之國產水泥」一文，建築材料廠商於此可覘發展業務之途徑也。

二卷二期已從編纂，準下月內出版，特預誌奉聞。

預定

全年	十二冊	大洋伍元
郵費	本埠每冊二分,全年二角四分;外埠每冊五分,全年六角;國外另議	
優待	同時定閱二份以上者,定費九折計算。	

投稿簡章

1. 本刊所列各門，皆歡迎投稿。翻譯創作均可，文言白話不拘。須加新式標點符號。譯作附寄原文，如原文不便附寄，應詳細註明原文書名，出版時日地點。
2. 一經揭載，贈閱本刊或酌酬現金，撰文每千字一元至五元，譯文每千字半元至三元。重要著作特別優待。投稿人却酬者聽。
3. 來稿本刊編輯有權增删，不願增删者，須先聲明。
4. 來稿概不退還，預先聲明者不在此例，惟須附足寄還之郵費。
5. 抄襲之作，取消酬贈。
6. 稿寄上海南京路大陸商場六二〇號本刊編輯部。

建築月刊

第二卷・第一號

本期特大號零售每冊大洋一元,定閱不加。

編輯者　上海市建築協會　南京路大陸商場

發行者　上海市建築協會　南京路大陸商場

電話　九二〇〇九

印刷者　新光印書館　上海聖母院路聖達里三一號

本廠專造各種銀行堆棧房屋橋樑及其他一切工程如蒙賜顧無任歡迎

徐得記營造廠

上海福煦路四三二弄二八號

電話：三三〇九七號

（定閱月刊）

茲定閱貴會出版之建築月刊自第……卷第……號起至第……卷第……號止計大洋……元……角……分外加郵費……元……角……分一併匯上請將月刊按期寄下列地址爲荷此致

上海市建築協會建築月刊發行部

……啓……年……月……日

地址……

（更改地址）

啓者前於……年……月……日在

貴會訂閱建築月刊一份執有……字第……號定單原寄……收現因地址遷移請卽改寄……收爲荷此致

上海市建築協會建築月刊發行部

……啟……年……月……日

（查詢月刊）

啓者前於……年……月……日

訂閱建築月刊一份執有……字第……號定單寄……收茲查第……卷第……號尚未收到祈卽查復爲荷此致

上海市建築協會建築月刊發行部

……啓……年……月……日

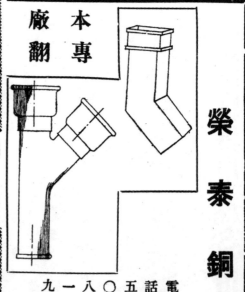

張裕泰建築事務所

Chang Yue Tai Construction Co.

(Civil Engineering & General Contractors)

HOPE KEE

本公司專門代客設計規劃各種建築工程並承造一切大小建築及鋼骨水泥工程

地址

上海北京路三百五十六號

電話九一一六二至三號

Address:

Room No. 604, 356 Peking Road.

Telephone 91162-3

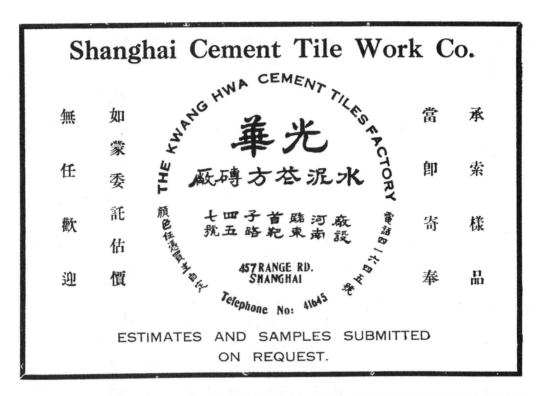

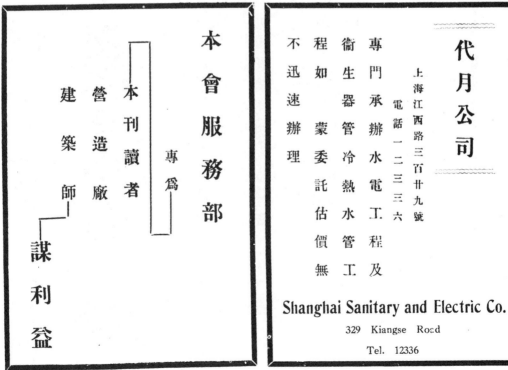

友聯建築公司

本廠專門承造各種
中西房屋橋樑鐵道
碼頭等及其他一切
大小鋼骨水泥工程

上海圓明園路二九號四樓

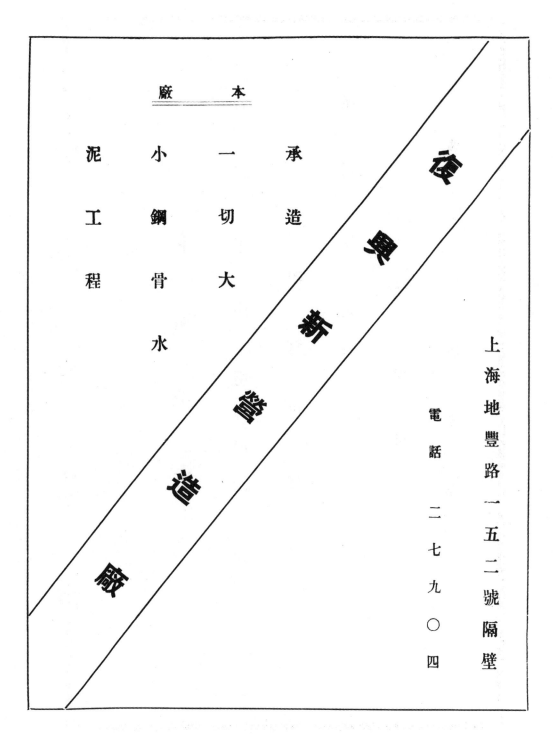

昌生營造廠

亨利路一一號

本廠承造：

各式中西房屋

銀行堆棧

廠房校舍

橋樑道路

碼頭鐵道等等

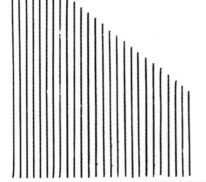

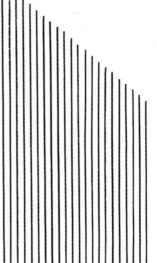

洽興建築公司

上海南京路大陸商場五樓五三一號

電話九〇九六七號

本公司專造

鐵道

碼頭

橋樑

房屋

及其他一切鋼骨水泥工程

YAH SING CONSTRUCTION CO.

Office: 531 Continental Emporium,

Nanking Road, Shanghai.

Tel. No. 90967

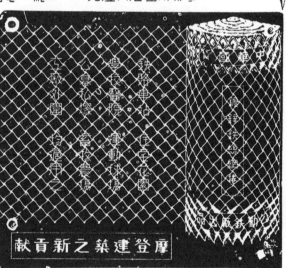

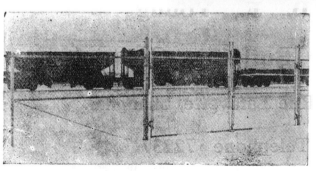

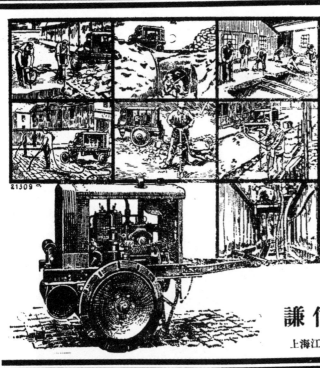

余洪記營造廠

事務所
上海四川路三十三號
電話
一九三〇一號

Ah Hong & Company

33 Szechuen Road, Shanghai

Telephone 19301

本廠承造各種大小工程及鋼骨水泥工程歷有年所經驗宏富工作精良久蒙各界贊許倘承委託建造無任歡迎

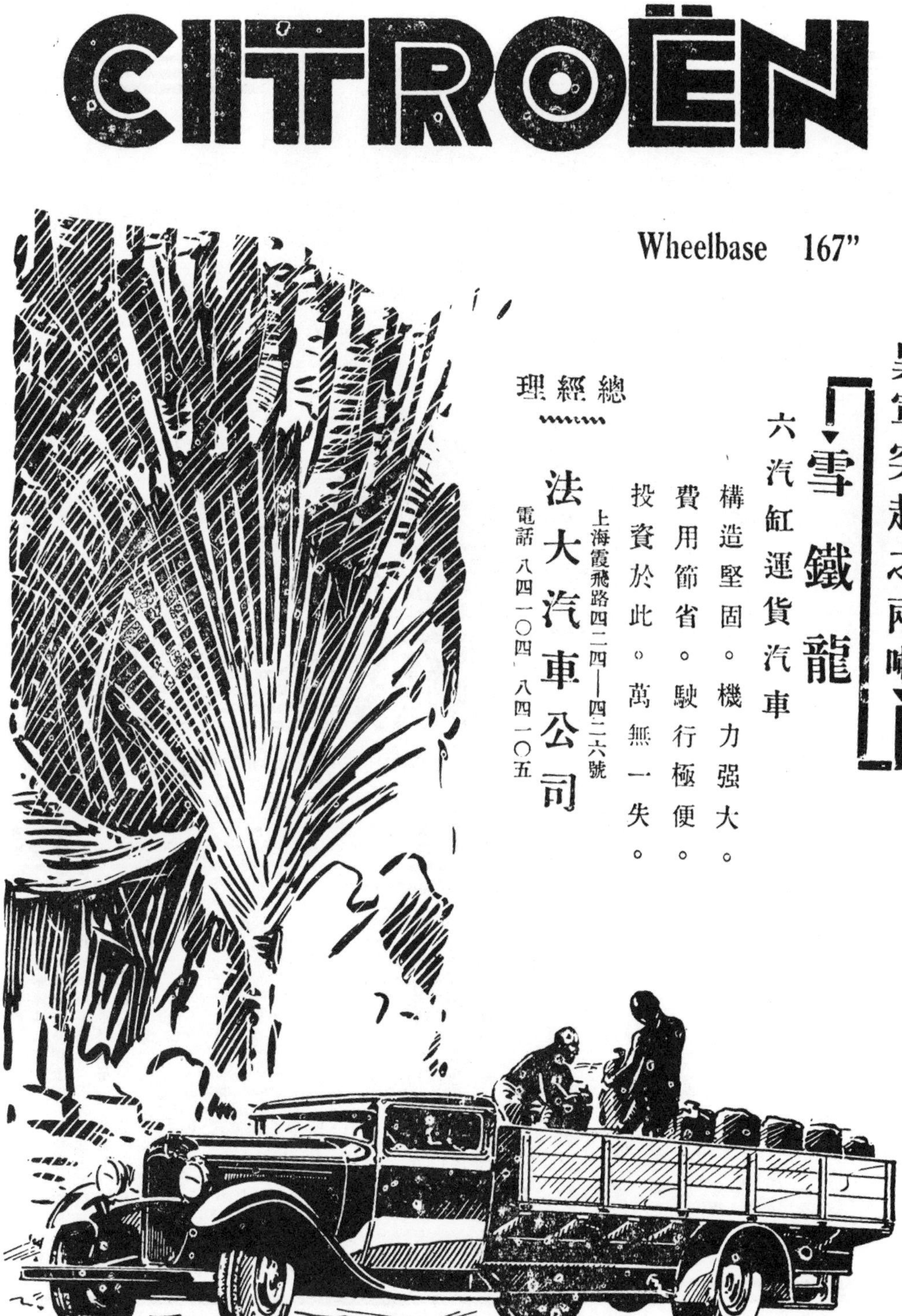

CITROËN
Wheelbase 167"
異軍突起之兩噸
雪鐵龍
六汽缸運貨汽車
構造堅固。機力强大。
費用節省。駛行極便。
投資於此。萬無一失。
總經理
法大汽車公司
上海霞飛路四二四—四二六號
電話 八四一〇四 八四一〇五

昌升建築公司
本公司專造各式中西房屋以及銀行堆棧廠房橋梁道路水泥壩岸碼頭鐵道等一切大小鋼骨水泥工程
事務所：上海四川路三十三號
電話 一六一六六
Chang Sung Construction Co.
33 Szechuen Road, Shanghai.
Telephone
16166

中華郵政特准掛號認爲新聞紙類
內政部登記證警字第二五五四號

英商吉星洋行
建築上用之
各種油漆及凡立水
偉大之建築。內部之壯觀。仰油漆之裝璜者。十居其九。惟欲求良佳成績。則須採用適當油漆。此點建築界恆視爲極重要之問題。
敝行爲世界最大油漆製造廠。凡建築上所用之油漆，磁漆，水髓粉，木光油，凡立水，以及各種理想中之新式油漆。莫不經驗宏富。研究精到。可稱並世無匹。凡此種種材料。分爲次第等級。便於選擇。價格低廉。無論數量多寡。承蒙通知。立即發奉。請察下列種種用法！
刷法　流法　浸法　滾法　噴法　乾法
敝行之研究化驗室。嘗爲建築界解決種種特別油漆問題。不一而足。此種隨事應付之能力。隨時可以爲君服務。請即將君之困難問題寄至下列地址。以便研究奉覆也。

英商吉星洋行油漆服務部

上海九江路六號　電話一六〇一二至三

香港——上海——天津

中國近代建築史料匯編（第一輯）

建築月刊

第二卷 第二期

The BUILDER

建築月刊

VOL. 2 NO. 2

第二卷 第二期

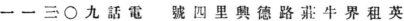

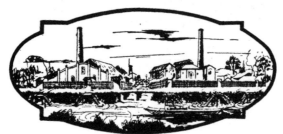

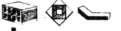

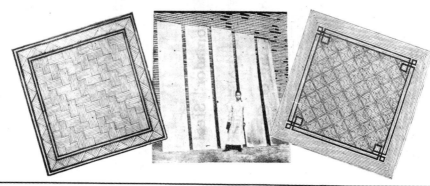

瑞昌
銅鐵五金
工廠
承辦建築一
切銅鐵工程
常備大批
新式異樣
堅固門鎖
漢口路四二一號
電話九四四六〇
靜安寺路六七六號
電話三一九六七號
工廠
同孚路二四三號

中國最偉大之油漆製造廠
國貨雙斧牌油漆
商標 REGISTERED TRADE MARK 註冊
開林油漆有限公司出品
輪船火車鐵路橋樑以及房屋傢具等欲其長久耐用美麗觀瞻請採用雙斧牌油漆塗飾遮護決能稱心滿意雙斧牌各色磁漆調合漆色澤鮮艷光彩奪目其品類色別共有三十多種（詳在顏色表）漆塗之後歷久不變為本公司製品之特長名目繁多不及備載本公司印有詳細價目表函索即寄務祈認明雙斧商標庶不致誤
倘有大宗漆料用途無論何種特別色彩本公司均可供給如承定製尤所歡迎訂價更當格外從廉
雙斧牌調合漆
"DOUBLE-AXE" READY MIXED PAINT
雙斧牌磁漆
DOUBLE-AXE ENAMEL
DOUBLE-AXE BRAND
VARNISH
"A" COPAL VARNISH
中華國貨 雙斧牌嗶呢士
開林油漆有限公司
ANTICORROSIVE MIXED PAINT
Kailum PAINT & VARNISH MFG. CO., LTD.
MADE IN SHANGHAI CHINA
中華國貨 雙斧牌 "AAA" 上上白漆 28 LBS.
"AAA" WHITE ZINC PAINT
雙斧牌顏料
DOUBLE-AXE STAIN
上圖為雙斧牌各種防銹漆桶樣之正面
左圖為雙斧牌各種厚漆桶樣之前後二面其等級以及色別共有四十餘種
雙斧牌油漆
牌子最老 品質最高
定價最廉 銷路最廣
本公司創於民國四年歷史久遠成績卓著出品精良首屈一指遐邇馳名風行寰宇
出品摘要
雙斧牌 各色厚漆
雙斧牌 各色調合漆
雙斧牌 各色磁漆
雙斧牌 各種嗶呢士
雙斧牌 木器漆
雙斧牌 各種防銹漆
雙斧牌 生熟胡麻子油
雙斧牌 鉛粉 鉛丹
經銷處本外埠各五金店 生漆店 顏料店
製造廠及總事務所
上海江灣路西體育會路
電話 租界 四五五〇五 閘北 四一一二二
電報掛號 中文三八八三 英文DOUBLEAXE
虹口事務所中國銀行二樓
租界電話 四六七六四 四六七六五

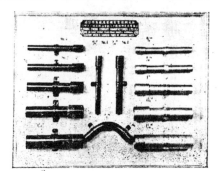

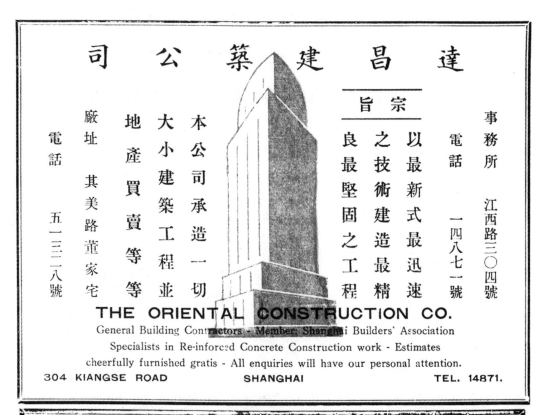

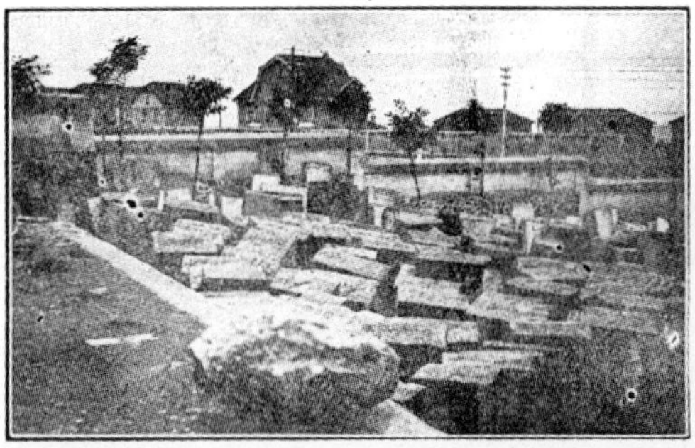

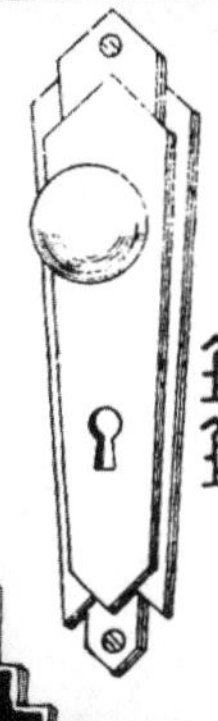

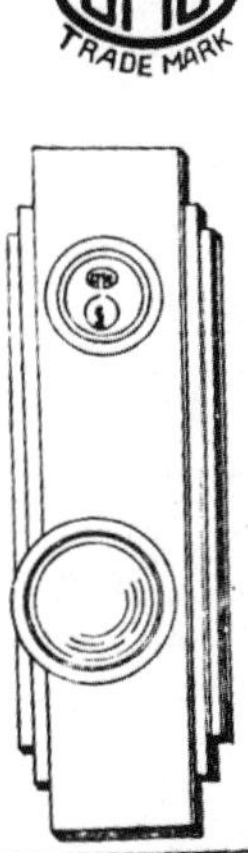

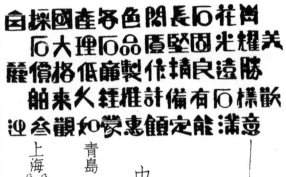

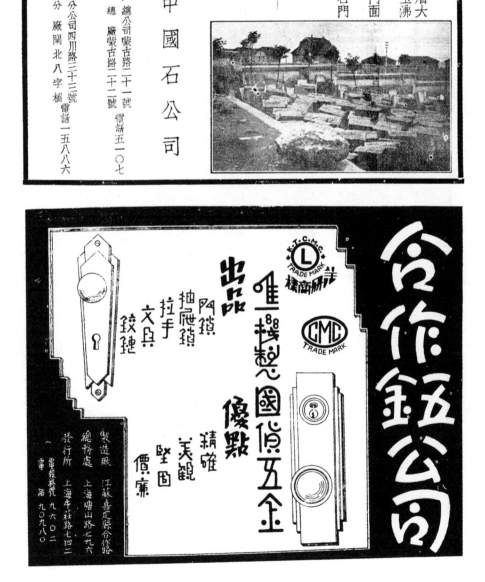

交通大學工程館

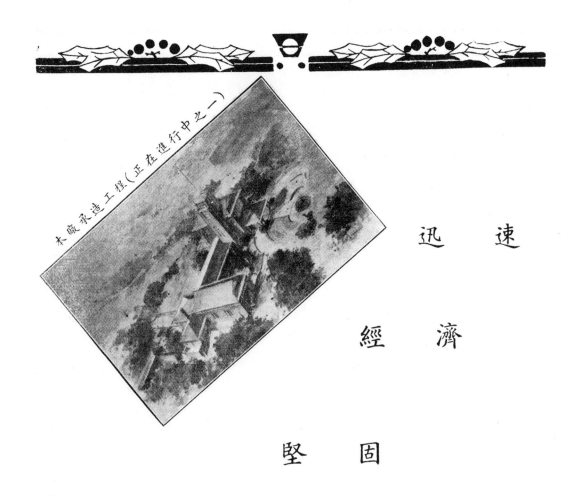

建築月刊

第二卷第二號

民國二十三年二月份出版

目錄

插圖

譯著

THE BUILDER
February 1934
LEADING CONTENTS

廣告索引

大中磚瓦公司
英商茂隆有限公司
中國製釘有限公司
英商祥泰木行
開灤礦務局
大美地板公司
瑞昌銅鉄五金工廠
開林油漆公司
達昌建築公司
新成鋼管製造公司
馥記營造廠
中國石公司
合作五金公司
興業瓷磚公司
上海大理石公司

上海華豫行
國泰陶器公司
新光印書館
茂和公司
代月公司
永豐夾板公司
比國鋼業聯合社
泰來營造廠
昌升建築公司
吳仁記營造廠
商業月報
世界木器公司
茂昌煟記銅鐵工廠
美和公司
上海光華水泥花方磚廠

榮泰銅鐵翻砂廠
順昌機製石粉廠
張德興電料行
新仁記營造廠
公勤鐵廠
源昌建築公司
法大汽車公司
謙信機器公司
協隆地產公司
久記營造廠
大來洋行木部
中國造木公司
安記營造廠
永固造漆公司
英商吉星洋行

後圖爲萬國儲蓄會之新屋，位於上海霞飛路，在杜美路之西。係由賚安建築師設計。全屋共分九十間，將名爲"Gasgoigne"。

Sketch of the new block of flats known as "Gasgoigne" which is being built for the I. S. S. on Avenue Joffre.

Leonard And Veysseyre, Architects.

南京陣亡將士紀念公墓

設計者：茂飛建築師

承造者：馥記營造廠

頁數

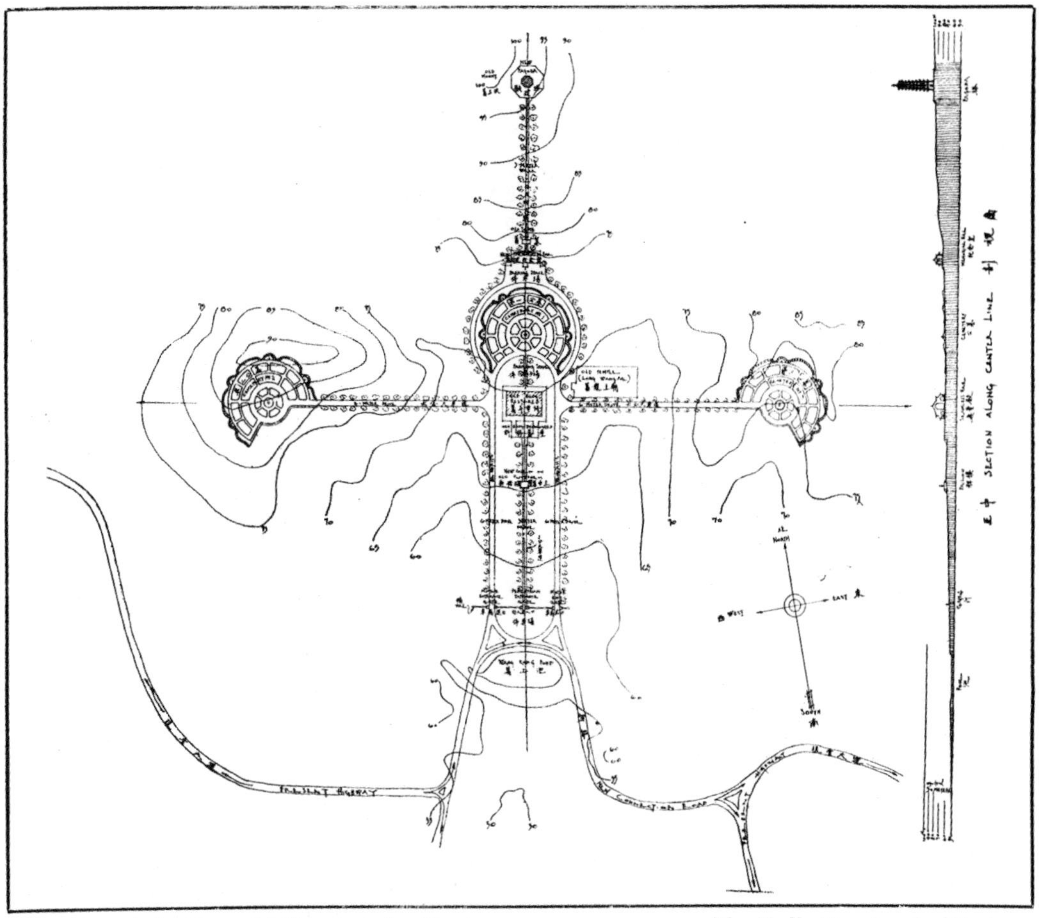

Block Plan of the Memorial Cemetery for Heroes of the Revolution, Purple Mountain, Nanking.

Mr. H. K. Murphy, Architect
Voh Kee Construction Co., Contractors

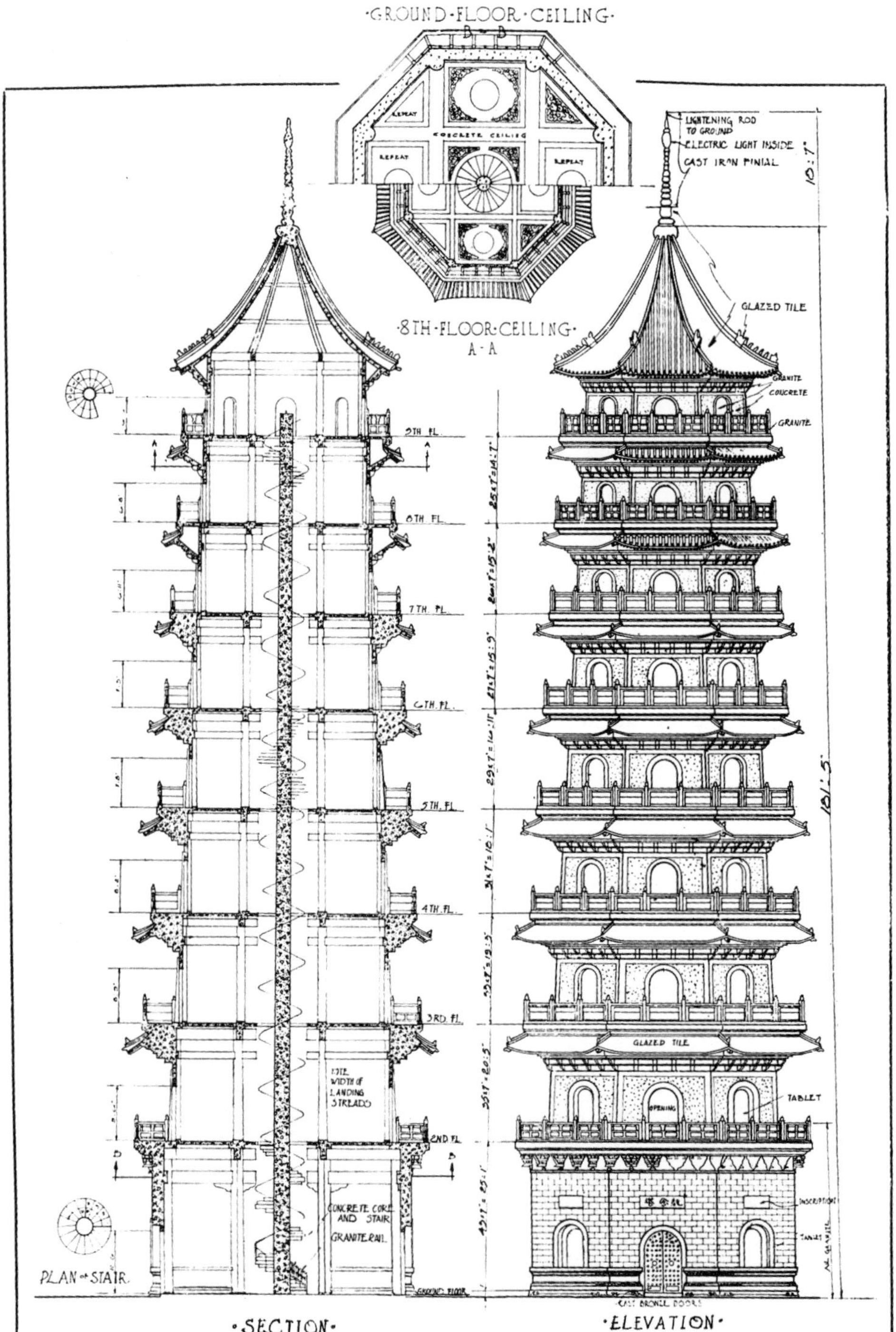

Granite Pagoda in the Memorial Cemetery for Heroes of the Revolution, Purple Mountain, Nanking.

Mr. H. K. Murphy, Architect
Voh Kee Construction Co., Contractors

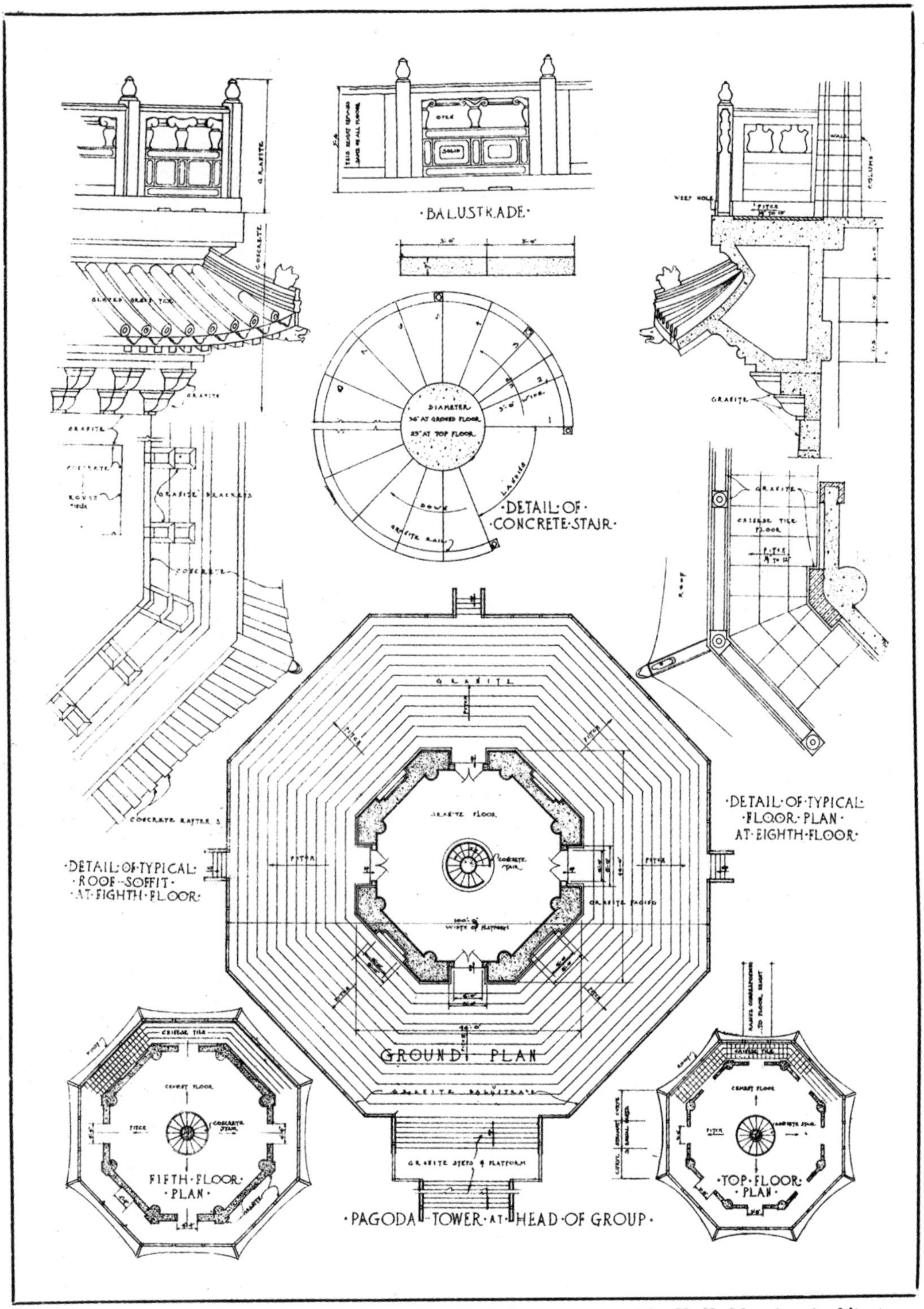

Plan and Details of the Granite Pagoda in the Memorial Cemetery for Heroes of the Revolution, Purple Mountain, Nanking.

Mr. H. K. Murphy, Architect
Voh Kee Construction Co., Contractors

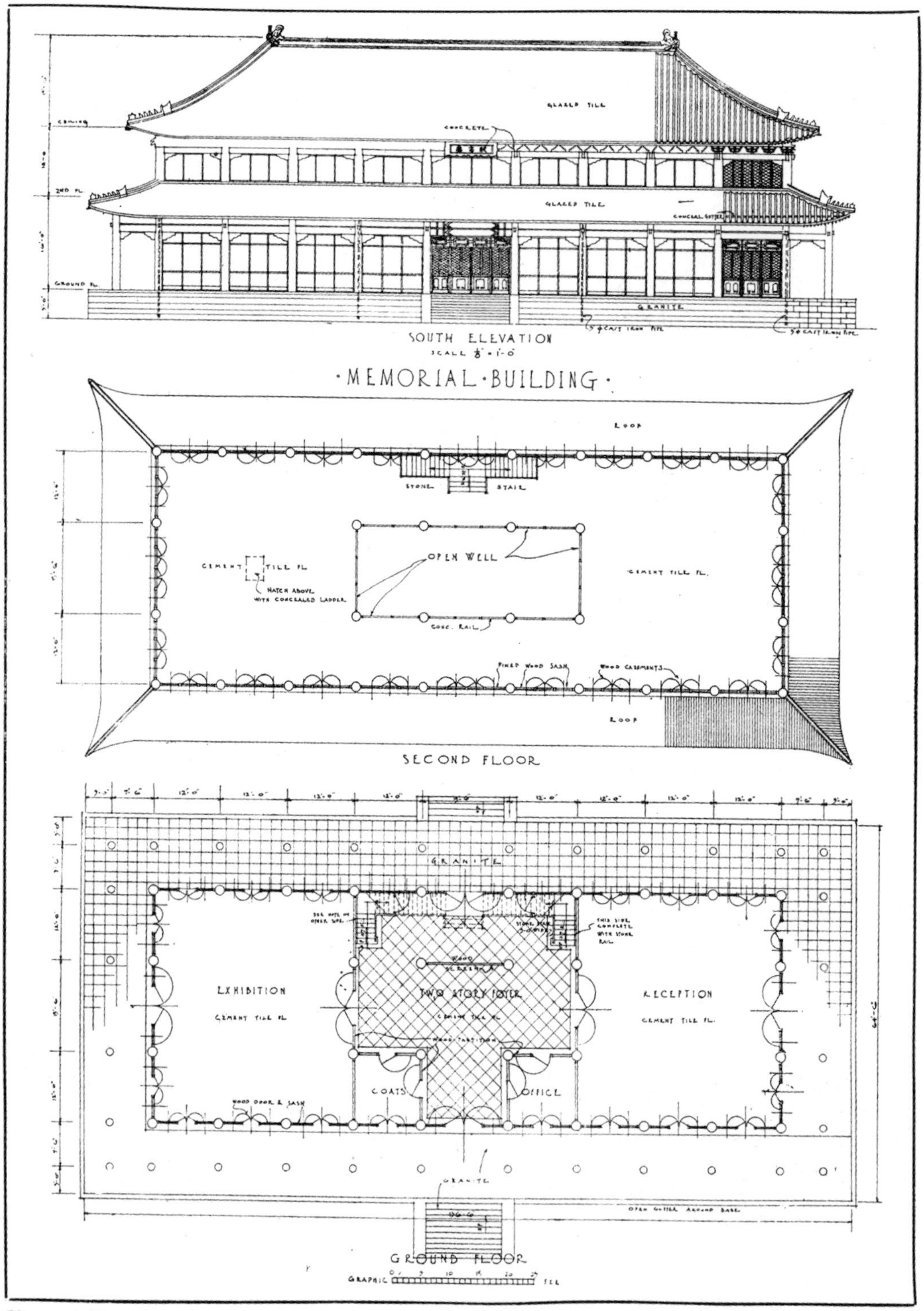

Plan and Elevation of the Memorial Building for Heroes of the Revolution, Purple Mountain, Nanking.

Mr. H. K. Murphy, Architect
Voh Kee Construction Co., Contractors

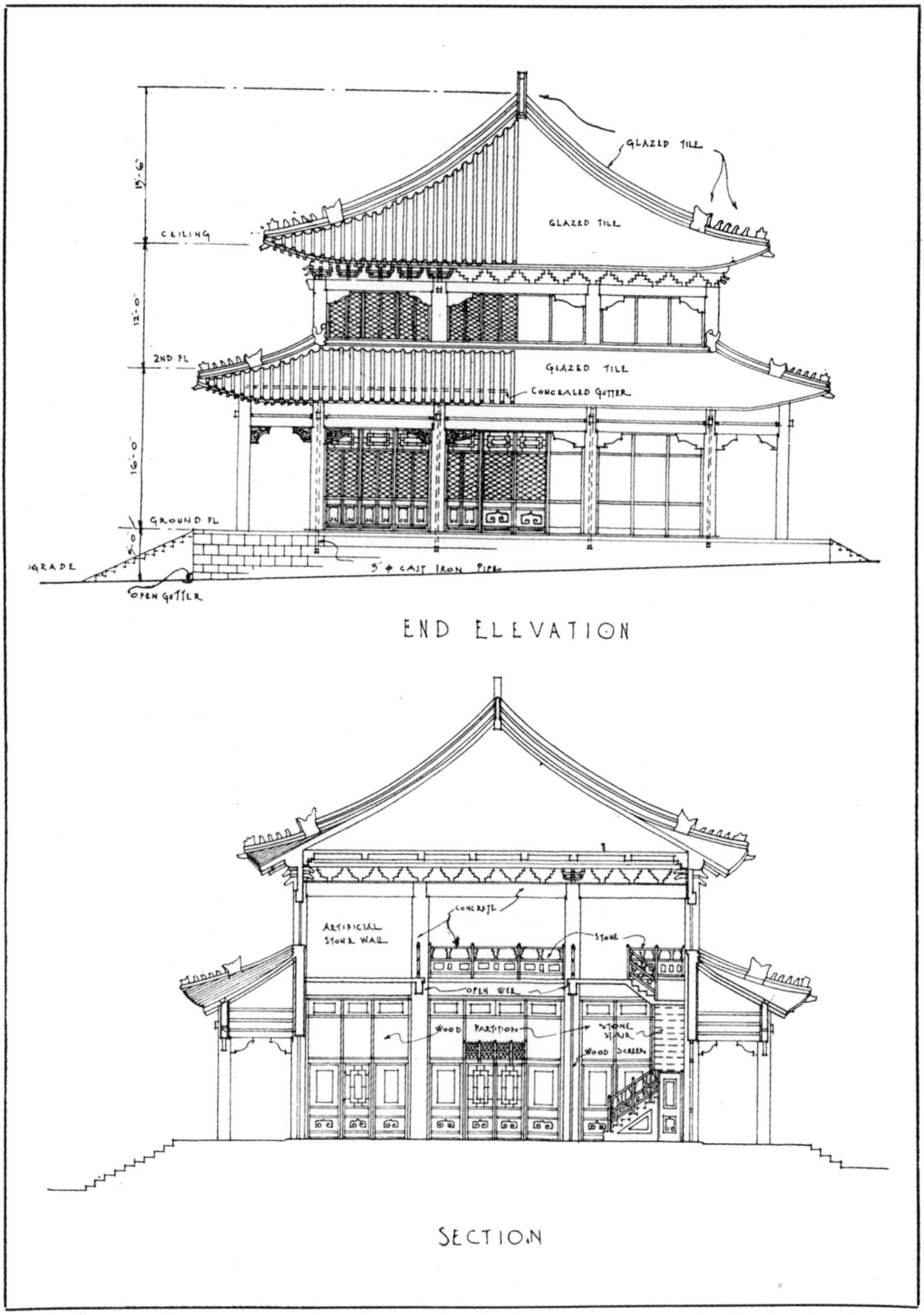

Side Elevation and Section of the Memorial Building for Heroes of the Revolution, Purple Mountain, Nanking.

Mr. H. K. Murphy, Architect
Voh Kee Construction Co., Contractors

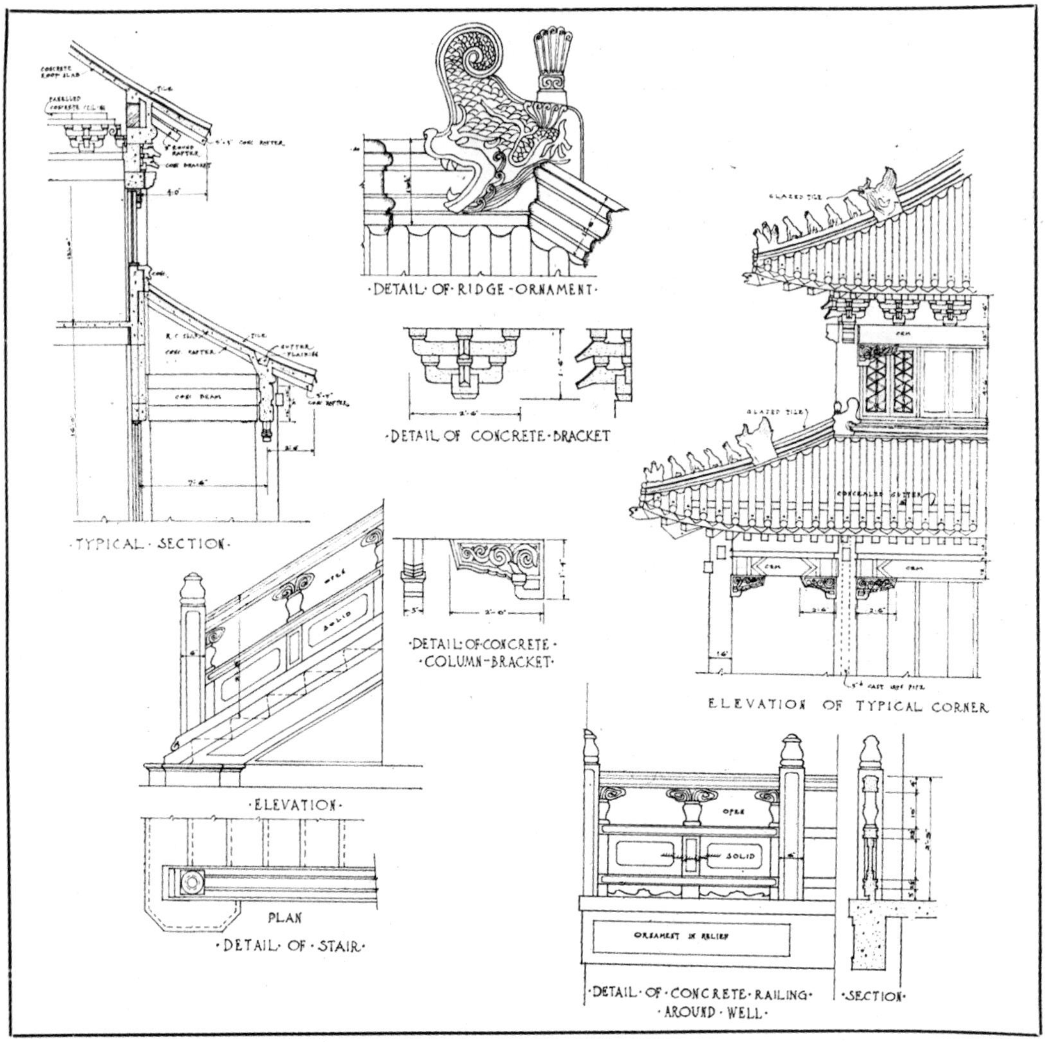

Details of the Memorial Building for Heroes of the Revolution, Purple Mountain, Nanking.

Mr. H. K. Murphy, Architect
Voh Kee Construction Co., Contractors

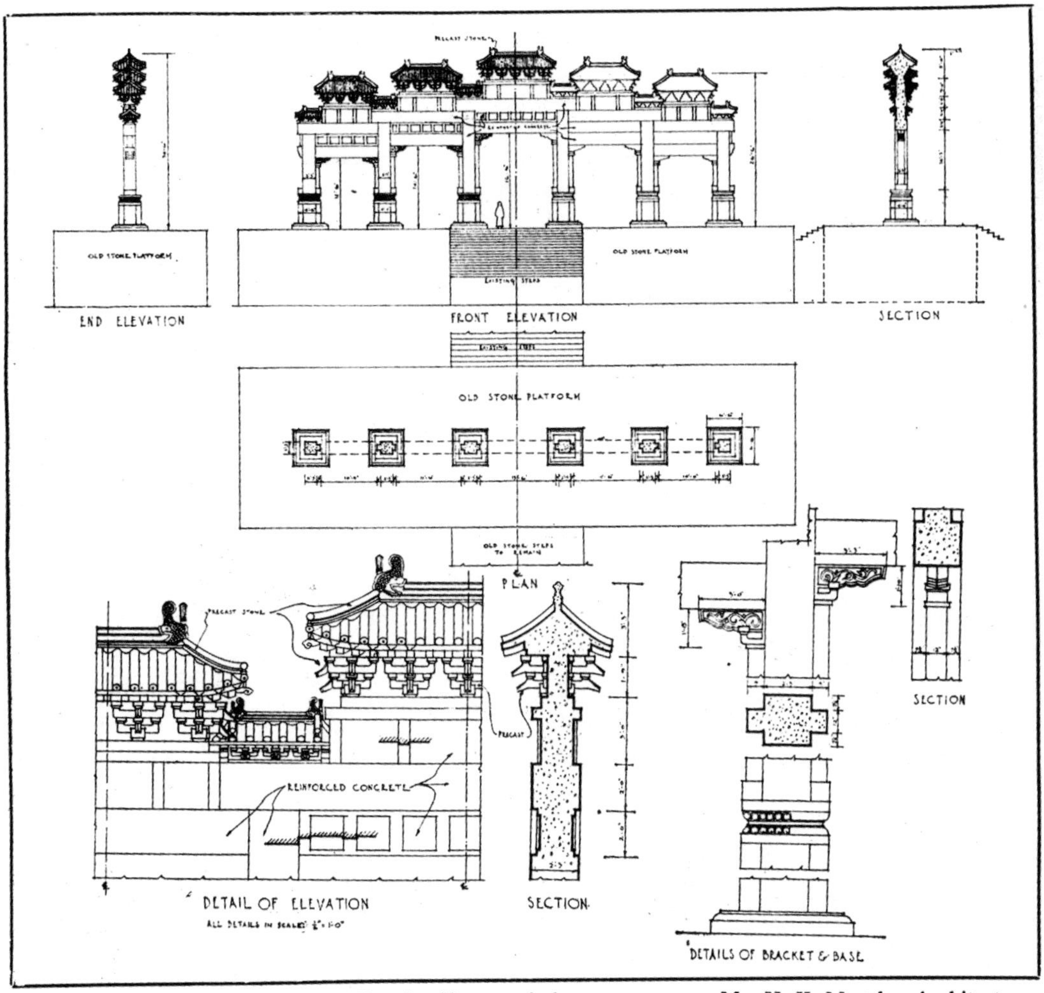

Archway Leading to Memorial Building for Heroes of the Revolution, Purple Mountain, Nanking.

Mr. H. K. Murphy, Architect
Voh Kee Construction Co., Contractors

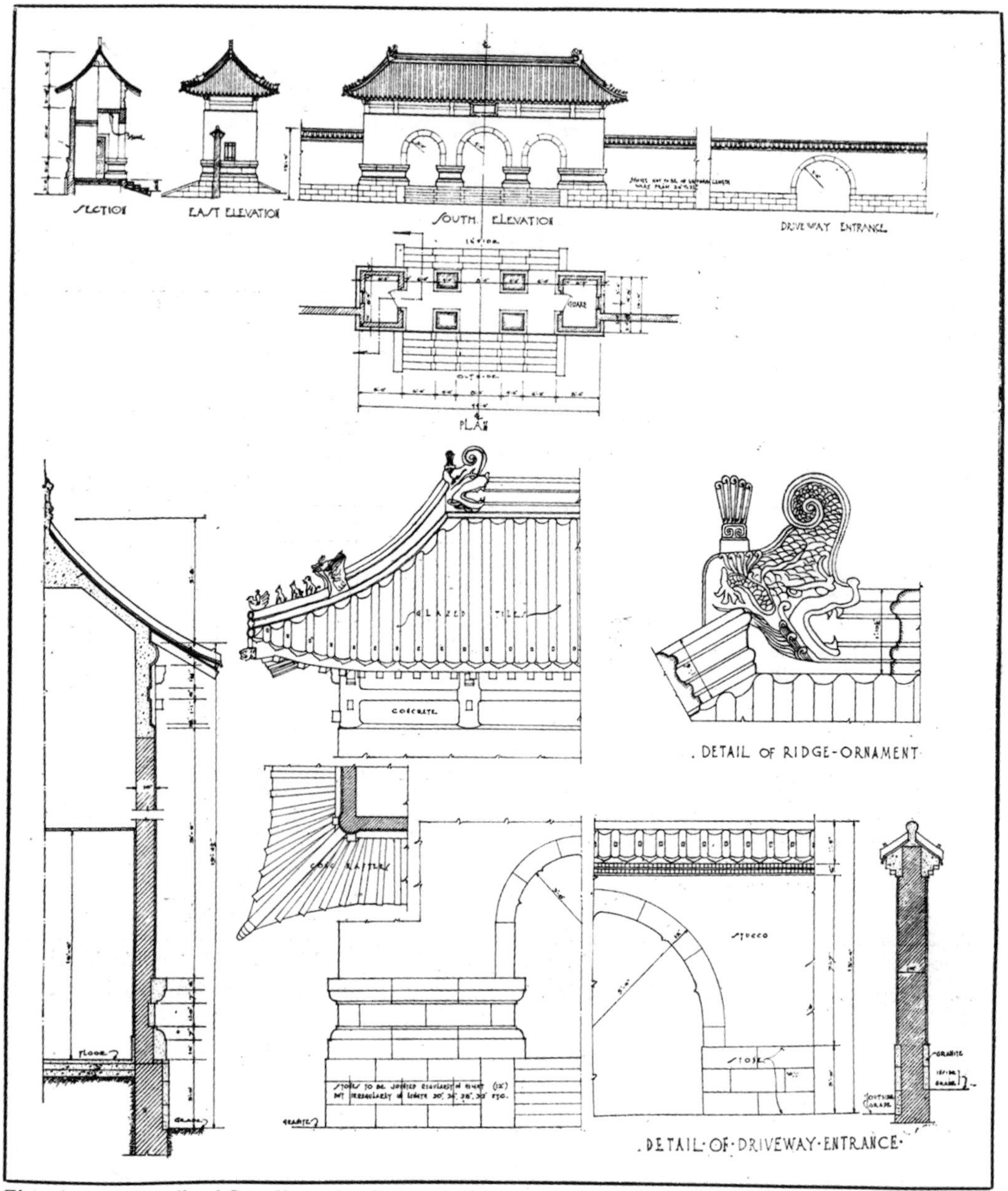

Elevation and Details of Gate House Leadiug to the Memorial Building for Heroes of the Revolution, Purple Mountain, Nanking.

Mr. H. K. Murphy, Architect
Voh Kee Construction Co., Contractors

Mayor Wu Teh-chen's New Residence.

上海市市長吳鐵城之新邸

圖爲上海吳市長之新邸。設計渾嚴。結構古雅。雍容尊貴。樸而不華。按吳市長受任於二十一年"一二八"之前。適值中日多事之秋。籌劃應付。頗著勞瘁。全力維持。厥功至偉。而滬區華洋薈萃。觀瞻所繫。能在劇變之後。經費支絀之時。繼續努力完成市中心區之建設。經之營之，卒觀厥成。其精神與毅力，尤足爲市民模楷也。

M. H. B. Embassy, Tokyo, Japan: Main Entrance Gates and Chancery Offices.

日本東京英使館新屋　大門入口處及辦公處

日本東京英使館新屋

日本東京英使館新屋，佔地十英畝，舊屋毀於一九二三年大地震之時，故今重建。新屋包括辦公室，公使住宅一所，參事住宅三所，一等祕書住宅一所，助理祕書住宅四所，另有職員住宅，日本書記及僱員，及僕役臥室汽車間貯藏室等。新屋全部用鋼骨水泥構造，設計特殊，以避免强烈之地震。每一建築劃分爲若干「抵抗地震分段」(earthquake-resisting sections)。每段成爲整個單位之建築，以四吋至十二吋闊之垂直伸縮節縫(Vertical expansion joints)區別之，如此則每段可適應地震之波動。此屋已經過數次强烈之地震，上述之伸縮節縫均能應合地震之波動，而得必需之曲度，故頗著成效。外牆薄層鋼骨水泥先敷以輕石水泥 (pumice concrete) ，藉以調劑氣候之變遷，並有多量音隔版，以隔絕音波。外層面牆用六分厚之日本洗石子(jinzoseki)。洗石子完成後之色彩與結構，與未磨光之灰色花崗石無異，每皮照本地慣列，起一線縫進深二分，闊三寸至十六寸，以代表天然石之接節之處。傾斜屋頂用日本紫銅片蔽蓋，以脊筋分隔之。檐，溝，水落管子等，亦用紫銅構造。除辦公室外，各屋之窗及外面門戶均用東印度柚木。內部木工係用日本桂木，地板以日本橡木舖造。水泥及工人均就當地採用，大部份之裝置設備，則運自英國。每一住宅有一草地，圍以短籬；但就整個建築言，則又在一極大之花園中。並有二網球場及一 squash racquets, 以便公餘消遣。

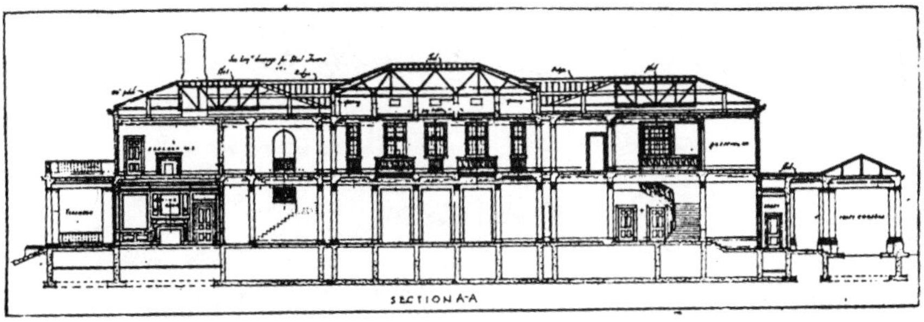

所有建築設計，均由英人担任，全部造價約計十七萬五千鎊。

H. B. M. Embassy, Tokyo, Japan: Section.

日本東京英使館新屋

剖面圖

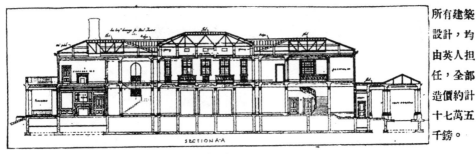

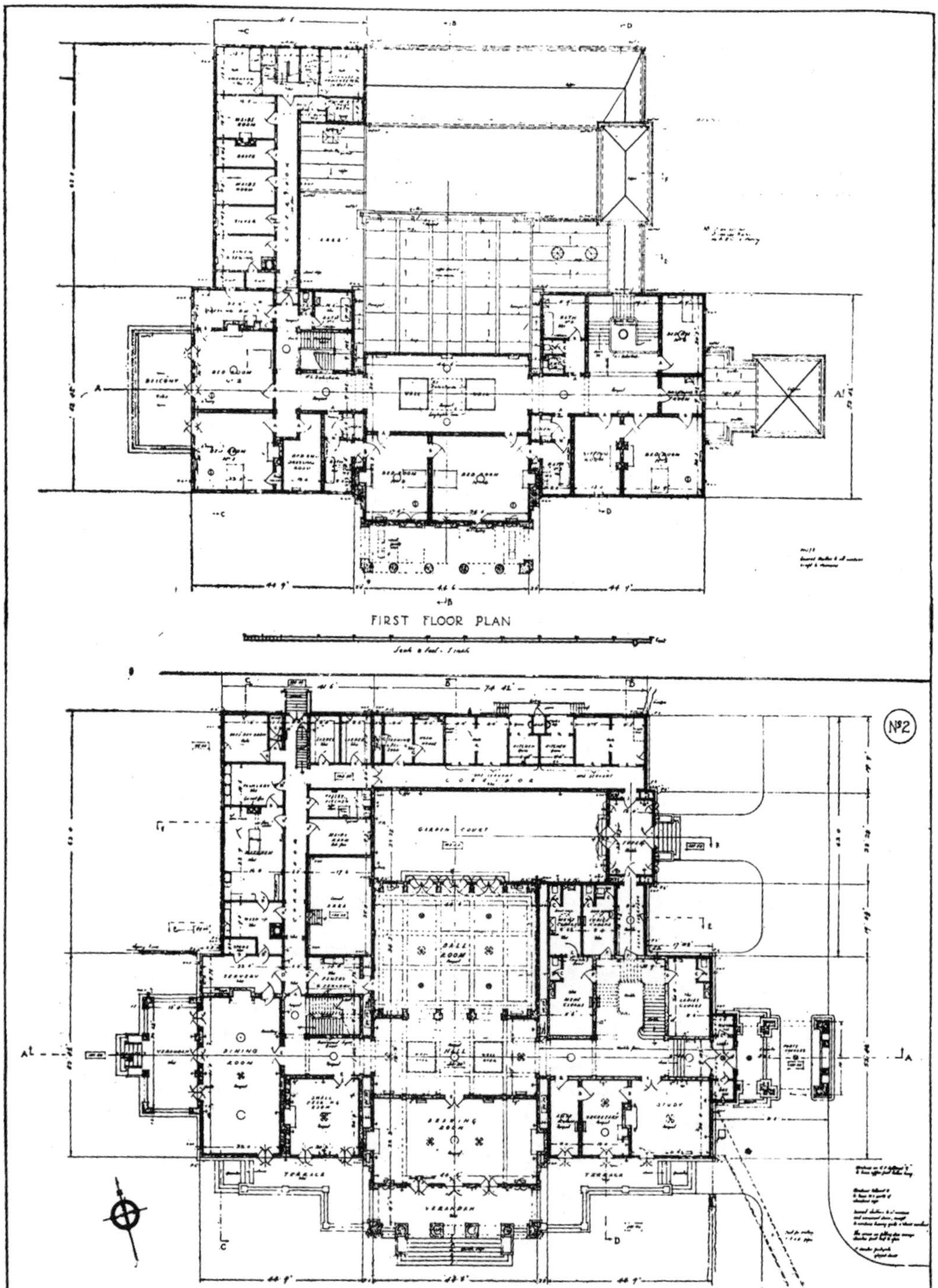

H. B. M. Embassy, Tokyo, Japan.

日本東京英使館新屋　　平面圖

H. B. M. Embassy, Tokyo, Japan: Ambassador's Residence.

日本東京英使館新屋

公使之住宅

The Ball-Room. 英公使住宅跳舞廳

The Drawing-Room. 英公使住宅客廳

上海斜橋街改建之聖愛娜舞場

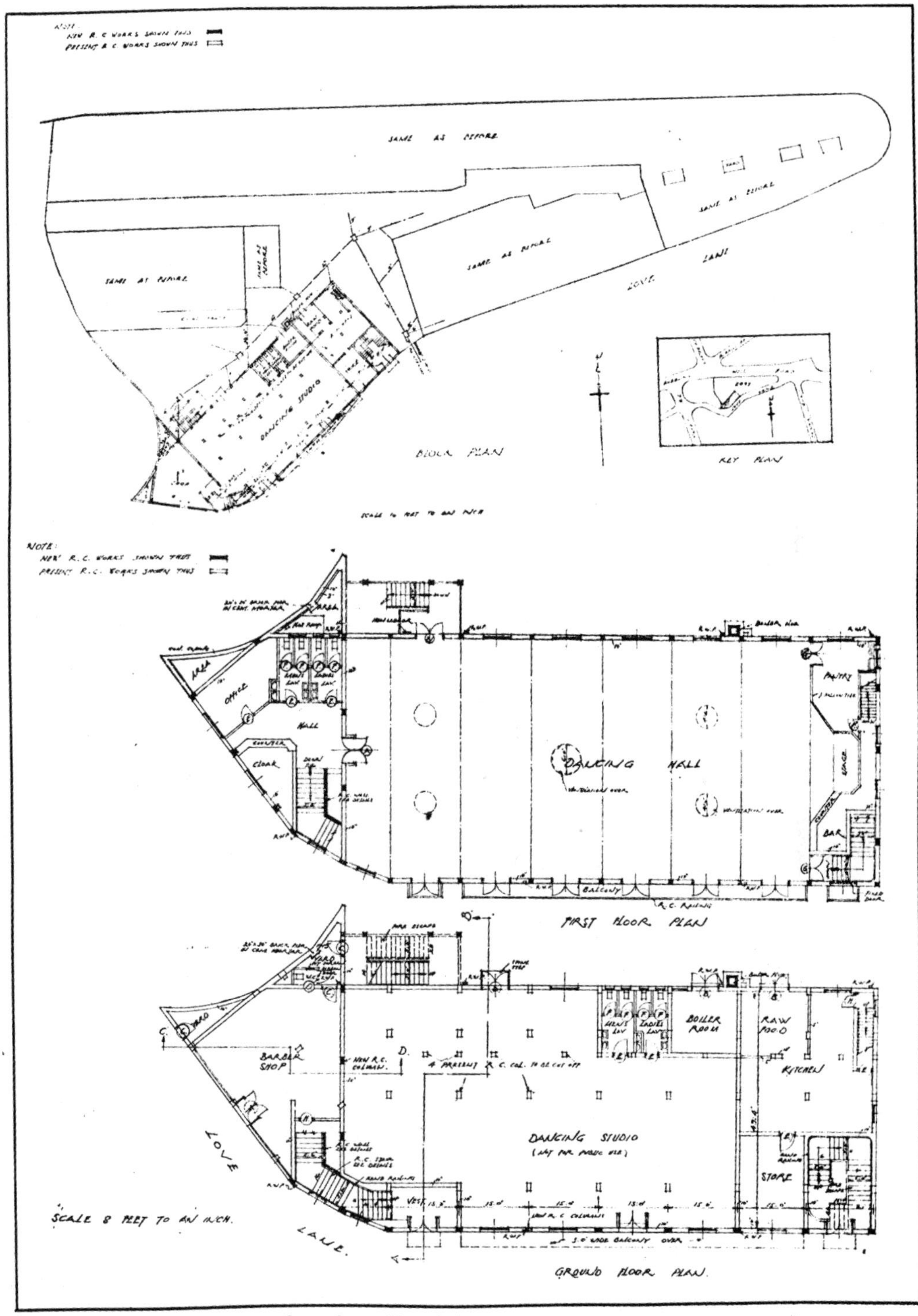

承造與設計：昌升建築公司

Plan of St. Anna Ballroom, Love Lane, Shanghai

上海斜橋街改建之聖愛娜舞場

承造與設計：昌升建築公司

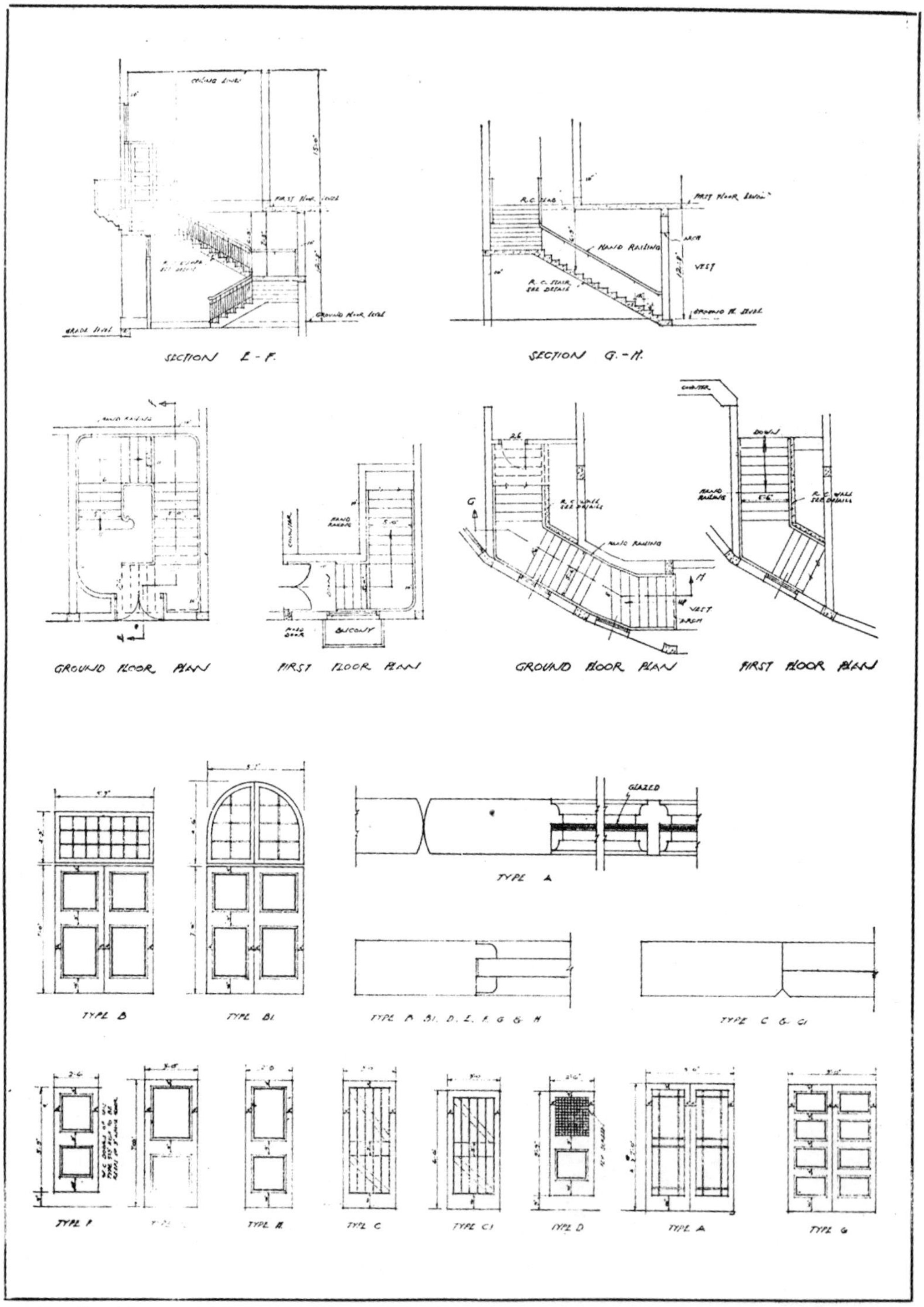

Details of Doors and Staircase of St. Anna Ball-room

上海斜橋衖改建之聖愛娜舞場

承造與設計：昌升建築公司

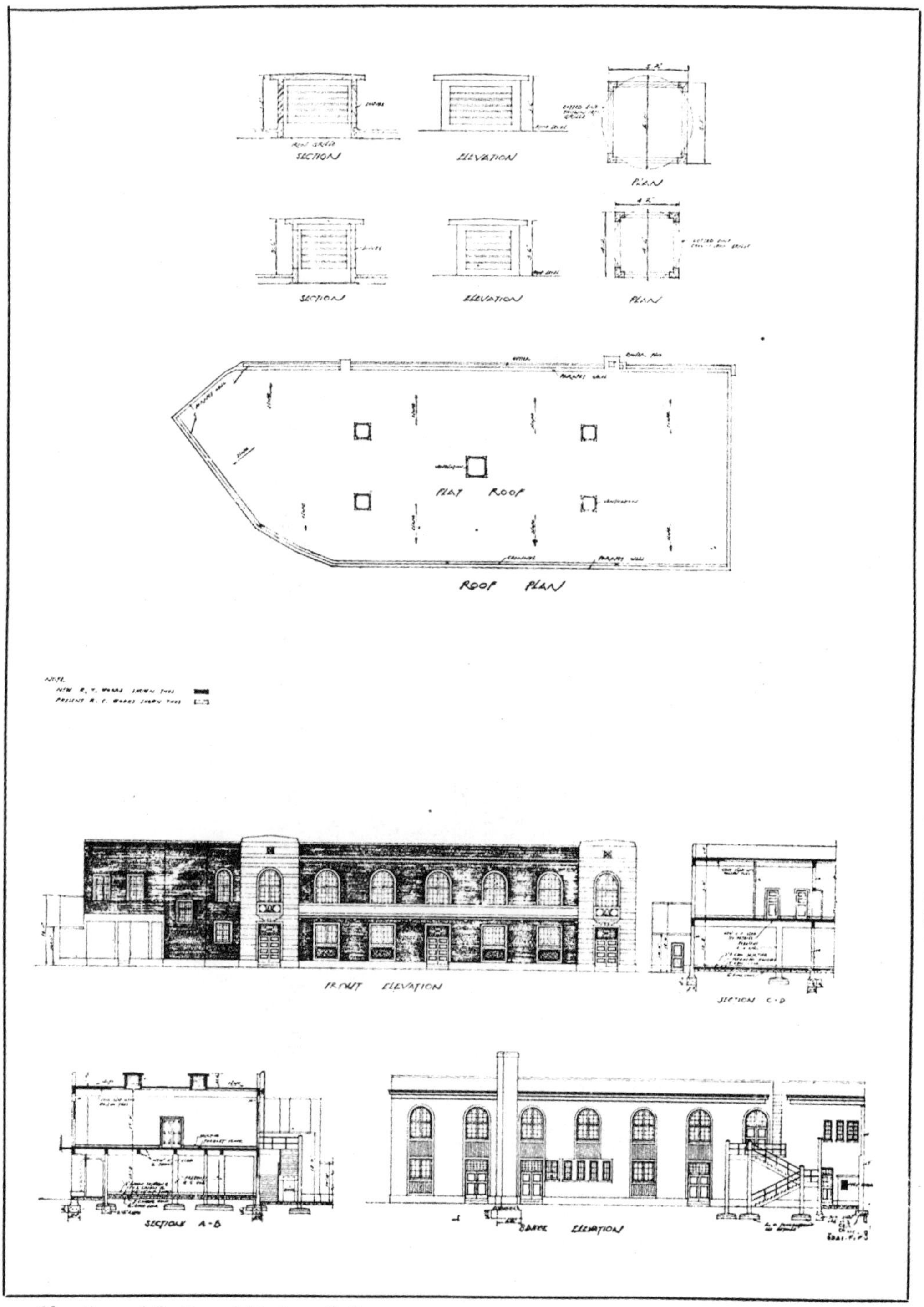

Elevation and Section of St. Anna Ball-room

二十二年度上期上海市營造統計概數

營造執照　一六三九件

脩理執照　一二六八件

雜項執照　一〇五一件

折卸執照　九八件

營造估價　一四二八三九三〇元

營造面積　四〇三七八〇平方公尺

折卸面積　三三五六〇平方公尺

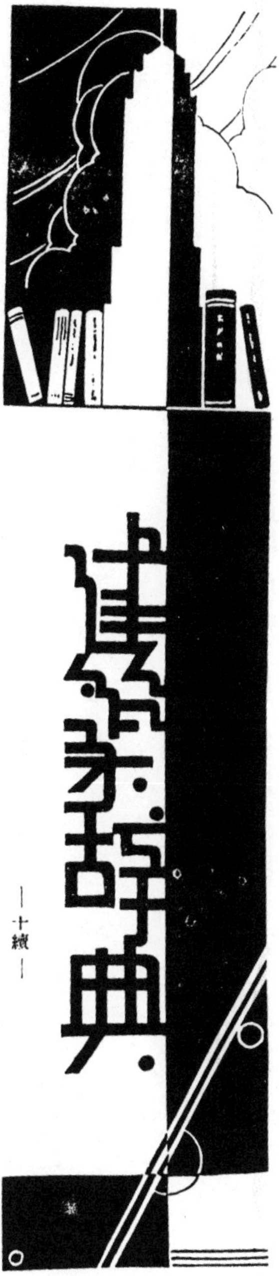

—十續—

『Nail』 釘。釘之原料，有以鐵，黃銅，紫銅，白鐵等製者。製法亦有澆鑄，割切，翻砂及用鉛絲等數種；銷售咸以重量計值。釘之重量每千只自一磅半至四十磅不等，要視其大小爲判。〔見圖〕

1、扁頭釘。 2、無鈀釘。
3、圓線脚釘。 4、包殼釘。
5、箱子釘。 6、普通圓絲釘。
7、槍色釘。 8、樓板方釘。
9、船方釘。 10、鉸鏈釘。
11、船圓釘。

Finishing nail 線脚釘。釘之頭部細小，用以釘線脚或其他小木工程之面部，蓋不欲露示巨大釘孔者。

Flooring nail 樓板釘。用以釘樓板者，尤以雌雄企口之樓板爲要。

Flat nail 扁頭釘。釘身短小，釘頭扁大，用以釘牛毛氈或片薄之石綿瓦等者。

Lath nail 向鈀釘。一寸或六分長之圓絲釘，用以釘板牆或平頂上之泥幔板條者。

『Naked』 裸垣。赤裸之牆面，後托花飾等者。

Naked floor 拱托材。拱托樓板之材料。

『Naos』 內要室。寺院中主要之室，供設佛像者。

『Narthex』 前廊。古時禮拜堂中通入教會本堂之入口。

『Nave』 大殿。禮拜堂中心大殿，位於兩旁長廊之中。〔見圖〕

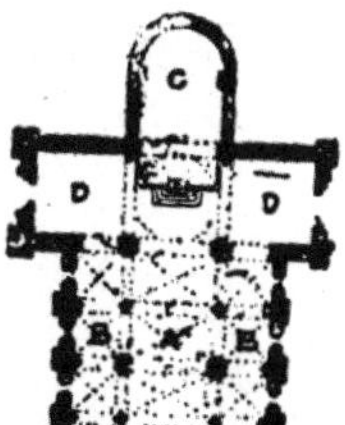

A.大殿。
B.兩廊。
C.後殿。
D.配殿。

『Nebule moulding』波狀線脚。

『Neck』頸彎。扶梯轉折處扶手起彎狀如頸者。

Swan neck 鶴頸彎頭。〔見圖〕

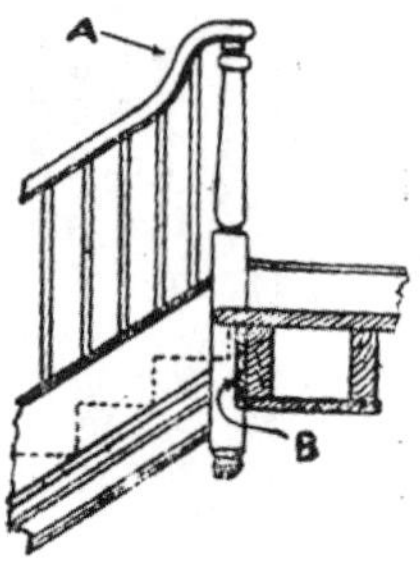

A. 鶴頸彎頭。
B. 台口板。

『Needle』挑樑。房屋上面挑出橫木，藉以繫住葫蘆（滑車），吊運材料。建築家於修理房屋時，臨時支撐牆垣之橫木。

『Negative moment』反能率。

『Neo-classic Architecture』古反新式建築。新的設計中含有古希臘羅馬之典型者。

『Nergal』炎神。具有極大威力而崇拜者信為熱炎之主宰者，戰爭之神及冥府之君。其地位與羅馬神話中之冥君 Plato 相似。〔見圖〕

炎神之像係生翅之獅，得自愛雪禮亞紀念堂。（愛雪禮亞 Assyria，為古時之帝國，位於亞洲西南，建都 Nineveh，現已燬敗。居彌索必達米平原北部，自北至南佔地三百五十英里，佔闊一百七十至三百英里。水源給自 Tigris 江。關於愛雪禮亞之歷史，始自紀元前二千三百年；其文化，美術，科學，風化，與巴比倫相同。

『Nervure』側肋。兩圓頂相交而成之接肋，或一小線脚形成肋狀。

『Newel』扶梯柱。〔見圖〕

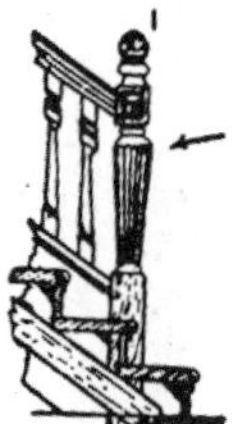

『Niche』壁龕。壁龕中塑路易十二世之像，在法國 Blois 炮台東部。〔見圖〕

『Nickel』鎳。

『Night bolt』夜銷。

『Night latch』彈簧鎖。

『Nipper』鉗鈎。〔見圖〕

Cutting nippers 老虎鉗。〔見圖〕

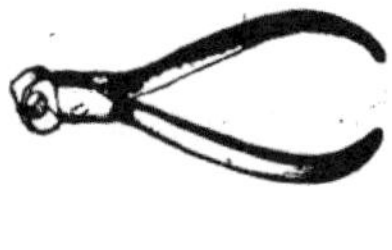

「Nog」 木碌磚。木之大小形狀，與磚相同。用以砌於牆中，藉使釘入牢固。

「Nogging」 木筋。置於磚牆中之木筋。

Nogging piece 壓磚檻。平置於磚牆中間之木條。

Brick in nogging 木筋磚牆。在木板牆筋中間鑲砌磚壁。〔見圖〕

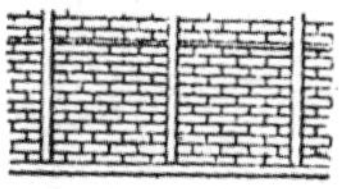

「Norman Architecture」 腦門式建築。〔見圖〕

「Nosing」 踏步口。〔見圖〕

「Notching」 開膠接鑲。接鑲屋架之方法，如用對開接合，嵌接等等。〔見圖〕

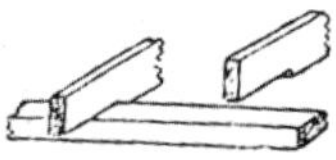

「Nursery」 ㊀保育室。屋中特闢一室，專用以撫育嬰兒者。㊁花棚。棚中栽植花木，以便移植或出售。

「Nurses' room」 看護室。

「Nut」 螺絲帽。〔見圖〕

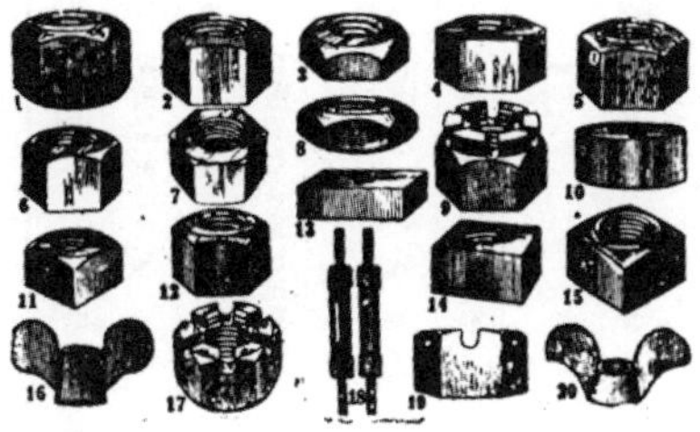

『Oak』**亞克，橡木。**樹或萌蘖之屬於殼斗或雙葉兩類者。此項樹木，約有三百種，內有數種，純屬萌蘖，餘皆粗幹大樹，古時對之曾敬重之。雄花開放鱗狀之穗，雌者開放芽角狀之花而結實，名為橡子。實光潤外包薄皮，一端則包於鱗形之蒂。亞克之為用甚廣，如造船，搆屋與機械等，其皮可供染料，硝皮及藥材之用。更有一種可製軟木。尚有數種實子味甜，故有數國用以飼家畜者。

關於亞克之重要分類與解說，如下表：

註一：下表所載植物學名稱與普通名稱二種，更有同一名稱，而意義則不同者，列於表後。

註二：亞克樹本之屬殼斗科者，標之曰Q，屬於雙葉類者，則標明C。

普通名詞	植物學名稱	產地	用途
Arizona 白亞克	Q. Arizonica	Arizona 美國西南部	柴火
Ballote 亞克 (1	Q. Ballota	地中海一帶	
Bartram's 亞克	Q. hetrophylla	紐約，福勞蘭，德克賽	
Bear 亞克 (2	Q. ilicifonia	美國東部與中部	
黑亞克 (3	Q. Velutina	加拿大之昂太里亞至美之福勞蘭區。	染料，藥材，硝皮
藍亞克 (4	Q. donglasii	加利福尼	柴火
同前	Q. oblongifolia	美國西南地，德克賽，墨西哥	柴火
Bray's 亞克	Q. Brayi	中德克賽	
British 亞克 (5	Q. robur	歐洲，亞洲西部	大木用
加利福尼黑亞克 (6	Q. kellogii	加利福尼，亞里貢	大木及小木用
Chapman's 亞克	Q. Chapmanii	加利福尼至福勞蘭	
Chestnut 亞克 (7	Q. muhlenbergii	維爾蒙至德克賽	大木用
同前 (8	Q. prinoides		
同前 (9	Q. prinus	昂太里亞，至但尼斯	大木，柴火，硝皮
同前 (10	Q. sessiliflora	歐洲	柴火
中國橡樹	Q. chineusis	中國	家具
Cinnamon 亞克 (11	Q. cinerea	北克勞立大至德克賽	柴火
Coastlive 亞克 (12	Q. virginiana	古巴	大木，飼料
Cochineal 亞克 (13	Q. coccifera	地中海一帶	染料
克勞立大白亞克	Q. leptophylla	克勞立大	
Cork 亞克 (14	Q. ilex	北菲洲，南歐洲	軟木
Desert 亞克 (15	C. decaisneana	南方	小木，飼料
Duck 亞克 (16	Q. Nigra	地留蒙至德克賽	柴薪
Durand's 亞克	Q. durandii	德克賽	大木
Emory's 亞克	Q. emoryi	亞列崇那，墨西哥，德克賽。	飼料
Engelmann's 亞克	Q. engelmanni	加利福尼	
Gall 亞克	Q. lusitanica	里文	染料，藥材
Gambel's 亞克	Q. Gambelii	南克勞立大	
Georgia 亞克	Q. Georgiana		
灰亞克	Q. borealis	昂太里亞	大木，小木
高地亞克	Q. wizlizeni	亞雪里尼伐達	柴薪
鐵亞克 (17	Q. Chrysolepis	亞里貢，加利福尼	大木
鐵亞克 (18	Q. Marilandica	紐約至福勞蘭及尼薄	柴薪
鐵亞克 (19	Q. Stellata	德克賽	大木
意大利亞克	Q. Aesculus	南歐洲	飼料
Laurel 亞克	Q. Laurifolia		柴薪

普通名詞	植物學名稱	產地	用途
Lea's 亞克	Q. Leana	美國	
生亞克 (20	Q. Agrifolia	加利福尼	柴薪
天賜亞克	Q. mannifera	跨田斯丁	藥材
山亞克 (21	Q. texana	德克賽	
山亞克 (22	Q. undulata	克羅列大至墨西哥	
月桂亞克	Q. myrtifolia	南克羅列大	
滿盃亞克 (23	Q. lyrata	德克賽	大木，小木
同前 (24	Q. macrocarpa	德克賽	大木，飼料
紅亞克	Q. rubra		大木，小木
鹹水澤亞克	C. stricia	南方	
片層亞克	Q. imbricaria	Pa. to Ga.	大木
沼澤亞克 (25	C. equisetifolia	美國南部	小木，飼料
同前 (26	C. Glauca	同前	小木，飼料
同前 (27	Q. lobata	加利福尼亞	柴薪
同前	Q. michauxi	Del. to Flai Tex	大木，飼料，柴薪
同前	Q. palustris	Mass. to Va.	大木
同前	Q. phellos	紐約至德克賽	大木
土耳其亞克	Q. catesbaei	北克勞立大	
同前	Q. cerris	南歐洲	柴薪，藥材，硝皮
同前	Q. triloba	美國南部與中部	
白葉亞克	Q. hypoleuca	墨西哥，亞里崇那，德克賽。	
同前	Q. alba	昂太里亞至德克賽	柴薪
同前	Q. bicolor	柯別克	大木，小木
同前	Q. Garryana	加利福尼亞	大木，小木

標別：不果亞克18；篋藍亞克28；食果亞克1；黑皮亞克18；白箱亞克19；公牛亞克25；芒殼亞克24；加里福尼生亞克20；加里福尼白亞克27；標準亞克7；標準生亞克7；萌蘖亞克8；湖濱生亞克20；牡牛亞克28；沙漠亞克26；丹沙漠亞克15；小黑亞克2；小栗亞克8；染料亞克5；歐洲亞克5；長青亞克26；雌亞克3；野田亞克20；森林亞克25；金盃亞克17；金亞克17；胡桃科亞克17；刺葉亞克12，20；湖濱亞克14；凱格格亞克6；鱗蟲亞克12；馬定亞克10；木槌亞克7；生蘚亞克24；山亞克9；山白亞克4；亞里蘋亞克25；滿盃亞克19；太平洋亞克35；桃亞克30；針亞克29；柱亞克19，23；扣皮克亞克33；槲亞克3；白柵亞克27；石亞克4，9；石栗亞克9；石山亞克22；毛葉亞克19，23；統長白亞克8；擦洗亞克18；亮亞克22；點輕亞克3；西班牙亞克32；沼澤亞克9；西班牙沼澤亞克29；白沼澤亞克34；硝皮亞克21；太克生紅亞克21；高原亞克11；山凹亞克27；凡而相來沙亞克17？水白亞克23；垂枝亞克27；西亞克35；西白亞克35；白生亞克17；白亞克27；柳木亞克30；黃皮亞克3；黃亞克7。

『Oakum』寒漏麻絮。

『Obelish』方尖塔。〔見圖〕紐約中央公園紀念塔。

『Oblique arch』斜形法圈。

『Obscured glass』糢糊片。玻璃之不透明而波紋皺疊者。

『Observatory』 天文臺。

Astronomical observatory 天文台。

Meteorological observatory 氣象台。

『Octastyle』 八柱式。構築前部陳列八柱之廟宇。〔見圖〕

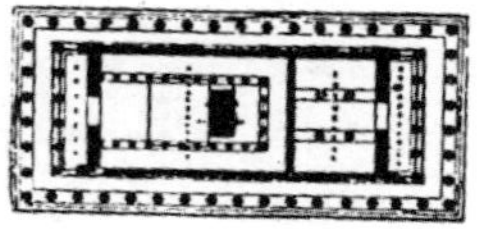

『Oculus』 圓洞窗。圓形之窗，狀如眼球者。羅馬班禪寺(Pantheon at Rome)屋上有之。

『Odeon』 奥迪安・戲院。古希臘教練藝技與奏樂之所在。現在則解作戲院與奏樂廳。

『Office』 事務所。一個所在，一處房屋或數個房間用作辦事處所者。事務所之意義，自別於店面，棧房，住宅，畫室等等，例如律師事務所，醫生事務所，市長辦公所等。

Office building 事務院。構造房屋之設計，專爲事務所之用者。

Post office 郵政局。

『Offset』 錯綜接。管之鑲接，因地位之不同，而錯綜就之。

〔見圖〕

『Ogee』 葱花線。線脚之剖面，形如愛司S。〔見圖〕

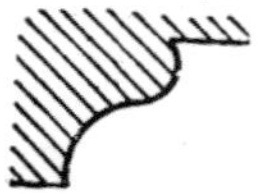

『Ogives』 尖頭法圈。〔見圖〕

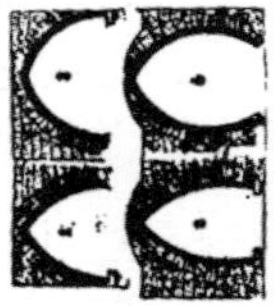

1. 等邊形。
2. 平肩形。
3. 尖銳形。
4. 膀肚形。

『Oil cloth』 油布。

『Oil paint』 油漆。

『Omission』 減除。

『One turn stair』 對折扶梯。

『Opening』 穴。

『Open space』 空地。隙地。

『Open timbered roof』 木山頭屋頂。

『Opera house』 歌劇場。

『Operation room』 手術室，開刀室。

『Order』型式。〔見圖〕

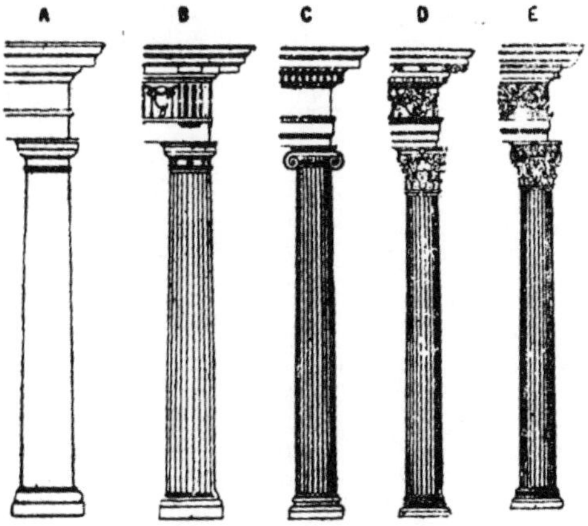

A. 脫斯康式
B. 陶立克式
C. 伊華尼式
D. 柯蘭新式
E. 混合式

『Ordinary mortar』普通灰沙。

『Organ chamber』風琴室。

『Oriel』凸窗，六角肚窗。〔見圖〕

『Orientation』方位。

『Ornament』花飾。〔見圖〕

1. 卑祥丁。
2. 亞拉伯。
3. 羅馬。
4. 希臘。
5. 埃及。

『Orthgraphy』面圖。面樣或直立之剖面樣。

『Orthostyle』列柱式。

『Ossuary』屍骨貯藏所。

『Oundy moulding』波形線脚。

『Outer door』外面門。

『Outlet』排出口。過衖或透氣管之用爲逃險或透氣或瀝濘管之洩水等。

『Out porch』外挑台。

『Outside lining』外度頭板。

『Outside shutter』外百葉窗。

『Outside style』邊梃。門或窗之邊框木。

『Overflow』溢流。

Overflow pipe 溢流管。

『Ovow』饅頭線脚。

『Ovum』 蛋飾。

『Overlap』接疊。

『Otis lift』沃的斯電梯。

『Oregon pine』 洋松。一種木材，由美國輸入。占輸入木材之最高額。

（待續）

混凝土護土牆

玲

愛特羅氏(Mr. Ewart S. Andrews)在Liège混凝土學會議席上，宣讀純混凝土與鋼筋混凝土護土牆之研究一文。其大意爲比較純混凝土，輕鋼筋混凝土與重鋼筋混凝土三式剖面構造之經濟研究，並用二種理論以求土壓力。各式牆均用二十二呎深之底邊，用以保持每立方呎重一百十磅之卵石土，其坡角爲三十五度。因交通而發生之載重，等於二呎半之土重量。底脚載重力假設爲每方呎四千七百磅至四千八百磅。二種土壓力理論，略舉如下：

（甲） 倫根氏或哥倫布氏理論(Rankine's or Coulomb's Theory):

$$P=\frac{wh(1-\sin\phi)}{1+\sin\phi}$$

p 爲單位面積土壓力，在該理論中假設爲平行

w 爲單位體積土重量

h 土面深度

ϕ 爲坡角(Angle of Repose)

（乙） 旁薩辣氏(Poncelet)理論：

$$P_{,}=\frac{wh(1-\sin\phi)}{1+\sin\phi}\cos\phi$$

$P_{,}$ 在該理論中，其作用綫假設爲與水平面作 ϕ 角

該項護土牆建築時，假設不影響牆後泥土，如平時城市中地窖牆壁等。爲經濟着想，該項牆壁須用斜面；惟照實施情形，則用垂直面。

照第一剖面式，作用綫在底平面中部三分之一，如是，全平面並無拉力。在第二剖面式，于牆身與底平面接合處，可略有拉力。該項鋼筋可受拉力至每方吋一萬六千磅。該項鋼筋由牆身後部彎出，平時築較好純混凝土牆所用之混凝土卽可施用。至於第三剖面式，則須用上等混凝土。第三剖面式在英國，鋼條抵力爲每方吋一萬六千磅，混凝拉力爲每方吋六百磅。鋼筋外用一吋混凝土保護。在第二第三式構造法中，壓力之作用綫，可在中部三分之一外。該項壓力之分佈作三角形。

在各種情形之下，泥土最大壓力相等，惟對於傾覆之安全率則不同。第三式之安全率，較小於第一式之安全率甚多；第二式之安全率，則介乎其中。各式之牆，其平行壓力，均足使牆向前滑動，卽等於由倫根公式所得之壓力(八八四〇磅)。當牆身向前傾覆時，曾假設牆背與土之磨擦力，亦可用以阻止其動作；惟對於向前滑動，則無影響。由倫根公式求得之平行力，己減去牆二端之平行阻力，其值不得超過牆端面所受壓力十分之三。

在假設中，第一與第二式構造，可用小於二吋之太姆士石子一比六混凝土；鋼筋混凝土牆，則

用一分水泥，二分穿過一半篩眼之黃沙，四分穿過六分篩眼留於一分半篩眼上之卵石。依照倫敦時價，第一第二式，每立方碼約三十二先令；第三式每立方碼約四十二先令。第二式中所用鋼筋，每噸約十五鎊，第三式所用鋼筋，每噸約十九鎊，所用鐵絲均在內。

其結果，每呎長價，以標準金鎊計算如后：

牆每呎長價	(甲)倫根公式			(乙)旁薩辣公式		
	1	2	3	1	2	3
混凝土(立方呎)	172.5	117.5	69.6	112.6	77.4	51.1
價格（鎊）	10.2	6.9	5.4	6.6	4.6	4.0
鋼筋（磅）	無	55.9	279.8	無	47.8	119.1
價格（鎊）	——	.4	1.5	——	.3	1.0
總值（鎊）	10.2	7.3	6.9	6.6	4.9	5.0

所用木殼及撑架等價值，在各式中均相仿，掘泥值相差亦微。

在構造此種牆時，大都不動牆後泥土。用四呎長木板，另加四吋厚横條，以木支撑。由經驗所得。營造實價，較上表所列略高。

由上表可知，用同一理論時，第二第三式之造價相差甚小；惟作者以爲第二式較優於第三式，因其便於構造與安全率較大。

輕量鋼橋面之控制

漸

美國新建一公路橋梁，跨越地拉威江(Delaware River)，位於培林登(Burlington)與別立斯妥(Bristol)之間。橋之一端，有可資昇降者一節，長凡五三三呎九吋，爲活動橋梁中之突破長度紀錄者，固未嘗前見也。此橋係用普遍之硅鋼構造，益之以輕量之橋面，用低淺之橋梁與控制鐵相組而成。橋面爲設計中最致力之點，次則爲低減造價之籌謀。

因適應航行之必要，不得不構造如此長距離之活動橋梁。江中現時往來之主要船隻，爲拖駁船；蜿延迤邐之拖駁，常裝載大量石礫，需五百呎盡闊與六十一呎盡高。設計此橋時，本可以適應目前之需要，爲高闊度之標準；然爲顧及將來之發展，故橋之高度卒增至一百三十五呎。獨節之活動橋身，跨越江面，其闊度自此端橋墩之中起，至彼端橋墩之中止，爲五四〇呎。橋面平置時，橋下高度爲六十一呎淨；若將橋面抽起，則高達一百三十五呎。

第二圖所示橋之總長三千零二十七呎中之六百四十八呎，係二邊圩堤，中實以土。橋之南塊，坡度爲百分之五•三五，彎曲之段，長度三百六十六呎；北塊亦有一長五百二十五呎之弧形彎肚，藉與幹路相銜接，而便車輛繩循馳駛。橋面之車行道濶二十呎，人行道闊四呎。收取過橋稅之驛亭，置於活動橋之中央；吊放活動橋之機房，設於驛亭之上。橋之全部爲避火建築，人行道與車行道，均澆擣水泥混凝土；惟活動橋之一節，則用鋼版而不用水泥。橋之載重，每十呎長度可載十五噸重之卡車一輛，或其他過橋之十五噸負重。

橋墩構造，係用鋼版樁繞成水箱塌而成；墩子建於六十呎至八十五呎長之木樁，木樁打入江底沙礫，每樁可載重四十五噸。活動橋兩端之墩子係爲空心，以資減少淨載重(Dead Load)。其餘橋墩之計算，除應具之淨載重與活載重(Live Load)外，更加三十磅之風力；此外，對於大江冰結之影響橋墩，亦顧慮及之。

水泥混凝土之比量，於主要墩子爲一份水泥，二份半黃沙，五份石子。橋墩之於江中者，爲防止冰裂起見，特用鋼片包護，高達十四呎，故無論在江水低淺或汛漲之時，均無冰及橋墩本身之虞。

第一圖：跨越地拉威江之培林登——別立斯妥大橋。江面與橋底之垂直高度爲一百三十五呎，兩橋墩淨闊計五百三十四呎。

橋墩——底基之於橋墩，係用展張底脚 (Spread foundation)，大概均築於沙礫之上，平均壓力爲每方呎一噸六，南墩地面上築有一倉，做斜角撑三塊；更南則僅用短矮之柱子，足資支撑。縱長之橋身，連貫銜接，藉制彎力，而免橋面水泥之罅裂。三塊縱長之橋梁，用以肩荷三呎中到中之横大料，是爲適合愛司 (S) 形彎曲之特殊設計。

北端橋墩之一段，靠貼本雪凡尼亞壩岸(Pennsylvania)者，包括三倉連續之甲板大料，舖設於五百二十五呎長之弧形彎綫。鋼骨水泥之車行道，係架於五呎中到中之横大料上，橋大料則架於縱長連貫之大梁。關於此端橋

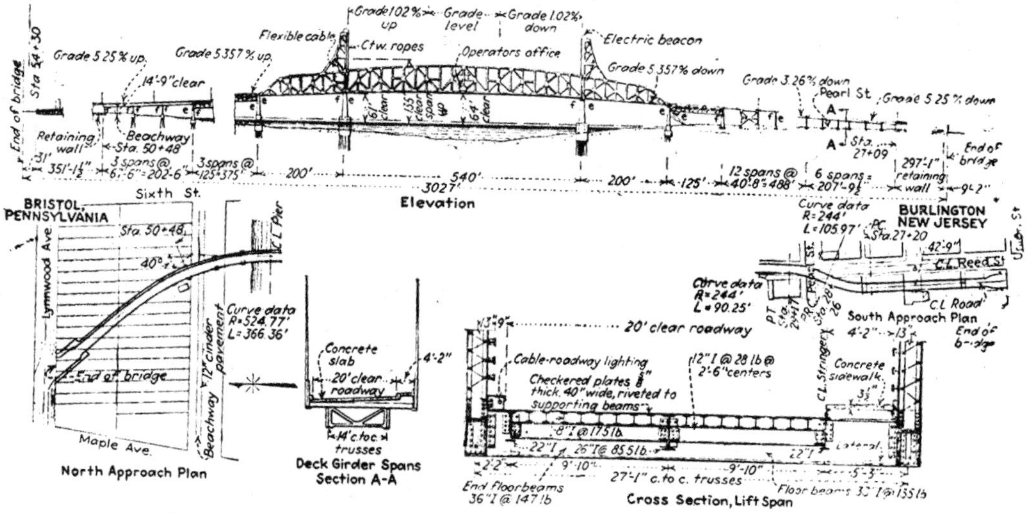

第二圖：培林登——別立斯妥大橋之構造詳圖

墩之十四吋H形工字鐵柱子，下端用帽釘頂支，以免因氣候而伸縮。

第三圖：培林登——別立斯妥大橋之機亭與過橋收稅亭

機亭節段——機亭節段係根據於普通之方式，但特别注意之點，即在活動橋梁之上梁，彎曲而成自然之弧形，與兩端橋梁相銜接。亭之根部特翻製純鋼靴脚，作亭柱之承座。並加設上端鋼架大梁，銜接下面亭柱之顛端，藉減次壓力(Secondary Stresses)之影響。亭之設計爲負荷活動節段橋梁之縱立重量，更加兩成半之活載重。大梁之下，支以斜角撑。關於機亭之節段，曾費深長之研究工夫，與工程師之不少心血，而成此新穎之構造方法，得以實現此突破長度紀錄之活動橋。

橋上機亭之兩旁，因徇美國實業部之請，裝設燈號，以助飛機航行。

活動橋之抽吊器，係用十六根二吋穿心之鋼絲繩，圍繞十二呎穿心之輪盤，而繫於六百二十噸之墜錘。活動橋之淨重，爲一千二百四十噸，活重爲二千四百八十噸。

抽吊活動橋之機亭，中置八十匹馬力之馬達兩座，每兩分鐘吊起高度四十呎。電機之旁，更置有瓦斯機一架，可於七分鐘內將橋吊至頂巔。電燈，電力與電話之通接機亭，則藉軟管溝接，通暢無阻。

因活動橋長度與本身淨重之驚人，爲求經濟起見，乃不得不使之輕減，故選用硅鋼，以解此兩大難題。更因活動橋之避火問題，與夫輕質暨經濟等問題，使設計者處於兩難之間。對於橋面，曾經一度擬用木材，澆以水泥或柏油，面上再舖以鋼版。最後，決用五分厚之鋼版，闊度略逾三呎，用帽釘釘於縱長之大料；縱長大料擱於橫大料，橫大料更擱於連貫統長之大橋梁。帽釘透起鋼版二分。此項鋼版橋面之計算，並不担荷鉅大重量；因普通卡車之裝載貨物，重量輕者氣胎車輪必小，重量大者氣胎車輪自大，故其重量直接達於縱長之大料，鋼版所負之重量則輕少。鋼版橋面可分担若干重量，故縱長大料之淨担重量，可減百分之二十胎輪載重。

抑有進者，此項鋼版之價格，較諸其他價格最低之避火材料，須增一萬二千金圓。因用輕質鋼料充作橋面，全橋之構造費於是減輕，結算可減四萬二千金圓。設將橋面重量減少，則下面大料，鋼絲繩索，機器墜錘，亭柱及橋墩等，均可減輕。並經詳細估算，若因橋面加重而增加之大料，繩索，機器，墜錘，亭柱及橋墩等，每重一磅，約需增值一角二分。

車輛行駛於鋼版橋面，倘駕駛不慎，易生溜滑之弊，是以橋之坡度極平，藉防溜滑之危。橋工完竣時，即經試車，頗爲滿意。橋面之接縫，嵌置犬齒式鋼片伸縮縫 (Expension Joints) 。全部鋼鐵均用銀光漆塗刷。橋燈光綫之配製，亦屬橋工重要之一點。

按此橋之建築工程師爲Ash-Howard-Needles & Tammen，承造者爲Mc Clintic Marshall Co.

監工須知

宋樹德

（一）監工員在工場督工，務須以身作則。每日處理事宜，尤當一秉大公，使人悅服，不得偏聽歧視，及代人受過。

（二）監工員發表言論，務須審愼，切勿任性妄言，致失資格。

（三）監工員對於建築圖樣，須詳加硏究，一切佈置及原理，務求澈底明瞭；並須稔悉工程師之意向，俾免隔膜。

（四）工場應需之一切物料，均須切實計算，預濤配置，以免臨時疎漏，致遭損失。

（五）凡遇事故，不能和平對待，須出嚴重態度；但不得無理取鬧，致偾事端。

（六）工人如有過失，必須查詢詳明；施行懲戒；但宜處置得當，毋枉毋從。

（七）待遇工人，當以開導爲主，遇過則凌之以威，功則施之以惠，庶乎寬嚴並濟，惡感不生。

（八）凡遇得意時，切勿一往直前；凡遇失意時，勿灰心自餒，總以恆心忍性爲主，庶克愼始謹終。

（九）工人如有美善工作，務須兼施激勸，精益求精，切勿過情獎譽，致其自滿。

（十）平時查察工人工作，遇有一長可取者，亟應量材器使，俾得展其所長

（十一）監工員與工人關係，至爲密切，平時交際，須驗悉其意旨所在，設遇事接洽，不致發生隔閡。

（十二）如遇工人之不堪訓練者，應卽開除以儆，俾免效尤，而防意外。

桿件各性質C.K.F之計算法

林　同　棪

第一節　緒　論

應用克勞氏連架計算法(註一)，必先求得各桿端之硬度K,移動數C,及定端動率F。關於定惰動率之直桿件，其算法較易，已詳前篇。此篇光用邏輯方法，求得K,C,及F之普通公式；再將求F之公式，略加修改，成為一个最普通的"坡度撓度公式"(Slope-deflection formula)(註二)。最後並舉例說明其應用方法，以便參考。

按算求K,C,F,方法頗多(註三)，公式亦繁。各工程師多各用其法，而課本上則難見及之。作者以為下列公式之推算與其應用之方法，較為新穎而簡易；又以所得之坡度撓度公式，甚為普通，足供研究與參考；故特表而出之。

第二節　計算K, C之公式

為便於繪圖起見，第一至第八及第十四，十五各圖中之AB桿件，均以直線代表之。實則此十圖桿件之中心線，不論曲直，而公式(1)至(17)並公式(24)均可通用。特此註明。

設在桿件AB,A與B均係平支端或鉸鏈端。

第一圖……S ＝在A端加以單位動率後，A端所發生之坡度。

S_{BA} ＝在A端加以單位動率後，B端所發生之坡度。

第二圖……S_{BB} ＝在B端加以單位動率後，B端所發生之坡度。

S_{AB} ＝在B端加以單位動率後，A端所發生之坡度。

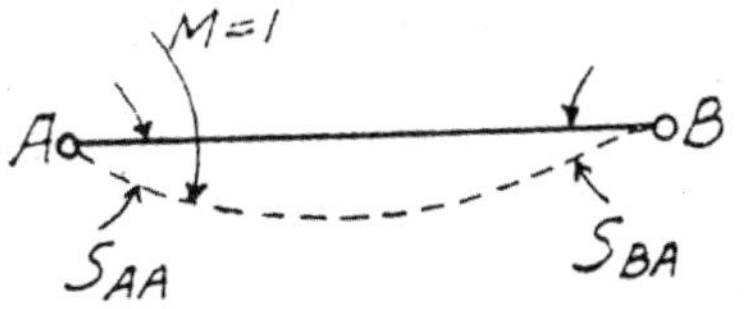

第一圖

第二圖

(註一)　參看本刊第二卷第一號57頁至64頁

(註二)　參看"The Slope-deflection Method," Wilson, Bull. 108, Engineering Experiment Station, University of Illinois.

(註三)　例如"Column Analogy", Cross Bull. 215, Engineering Experiment Station, University of Illinois.

設在AB桿件之B端加以 $M=\frac{-S_{BA}}{S_{BB}}$，如第三圖；則B 端所發生坡度當爲 $\frac{-S_{BA}}{S_{BB}}S_{BB}=-S_{BA}$。而 A 端所發生坡度當爲 $\frac{-S_{BA}}{S_{BB}}S_{AB}$。

設將第一第三兩圖相加，其結果當如第四圖。卽在A端之M＝1；在B 端之 $M=\frac{-S_{BA}}{S_{BB}}$；A端之坡度爲 $S_{AA}-\frac{S_{BA}}{S_{BB}}S_{AB}$；B端之坡度爲 $S_{BA}-S_{BA}=0$。

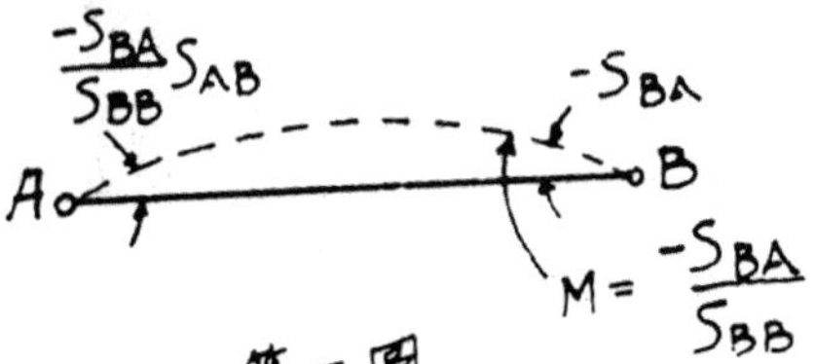

第三圖

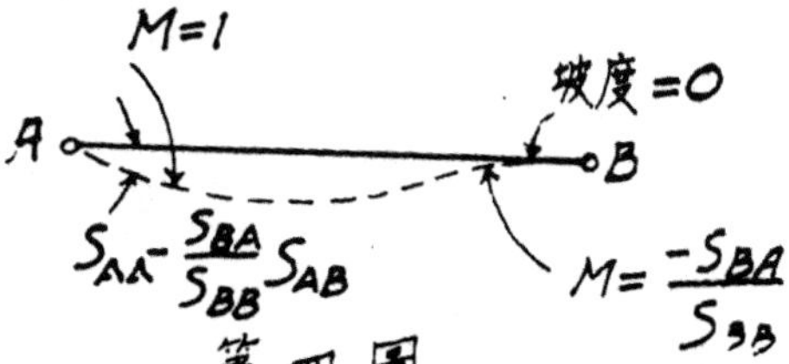

第四圖

故第四圖之B端卽爲固定端。其B點之動率卽爲自A至 B 之移動數 C_{AB} ；而A點坡度之反數卽爲其硬度K_{AB}：——

$$\therefore C_{AB}=\frac{-S_{BA}}{S_{BB}} \quad \cdots\cdots(1)$$

$$K_{AB}=\frac{1}{S_{AA}-S_{AB}\frac{S_{BA}}{S_{BB}}} \quad \cdots\cdots(2)$$

同理可證，

$$C_{BA}=\frac{-S_{AB}}{S_{AA}} \quad \cdots\cdots(3)$$

$$K_{BA}=\frac{1}{S_{BB}-S_{BA}\frac{S_{AB}}{S_{AA}}} \quad \cdots\cdots(4)$$

K_{AB}及K_{BA}之公式可簡寫爲

$$K_{AB}=\frac{1}{S_{AA}(1-C_{AB}C_{BA})} \quad \cdots\cdots(5)$$

$$K_{AB}=\frac{1}{S_{BB}(1-C_{AB}C_{BA})} \quad \cdots\cdots(6)$$

用麥克斯緯定理，(Maxwell's law of reciprocal deflections)$S_{AB}=S_{BA}$，則可得以下關係：——

$$\frac{C_{AB}}{C_{BA}}=\frac{S_{AA}}{S_{BB}}=\frac{K_{BA}}{K_{AB}} \quad \cdots\cdots(7)$$

第三節　計算F之公式

在桿件AB，如欲將A端轉過坡度S_A，B端轉過S_B；則在A，B兩端所應用之動率，可用下列方法求之。

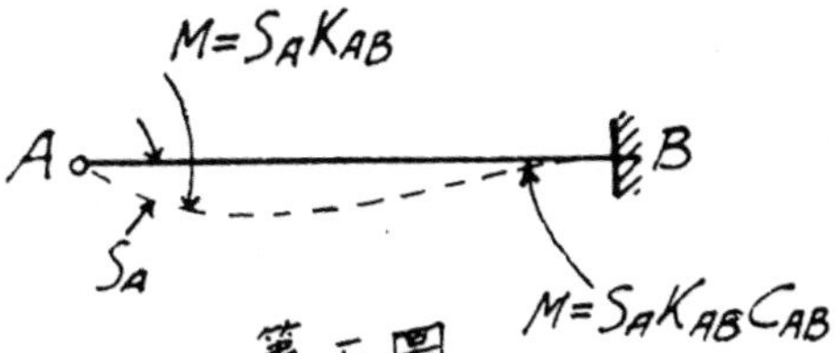

第五圖

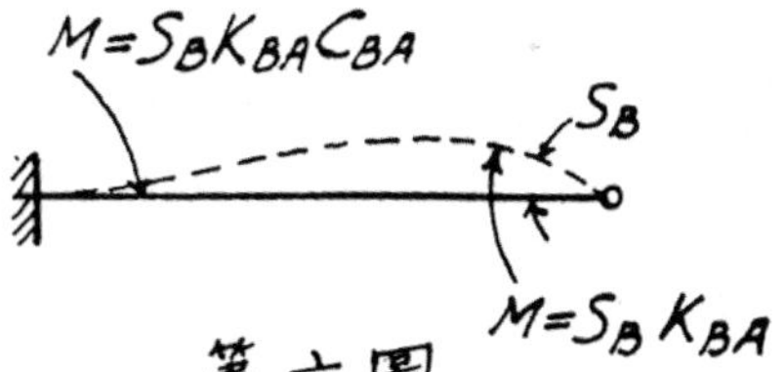

第六圖

設將B端固定着，而在A端加以 $M=S_AK_{AB}$；則A端之坡度當為S_A、而B端之動率M當為$S_AK_{AB}C_{AB}$，(如第五圖)。

設將A端固定着，而在B端加以 $M=S_BK_{AB}$；則B端度當為S_B，而A端之動率M當為$S_BK_{BA}C_{BA}$，(如第六圖)。

今如將第五，六兩圖相加，則A端之坡度為S_A，B端之坡度為S_B；而A，B兩端之動率當為，

$$F_{AB}=S_AK_{AB}+S_BK_{BA}C_{BA}$$

$$=K_{AB}(S_A+S_BC_{AB}) \quad \cdots\cdots(8)$$

$$F_{BA}=K_{BA}(S_B+S_AC_{BA}) \quad \cdots\cdots(9)$$

設桿件A B之兩端為平支端或鉸鏈端，而S_{AL}及S_{BL}為其兩端因載重所發生之坡度，如第七圖。

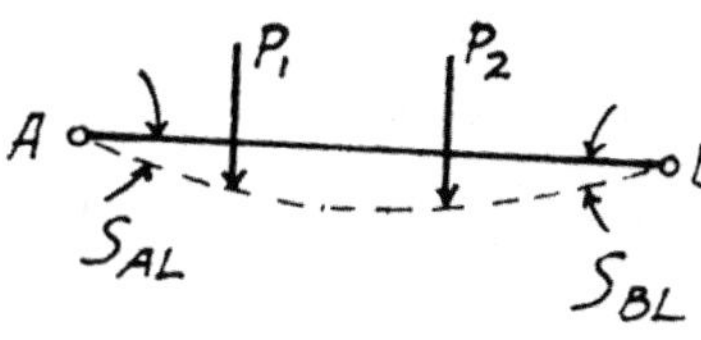

第七圖

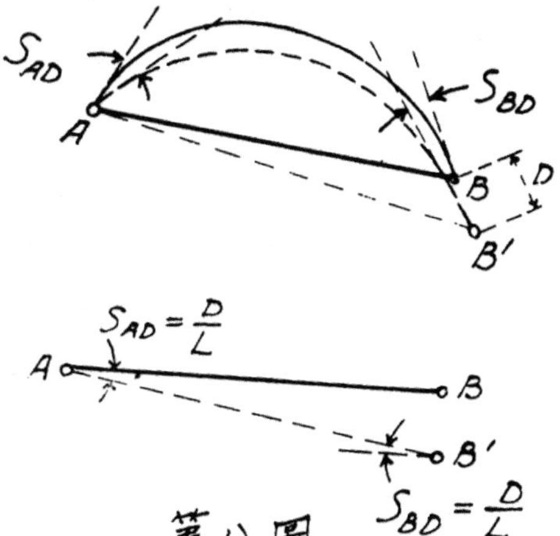

第八圖

今如欲將A，B兩端固定者，則必須在A，B兩端加以定端動率，使A，B兩端各發生坡度＝$-S_{AL}$及$-S_{BL}$，（卽使其總坡度各等於零）。故將$-S_{AL}$與$-S_{BL}$代入公式(8)，(9)中之S_A與S_B，可得兩端因載重所發生之定端動率，

$$F_{AB}=-K_{AB}(S_{AL}+S_{BL}C_{AB}) \quad\cdots\cdots(10)$$

$$F_{BA}=-K_{BA}(S_{BL}+S_{AL}C_{BA}) \quad\cdots\cdots(11)$$

設A，B兩端之相對撓度爲D,（第八圖），而其兩端因此所發生之坡度爲S_{AD}與S_{BD}。則如欲固定A,B兩端，必須在該兩端加以定端動率，使A，B各發生坡度＝$-S_{AD}$及$-S_{BD}$。故將$-S_{AD}$，$-S_{BD}$代入公式(8)，(9)中之S_A與S_B，可得其定端動率，

$$F_{AB}=-K_{AB}(S_{AD}+S_{BD}C_{AB}) \quad\cdots\cdots(12)$$

$$F_{BA}=-K_{BA}(S_{BD}+S_{AD}C_{BA}) \quad\cdots\cdots(13)$$

如其撓度D係與直線AB成正交，則$S_{AD}=S_{BD}=\frac{D}{L}$。而公式(12)，(13)可簡寫爲

$$F_{AB}=-K_{AB}\frac{D}{L}(1+C_{AB}) \quad\cdots\cdots(14)$$

$$F_{BA}=-K_{BA}\frac{D}{L}(1+C_{BA}) \quad\cdots\cdots(15)$$

凡桿件之中心線爲直線或與直線相近者，只用公式(14)，(15)足矣。

第四節　坡度撓度公式

坡度撓度公式，在美國各構造學教科書中多有之，（參看註二）。因其推算法之不同，故其應用之範圍及其形式之便利，似均不及本文所載者。本文上節旣已述及發生F之三種原因，今如將(8)至(13)三種公式寫成一氣，則，

$$F_{AB}=K_{AB}\left\{(S_A-S_{AL}-S_{AD})+C_{AB}(S_B-S_{BL}-S_{BD})\right\} \quad\cdots\cdots(16)$$

$$F_{BA}=K_{BA}\left\{(S_B-S_{BL}-S_{BD})+C_{BA}(S_A-S_{AL}-S_{AD})\right\} \quad\cdots\cdots(17)$$

此卽爲最普通之坡度撓度公式。其各符號之意義，均已在第三節中說明。實則公式(8)，(9)卽爲坡度撓度之基本公式；S_A，S_B爲因兩端動率所發生之坡度。但能求得S_A，S_B，則F_{AB}，F_{BA}可迎刃而解矣。

第五節　算求兩端坡度

欲應用上列各公式以求C,K,F,必須先算得兩端各坡度。　桿件中心線之爲曲線者，實際上只見於連續拱架(Continuous arches on elastic piers)，其他建築物少有之者。且前文所介紹之克勞氏法，

又不能直接應用之。故其兩端坡度之算法，本文暫不提及。至於直桿件兩端坡度之算法，各構造教科書多有之。

下列各公式，雖未必能在各教科書直接覓得，而其理由甚顯，無庸證明。（可用 Moment-area principles證之）。

$$\int_A^B \frac{dx}{EI} = S_{AA} + S_{BB} - S_{AB} - S_{BA} \quad \cdots\cdots (18)$$

$$\int_A^B \frac{x\,dx}{LEI} = S_{BB} - S_{AB} \quad \cdots\cdots (19)$$

$$\int_A^B \frac{x^2\,dx}{L^2EI} = S_{BB} \quad \cdots\cdots (20)$$

$$S_{AB} = S_{BA} \quad \cdots\cdots (21)$$

$$\int_A^B \frac{M\,dx}{EI} = S_{AL} - S_{BL} \quad \cdots\cdots (22)$$

$$\int_A^B \frac{M\,x\,dx}{EI} = -S_{BL} \quad \cdots\cdots (23)$$

以上之E爲桿件AB之 Modulus of Elasticity；I 爲該桿件每點之惰動率；L爲其長度。 以上各微積，可用三種算法求之：(1)微積法 (2)圖解微積法 (3)近似微積法。 三者之中，以第三法爲最易，今介紹之如下。 下文之例，係與 "Lateral Loads and Members of Variable Cross-section", By Large and Morris, Bull. No. 66, 1931, The Engineering Experiment Station, The Ohio State University,一書中之例相似。而本文之算法，則較易於原文焉。

設桿件A B，其形如第十圖，其各點之 I 亦已算出如圖中所示。求其兩端之 C及 K。再設加10,000磅於其上，算出其每點之M如第九圖。然後求其兩端之F。其算法如下：分桿件 A B 爲10段(段數不拘多少)，每段長△ x ＝3呎。求得其每段中點之 I，然後列表算之如下：

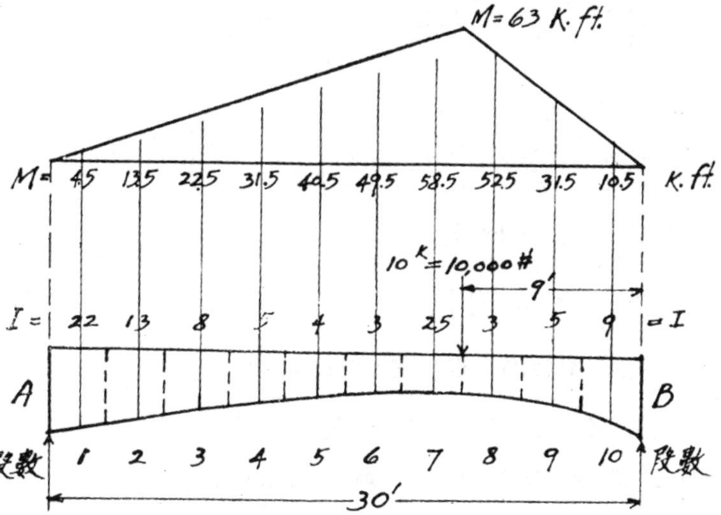

第九圖

第十圖

段　數	$\frac{\triangle x}{ft.}$	$\frac{I}{ft.^4}$	$\frac{\triangle x}{I}$	$\frac{x}{ft.}$	$\frac{x\,dx}{I}$	$\frac{x^2dx}{I}$	$\frac{M}{k.ft.}$	$\frac{Mdx}{I}$	$\frac{Mxdx}{I}$
1	3	22	.136	1.5	.20	0.3	4.5	0.6	1
2	3	13	.231	4.5	1.04	4.7	13.5	3.1	14
3	3	8	.375	7.5	2.81	21.0	22.5	8.5	64
4	3	5	.600	10.5	6.30	66.0	31.5	18.9	198
5	3	4	.750	13.5	10.13	137.0	40.5	30.4	410
6	3	3	1.000	16.5	16.50	272.0	49.5	49.5	817
7	3	2.5	1.200	19.5	23.40	456.0	58.5	70.2	1370
8	3	3	1.000	22.5	22.50	507.0	52.5	52.5	1182
9	3	5	.600	25.5	15.30	390.0	31.5	18.9	482
10	3	9	.334	28.5	9.52	272.0	10.5	3.5	100
Σ			6.226		107.70	2126		256.1	4638

$\therefore \int_A^B \frac{dx}{EI} = \Sigma_A^B \frac{\triangle x}{EI} = \frac{6.226}{E}$，　$\int_A^B \frac{x\,dx}{LEI} = \frac{107.7}{LE}$，　$\int_A^B \frac{x^2dx}{L^2EI} = \frac{2126}{L^2E}$

$\int_A^B \frac{Mdx}{EI} = \frac{256.1}{E}$，　$\int_A^3 \frac{Mxdx}{LEI} = \frac{4638}{LE}$。

既得微積各數，兩端坡度可用(18)—(23)各公式求之：——

用公式(20)……… $S_{BB} = \frac{2126}{L^2E} = \frac{2126}{900E} = \frac{2.362}{E}$

(19)……… $S_{AB} = \frac{2.36^2}{E} - \frac{107.7}{LE} = \frac{-1.228}{E}$

(21)……… $S_{BA} = S_{AB} = \frac{-1.228}{E}$

(18)……… $S_{AA} = \frac{6.226-2.362-2\times1.228}{E} = \frac{1.408}{E}$

(23)……… $S_{BL} = \frac{-4638}{LE} = \frac{-154.6}{E}$

(22)……… $S_{AL} = \frac{256.1-154.6}{E} = \frac{101.5}{E}$

兩端坡度之爲反鐘向者，其號爲負；順鐘向者，其號爲正。

第六節　算求K, C, F

兩端各坡度，既已在第五節中算出；則其C,K,F等可以第三節各公式算之如下：——

用公式(1)……… $C_{AB}=\frac{1.228}{2.362}=0.521$

(3)……… $C_{BA}=\frac{1.228}{1.408}=0.872$

$0.521\times0.872=0.454$

(5)……… $K_{AB}=\frac{1}{\frac{1.408}{E}(1-.454)}=1.305E$

(6)……… $K_{BA}=\frac{1}{\frac{2.362}{E}(1-.454)}=0.777E$

(10)……… $F_{AB}=-1.305(101.5-0.521\times154.6)=-27.4$ K.ft.

(11)……… $F_{BA}=-.777(-154.6+0.872\times101.5)=51.5$ K.ft.

F及C均與E無關，惟K則與E成正比例。應用克勞氏法時，只須求各K之比例數，故可將"E"全體免去。

設A,B兩端被固定着(卽其坡度永等於零)，而同時發生相對撓度D=0.001 ft., 如第十一圖。則AB定端動率，可用公式(14)，(15)求之如下：——

$$F_{AB}=-1.305E\ \frac{0.001}{30}\ (1+0.521)$$

$$F_{BA}=-0.777E\ \frac{0.001}{30}\ (1+0.872)$$

設E爲3,000,000※/in.^{2} =432,000,000※/ft.^{2} ，則，

$F_{AB}=-28,600$ft.※

$F_{BA}=-20,900$ft.※

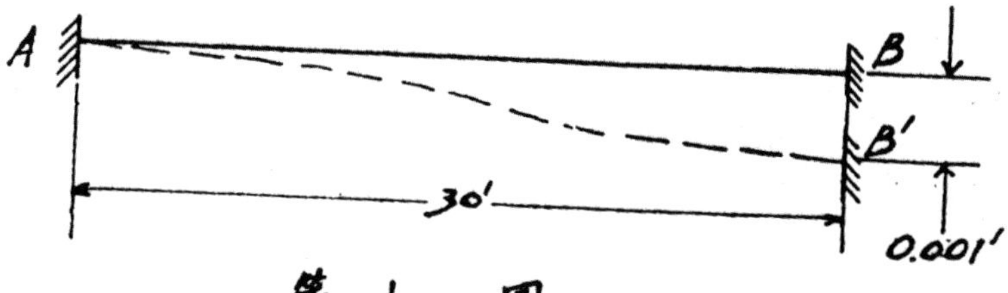

第十一圖

設A端發生度坡$S_A=-.0002$， B端發生坡度$S_B=+.0003$如第十二圖，則A,B兩端所應用之動率，可用公式(8)，(9)求之：——

$F_{AB}=1.305E(-.0002+.0003\times.521)=-24,600$ft.※

$F_{BA}=0.777E(.0003-.0002\times.872)\ =+42,200$ft.※

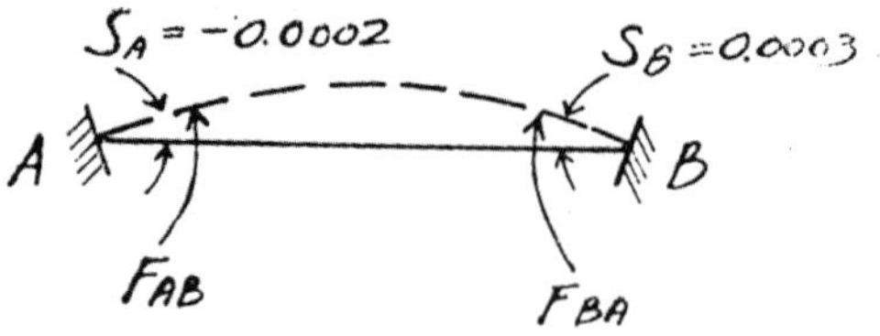

第十二圖

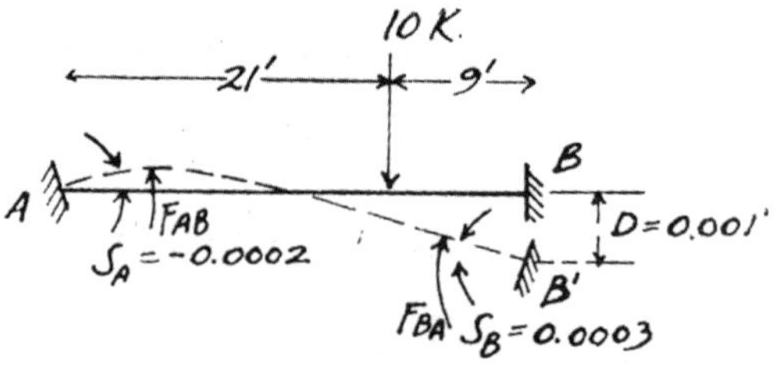

第十三圖

設A，B之載重及其兩端坡度撓度之情形，均如第十三圖所示，（即將十，十一，十二各圖之情形相加所得之結果）則用公式(16)，(17)，可得，

$$F_{AB} = -27.4 - 28.6 - 24.6 = -80.6 \quad \text{K.ft.}$$

$$F_{BA} = 51.5 - 20.9 + 42.2 = +72.8 \quad \text{K.ft.}$$

第七節　桿端硬度之變更

設桿件AB之B端不被固定着，如第一圖，則在A點加以M＝1，A端之坡度當爲S_{AA}。進而進之，如

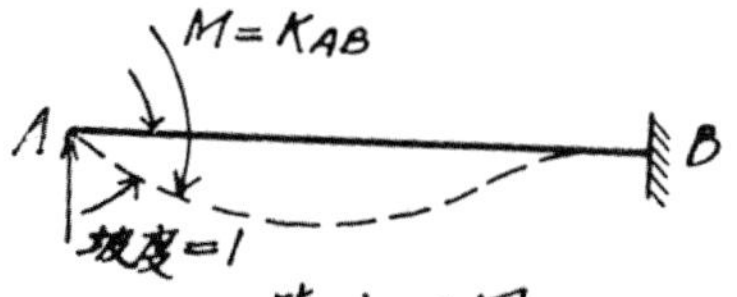

第十四圖

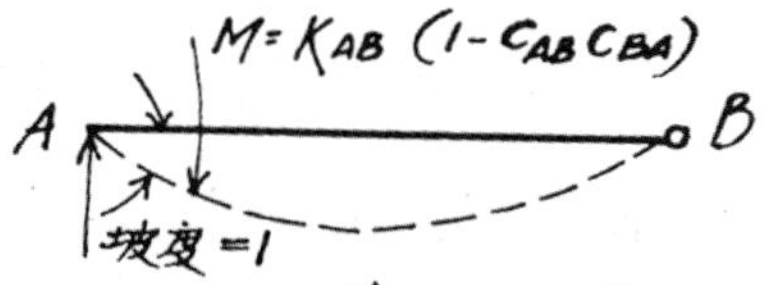

第十五圖

使A端發生坡度＝1，而同時B端不被固定着，$\frac{1}{S_{AA}}$即爲在A端所當用之動率。故當B端非固定端時，$\frac{1}{S_{AA}}$可謂爲A端之硬度。今按公式(5)，B端被固定時，A端之硬度爲$\frac{1}{S_{AA}(1-C_{AB}C_{BA})}$，故兩種硬度之比例當爲，

$$\frac{\text{B端不被固定時，A端之硬度}}{\text{B端被固定時，A端之硬度}} = \frac{\frac{1}{S_{AA}}}{\frac{1}{S_{AA}(1-C_{AB}C_{BA})}} = 1 - C_{AB}C_{BA} \quad \cdots\cdots (24)$$

如該桿件爲定惰動率之直桿件，則$C_{AB} = C_{BA} = \frac{1}{2}$，而　$1 - C_{AB}C_{BA} = 1 - \frac{1}{4} = \frac{3}{4}$。

第八節　結　論

以上算法之所以較愈於他法者，一在利用第二節各公式，便於參看；二在利用第五節各公式，減少微積數之算求。再用列表計算，費時更爲無多。讀者苟不欲研究其理，可依第五，六兩節照算；其餘

各節，直可不必細讀也。

第二卷第一期中"克勞氏連架計算法"一文之改正各點

第二圖B端之"M"應爲"m"。

第四圖之"l"應爲"L"。

第五圖應如下：

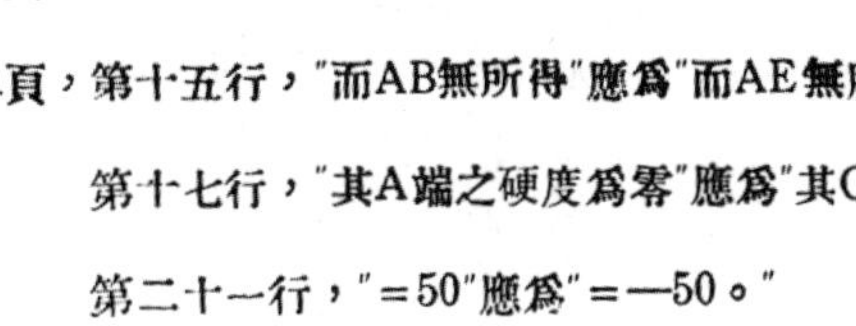

第八圖左端應添註"C"字，右端應添註"D"字。

第58頁，最後一句，"F_{AB}"應爲"F_{BA}"，"F_{BA}"應爲"F_{AB}"。

第61頁，第十五行，"而AB無所得"應爲"而AE無所得"。

第十七行，"其A端之硬度爲零"應爲"其C端之硬度爲零"。

第二十一行，"=50"應爲"=—50。"

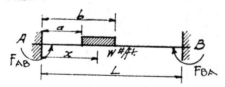

中國之變遷

朗琴

譯者按：此文係香港大學工學院院長史密斯氏所著。(Prof. C. A. Middleton Smith)史氏竭力主張設立建築專科學校，以適應目前勃興之建築，本埠雷斯德建築學院之創立，史氏卽參與其事。原文雖覺冗長，但敍寫中國舊有建築，旁及其他各點，頗有逼眞之處，爰爲迻譯如左，以覘外人對於中國建築見解之一斑。

九年前雷琴特博士(Dr. A. F. Legendre)曾謂描述現代之中國住屋，與千年前同出一轍。雷氏並謂居住中國多年，週歷名山大城，纔稱中國富室之營居屋者；其設計與鄰居或其祖先，並無變更之處。但此說僅就內地之城鎮而言，他若沿海通商之埠，如香港上海等處，富有者建築住宅，均採歐式。若生長國外，或留學歐美，則更傾向歐化矣。

動搖的觀念

余（史氏自稱下做此）在香港有一中國友人，於數年前談及其子之前途，狀頗悲戚。其子年甫二十，居住英國七年，曾入高等學校，於假期內廣交英國友人。迨回至香港，見室中傢具陳設，依然如昔，不禁大爲失望，表示不滿。此老人言念及此，對於其子之不敬不孝，竟泫然而泣；嗚咽久之；此新舊時代之衝突，亦卽爲二種文化之抗爭。中國之青年喜存新的觀念，並有較健全之瞻望，但時不我與，亦徒喚奈何而已！蓋內地建築仍用磚瓦泥土之屬，編竹爲籬，狀至簡樸。但如香港，上海，南京，廣東，廈門等處，早用鋼骨水泥建築；浴室，電燈，電話等，亦早盛行。華僑經商海外，年老返國，度其殘陰者，雖其故居僻處鄉區，一切裝置設備，亦做歐化矣。

光線空氣與嘈雜

當君步入中式住屋時，卽覺光線不良，窗戶缺乏，室中暗澹異常，令人感覺不舒。非但光線不明，卽空氣亦感不足，地上潮濕，溝渠裝置未盡合宜。中式房屋之最大錯誤，卽屋之基礎力求經濟省費，結果則終年潮濕，不可避免。泥地或磚地對於西人非但感覺不適，卽於全人類之身體亦且有害。而中式住宅廚房，更爲唯一病源。香港有幾處中國酒樓，廁所竟與廚房相連，毫無空氣可言。煤烟蒸氣，至易感染嚴重之目疾。他若痢疾傷寒等症，亦將因廚房設備之不良而發生也！

華人對於擁擠與嘈雜，視之若無其事，西人見之，殊稱奇不止。如一輪上有時旅客擁擠，竟無一席坐地。他如香港廣東等處之住屋，室少人多，令人驚訝。西人對於住宅之排列，每與鄰居相隔若干距離，此蓋所以流通空氣，兼示界別也。中國城鎮之住宅，若欲隔別則不可能。因里弄狹隘，庭院簡小，雖屋傍留有餘地，代價低廉，亦不願出此。若房屋鱗次櫛比，不致孤立，雖云可防盜刼，但內地城牆已廢，殊少保障矣。

新文化與舊文化

若舒適與文化混爲一談，實屬錯誤。存有偏見之西人，每有淺薄及武斷之言論，以爲中國居住生活之不良，卽爲文化落後之表現，此實無知之見。吾人並不想及依利沙伯（Elizabeth），莎士比亞(Shakespeare)及彌爾登（Milton）等爲未開化者，但彼時英國生活狀況，至今有使人難以忍受者。在余之生活過程中，英國對於居室上之舒適與便利，亦有驚人之演化。若將吾儕祖先之住宅及生活狀況加以追溯，其簡陋誠難以描述。最近之將來，中國在居住生活上必有極大進展，吾人應糾正如英國在十九世紀時之觀念也。

現世界瞬息變遷，最近五十年中，歐洲之生活狀況，及居住之舒適標準，有極大變化。時隨勢遷，年有進步。試以香港及上海之英式住屋，與五十年前相較，誠不啻天壤矣！余之住屋爲鋼骨水泥之建築，昔之鼠屬及有害動物，躲藏於木材之間者，今日不復再見於鋼骨與水泥之中。昔日油虫害物伏匿冰箱之中，今日已易機製冷藏器，貯藏食物。電扇電爐用以替代人力風扇(卽用手拉者)及煤爐等。每室並有空氣調節器，雖室外濕度或熱度過高，室內仍可安居。此種設置初僅行於本地之晝室，不久將變爲熱帶區域西式住屋之標準設備矣。

上述爲科學供獻於西人住宅之各點，爲中國舊式住屋所無者。最可注意者，卽中國之舊式住屋，在寒冷之北方與酷熱之南方，其構造極少不同之處，殊難區別異點也。

變遷的城市

中國有數種特異之建築，在此應加保存者，寺廟卽爲其中之一。此種建築屋頂美觀，形式壯嚴，令人稱羨。此種建築雖不能與歐洲教堂宏偉之峻姿相並稱，但此種格式特別適宜於中國，故應保存，蓋不願在亞洲有與歐美二洲酷似之複產品也。

寶塔亦爲美術之產品，就建築而論，遠不及塔樓及石製之教堂尖屋頂，但亦足使人欣羨者也。他若著名結構，如北平之天壇，美的意義尙在其次，其設計之佳與位置之宜，誠足令藝術家歎賞也。長城與黃河爲堅忍與持久之建築物，不足以言戰勝應用之科學，與設計極少關係云。

新的建築師

香港大學在過去二十一年中，有一最饒興趣之事實，卽使工程科畢業生能實習爲一建築師。土木工程雖覺實用，但此種訓練，與新建築之美的意義無關，且對某種建築原理並無知識也。有一部分工科學生(指港大)，在國外攻習建築科，利物浦大學卽有數名，其他則從香港本地建築師處獲得經驗。或在職務上已得到成功，或自香港政府獲得承認，而爲核准之建築師者。

香港大學工學院畢業生對於鋼骨水泥設計，已深有訓練，但於建築史及建築原理，尙無專科。一工科畢業生近致書於余，略謂中國對於建築上之研究頗爲需亟，而港大之工科畢業生則頗希望成爲一建築師。彼並提議港大應設一建築速成科，實覺頗爲需要。華人之具有健全及社會生活者，當亦贊同此種意見；但唯一困難，卽爲經費之無着。他日香港或其他等處之富戶，或能慨捐建築講座，且有多數已得同意之答覆也。洛氏基金已捐贈外科，醫藥，產科等講座。近有頗多華人捐贈學校及圖書館，此舉誠善，苟非如是，則上述畢業生之開辦建築學科，殊難促其實現也。

雷斯德氏遺囑

已故滬名工程師兼建築師雷斯德氏（Henry Lester），遺有大宗產業，並立有遺囑，將此產業爲謀取華人利益之用，建築學校之設立卽爲其一。基金委員會已考慮及華人青年關於建築之訓練，香港大學或有與之合作可能。雷氏遺囑在數年前已經證明。举望訓練中國建築師之舉，經證明遺囑後，卽能按序實行，蓋此舉實迫不及待也。科學化之設計與精緻之構造，與公共健康並不發生良好影響，作者無望於雷氏基金委員會在醫藥研究上及其他有所實行，但能將居住加以改良，以增進人民之健康程度，實所切望者也。

譯者按：雷氏於一九二六年在滬逝世，遺有產業約值二千八百萬元，在滬辦理工藝醫學教育，設立基金委員會主持其事。建築工業學校已擇定上海虹口東熙華德路元芳路口爲校舍。已於二月十六日舉行奠基禮，敎長王世杰氏親自參加，其重視可見一斑。查上項建築工業學校之設立，民十六卽開始籌備，由香港大學校長所派代表，與基金委員會所聘專家，詳細擘劃。是校卽以雷氏之名名之。全部總值約二百萬元，由德和洋行設計。造價約五十萬元，久泰錦記營造廠承造。須於八個月內竣工，本年秋季卽可招生開學，該校規模巨大，經費充足，事業前途之發展，堪値各界注意與贊助也。

新的家庭

百年前英國有一維多利亞人（Victorian），畢生爲維多利亞主義（Victorianism）而奮鬥。此人名爲馬立斯（William Morris 1834–96）彼之過人之毅力，無私之精神，奇特之天才，會集而發表於一端。彼嘗欲創造適合人類居住之居屋。因生於富室，故在牛津大學時立志成一建築師。彼於斯業並無經驗，未建一屋，但君一讀彼之傳記，實爲最近世紀最偉大之建築師也。

住屋應具何種式樣，各方對此有不同之意見。西人之曾遊歷北平者，必承認該城彎曲屋頂之美觀，屋宇形式之可愛。有人曾謂（哥德？）建築爲凍結之音樂（Architecture is frozen music）。試觀北平院屋之屋頂，可想見蒙古包莊嚴之帳頂，危立於凍結及愉快之色彩中，已歷數百年之久。此種建築矗立於美麗之北平城中，實足使人回憶者也。

（未完）

工　程　估　價　（十二續）

杜　彥　耿

因營造廠缺乏烘房設置，故所做裝修，每易走縮。蓋用手工鑿眼鋸筍，自不敵機械所製之正確簡捷也。

裝修材料，普通均用洋松；稍精緻者用柳安，更甚者用柚木。間亦有用其他木材者，然不多觀。茲將手工做之洋門，每堂價格，列舉於下：

大脚玻璃門每扇價格分析表

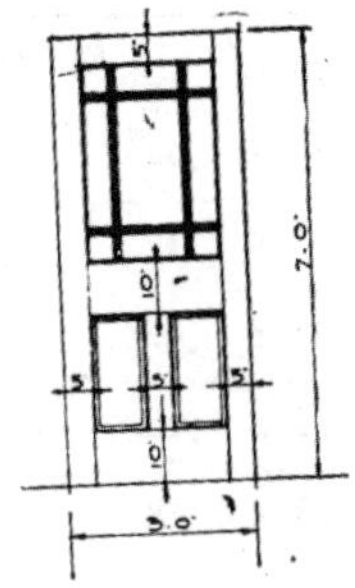

料工	尺寸			數量	合計	價格	結洋			備註
	闊	厚	高				洋松	柳安	柚木	
門梃	5寸	2寸	7尺3寸	2根	12尺	洋松每千尺$ 75 柳安每千尺$ 130 柚木每千尺$ 400	$ .90	$ 1.56	$ 4.80	
上帽頭	,,	,,	3尺2寸	1根	2.6尺	,, ,, ,,	$ .20	$ .34	$ 1.04	
中帽頭	10寸	,,	,,	1根	5.3尺	,, ,, ,,	$ .40	$ .69	$ 2.12	
下帽頭	,,	,,	,,	1根	5.3尺	,, ,, ,,	$ .40	$ .69	$ 2.12	
中梃	5寸	,,	2尺	1根	1.7尺	,, ,, ,,	$ .13	$ .22	$ .68	
豎直芯子	1寸半	,,	3尺2寸	2根	1.6尺	,, ,, ,,	$ .12	$ .21	$ .64	
橫芯子	,,	,,	2尺2寸	2根	1.1尺	,, ,, ,,	$ .08	$ .14	$ .44	
浜子線	1寸半	1寸	10尺10寸	2根	2.7尺	,, ,, ,,	$ .20	$ .35	$ 1.08	
玻璃嵌條	1寸	,,	4尺4寸	6根	2.2尺	,, ,, ,,	$ .17	$ .29	$ .88	
膠夾板	1尺11寸	3分	1尺11寸	1塊	3.7方尺	白楊每方尺$ .08 柳安每方尺$ .06 柚木每方尺$ .52	$ .30	$ .22	$ 1.93	
木匠工					8工 9工 9工	每堂包工連飯$5.20 ,, $5.85 ,, $5.85	$ 5.20	$ 5.85	$ 5.85	每工以六角半計算
膠水							$ .05	$ .05	$ .05	
輸送							$ .06	$ .06	$ .06	
四寸方鉸鏈				2塊	1對	銅鉸鏈每對$2.00 鐵鉸鏈每對$ .35	$ .35	$ .35	$ 2.00	連螺絲
釘							$ .30	$ .30	$ .30	
玻璃					6方尺	每方尺 $ .40	$ 2.40	$ 2.40	$ 2.40	連油灰等
木料損蝕加20%							$ 2.32	$ 3.77	$12.58	
							$13.58	$17.49	$38.96	

實拚板門每扇價格分析表

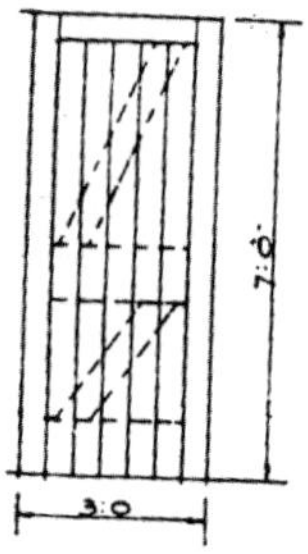

工料	尺寸 闊	厚	高	數量	合計	價格	結洋	備註
門梃	5寸	2寸	7尺3寸	2根	12尺	洋松每千尺$75.00	$ .90	
上帽頭	„	„	3尺2寸	1根	2.6尺	„	$ .20	
中帽頭	10寸	1寸半	„	1根	4.0尺	„	$ .30	
下帽頭	„	„	„	1根	4.0尺	„	$ .30	
斜角撑	5五	„	5尺半	1根	3.4尺	„	$ .26	
企口板	6寸	1寸	7尺	5塊	17.5尺	洋松每千尺$115.5	$ 2.02	
木匠工					5工	每堂包工連飯$ 3.25	$ 3.25	每工以六角半計算
輸送							$ .06	
膠水							$ .05	
四寸鐵方鉸鏈				2塊	1對	每對$ .35	$ .35	連螺絲
木料損蝕加20%							$ 3.42	
							$11.11	

平面膠夾板洋門每扇價格分析表

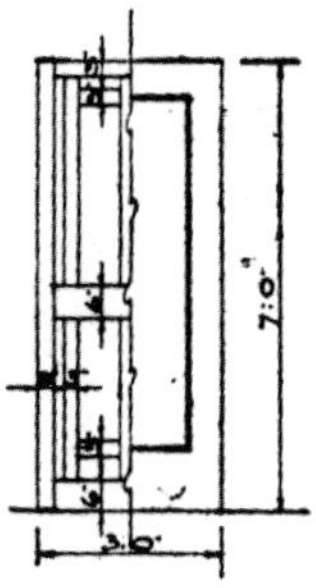

工料	尺寸 闊	厚	高	數量	合計	價格	結洋 洋松	洋松	洋松	備註
毛圈檔門梃	3寸	1寸半	7尺3寸	2根	5.4尺	洋松每千尺$75	$ .41	$ .41	$ .41	
毛圈檔中梃	„	„	6尺	1根	2.3尺	„	$ .17	$ .17	$ .17	
毛圈檔上帽頭	„	„	3尺2寸	1根	1.2尺	„	$ .09	$ .09	$ .09	
毛圈檔中帽頭	6寸	„	„	1根	2.4尺	„	$ .18	$ .18	$ .18	
毛圈檔下帽頭	„	„	„	1根	2.4尺	„	$ .18	$ .18	$ .18	
裏圈檔梃	3寸	„	6寸	2根	0.4尺	„	$ .03	$ .03	$ .03	
裏圈檔帽頭	„	„	9寸	4根	1.1尺	„	$ .08	$ .08	$ .08	
							白楊	柳安	柚木	
膠夾板	3尺	3分	7尺	2塊	42方尺	白楊每方尺$ .08 柳安每方尺$ .06 柚木每方尺$ .52	$ 3.36	$ 2.52	$21.84	
膠夾板鑲邊	1寸	„	15尺	2條	2.5方尺	,, ,, ,,	$ .20	$ .15	$ 1.30	
木匠工					8工	每堂包工連飯$5.20	$ 5.20	$ 5.20	$ 5.20	每工以六角半計算
膠水							$ .05	$ .05	$ .05	
輸送							$ .06	$ .06	$ .06	
四寸方鉸鏈				2塊	1對	銅鉸鏈每對$2.00 鐵鉸鏈每對$ .35	$ .35	$ .35	$ 2.00	連螺絲
釘							$ .40	$ .40	$ .40	
木料損蝕加20%							$ 3.76	$ 3.05	$19.42	
							$14.52	$12.92	$51.41	

三帽頭上下浜子洋門每扇價格分析表

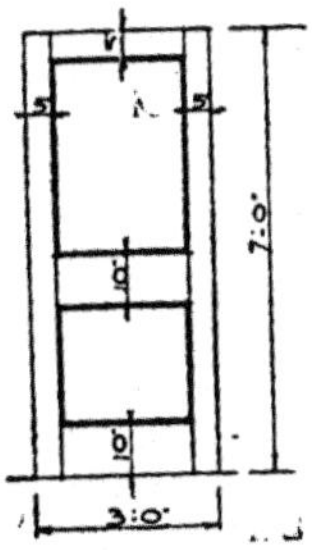

工料	尺寸			數量	合計	價格	結洋			備註
	闊	厚	高				洋松	柳安	柚木	
門梃	5寸	2寸	7尺3寸	2根	12尺	洋松每千尺$ 75 柳安每千尺$ 130 柚木每千尺$ 400	$ .90	$ 1.56	$ 4.80	
上帽頭	„	„	3尺2寸	1根	2.6尺	,, ,, ,,	$ .20	$ .34	$ 1.04	
中帽頭	10寸	„	„	1根	5.3尺	,, ,, ,,	$ .40	$ .69	$ 2.12	
下帽頭	„	„	„	1根	5.3尺	,, ,, ,,	$ .40	$ .69	$ 2.12	
浜子線	1寸半	1寸	19尺	2根	4.8尺	,, ,, ,,	$ .36	$ .62	$ 1.92	
膠夾板	5尺1寸	3分	2尺3寸	1塊	11.3方尺	白楊每方尺$ .08 柳安每方尺$ .06 柚木每方尺$ .52	$ .90	$ .68	$ 5.88	
木匠工					6工	每堂包工連飯$3.90	$ 3.90	$ 3.90	$ 3.90	每工以六角半計算
輸送							$ .06	$ .06	$ .06	
膠水							$ .05	$ .05	$ .05	
四寸方鉸鏈				2塊	1對	銅鉸鏈每對$2.00 鐵鉸鏈每對$ .35	$ .35	$ .35	$ 2.00	連螺絲
釘							$ .30	$ .30	$ .30	
木料損蝕加20%							$ 2.53	$ 3.66	$14.30	
							$10.35	$12.90	$38.49	

裏圈獨倉浜子洋門每扇價格分析表

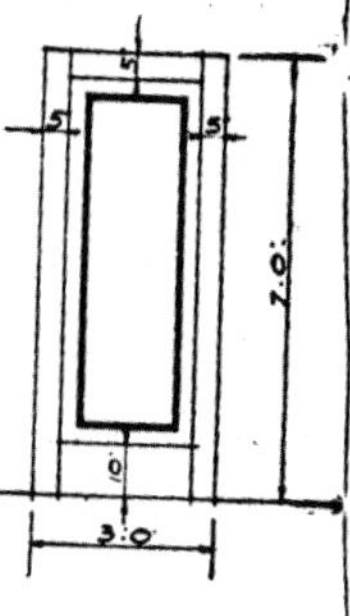

工料	尺寸			數量	合計	價格	結洋			備註
	闊	厚	高				洋松	柳安	柚木	
門梃	5寸	2寸	7尺3寸	2根	12尺	洋松每千尺$ 75 柳安每千尺$ 130 柚木每千尺$ 400	$ .90	$ 1.56	$ 4.80	
上帽頭	„	„	3尺2寸	1根	2.6尺	,, ,, ,,	$ .20	$ .34	$ 1.04	
下帽頭	10寸	„	„	1根	5.3尺	,, ,, ,,	$ .40	$ .69	$ 2.12	
裏圈浜子梃	4寸	„	5尺	2根	6.7尺	,, ,, ,,	$ .50	$ .87	$ 2.68	
裏圈浜子上帽頭	„	„	2尺半	2根	3.3尺	,, ,, ,,	$ .25	$ .43	$ 1.32	
膠夾板	2尺	3分	5尺半	1塊	11方尺	白楊每方尺$ .08 柳安每方尺$ .06 柚木每方尺$ .52	$ .88	$ .66	$ 5.72	
木匠工					8工	每堂包工連飯$5.20	$ 5.20	$ 5.20	$ 5.20	每工以六角半計算
輸送							$ .06	$ .06	$ .06	
膠水							$ .05	$ .05	$ .05	
四寸方鉸鏈				2塊	1對	銅鉸鏈每對$2.00 鐵鉸鏈每對$ .35	$ .35	$ .35	$ 2.00	連螺絲
木料損蝕加20%							$ 2.50	$ 3.64	$14.14	
							$11.29	$13.85	$39.13	

大玻璃洋門每扇價格分析表

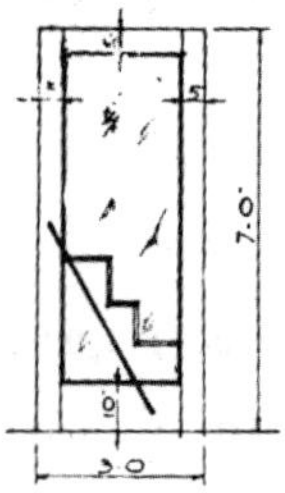

工料	尺寸			數量	合計	價格	結洋			備註
	闊	厚	高				洋松	柳安	柚木	
門梃	5寸	2寸	7尺3寸	2根	12尺	洋松每千尺$ 75 柳安每千尺$ 130 柚木每千尺$ 400	$ .90	$ 1.56	$ 4.80	
上帽頭	,,	,,	3尺2寸	1根	2.6尺	,, ,, ,,	$ .20	$ .34	$ 1.04	
下帽頭	10寸	,,	,,	1根	5.3尺	,, ,, ,,	$ .40	$ .69	$ 2.12	
浜子線	1寸半	1寸	16尺	2根	4.0尺	,, ,, ,,	$ .30	$ .52	$ 1.60	
木匠工					6 工 7 工 7 工	每堂包工連飯$3 90 ,, $4.55 ,, $4.55	$ 3.90	$ 4.55	$ 4.55	每工以六角半計算
膠水							$ .05	$ .05	$ .05	
輸送							$ .06	$ .06	$ .06	
四寸方鉸鏈				2塊	1 對	銅鉸鏈每對$2.00 鐵鉸鏈每對$ .35	$ .35	$ .35	$ 2.00	連螺絲
釘							$ .30	$ .30	$ .30	
玻璃	26寸		69寸	1塊	18方尺	每方尺$1.60	$21.60	$21.60	$21.60	連油灰等
木料損蝕加20%							$ 1.44	$ 2.49	$ 7.65	
							$29.50	$32.51	$45.77	

五帽頭浜子洋門每扇價格分析表

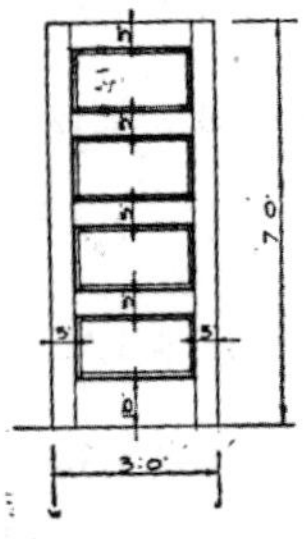

工料	尺寸			數量	合計	價格	結洋			備註
	闊	厚	高				洋松	柳安	柚木	
門梃	5寸	2寸	7尺3寸	2根	12尺	洋松每千尺$ 75 柳安每千尺$ 130 柚木每千尺$ 400	$ .90	$ 1.56	$ 4.80	
上帽頭	,,	,,	3尺2寸	1根	2.6尺	,, ,, ,,	$ .20	$ .34	$ 1.04	
中帽頭	,,	,,	,,	3根	7.8尺	,, ,, ,,	$ .59	$ 1.01	$ 3.12	
下帽頭	10寸	,,	,,	1根	5.3尺	,, ,, ,,	$ .40	$ .69	$ 2.12	
浜子線	1寸半	1寸	26尺半	2根	6.6尺	,, ,, ,,	$ .49	$ .86	$ 2.64	
膠夾板	2尺3寸	3分	4尺10寸	1塊	10.9尺	白楊每方尺$ .08 柳安每方尺$ .06 柚木每方尺$ .52	$ .87	$ .65	$ 5.67	
木匠工					12 工 14 工 14 工	每堂包工連飯$7.80 ,, $9 10 ,, $9.10	$ 7.80	$ 9.10	$ 9.10	每工以六角半計算
膠水							$ .05	$ .05	$ .05	
輸送							$ .06	$ .56	$ .06	
四寸方鉸鏈				2塊	1 對	銅鉸鏈每對$2.00 鐵鉸鏈每對$ .36	$ .35	$ .35	$ 2.00	連螺絲
釘							$ .40	$ .40	$ .40	
木料損蝕加20%							$ 2.76	$ 4.09	$15.51	
							$14.87	$19.16	$46.51	

上下帽頭一統浜子，浜子線於門梃做出每扇價格分析表

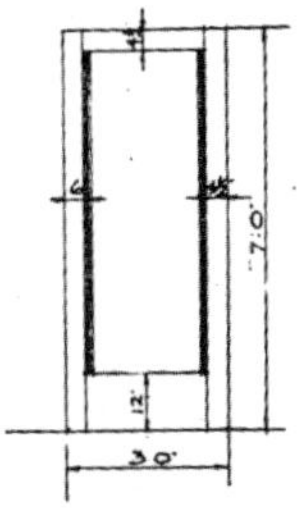

工料	尺寸			數量	合計	價格	結洋			備註
	濶	厚	高				洋松	柳安	柚木	
門梃	6寸	2寸	7尺3寸	2根	14.5尺	洋松每千尺$ 75 柳安每千尺$ 130 柚木每千尺$ 400	$ 1.09	$ 1.89	$ 5.80	
上帽頭	3尺2寸	,,	6寸	1根	3.2尺	,, ,, ,,	$ .24	$ .42	$ 1.28	
下帽頭	,,	,,	1尺	1根	6.3尺	,, ,, ,,	$ .47	$ .82	$ 2.52	
膠夾板	2尺1寸	3分	5尺9寸	1塊	12方尺	白楊每方尺$ .08 柳安每方尺$ .06 柚木每方尺$ .52	$ .96	$ .72	$ 6.24	
木匠工					六工 七工 七工	每堂包工連飯$3.90 每堂包工連飯$4.55 每堂包工連飯$4.55	$ 3.90	$ 4.55	$ 4.55	每工以六角半計算
輸送							$ .06	$ .06	$ .06	
膠水							$ .05	$ .05	$ .05	
四寸方鉸鏈				2塊	1對	銅鉸鏈每對$2.00 鐵鉸鏈每對$ .35	$ .35	$ .35	$ 2.00	連螺絲
木料損蝕加20%							$ 2.21	$ 3.08	$12.67	
							$ 9.33	$11.94	$35.17	

四帽頭中梃浜子洋門每扇價格分析表

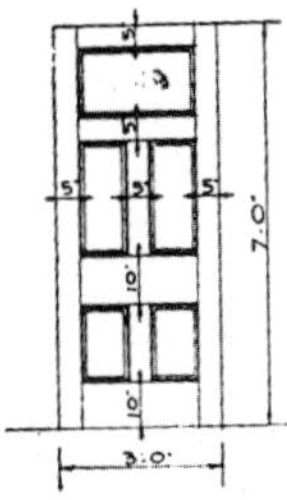

工料	尺寸			數量	合計	價格	結洋			備註
	闊	厚	高				洋松	柳安	柚木	
門梃	5寸	2寸	7尺3寸	2根	12尺	洋松每千尺$ 75 柳安每千尺$ 130 柚木每千尺$ 400	$ .90	$ 1.56	$ 4.80	
中梃	,,	,,	3尺8寸	1根	3尺	,, ,, ,,	$ .23	$ .39	$ 1.20	
上帽頭	,,	,,	3尺2寸	1根	2.6尺	,, ,, ,,	$ .20	$ .34	$ 1.04	
腰帽頭	,,	,,	,,	1根	2.6尺	,, ,, ,,	$ .20	$ .34	$ 1.04	
中帽頭	10寸	,,	,,	1根	5.3尺	,, ,, ,,	$ .40	$ .69	$ 2.12	
下帽頭	,,	,,	,,	1根	5.3尺	,, ,, ,,	$ .40	$ .69	$ 2.12	
浜子線	1寸半	1寸	27尺	2根	6.8尺	,, ,, ,,	$ .51	$ .88	$ 2.72	
膠板夾	2尺3寸 1尺11寸	3分	1尺3寸 3尺半	1塊	9.4方尺	白楊每方尺$ .08 柳安每方尺$ .06 柚木每方尺$ .52	$ .75	$ .56	$ 4.80	
木匠工					12工 14工 14工	每堂包工連飯$ 7.80 ,, $ 9.10 ,, $ 9.10	$ 7.80	$ 9.10	$ 9.10	每工以六角半計算
膠水							$ .05	$ .05	$ .05	
輸送							$ .06	$ .06	$ .06	
四寸方鉸鏈				2塊	1對	銅鉸鏈每對$ 2.00 鐵鉸鏈每對$ .35	$ .35	$ .35	$ 2.00	連螺絲
釘							$ .40	$ .40	$ .40	
木料損蝕加20%							$ 2.87	$ 4.36	$15.94	
							$15.12	$19.77	$47.48	

獨塊膠夾板浜子洋門每扇價格分析表

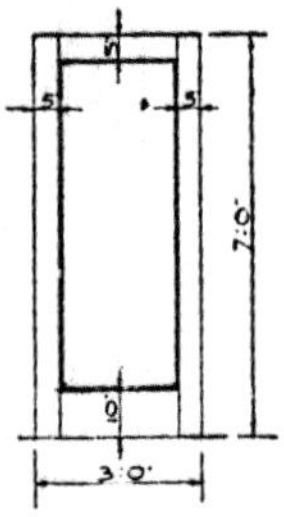

工料	尺寸 闊	厚	高	數量	合計	價格	結洋 洋松	柳安	柚木	備註
門梃	5寸	2寸	7尺3寸	2根	12尺	洋松每千尺$ 75 柳安每千尺$ 130 柚木每千尺$ 400	$ .90	$ 1.56	$ 4.80	
上帽頭	,,	,,	3尺2寸	1根	2.6尺	,, ,, ,,	$ .20	$ .34	$ 1.04	
下帽頭	10寸	,,	,,	1根	5.3尺	,, ,, ,,	$ .40	$ .69	$ 2.12	
浜子線	1寸半	1寸	16尺	2根	4.0尺	,, ,, ,,	$ .30	$ .52	$ 1.60	
膠夾板	2尺3寸	3分	6尺10寸	1塊	15.4方尺	白楊每方尺$ .08 柳安每方尺$ .06 柚木每方尺$ .52	$ 1.23	$ .92	$ 8.01	
木匠工					5 工 6 工 6 工	每堂包工連飯$3.25 ,, $3.90 ,, $3.90	$ 3.25	$ 3.90	$ 3.90	每工以六角半計算
膠水							$ .05	$ .05	$ .05	
輸送							$ .06	$ .06	$ .06	
四寸方鉸鏈				2塊	1對	銅鉸鏈每對$2.00 鐵鉸鏈每對$ .35	$ .35	$ .35	$ .35	連螺絲
釘							$ .30	$ .30	$ .30	
木料損蝕加20%							$ 2.42	$ 3.22	$14.06	
							$ 9.46	$11.91	$36.29	

三帽頭兩中梃浜子洋門每扇價格分析表

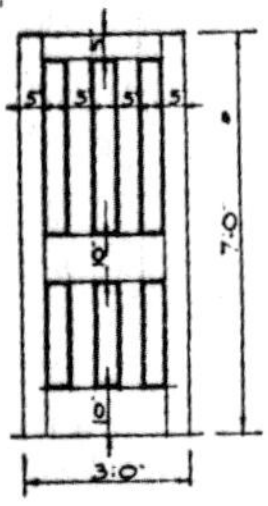

工料	尺寸 闊	厚	高	數量	合計	價格	結洋 洋松	柳安	柚木	備註
門梃	5寸	2寸	7尺3寸	2根	12尺	洋松每千尺$ 75 柳安每千尺$ 130 柚木每千尺$ 400	$ .90	$ 1.56	$ 4.80	
上帽頭	,,	,,	3尺2寸	1根	2.6尺	,, ,, ,,	$ .20	$ .34	$ 1.04	
中帽頭	10寸	,,	,,	1根	5.3尺	,, ,, ,,	$ .40	$ .69	$ 2.12	
下帽頭	,,	,,	,,	1根	5.3尺	,, ,, ,,	$ .40	$ .69	$ 2.12	
中梃	5寸	,,	5尺3寸	2根	8.8尺	,, ,, ,,	$ .66	$ 1.14	$ 3.52	
浜子線	1寸半	1寸	35尺	2根	8.8尺	,, ,, ,,	$ .66	$ 1.14	$ 3.52	
膠夾板	1尺7寸	3分	5尺1寸	1塊	8方尺	白楊每方尺$ .08 柳安每方尺$ .06 柚木每方尺$ .52	$ .64	$ .48	$ 4.16	
木匠工					5 工 6 工 6 工	每堂包工連飯$3.25 ,, $3.90 ,, $3.90	$ 3.25	$ 3.90	$ 3.90	
膠水							$ .05	$ .05	$ .05	
輸送							$ .06	$ .06	$ .06	
四寸方鉸鏈				2塊	1對	銅鉸鏈每對$2.00 鐵鉸鏈每對$ .35	$ .35	$ .35	$ 2.00	連螺絲
木料損蝕加20%							$ 3.09	$ 4.83	$17.02	
							$10.66	$15.23	$44.31	

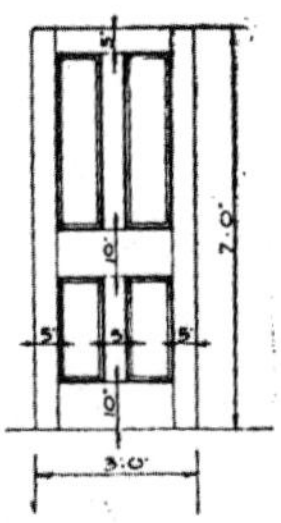

三帽頭一中梃浜子洋門每扇價格分析表

工料	尺寸 闊	厚	高	數量	合計	價格	結洋 洋松	柳安	柚木	備註
門梃	5寸	2寸	7尺3寸	2根	12尺	洋松每千尺$ 75 柳安每千尺$ 130 柚木每千尺$ 400	$ .90	$ 1.56	$ 4.80	
上帽頭	10寸	,,	3尺2寸	1根	5.3尺	,, ,, ,,	$ .40	$ .69	$ 2.12	
中帽頭	,,	,,	,,	1根	5.3尺	,, ,, ,,	$ .40	$ .69	$ 2.12	
下帽頭	5寸	,,	,,	1根	2.6尺	,, ,, ,,	$ .20	$ .34	$ 1.04	
中梃	,,	,,	1尺半	1根	1.3尺	,, ,, ,,	$ .10	$ .17	$ .52	
,,	,,	,,	3尺9寸	1根	3.1尺	,, ,, ,,	$ .23	$ .40	$ 1.24	
浜子線	1寸半	1寸	53尺半	1根	6.7尺	,, ,, ,,	$ .50	$ .87	$ 2.68	
膠夾板	1尺11寸	3分	5尺1寸	1塊	9.8方尺	白楊每方尺$ .08 柳安每方尺$ .06 柚木每方尺$ .52	$ .78	$ .59	$ 5.10	
木匠工					6 工 7 工 7 工	每堂包工連飯$3.90 ,, $4 55 ,, $4 55	$ 3.90	$ 4.55	$ 4.55	每工以六角半計算
膠水							$ .05	$ .05	$ .05	
輸送							$ .06	$ .06	$ .06	
四寸方鉸鏈				2塊	1 對	銅鉸鏈每對$2.00 鐵鉸鏈每對$ .35	$ .35	$ .35	$ 2.00	連螺絲
釘							$ .30	$ .30	$ .30	
木料損蝕加20%							$ 2.81	$ 4.25	$15.70	
							$10.98	$14.87	$12.28	

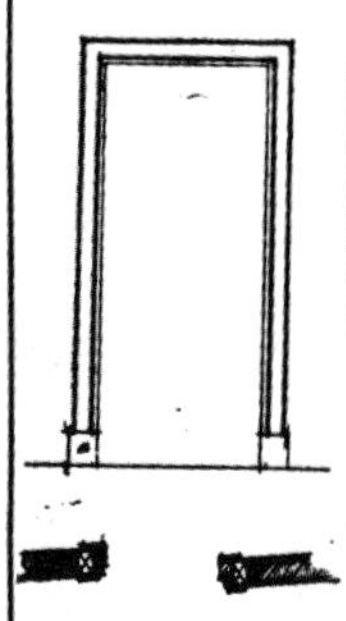

堂子連雙面門頭線每堂價格分析表

工料	尺寸 闊	厚	高	數量	合計	價格	結洋 洋松	柳安	柚木	備註
堂子梃	6寸	3寸	7尺半	2根	22.5尺	洋松每千尺$ 73 柳安每千尺$ 130 柚木每千尺$ 400	$ 1.69	$ 2.93	$ 9.00	
堂子帽頭	,,	,,	3尺5寸	1根	5.3尺	,, ,, ,,	$ .40	$ .69	$ 2.12	
豎直門頭線	4寸	1寸	7尺半	4根	10.0尺	,, ,, ,,	$ .75	$ 1.30	$ 4.00	
橫門頭線	,,	,,	3尺半	2根	2.3尺	,, ,, ,,	$ .17	$ .30	$ .92	
門頭線墩子	6寸	,,	7寸	4塊	1.2尺	,, ,, ,,	$ .09	$ .16	$ .48	
木匠工					2 工 3 工 3 工	每堂包工連飯$1.30 ,, $1.95 ,, $1.95	$ 1.30	$ 1.95	$ 1.95	每工以六角半計算
輸送							$ .06	$ .06	$ .06	
釘							$ .40	$ .40	$ .40	
鐵牆擱					4 只	每只$ .20	$ .80	$ .80	$ .80	
木料損蝕加20%							$ 2.48	$ 4.30	$13.22	
							$ 8.14	$12.89	$32.95	

四帽頭兩中梃浜子洋門每扇價格分析表

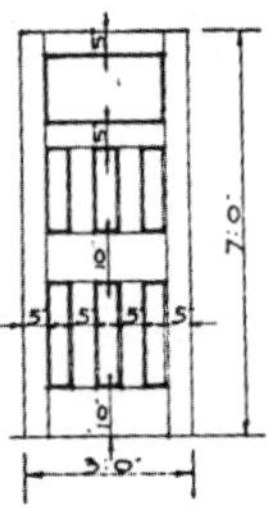

工料	尺寸 闊	尺寸 厚	尺寸 高	數量	合計	價格	結洋 洋松	結洋 柳安	結洋 柚木	備註
門梃	5寸	2寸	7尺3寸	2根	12尺	洋松每千尺$ 75 柳安每千尺$ 130 柚木每千尺$ 400	$ .90	$ 1.56	$ 4.80	
中梃	,,	,,	3尺6寸	2根	60尺	,, ,, ,,	$ .45	$ .78	$ 2.40	
上帽頭	,,	,,	3尺2寸	1根	2.6尺	,, ,, ,,	$ .20	$ .34	$ 1.04	
中帽頭	10寸	,,	,,	1根	5.3尺	,, ,, ,,	$ .40	$ .69	$ 2.12	
下帽頭	,,	,,	,,	1根	5.3尺	,, ,, ,,	$ .40	$ .69	$ 2.12	
浜子線	1寸半	1寸	32尺	2根	80尺	,, ,, ,,	$ .60	$ 1.04	$ 3.20	
膠夾板	1尺7寸 2尺3寸	3分	5尺2寸 1尺3寸	1塊	11.0方尺	白楊每方尺$ .08 柳安每方尺$ .06 柚木每方尺$ .52	$ .88	$ .66	$ 5.72	
木匠工					10工 12工 12工	每堂包工連飯$6.50 ,, $7.80 ,, $780	$ 6.50	$ 7.80	$ 7.80	每工以六角半計算
輸送							$ .06	$ .06	$ .06	
膠水							$ .05	$ .05	$ .05	
四寸方鉸鏈				2塊	1對	銅鉸鏈每對$ 2.00 鐵鉸鏈每對$ .35	$ .35	$ .35	$ 2.00	連螺絲
釘							$ .20	$ .20	$ .20	
木料損蝕加20%							$ 3.06	$ 4.61	$17.12	
							$14.05	$18.83	$48.63	

又一三帽頭上下浜子洋門每扇價格分析表

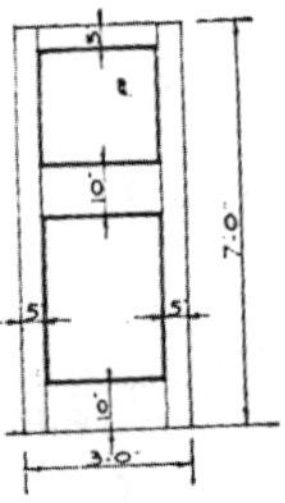

工料	尺寸 闊	尺寸 厚	尺寸 高	數量	合計	價格	結洋 洋松	結洋 柳安	結洋 柚木	備註
門梃	5寸	2寸	7尺3寸	2根	12尺	洋松每千尺$ 75 柳安每千尺$ 130 柚木每千尺$ 400	$ .90	$ 1.56	$ 4.80	
上帽頭	,,	,,	3尺2寸	1根	2.6尺	,, ,, ,,	$ .20	$ .34	$ 1.04	
中帽頭	10寸	,,	,,	1根	5.3尺	,, ,, ,,	$ .40	$ .69	$ 2.12	
下帽頭	,,	,,	,,	1根	5.3尺	,, ,, ,,	$ .40	$ .69	$ 2.12	
浜子線	1寸半	1寸	19尺	2根	4.8尺	,, ,, ,,	$ .36	$ .62	$ 1.92	
膠夾板	5尺 1寸	3分	2尺3寸	1塊	11.36尺	白楊每方尺$ .08 柳安每方尺$ .06 柚木每方尺$ .52	$ .90	$ .68	$ 5.88	
木匠工					6工	每堂包工連飯$3.90	$ 3.90	$ 3.90	$ 3.90	每工以六角半計算
膠水							$ .05	$ .05	$ .05	
輸送							$ .06	$ .06	$ .06	
四寸鐵鉸鏈				2塊	1對	銅鉸鏈每對$2.00 鐵鉸鏈每對$ .35	$ .35	$ .35	$ 2.00	連螺絲
釘							$ .30	$ .30	$ .30	
木料損蝕加20%							$ 2.53	$ 3.66	$14.30	
							$10.35	$12.90	$38.49	

經濟住宅之一

早期 美式住宅

此屋特點在於時濟緩免時遼全屋不需同時經濟要築，一舒造構建，可視經需增於美觀...

三室　　**初建住屋**　　尺寸 二十尺闊 二十四尺深

若覺此三室已敷居用，則構建大屋似可暫緩進行，而將金錢與子息節支，以備將來需用此屋之設計，即備隨時擴大建築之用。試閱下列平面圖：

所容方尺如下

初建住居	8000立方尺
將來第一次添築	6000立方尺
將來第二次添築	2600立方尺
共計	16,600立方尺

六室　　尺寸 三十四尺寬 二十四尺深

此圖示第一次添築與加增挑台後之式樣。

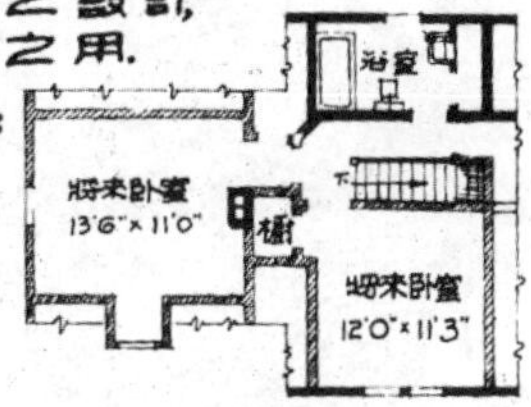

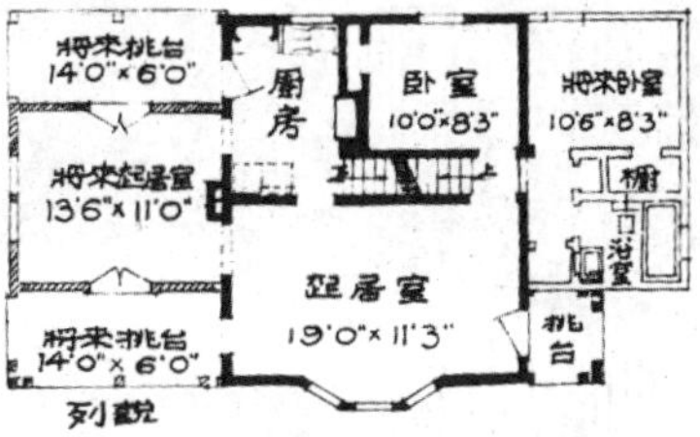

七室　　尺寸 四十五尺寬 二十四尺深

此圖示全部添建加築挑台後之式樣。

列說

▬ 初建三室住宅之牆垣

▨ 第一次添建之牆垣

═ 第二次添建之牆垣

上海市建築協會　彭伯剛

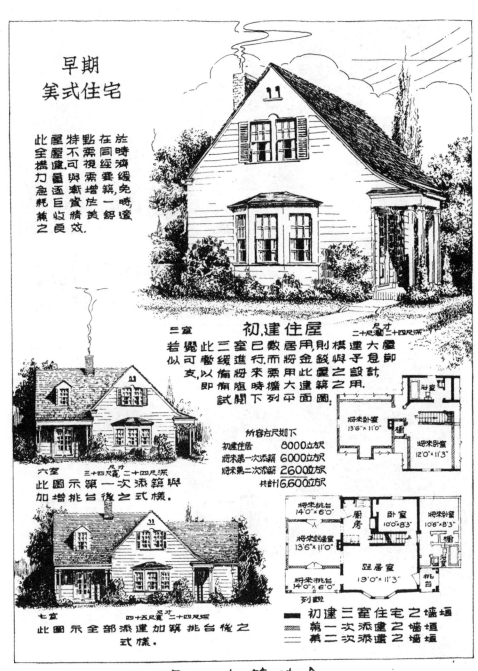

經濟住宅之二

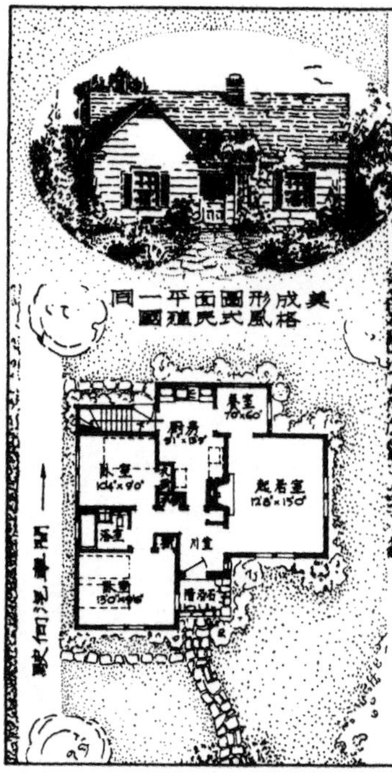

英國式的雋味

一所美國式的鄉村屋舍只要稍加改動便有英國式的雋味這是極經濟能事的建築設計

尺寸

大房子尺寸三十四尺寬三十二尺深包括全部尺寸三十六尺寬三十二尺深平頂高度八尺四寸地下室七尺共計面積一五六〇〇立方尺

壁爐

英國式樣

英國式住宅的外觀錯綜古趣盎然爲世界之雋味透映紙背平面圖示各室近代式佈置之特點

尺寸

大房子尺寸三十尺寬三十六尺半深包括全部尺寸三十二尺寬三十八尺深平頂高度八尺六寸地下室七尺共計面積一六〇〇〇立方尺

起居室隔之書架

上海市建築協會

劉家聲

建築材料價目表

磚瓦類

貨名	商號	大小	數量	價目	備註
空心磚	大中磚瓦公司	12″×12″×10″	每千	$250.00	車挑力在外
″ ″ ″	″ ″ ″ ″	12″×12″×9″	″ ″	230.00	
″ ″ ″	″ ″ ″ ″	12″×12″×8″	″ ″	200.00	
″ ″ ″	″ ″ ″ ″	12″×12″×6″	″ ″	150.00	
″ ″ ″	″ ″ ″ ″	12″×12″×4″	″ ″	100.00	
″ ″ ″	″ ″ ″ ″	12″×12″×3″	″ ″	80.00	
″ ″ ″	″ ″ ″ ″	9¼″×9¼″×6″	″ ″	80.00	
″ ″ ″	″ ″ ″ ″	9¼″×9¼×4½″	″ ″	65.00	
″ ″ ″	″ ″ ″ ″	9¼″×9¼″×3″	″ ″	50.00	
″ ″ ″	″ ″ ″ ″	9¼″×4½″×4½″	″ ″	40.00	
″ ″ ″	″ ″ ″ ″	9¼″×4½″×3″	″ ″	24.00	
″ ″ ″	″ ″ ″ ″	9¼″×4½″×2½″	″ ″	23.00	
″ ″ ″	″ ″ ″ ″	9¼″×4½″×2″	″ ″	22.00	
實心磚	″ ″ ″ ″	8½″×4⅛″×2½″	″ ″	14.00	
″ ″ ″	″ ″ ″ ″	10″×4⅞″×2″	″ ″	13.30	
″ ″ ″	″ ″ ″ ″	9″×4⅜″×2″	″ ″	11.20	
″ ″ ″	″ ″ ″ ″	9″×4⅜″×2¼″	″ ″	12.60	
大中瓦	″ ″ ″ ″	15″×9½″	″ ″	63.00	運至營造場地
西班牙瓦	″ ″ ″ ″	16″×5½″	″ ″	52.00	″ ″
英國式灣瓦	″ ″ ″ ″	11″×6½″	″ ″	40.00	″ ″
脊瓦	″ ″ ″ ″	18″×8″	″ ″	126.00	″ ″
瓦筒	義合花磚瓦筒廠	十二寸	每只	.84	
″ ″ ″	″ ″ ″ ″	九寸	″ ″	.66	
″ ″ ″	″ ″ ″ ″	六寸	″ ″	.52	
″ ″ ″	″ ″ ″ ″	四寸	″ ″	.38	
″ ″ ″	″ ″ ″ ″	小十三號	″ ″	.80	
″ ″ ″	″ ″ ″ ″	大十三號	″ ″	1.54	
青水泥花磚	″ ″ ″ ″		每方	20.98	
白水泥花磚	″ ″ ″ ″		每方	26.58	

水　泥　類

貨名	商號	標記	數量	價目	備註
水泥		象牌	每桶	$ 6.25	
水泥		泰山	,, ,,	6.25	
水泥		馬牌	,, ,,	6.30	

木　材　類

貨名	商號	說明	數量	價格	備註
洋松	上海市同業公會公議價目	八尺至卅二尺再長照加	每千尺	洋八十二元	
一寸洋松	,, ,, ,,		,, ,,	,, 八十四元	
半寸洋松	,, ,, ,,		,, ,,	八十五元	
洋松二寸光板	,, ,, ,,		,, ,,	六十四元	
四尺洋松條子	,, ,, ,,		每萬根	一百二十元	
一寸四寸洋松一號企口板	,, ,, ,,		每千尺	一百〇五元	
一寸四寸洋松一號企口板	,, ,, ,,		,, ,,	七十八元	
一寸六寸洋松一號企口板	,, ,, ,,		,, ,,	一百十元	
一寸六寸洋松二號企口板	,, ,, ,,		,, ,,	七十八元	
一二五四寸一號洋松企口板	,, ,, ,,		,, ,,	一百三十元	
一二五四寸二號洋松企口板	,, ,, ,,		,, ,,	九十五元	
一二五六寸一號洋松企口板	,, ,, ,,		,, ,,	一百六十元	
一二五六寸二號洋松企口板	,, ,, ,,		,, ,,	一百十元	
柚木（頭號）	,, ,, ,,	僧帽牌	,, ,,	六百三十元	
柚木（甲種）	,, ,, ,,	龍牌	,, ,,	四百五十元	
柚木（乙種）	,, ,, ,,	,, ,,	,, ,,	四百二十元	
柚木段	,, ,, ,,	,, ,,	,, ,,	三百五十元	
硬木	,, ,, ,,		,, ,,	二百元	
硬木（火介方）	,, ,, ,,		,, ,,	一百五十元	
柳安	,, ,, ,,		,, ,,	一百八十元	
紅板	,, ,, ,,		,, ,,	一百〇五元	
抄板	,, ,, ,,		,, ,,	一百二十元	
十二尺三寸六八皖松	,, ,, ,,		,, ,,	六十元	
十二尺二寸皖松	,, ,, ,,		,, ,,	六十元	

貨名	商號	說明	數量	價格	備註
一二五四寸柳安企口板	上海市同業公會公議價目	龍牌	每千尺	一百八十五元	
一寸六寸柳安企口板	,, ,, ,,		,, ,,	一百七十五元	
二寸一半建松片	,, ,, ,,		,, ,,	六十元	
一丈字印建松板	,, ,, ,,		每丈	三元三角	
一丈足建松板	,, ,, ,,		,, ,,	五元二角	
八尺寸甌松板	,, ,, ,,		,, ,,	四元	
一寸六寸一號甌松板	,, ,, ,,		每千尺	四十六元	
一寸六寸二號甌松板	,, ,, ,,		,, ,,	四十三元	
八尺機鋸杭松板	,, ,, ,,		每丈	二元	
九尺機鋸甌松板	,, ,, ,,		,, ,,	一元八角	
八尺足寸皖松板	,, ,, ,,		,, ,,	四元五角	
一丈皖松板	,, ,, ,,		,, ,,	五元五角	
八尺六分皖松板	,, ,, ,,		,, ,,	三元五角	
台松板	,, ,, ,,		,, ,,	四元	
九尺八分坦戶板	,, ,, ,,		,, ,,	一元二角	
九尺五分坦戶板	,, ,, ,,		,, ,,	一元	
八尺六分紅柳板	,, ,, ,,		,, ,,	二元一角	
七尺俄松板	,, ,, ,,		,, ,,	一元九角	
八尺俄松板	,, ,, ,,		,, ,,	二元一角	
九尺坦戶板	,, ,, ,,		,, ,,	一元四角	
六分一寸俄紅白松板	,, ,, ,,		每千尺	七十元	
一寸二分四寸俄紅白松板	,, ,, ,,		,, ,,	六十七元	
俄紅松方	,, ,, ,,		,, ,,	六十七元	
一寸四寸俄紅白松企口板	,, ,, ,,		,, ,,	七十四元	
一寸六寸俄紅白松企口板	,, ,, ,,		,, ,,	七十四元	
俄麻栗光邊板	,, ,, ,,		,, ,,	一百二十元	
俄麻栗毛邊板	,, ,, ,,		,, ,,	一百十元	
一二五，四寸企口紅板	,, ,, ,,		,, ,,	一百三十九元	

油　漆　類

貨名	商號	標記	裝量	價格	備註
AAA上上白漆	開林油漆公司	雙斧牌	二十八磅	九元五角	
AA上上白漆	,,,,	,,,,	,,,,	七元五角	
A上白漆	,,,,	,,,,	,,,,	六元五角	
A白漆	,,,,	,,,,	,,,,	五元五角	
B白漆	,,,,	,,,,	,,,,	四元七角	
AA二白漆	,,,,	,,,,	,,,,	八元五角	
K白漆	,,,,	,,,,	,,,,	三元九角	
KK白漆	,,,,	,,,,	,,,,	二元九角	
A各色漆	,,,,	,,,,	,,,,	三元九角	紅黃藍綠黑灰棕
B各色漆	,,,,	,,,,	,,,,	二元九角	,,,,
銀硃調合漆	,,,,	,,,,	五介侖	四十八元	
,,,,	,,,,	,,,,	一介侖	十元	
白及紅色調合漆	,,,,	,,,,	五介侖	二十六元	
,,,,	,,,,	,,,,	一介侖	五元三角	
各色調合漆	,,,,	,,,,	五介侖	二十一元	
,,,,	,,,,	,,,,	一介侖	四元四角	
白及各色磁漆	,,,,	,,,,	,,,,	七元	
硃紅磁漆	,,,,	,,,,	,,,,	八元四角	
金銀粉磁漆	,,,,	,,,,	,,,,	十二元	
銀硃磁漆	,,,,	,,,,	,,,,	十二元	
銀硃打磨磁漆	,,,,	,,,,	,,,,	十二元	
白打磨磁漆	,,,,	,,,,	,,,,	七元七角	
各色打磨磁漆	,,,,	,,,,	,,,,	六元六角	
灰色防銹調合漆	,,,,	,,,,	,,,,	二十二元	
紫紅防銹調合漆	,,,,	,,,,	,,,,	二十元	
鉛丹調合漆	,,,,	,,,,	,,,,	二十二元	
甲種清嘩呢士	,,,,	,,,,	五介侖	二十二元	
,,,,	,,,,	,,,,	一介侖	四元六角	
乙種清嘩呢士	,,,,	,,,,	五介侖	十六元	
,,,,	,,,,	,,,,	一介侖	三元三角	

貨名	商號	標記	裝量	價格	備註
黑嗶呢士	開林油漆公司	雙斧牌	五介侖	十二元	
，，，，	，，，	，，，	一介侖	二元二角	
烘光嗶呢士	，，，	，，，	五介侖	二十四元	
，，，，	，，，	，，，	一介侖	五元	
白牌純亞蔴仁油	，，，	，，，	五介侖	二十元	
，，，，	，，，	，，，	一介侖	四元三角	
紅牌熟胡蔴子油	，，，	，，，	五介侖	十七元	
，，，，	，，，	，，，	一介侖	三元六角	
乾液	，，，	，，，	五介侖	十四元	
，，，，	，，，	，，，	一介侖	三元	
松節油	，，，	，，，	五介侖	八元	
，，，，	，，，	，，，	一介侖	一元八角	
乾漆	，，，	，，，	廿八磅	五元四角	
，，，，	，，，	，，，	七磅	一元四角	
上白塡眼漆	，，，	，，，	廿八磅	十元	
白塡眼漆	，，，	，，，	，，	五元二角	

五金類

貨名	商號	數量	價格	備註
二二號英白鐵	新仁昌	每箱	六七元五角五分	每箱廿一張重四二〇斤
二四號英白鐵	同前	每箱	六九元〇二分	每箱廿五張重量同上
二六號英白鐵	同前	每箱	七二元一角	每箱卅三張重量同上
二二號英瓦鐵	同前	每箱	六一元六角七分	每箱廿一張重量同上
二四號英瓦鐵	同前	每箱	六三元一角四分	每箱廿五張重量同上
二六號英瓦鐵	同前	每箱	六九元〇二分	每箱卅三張重量同上
二八號英瓦鐵	同前	每箱	七四元八角九分	每箱卅八張重量同上
二二號美白鐵	同前	每箱	九一元〇四分	每箱廿一張重量同上
二四號美白鐵	同前	每箱	九九元八角六分	每箱廿五張重量同上
二六號美白鐵	同前	每箱	一〇八元三角九分	每箱卅三張重量同上
二八號美白鐵	同前	每箱	一〇八元三角九分	每箱卅八張重量同上
美方釘	同前	每桶	十六元〇九分	

貨名	商號	數量	價格	備註
平頭釘	同前	每桶	十八元一角八分	
中國貨元釘	同前	每桶	八元八角一分	
半號牛毛毡	同前	每捲	四元八角九分	
一號牛毛毡	同前	每捲	六元二角九分	
二號牛毛毡	同前	每捲	八元七角四分	
三號牛毛毡	同前	每捲	三元五角九分	

開灤鋼磚之特點

中國建築對於面飾之重視，已趨復興之象，時至今日，面磚佔極重要地位；建築師及製圖員致力於磚牆工作，一如十八世紀，同具此熱心。此蓋建築物之昂首雲霄，表現其美觀者，全藉面磚之力也。

面磚爲表示建築上美點之媒介，自昔無此權威，於今稱盛焉。將來則或有更大之發展。效用與美點或可與時俱增，但此均有待建築師之贊助磚瓦製造商者也。開灤礦務局爲盡其責任起見，備有大宗不同彩色及性質之面磚瓦，供客選擇。此種面磚在遠東久負盛名，產量極爲充足，倘各營造家建築師加以採用，定能稱心合意也。

開灤面磚優點，可列舉如下：

(一) 承受壓力，抵抗氣候變化及損蝕。
(二) 堅韌耐久，不曲不撓。
(三) 拆修改造，隨意所欲，可節省費用，減少工資。
(四) 磚面平滑光潔，適合衛生，纖塵不染。
(五) 美觀悅目。
(六) 式樣質地劃一，在交貨時可以担保。

會務

美國建築公會函邀本會參加一九三五年萬國建築聯合會會議

本會於去年十一月十五日，接美國建築公會來函，邀請本會選派代表，出席將於奧國蘇爾士堡舉行之一九三五年萬國建築聯合會議，並稱該項會議曾於一九三三年在英國倫敦舉行，成績頗佳云云。本會據函後當經函復該會，並詢問入會手續。茲錄往來函件譯稿於後：

來函『上海市建築協會執事先生台鑒。啓者：接奉貴會出版之「建築月刊」，披讀之餘，不勝欣感！吾人於美，殊未知貴國有此等偉大建築與公寓房屋之構造也。展閱之餘，頓擴眼界，敬將貴刊編入敝會圖書館。茲檢奉敝會出版之「美國建築公會會刊」一份，尚希詧收！如遠東尚有類似貴會之其他團體，務請賜示名稱地址，俾便通函。再者，一九三五年萬國建築聯合會議，將於奧國蘇爾士堡舉行，屆時世界著名領袖，均將出席，敝會謹邀請貴會參加。上屆會議舉行於英倫，極一時之盛，會議經過，詳載英國倫敦柯雪脫街三十七號建築公會發行之公報，請予參閱，爲荷！專此　順頌進步。亨利羅信仐(Henry S. Rosenthal)頓首。』

復函『美國建築公會羅信仐先生台鑒。敬復者，接奉十一月十五日來示，承邀敝會參加一九三五年萬國建築聯合會議；敝會除已致函英國倫敦柯雪脫街三十七號，索取上屆會議錄外，尚祈示知參加手續及其他要點，俾便斟酌辦理。並承詢遠東與敝會類似性質之團體一節，計在敝國上海者有中國工程師學會，(大陸商場五樓)中國建築師學會(大陸商場四二七號)及北平之中國營造學社。(中山公園內)尚希台詧，請與各該會通信可也。此復。並祝邁進成功。上海市建築協會杜彥耿叩。十二月二十一日。

工部局爲鋼條等加鐫牌號致函本會

上海公共租界工部局工務處，爲各著名鋼廠所出鋼條等貨品，加鐫凸飾牌號，以爲標識，藉資易於鑒別事，致函本會，請分別通知注意。除分函各會員外，茲將來函迻譯如后：『啓者：邇來建築界所用工字鐵及鋼條等，頗多缺點及隙裂之發現，影響公共安甯者至鉅，故有喚起注意之必要。查現時各商定購鋼條等材料，祇問價格高低，不究質地優劣；時有以不良之材料，用諸建築，自難担保安全。茲爲查驗時易於鑒別起見，各著名廠家，已在其鋼條等出品上，加鐫凸飾牌號，以爲標識。如各廠能一律實行此法，則出品劃一，可易區別，因各種鋼條等之堅性如何，均於其本身上明白註明也。惟此法若藉建築法規强制施行，殊感困難，應請有關係各方共同注意公共安全而賜與合作，方克有濟，尚希貴會轉知貴會會員加以採用，爲幸。此致上海市建築協會。』

本會服務部爲提倡國貨會設計滬南國展會會場

上海市民提倡國貨會爲宣傳國貨，特舉辦滬南國貨展覽會，會場勘定十六舖裏馬路泉漳會館空地興建，函請本會代爲設計，並估計造價。本會經允予義務代辦，當由服務部擬就全部圖樣，估計建築費用，送由該會依照蓋建。

上海特一法院指定本會派員鑑定訟案

本會於二月十九日接江蘇上海第一特區地方法院來函云：『逕啓者：案查本院受理馮天麟與方祥和工價涉訟一案，關於柏油馬路之工程是否與原約定相符一點，雙方各執一辭，本院認爲有鑑定之必要。現據當事人之聲請，業經指定貴會會同鑑定，希卽選派富有建築柏油馬路工程之建築師，於本年二月二十三日上午九時來院，以便會同雙方當事人等，前往鑑定，爲荷。此致建築協會。』本會准函，當卽推派常委杜彥耿君準時前往會同鑑定矣。

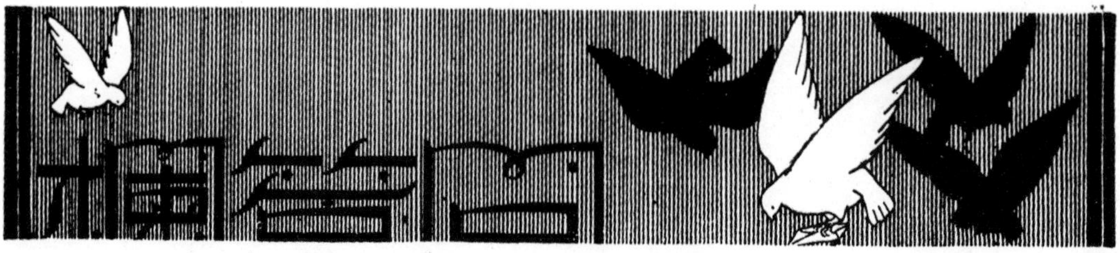

廖德珍君問： 南京外交部

現擬建造住宅一所，計樓房四間，下房三間；預算建築費二千六百元，水電工程之費用在外。茲將自擬圖樣（未經工程師檢閱）附呈台督，未卜是否合格，倘祈賜予改正，並請加以指示，倘蒙另繪圖樣，以資採用，尤所感荷！

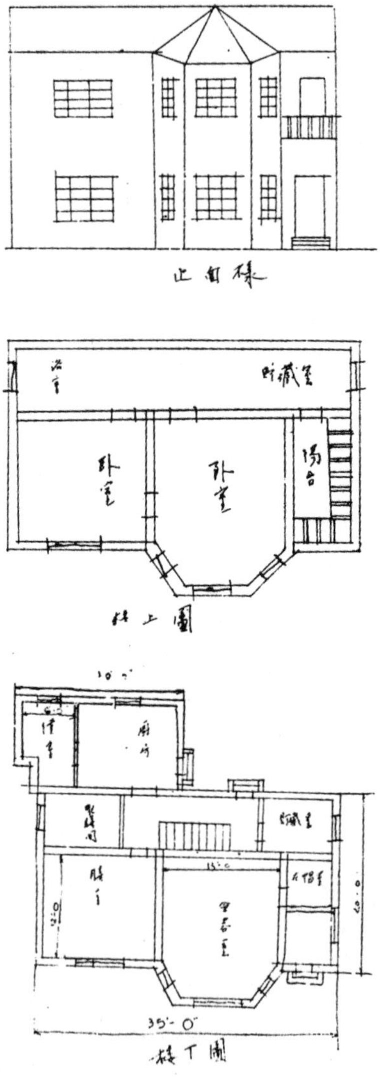

服務部答：

尊擬草樣，已披閱一過，依圖估計造價，與二千六百元之預算，相差過鉅，且浪費基地，似不甚經濟。茲特另奉平屋式樣二種，（請參閱經濟住宅之一之二）於建築費用暨所佔地位，均較爲經濟；造價照預算略加一千元後，已足敷應用矣。

曹墨侶君問： 廣東順德大良市政辦事處

（一）化糞池之構造，以何種爲最簡單最經濟，請示略圖。

（二）貴刊可否每期增載房屋重要部份之大樣。

服務部答：

（一）化糞池經濟之構造，請觀附圖。

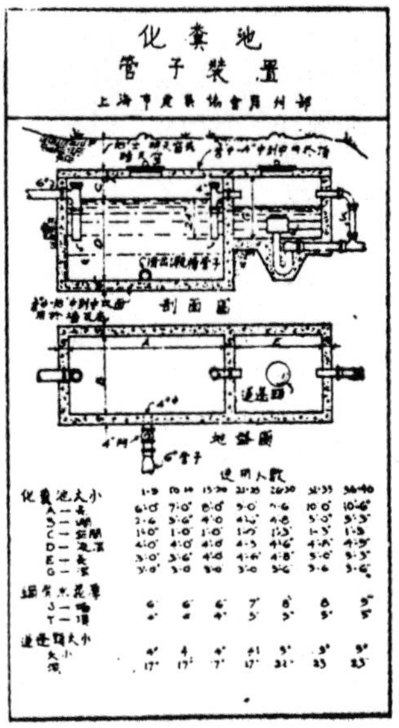

（二）房屋重要部份之大樣，擬增闢一欄刊登，現正在考慮計劃中。

俞震君問：漢陽兵工廠土木工程間

（一）如建造廠房一座，長六〇·〇〇公尺，擬配三角鐵架梁三十座，應配如何長寬厚之角鐵材料？開間各若干有無限制？該房應受何等重量及本身風雪壓力各重若干？

（二）又有棧房一座，長三〇·〇〇公尺，寬五六·二〇公尺，擬配木架梁十五排，大梁為一〇·〇〇公尺。其餘筒墩撐棍應用何種木料？俾資堅固。應配寬厚若干呎吋？開間限制若干？該棧房應受何種風雪壓力？

（三）生鐵空心方圓鐵柱，及生熟鐵版鐵條等，其重量以英呎或公尺計算？

服務部答：

（一）所稱架梁，是否係 Truss ，若係 Truss ，則其寬度(The span)過巨；況廠之長度六〇·〇〇公尺，而配以三十座架梁，每座架梁之距離，祇二·〇〇公尺，似覺太密。至於風雪壓力之負重若干，則應根據當地市政機關工務處之規定，不能任意臆斷，未便具復。

（二）此問與第一問之缺點略同，未見圖樣，殊難作正確之答復。如該項廠屋及棧房工程，需本部代為計算，務須將平面圖樣寄來。俾便核算。

（三）用公尺抑用英呎，須視採購處所而定；例如向英美購辦，當用英呎，若向法德購辦，則用公呎。

編餘

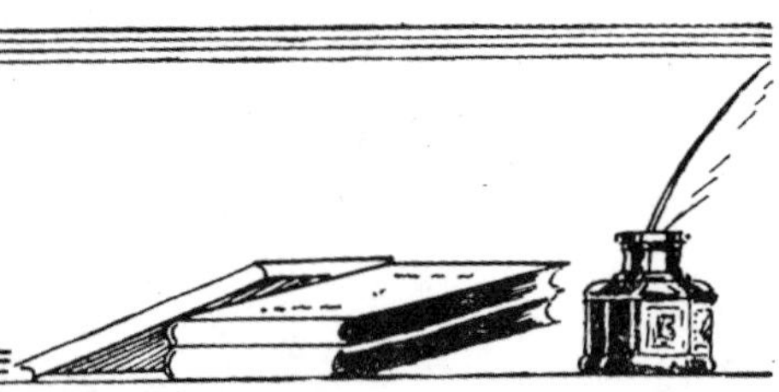

本刊爲適應讀者需要與趣味，對於取材，力求新穎，並注意多方面之羅致，故本期內容，頗多特致之作，茲略擇梗概，介紹於后：

本期插圖，除萬國儲蓄會新屋及上海市市長新邸外，如南京陣亡將士公墓，日本東京英使館，與聖愛娜舞場等建築圖樣，均係特殊而新穎之建築設計，因刊其全套圖樣，以供讀者參考。

南京陣亡將士公墓，係國府建築顧問美國茂飛建築師設計，馥記營造廠承造。公墓分爲紀念塔，紀念堂及紀念牌坊等三部，均採用我國古代形式，惟構造工程則憑藉最新科學方法。本刊除刊登全套圖樣外，並將重要各點放大，製版發表，以資觀摹。

英國駐日使館舊屋，曩年燬於大地震後，今已重建新屋。全部用鋼骨水泥構造，設計特殊，每一建築劃分爲若干「抵抗地震分段」，足以應付強烈之地震，已著成效。本期刊其全套圖樣，並爲文介紹焉。

聖愛娜舞廳係由普通房屋改建，構造非常合適。本刊以舞藝日益普遍，舞場爲應需要而相繼建築；茲爲便利改建設計之參考起見，爰將聖愛娜改建圖樣付梓也。

文字方面亦頗多可誦之作，如林同棪君之「桿件各性質C，K，F之計算法」，漸君之「輕量鋼橋面之控制」，玲君之「混凝土護土牆」，及朗琴君之「中國之變遷」等，各具特色，爲極有價值之建築著作。

「桿件各性質C，K，F之計算法」，續上期「克勞氏連架計算法」而作，讀者可參閱也。林君自美返國後，現服務於津浦鐵路，於百忙中允爲本刊長期撰述。編者除向林君表示感謝外，並爲愛讀諸君告。

「輕量鋼橋面之控制」一文，係敘述美國突破活動橋梁長途紀錄之橋梁工程，頗爲詳細。查近代輪艦交通於河流，每感受橋梁之阻礙；苟顧全水上交通，則又妨礙陸行。活動橋梁之建築，在我國亦已成爲急需，爰特選登之。

「混凝土護土牆」一文，乃英國愛特羅氏對於純混凝土與鋼筋混凝土護土牆之研究心得。大意爲比較純混凝土，輕鋼筋混凝土與重鋼筋混凝土三式剖面構造之經濟研究，並用二種理論以求土壓力。文中述之頗詳。

「中國之變遷」係香港大學工學院院長史密斯氏之原著，敘寫我國舊有建築，頗有切合之處，於此可覘外人對於我國建築見解之一斑，因亟將朗琴君譯稿付刊。

長篇「工程估價」及「建築辭典」，均仍續刊。其他如住宅欄等，恕不贅述，請讀者展閱。

下期稿件，已陸續付梓，當準期出版。

預定

全年	十二冊	大洋伍元
郵費	本埠每冊二分,全年二角四分;外埠每冊五分,全年六角;國外另議	
優待	同時定閱二份以上者,定費九折計算。	

投稿簡章

1. 本刊所列各門，皆歡迎投稿。翻譯創作均可，文言白話不拘。須加新式標點符號。譯作附寄原文，如原文不便附寄，應詳細註明原文書名，出版時日地點。
2. 一經揭載，贈閱本刊或酌酬現金，撰文每千字一元至五元，譯文每千字半元至三元。重要著作特別優待。投稿人却酬者聽。
3. 來稿本刊編輯有權增删，不願增删者，須先聲明。
4. 來稿概不退還，預先聲明者不在此例，惟須附足寄還之郵費。
5. 抄襲之作，取消酬贈。
6. 稿寄上海南京路大陸商場六二〇號本刊編輯部。

建築月刊

第二卷・第二號

中華民國二十三年二月份出版

編輯者 上海市建築協會 南京路大陸商場

發行者 上海市建築協會 南京路大陸商場

電話 九二〇〇九

印刷者 新光印書館 上海聖母院路聖達里三一號

電話 七四六三五

（定閱月刊）

茲定閱貴會出版之建築月刊自第……卷第……號起至第……卷第……號止計大洋……元……角……分外加郵費……元……角……分一併匯上請將月刊按期寄下列地址爲荷此致

上海市建築協會建築月刊發行部

……啓……年……月……日

地址……

（更改地址）

啓者前於……年……月……日在

貴會訂閱建築月刊一份執有……字第……號定單原寄……收現因地址遷移請卽改寄……收爲荷此致

上海市建築協會建築月刊發行部

……啟……年……月……日

（查詢月刊）

啓者前於……年……月……日

訂閱建築月刊一份執有……字第……號定單寄……收茲查第……卷第……號尚未收到祈卽查復爲荷此致

上海市建築協會建築月刊發行部

……啓……年……月……日

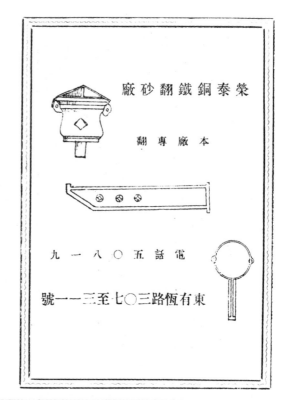

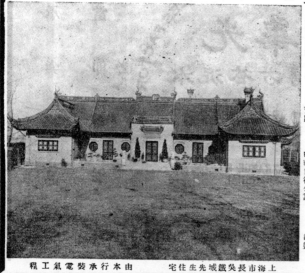

CITROËN

Wheelbase 167"

異軍突起之兩噸

「雪鐵龍」

六汽缸運貨汽車

構造堅固。機力强大。

費用節省。駛行極便。

投資於此。萬無一失。

總經理

法大汽車公司

上海霞飛路四二四—四二六號

電話 八四一〇四 八四一〇五

久記營造廠

本廠專造機房碼頭鐵道橋樑以及一切大小鋼骨水泥工程

事務所：上海圓明園路二十三號

廠設：上海南市機廠街二一七號

電話 { 一九一七六
二二〇二五

SPECIALISTS IN

GODOWN, HARBOR, RAILWAY, BRIDGE, REINFORCED CONCRETE AND GENERAL CONSTRUCTION WORKS.

THE KOW KEE CONSTRUCTION CO.

Town office: 23 Yuen Ming Yuen Road.

Factory: 217 Machinery Street, Nantao.

TELEPHONE { 19176
22025

英商

中國造木有限公司

唯一機器製造的木工專家

上海楊樹浦路一四二六號

電報掛號 "woodworkco"

電話五另另六八號

進行工程

漢密爾登大廈（第二部）
建業公寓「D」及「E」
業廣建築師法萊才先生住宅
麥特赫斯脫公寓
郝齊路公寓
法商電車公司寫字間
貝當路公寓
北四川路狄斯威路口公寓

已竣工程

漢密爾登大廈（第一部）
河濱大廈
都城飯店
大華公寓
建業公寓「A」「B」及「C」
海格路公寓
李斯特研究院
業廣協理白克先生住宅

總經理

英商祥泰木行有限公司

LEAD AND ANTIMONY PRODUCTS

各種鉛銻出品

英國聯合鉛丹製造公司製造

紅白鉛丹
各種成份，各種質地，（乾粉，厚質及調合）

黃鉛養粉（俗名金爐底）
質地清潔，並無混雜他物。

活字鉛
「磨耐」「力耐」「司的了」等，合任何各種用途。

鉛片及鉛管
用化學方法提淨，合種種用途。

鉛線
合鋼管接連處銲錫等用。

硫化銻（養化鉛）
合橡膠廠家等用。

如蒙垂詢詳情及價目等請駕
中國總經理處
英商吉星洋行
四川路三二〇號

WILKINSON, HEYWOOD & CLARK
SHANGHAI – TIENTSIN – HONGKONG

中國近代建築史料匯編（第一輯）

建築月刊

第二卷 第三期

The BUILDER
建築月刊
陵園碑亭
VOL. 2 NO. 3
第二卷 第三期
徵求會員
建設民生主義之社會
上海市建築協會
吳鐵城題

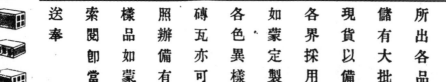

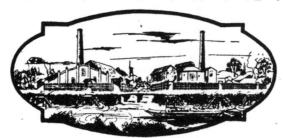

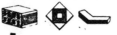

英商

中國造木有限公司

唯一機器製造的木工專家

上海楊樹浦路一四二六號

電報掛號"woodworkco"

電話五另另六八號

進行工程

漢密爾登大廈（第二部）
建業公寓「D」及「E」
業廣建築師法萊才先生住宅
麥特赫斯脫公寓
祁齊路公寓
法商電車公司寫字間
貝當路公寓
北四川路狄斯威路口公寓

已竣工程

漢密爾登大廈（第一部）
河濱大廈
都城飯店
大華公寓
建業公寓「A」「B」及「C」
海格路公寓
李斯特研究院
業廣協理白克先生住宅

總經理

英商祥泰木行有限公司

We manufacture -- FACE BRICKS, PAVING BRICKS.

製造面磚及甃地磚專家

右圖係示粗紋面磚混合淡黃或金黃之色彩，非爲磚料質地之表現也。

This is a very near representation in Colour of our mixed Buff or Gold colours, but they do not represent the texture of our rough face brick.

右圖係天津意租界電車路所舖之開灤路磚。

開灤礦務局

上海外灘十二號　　電話一一〇七〇

THE KAILAN MINING ADMINISTRATION,

12 The Bund.　　Telephone 11070

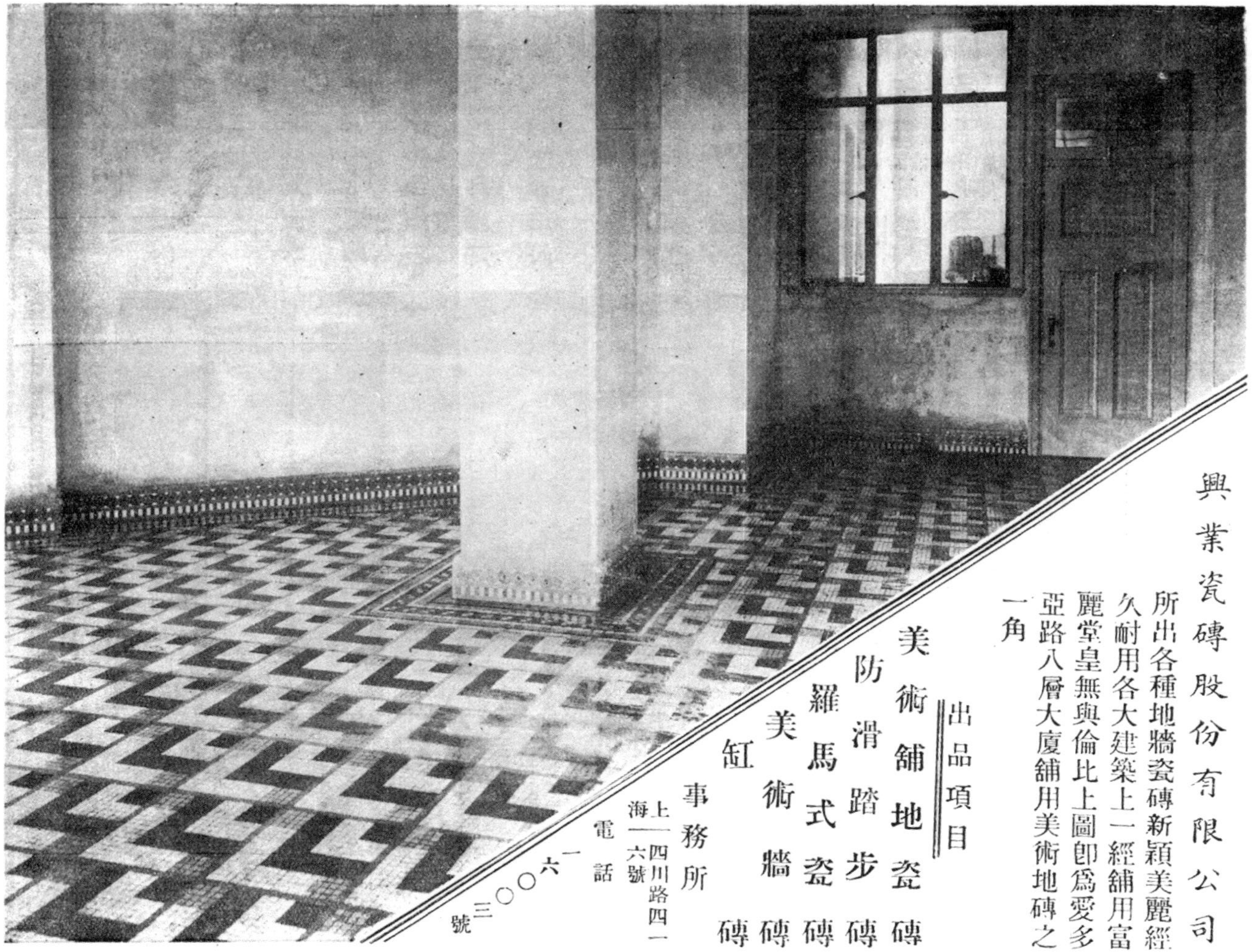

FAR EASTERN DECORA, LTD.

遠東雲石股份有限公司

New invented artificial marble

"DECORA"

德國專家新發明之

"德高拉"

雲石。已爲歐西各國建築界所一致公認之最優美而最經濟的石料。故現代建築，咸多樂用之。

現經本公司購得祕密製造方法。獨家出品。在中國全部及南洋各埠有專銷權。凡欲求建築之富麗雄壯。合用而經濟者。誠不可不採用焉。

DADO & FLOOR INSTALLATIONS.台度及池板裝置

EXTERIOR WALL PANEL.外牆浜子

for FLOORING,
DADO,
PANELLING WALL
EXTERIOR & INTERIOR

Permanent,
Durable,
Weather Proof including
Sun Proof.

Low Cost and
Economical.

Samples and quotations
supplied on request.

"德高拉"雲石之特點，列下：

（一）石質　堅固耐久　不畏冰霜烈日

（二）顏色　各色皆有　任隨指定製造

（三）光彩　永遠不變　不忌磨擦污垢

（四）代價　極端低廉　適合時代經濟

Temporary Office:

169 Rue Porte de l' Ouest, Shanghai, Tel. 85691

地　址

上海法租界西門路西成里一六九號

電話　八五六九一

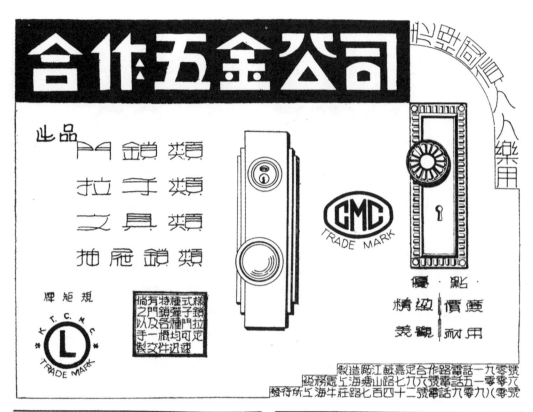

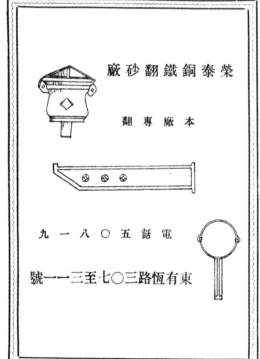

美益水電工程公司

MAYEE & CO.

452 Kiangse Road. Tel. 13867

Engineers & Contractors for Heating, Sanitary & Electrical installations, Deep-Well Boring.

Since ten years we have undertaken several hundreds of importants jobs in Shanghai, and outports as in Nanking, Wusih, Soochow and Hangchow, and all were given to the satisfaction of the Architects and the Owners.

ESTIMATES GIVEN FOR HEATING, SANITARY AND ELECTRICAL INSTALLATIONS WITHOUT OBLIGATIONS.

MAYEE AND CO. STAND BEHIND EVERY JOB ENTRUSTED TO THEIR CARE. ABSOLUTE SATISFACTION GUARANTEED. Try Us!

本公司自運歐美五金及水電材料並專門承包泗汀冷熱水管衛生器具及電氣工程包鑿自流井裝設水塔空氣機馬達等等均有專門人才如蒙　委托或詢問當代計劃而不取分文本公司本外埠如南京、無錫、蘇州、杭州、威海衛等處均曾包有極大工程皆得建築師及業主之滿意

地址　江西路四五二號

電話　一三八六七號

THE SHANGHAI STUCCO COMPANY

CONTRACTORS, INTERIOR AND EXTERIOR ART DECORATORS.

128 Museum Road. Rooms 521-523 Tel. 10225

上海大理石公司

博物院路一二八號 電話一〇二二五

WE UNDERTAKE TO DECORATE AND IMPROVE THE INTERIOR AND/OR EXTERIOR OF ANY BUILDING IN STUCCO AT A VERY LOW COST, COLOURING AND DESIGN TO SUIT YOUR REQUIREMENTS. GIVE US A TRIAL AND YOU WILL BE ASSURED OF THE BEST RESULTS.

比國鋼業聯合社

上海九江路十四號

敝社係比國七大鋼廠駐滬總分銷處經售金屬用品承造鋼鐵工程舉凡

鐵路鋼軌 電車鋼軌 各式橋樑 採礦工具 工業機械 電氣用品 鋼窗材料 鋼條鋼板 等等莫不應有盡有色色俱備如蒙 賜顧竭誠歡迎

電話一二一九七

UCOMETAL

(Union Commerciale Belge de Metallurgie, S.A.)

No. 14 Kiukiang Road.

Telegraphic Address UCOMETAL—Shanghai

Telephone 12197

本廠最近承造之中匯銀行大廈

久記營造廠

事務所　上海圓明園路二十三號

廠設　上海南市機廠街二一七號

電話　一九一七六　二二〇二五

本廠專造
棧房碼頭
鐵道橋樑
以及一切
大小鋼骨
水泥工程

SPECIALISTS IN

GODOWN, HARBOR, RAILWAY, BRIDGE, REINFORCED

CONCRETE AND GENERAL CONSTRUCTION WORKS.

THE KOW KEE CONSTRUCTION CO.

Town office: 23 Yuen Ming Yuen Road.

Factory: 217 Machinery Street, Nantao.

TELEPHONE { 19176
22025

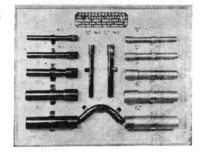

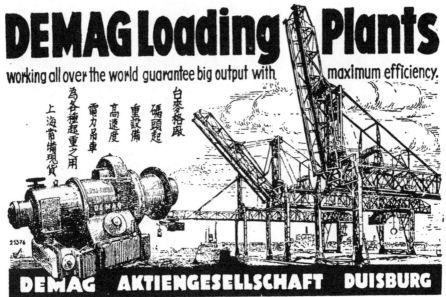

POMONA PUMPS

凡裝自流井
而欲求最經
濟之水源請
採用最新式

「普摩那」
電機抽水機

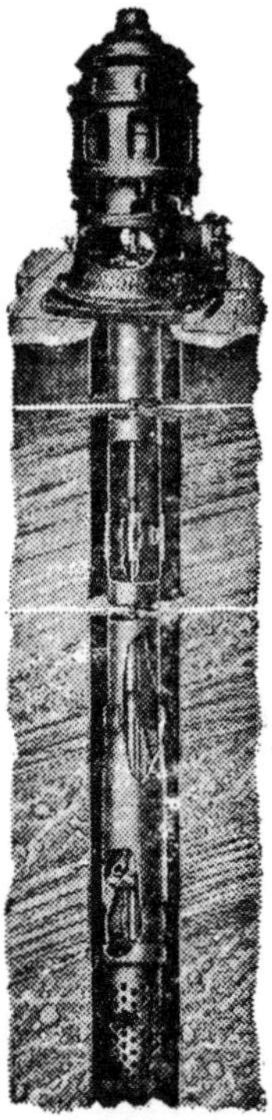

最新式之抽水設備

PUMPING WATER
THE MODERN WAY

「普摩那」透平式抽水邦浦。利用機械與水壓原理製成。適得其宜者。

「普摩那」透平邦浦。絕對可靠。費用儉省。而出水量較多。

常年運用。幾無需耗費管理或修理等費。

時間減少。出水量增多。無需裝置價格昂貴之壓氣機等設備。大小邦浦。皆可裝置自動機件。

出水量。每分鐘自十五伽倫至五千伽倫。大小俱備。

抽水機軸。每隔十尺。裝有橡皮軸承。用水潤滑。靈便。可靠。

所佔裝置地位極小。

用美國威斯汀好司廠馬達發動之。

滬上各處裝置。成績優良。咸皆贊美。

總經理美商茂和公司

上海圓明園路廿四號　電話一一三一〇

瑞昌
銅鉄五金
工廠
承辦建築一切銅鉄工程
常備大批新式異樣堅固門鎖
漢口路四二一號 電話九四四六〇
靜安寺路六七六號 電話三一九六七號
工廠 同孚路二四三號

久泰錦記營造廠

本廠承造中之萊斯德工藝學院

斯校爲已故萊斯德氏慨捐鉅資創辦其規模之宏偉
設備之完善爲遠東首屈一指

萊斯德工藝學院是純粹科學化之最新建築

本廠爲現代唯一建築專家，依據工業技術之豐富經驗；承造現代科學化，美術化；一切大小建築工程，工堅料實，美觀迅速，深荷業主暨各界一致嘉許，萊斯德學院，爲本廠最近承造工程之一，承蒙委托，敢以信譽，確保滿意。

久泰錦記營造廠是現代建築界之唯一專家

事務所：博物院路一三一號

電話 一七五〇一號
一四七二六號

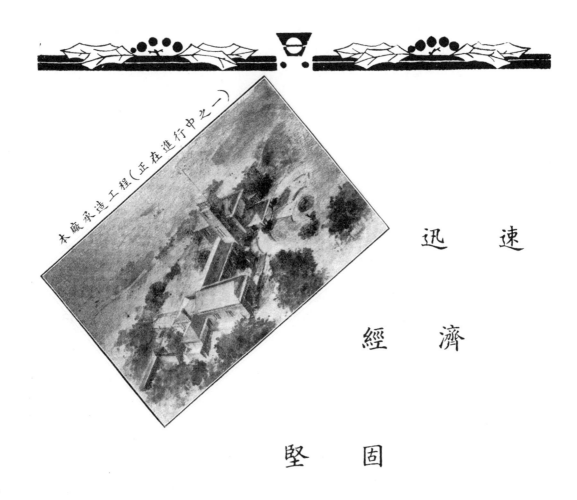

建築月刊

第二卷第三號
民國二十三年三月份出版

目錄

THE BUILDER

March 1934 Vol. 2 No. 3

LEADING CONTENTS

廣告索引

上海市建築協會第二屆徵求會員大會宣言

溯本會發軔於民國十九年春，由上海市建築界三十餘同仁共同發起，閱一載而正式成立。維時贊同加入者已逾百人，皆熱心發揚建築學術促進建築事業之建築界同志也。三載以還，雖國家多難，滬市凋敝，本會仍本其堅强之毅力勇往之精神而努力進行。諸同仁咸以公私薈集之身，而無時不予精神或物質上之慰助，使會務於風雨飄搖中，得慘淡經營而始終不懈。夫建築事業隨時代之巨輪以勱進，都市中之崇樓大廈日有新建；設實業計劃一一實現，機關廠屋以及公共場所勢將大興土木，更有待乎建築界之服務。同仁既受國家之期望至切，亟應如何奮勉耶？今者，建築材料既多取自舶來，房屋設計又多仰仗外人，建築物之漸增，卽金錢之漏巵無已。尤以上海爲甚，因建築物倣效西式，故多採材海外。凡此種種，我建築同人宜籌補救之策，不容或忽者也。當此物競之候，墨守繩規，終歸淘汰；拘囿一隅，未免寡聞。須推陳出新，以應時代之需要。本會創設之初衷，卽本諸斯旨，如國貨材料之提倡，職工教育之實施，工場制度之改良等，嘗於成立大會宣言中剴切言之；歷年會務之工作進行，亦無時不引爲準鵠，如建築月刊之發行，附屬夜校之創設，以及服務部之成立，所以提倡建築學術，培植專門人才，而督促建築事業之進展也。惟同人等寡於見聞，自慚棉薄，獲效距理想尚遠，現正勵精圖治，以謀次第實現。且也，獨木不能取火，積沙方可成塔，自必鞏固集團，作工戰之先鋒，共赴改革之陣線，庶幾建築物之光榮可期。惟茲事體大，非徵集同志，彙集羣思，循軌而作有效之奮進不可。我全國同業均應負荷一分責任，同具救國之志，各本互助之心，以貫澈共存共榮之原則，建築事業有厚望焉。本會有鑒及此，爰有舉行第二屆徵求會員大會之決議，佇盼營造家建築師工程師監工員及建築材料商等，踴躍參加，共襄進行，建築業幸甚！

上海市建築協會章程

定　名　上海市建築協會

宗　旨　本會以研究建築學術改進建築事業並表揚東方建築藝術爲宗旨

會　員　凡營造家建築師工程師監工員及與建築業有關之熱心贊助本會者由會員二人以上之介紹並經執行委員會認可均得爲本會會員

職　員　本會設執行委員會及監察委員會其委員均由大會產生之

（甲）人數　執行委員會設委員九人候補執行委員三人監察委員會設委員三人候補監察委員二人執行委員互選常務三人常務委員中互選一人爲主席

（乙）任期　各項委員任期以一年爲限連舉得連任但至多以三年爲限各項委員未届期滿而因故解職者以候補委員遞補之但以補足一年爲限

（丙）職權　執行委員會執行會務籌議本會一切進行事宜對外代表本會幷得視會務之繁簡酌雇辦事員辦理會務監察委員負監察全會之責任對執行委員及會員有提出彈劾之權各項委員均爲名譽職但因辦理會務得核實支給公費

職　務　本會之職務如左

（一）調査統計建築工商或團體機關及有關於建築事務者

（二）研究建築學術儘量介紹最新並安全之建建方法

（三）提倡國產建築材料並研究建築材料之創造與改良

（四）設計並徵集改良之建築方法介紹於國人

（五）表揚東方建築藝術介紹於世界

（六）設法提倡改善勞工生活與勞動條件

（七）建議有關建築事項於政府

（八）答復政府之咨詢及委託事項

（九）印行出版物

（十）舉辦勞工教育及職業教育以提高建築工人之程度並造就建築方面之專門人才

（十一）舉辦建築方面之研究會及演講會

（十二）創設圖書館及書報社

（十三）設備會員俱樂部及其他娛樂事項

（十四）提倡並舉辦貯蓄機關及勞動保險

（十五）其他關於改進建築事業事項

會　議　本會會議分下列三種

（甲）大　會　本會每年舉行大會一次討論重要會務報告帳略並修訂會章選舉執監委員其日期由執行委員會酌定通告之

（乙）常　會　執行委員會每月舉行常會一次開會時監察委員應共同列席必要時並得舉行執監聯席會議

（丙）臨時會　凡執行委員三分之一或監察委員三分之二以上或會員十分之一以上之同意均得召集臨時大會

會員之權利及義務

（甲）義　務

（一）會員均有繳納會費及臨時捐助之義務會費暫定每年國幣貳拾元臨時捐無定額由會員量力捐助之

（二）會員均應遵守會章如有違反者由監察委員會提出彈劾予以除名或具函或登報警告之處分

（乙）權　利

（一）會員得提出建議於執行委員會請求審議施行

（二）會員得依據會章請求召集臨時大會

（三）會員均有選舉權及被選舉權

（四）會員均得享受本會各項設備之使用權

（五）會員均得享受章程所定一切權利

（六）會員有正當理由得隨時提出退會惟已繳會費概不退還

會　費　本會會費由會員繳納之如有餘裕由基金委員會負責保管不得用於無關本會之事

解散及清算　本會遇有不得已事變或會員三分之二以上之可決必須解散時必依法呈報當地政府備案並聲請清算方得行之

會　址　南京路大陸商場六樓六二〇號

附　則　本章程如有應行修正之處俟大會決定之並呈請當地政府核准施行

上海市建築協會

致本刊讀者暨各建築師工程師函

啓者同人等應時代環境之需要自組織上海市建築協會以來瞬已五載並經國民政府教育部備案認爲合法之文化團體過去工作如發行月刊創設夜校服務社會不遺餘力現爲普遍外界入會機會共謀建築技藝之推進起見特自四月二十七日起舉行第二屆會員徵求大會本刊讀者不乏建築界先進及工程界鉅子茲附入會志願書於后會章見上頁如願加入者無論建築師工程師材料商以及與建築有關者均可填寫志願書寄下此啓

上海市建築協會啓

入會志願書

茲鄙人願加入

上海市建築協會爲會員謹具履歷如後

姓名　　　　住址

籍貫　　　　年齡

職業　　　　營業所在

營業年數

除具上列履歷備查外鄙人已將上海市建築協會章程詳細審閱如邀合

選入會願永遵守此具入會志願書

具志願書人　　　　（簽名蓋章）

中華民國　　年　　月　　日

PROPOSED "PÉRE ROBERT APARTMENT"-- H. J. Hajek, B. A., M. A., A. S., Architect.

計擬中之金神父公寓　　海其渴建築師設計

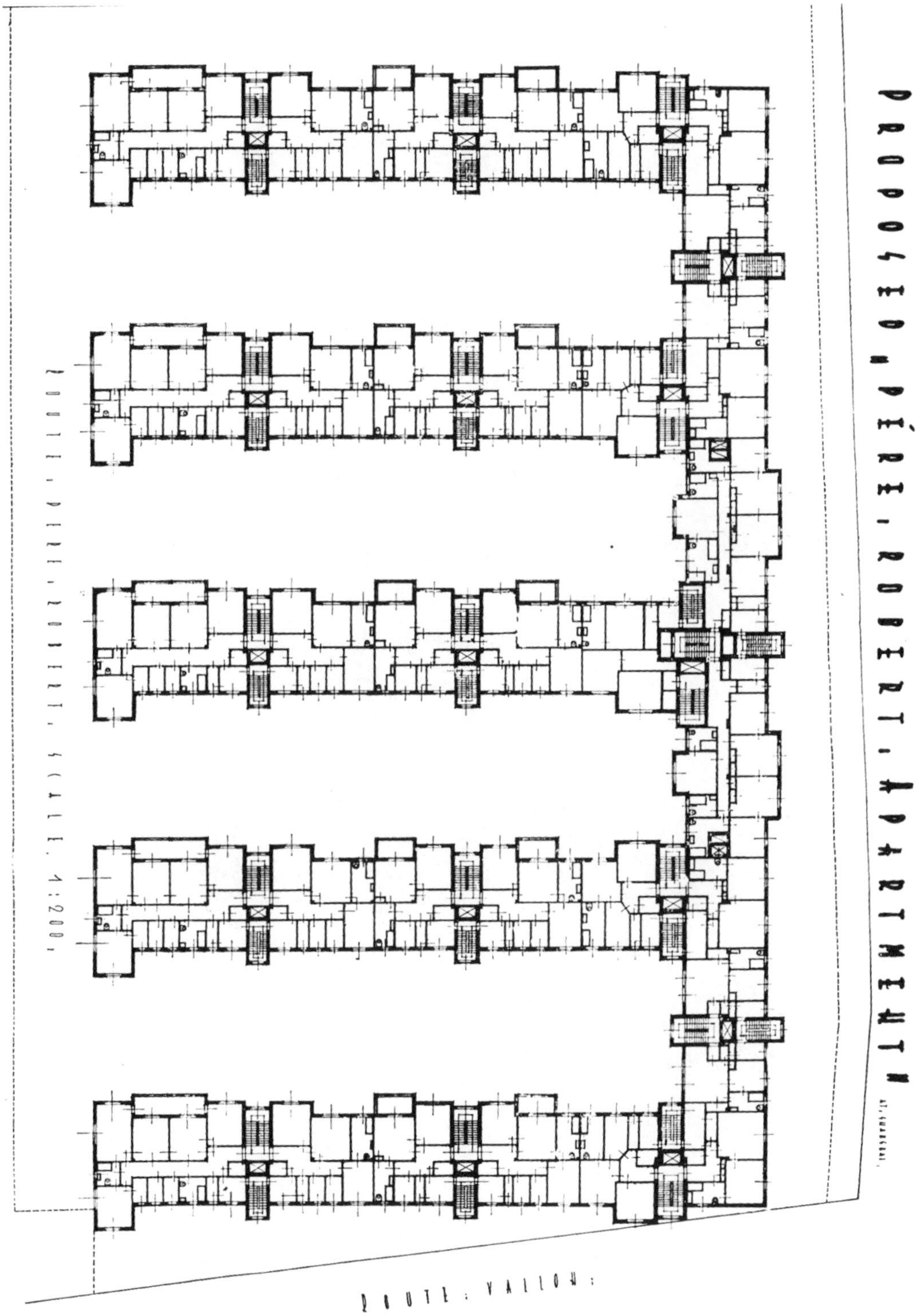

計擬中之金神父公寓平面圖　　海其湯建築師設計

Hotel Sanatorium at Kagahashi, Dairen.

大連將建之一旅館

Mr. J. P. Gleboff, Architect.

葛羅甫建築師設計

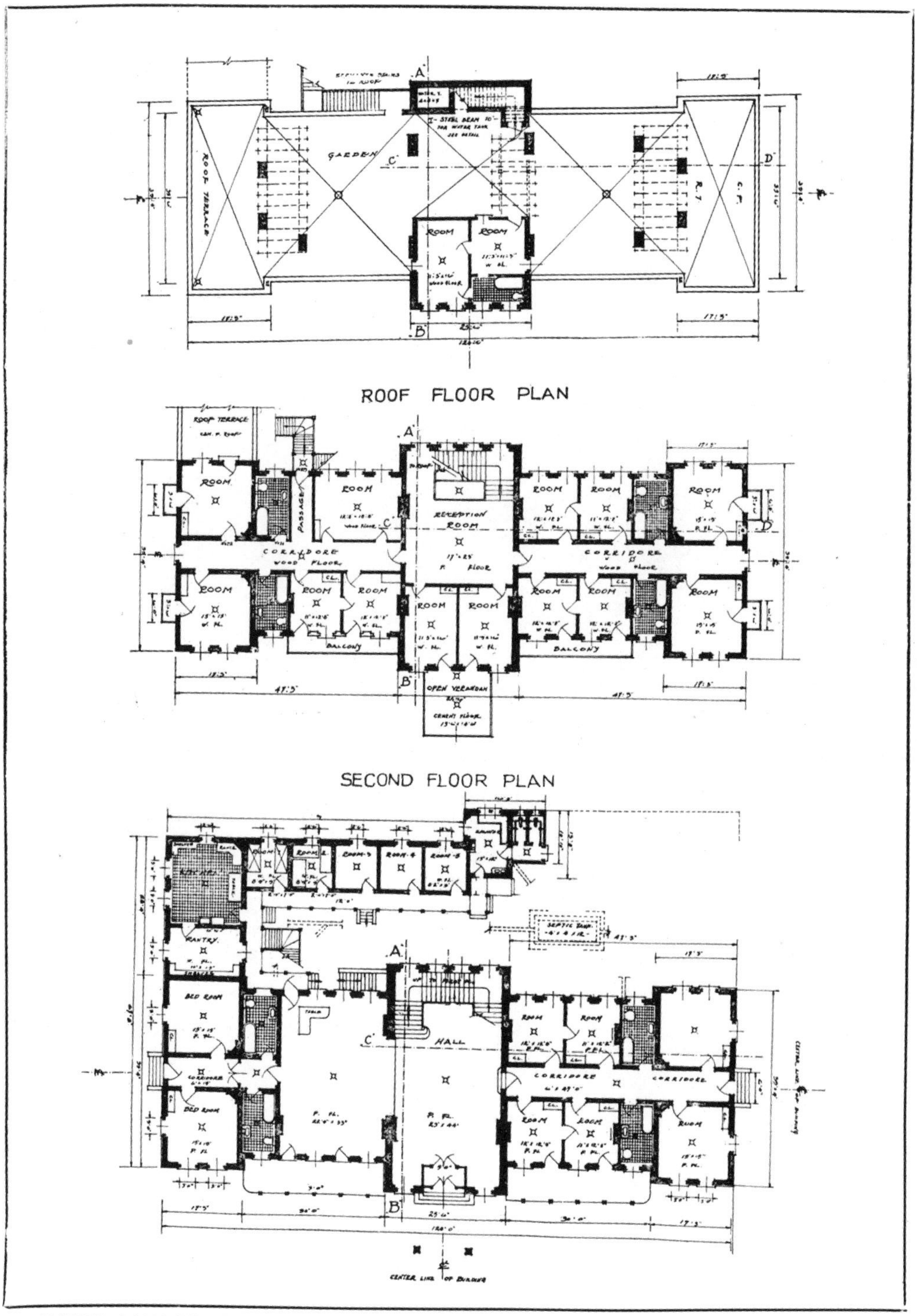

大連將建之一旅館

平面圖

HOTEL SANATORIUM AT KAGAHASHI, DAIREN.

The New St. Nicholas Russian Orthodox Church on Rue Corneille, Shanghai.

Construction of the building began in December, 1932, and the structure was finished by March 25, of this year, the date set for the opening ceremony.

Funds for the structure were supplied by the Eungrants' Committe.

The church will be a memorial to the late Czar Nicholas II and his family, whose patron saints are depicted on the walls.

The construction work was carried out by Messrs. Chang Sun Construction Co. and Mr. A. J. Yaron, was the Architect.

上海高乃依路俄國教堂，於前年十二月開始建築，至本年三月告成，並於三月二十五日舉行落成禮。

該教堂之建築費，由旅滬俄僑捐集，爲紀念前俄皇尼古拉第二及其家族者，故壁間塑有俄皇造像。全部建築由昌升建築公司承造，建築師爲協隆洋行云。

The New Hangar Will House C. N. A. C. Planes.

龍 華 飛 機 棧

圖爲進行建築中之中國航空公司龍華飛機棧。此機棧爲中國之最大者，將於本年五月間竣工。機棧入口處留有極大空地，以備橫渡太平洋之大型飛機，亦可容歇。按龍華飛機場，設備原稱完善，自此機棧落成後，水陸飛機均可停歇，允推國內機場中之最完備者。機場四方之通路及附近場地，均清除修築，溝渠工程設置極佳，可不受天氣劇變之影響。該場原有無線電設備，聞沿線將增設電站云。

按此新機棧開闊一百二十尺，兩翼各闊二十五尺，長一百二十尺。入口處高二十七尺，爲國內之最高者。每翼高二層，上層用爲辦事室，機師室等。另一翼則爲材料室儲藏室等。其他安儲機油之避火堆棧，均屬備具。機棧全部用鋼骨及磚構築，留有多量窗戶，以便陽光透入，棧之啓閉均用滑動槽門。此機棧完竣後，發展龍華之第一步計劃卽告完成。又虹橋機場亦在建造機棧，以代替舊有簡陋之機棧云。

進行中 CURRENT CONSTRUCTION

Piling operation. "Broadway Mansion" Sin Jin Kee & Co., Contractors.

上海百老滙大廈打樁攝影

PHOTOGRAPHS OF 之建築

上海百老滙大廈
地下鋪置禦水牛毛氈攝影

"Broadway Mansion"   Waterproofing the site.

澆擣水泥滿堂之攝影

"Broadway Mansion".   Concreting sub--raft slabs.

上海百老滙大廈構置第一層鋼架

業廣地產公司建築部設計
新仁記營造廠承造

Erecting steel columns on the "Broadway Mansion", Shanghai——B. Flazer, F. R. I. B. A., Architect.
Sin Jin Kee & Co., General Building Contractors.

Another view of erecting steel columns on the "Broadway Mansion", Shanghai.

上海百老滙大廈構置鋼架之另一攝影

Construction in progress of the "Broadway Mansion", Shanghai. View taken from the rear of the building.

正在建築中之上海百老滙大廈背影

"Broadway Mansion", Shanghai, structural work near completion, showing bamboo fencing to prevent building materials from dropping to public roads.

廈大滙老百海上之中築建

—上路落墜料材築建防以，圍包蔴竹用均面外，竣完第次程工架鋼—

新近完工之麥特赫斯脫公寓

新瑞和洋行建築師

新申營造廠承造

The Newly Completed Medhurst Apartments

Messrs. Davies, Brooke & Gran, Architects

New Shanghai Construction Company, Contractors

上海愛多亞路浦東銀行新屋

許鍾錡建築師

森昌泰營造廠承造

New Premises of the Poo Tung Bank——C. G. Shu, Architect——
Sung Chong Tai, General Contractors

上海北四川路新亞酒樓後部工程

五和洋行建築師

陸順記營造廠承造

Additional Section of the New Asia Hotel, North Szechuen Road, Shanghai.——
The Republic Land Investment Co., Architects,——Loh Zung Kee, Building Contractor

「Pace」起步。寬闊之踏步或平台，自地面或樓面升起一步或二步，例如教堂之聖壇，墳墓之平基，及扶梯之梯台。

Foot pace
Half pace } 梯台，聖壇，六角肚窗下平台。〔見圖〕

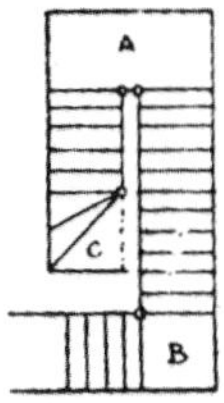

A.半梯台，半平台。

B.小梯台，小平台。

C.三角洒步。

「Padlock」鐵包鎖。〔見圖〕

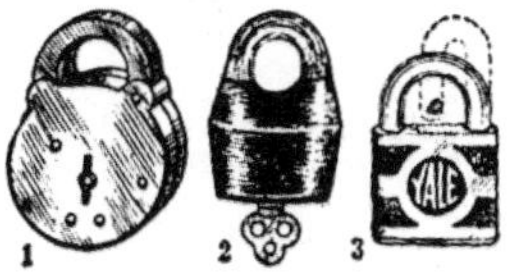

(1) Corbin padlock.

(2) Scandinavian padlock.

(3) Yale padlock.

「Pagoda」塔。遠東名國，每有構築寶塔，以資紀念者。塔高數級，並施以彫飾，大抵建於寺院左近。〔見"Architecture"圖第十四。〕

「Pailoo」牌樓。〔見圖〕

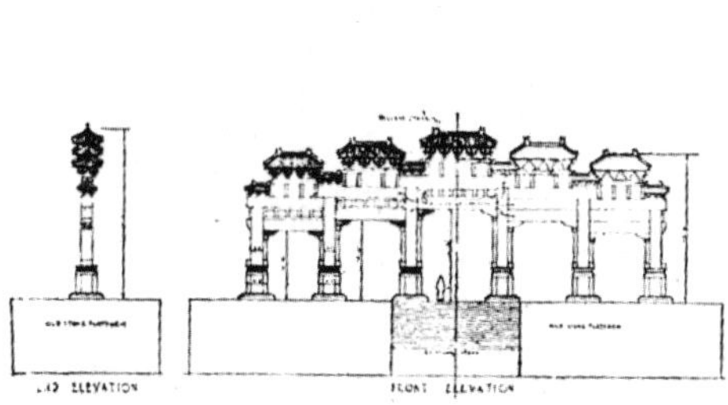

『Paint』油漆。

Enamel paint 磁漆，拿蔴漆。

Paint brush 漆帚。

『Painter』漆匠。

『Painting shop』油漆房。

『Palace』宮殿。

『Palaestra』『Palestra』}體育場。學校中學生聽受敎授操練體魄之場所。

『Pale』藩籬，界線。地之四周，圍以障籬，因之界限分明。

『Palladian』斑爛亭。係爲斑爛圖氏（Andrea Palladio）所發明之文藝復興式之建築，對於近代意大利學派建築之形成，頗具影響。

『Palladian Architecture』斑爛亭式建築。爲一種特別適宜於宮殿，村舍，公署及敎堂，戲院之建築形式，源於斑爛圖氏。胚胎於古羅馬式，維屈浮氏（Vitruvius）曾爲迻譯，富於華飾之方柱，圓柱，斷續之柱頂花板及其他裝飾等。

『Palladism』斑爛主義。　斑爛亭學派或形式之建築。

『Pallet』磚坯板。板之專擱置新製磚坯者。

Pallet boy 童役之搬取磚坯板者。

Pallet molding 擣製磚坯之型模。

『Palmette』棕櫚葉飾。　一種彫鐫或漆成之飾物，形如棕櫚樹葉者。〔見圖〕

此棕櫚葉飾，係得自古代雅典墳墓者。

『Pampre』葡萄飾。形如葡萄及葡萄樹葉之圖案。

『Pan』浜子。木山頭中之方倉浜子。

『Pane』一塊，一部，一邊。任何長方形平面之片或塊，最普通者如一塊玻璃嵌於一扇窗上。

『Panel』浜子。❶分劃或格成浜子，如亞克浜子，浜子平頂。裝成美觀之塊段，每一方倉之浜子中，漆以各種色彩，藉使建築物益臻典麗，若浜子台度，浜子踢脚線。戴樂（E. B. Tylor）所著"Anthroplogy"一書第一三四頁有云：「……以日光暴乾之磚，甯維(Neneveh)建築師以之建造宮牆，厚達十尺至十五尺；在此牆中砌成框格(浜子)，鑲嵌彫鐫石板。……」

❷凡長方形之片塊，嵌於框檔中，而較框檔陷落者，謂之浜子。如門之薄板，鑲於門框中，形成長方形之方格，卽爲浜子。以此類推，凡一物之四周，鑲有框檔者，不論長方或正方，均係浜子。

Chamfered panel 剷剮浜子 ⎫
Sunk panel 落堂浜子 ⎭〔見圖〕

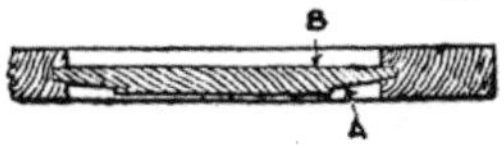

『Panelled door』浜子洋門。

『Panelling』浜子台度。護壁板之構製，以木條分隔多數圈框者。〔見圖〕

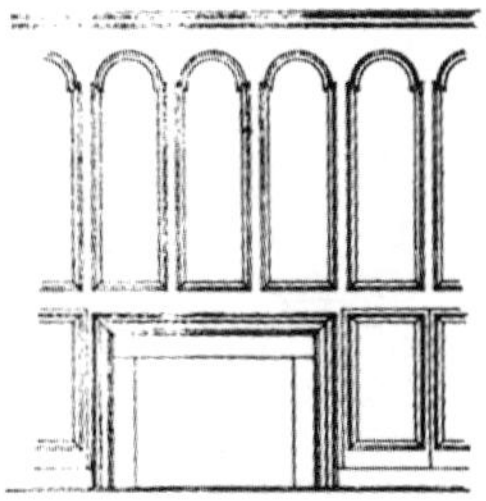

浜子台度

『Panopticon』無遮蔽建築物。㊀一種獄室之構造，俾獄卒能視察人犯無所隱蔽。㊁室之備公衆陳列物品，以資瀏覽者。

『Pantry』盃碟室。俗名浜得利，普通在餐室與廚房之間，室中置櫥，備藏盃碟刀叉等食器，並有洗碗盆及冰箱等。

『Pantheon』萬神廟。圓形之廟宇，建於羅馬，柯蘭新式人字頭長一百〇三呎，及雄偉之圓頂，高一百四十二呎。〔見圖〕

1.羅馬萬神廟之正面，現改爲聖德教堂。
2.巴黎之萬神廟。

『Paper』草紙，紙筋。煉化紙筋石灰之草紙。

Building paper 瀝青紙，紙牛毛毡。

Oil paper 油紙。搭蓋蘆棚，蘆蓆中間所襯之油紙。

Wall paper 糊牆花紙。裱糊屋中牆壁之花紙。

『Parallel』平行。兩線平行，距離均勻，無稍斜欹者。例如陽台欄杆，距陽台裏走廊牆面，兩端均係八尺，中間一直線並無屈曲或作弧形。一線之展長，與另一線距離相等平行，在任何一點，均駢驪不絞。如弄衢之寬，自弄口至弄底，闊度相等者。

Parallel border 平行鑲邊。美術地板，沿牆根一帶之鑲邊，平行舖置。〔見圖〕

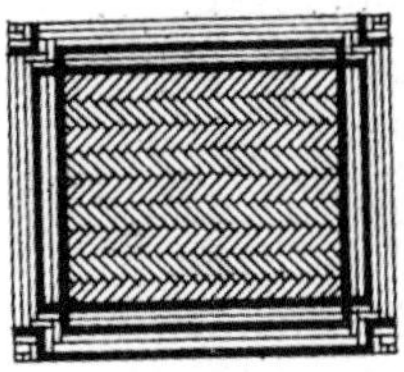

『Parllel ruler』平行規尺。〔見圖〕

『Parapet』壓簷牆。低闊之牆垣，築於簷際或平台邊口等處者。〔見圖〕

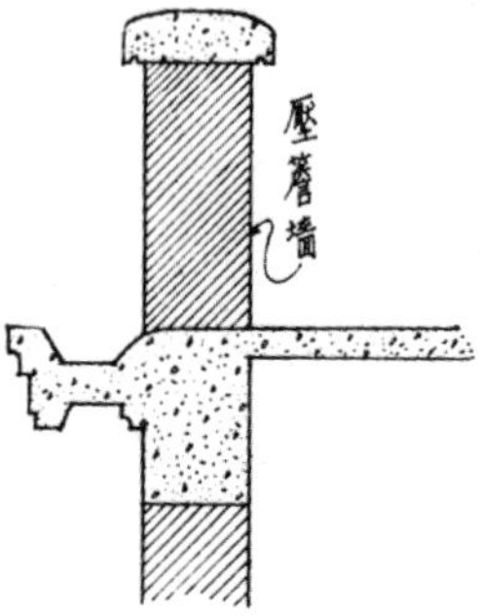

『Parclose』
『Perclose』屏障。欄杆或屏風之障蔽一處所在或一個物體者。如聖像，十字架等。

『Parget』㊀石膏。此種石膏，大概採自英國Derbyshire及Montmartre二地。

㊁粉刷料。粉刷材料之用石灰，沙泥，牛糞及毛絮混合而成者，用以粉刷烟囱洞眼。

『Pargeting』粉刷。美麗之人造石粉(Stucco)，或粉刷工程之於屋內外。此種粉刷，流行於十六世紀至十七世紀。

『Parliament』國會。為一國立法最高機關。

Parliament hinge 長翼鉸鏈。鉸鏈開啓時作「H」形。

『Parlor』應接室。接待拜謁者或讌請賓客之室。一家家人聚首憩息之所。

應接室本為一個小室，係自公邸私宅等之大廳，分劃一部而成，而較諸大廳，自覺幽逸，如銀行，旅館等應接室。室中陳設精緻，以助業務者如牙醫生之應接室。

『Parping』石積。以石組疊而成之石積。

『Parquet』㊀蓆紋。地板或台度之舖釘，組成蓆紋形式者。〔見圖〕

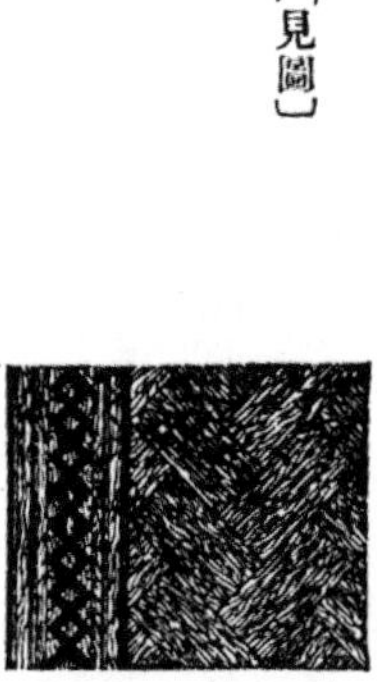

㊁廳座，優等正廳。劇院中介於奏樂處與後面普通座位中間之廳座，亦名池子(pit)。

『Parquet circle』頭等正廳。劇院中之位子在廳座後及優廳之兩旁者。

『Part』份數。以數種不同之材料，混合而成一體，如混凝土之以水泥，黃沙與石子混成；然因材料之個性不同，故其混合之成分亦有別，如一分水泥，二分黃沙等。

『Parsonage』牧師住宅。

『Parterre』❶花壇。壇中栽植花草，組成圖案，並以小徑分隔之。❷劇院廳址。係指法國劇場。在美國則作為頭等廳座之下層。

『Parthenon』雅典廟雅典廟。"The temple of Athena Parthenos" 建於雅典堡寨之上，係由菲達氏（Phidias）監督構築，時在紀元前四百三十八年。

該建築中採用品蒂蓮克雲石(Pentilic marble)〔按：品蒂蓮克山在亞蒂卡離雅典西南十哩，山高三千六百四十呎，產精美雲石〕建築形式純採「陶立克式」。

廟長二二七呎，深一〇一呎，高六五呎。廟內有一長方形之正殿（Cella），四周圍繞柱子，更分為二間，一大一小，大者名Naos，小者名opisthodomus。Posticum係後部挑台，與Prodomos pronaos前挑台相映照。後挑台供置女神之像，係菲達氏手創。前挑台則為藏放財器者。

此廟之色彩，極盡輝煌之能事，並施以名貴之彫鐫，至今猶目為古美術中之無上作品。前後兩端之人字山頭中，嵌置多數造像，像之在東邊人字山頭中者，盡為塑留之往迹，以供後覽。大門口卽係雅典產地，在西邊之人字山頭中，則塑雅典與海神抗爭雅典主權之像。台口壁緣中之排鬚，則彫鐫精美之Centauts與Lapithae戰蹟。壁緣則環繞長方形正殿，外牆頂部均塑像物。在一六八七年腓尼基Venetain攻佔雅典時，此廟曾受重大炸損，彫鐫燬去不少。至一八一一年，愛而近伯爵復在廟中取去不少貴重彫刻；而此項彫鐫在一八一六年，為英國購去，陳列於倫敦博物館。

〔見圖〕

『Parting』分隔，分割。

Parting bead 軋條。美國式上下扯窗之堂子中間，釘一軋條，使窗扇上下抽吊不相掽撞。

〔見圖〕

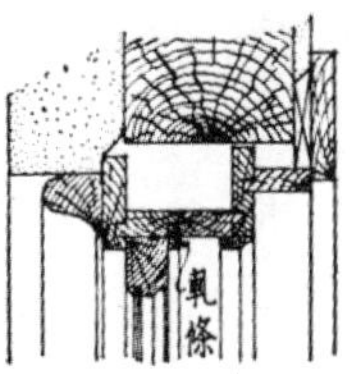

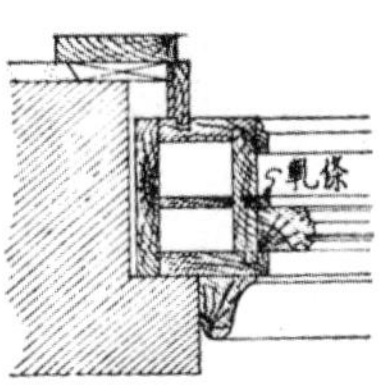

Parting rail 中帽頭。在門之上下帽頭中間裝鎖之橫木。〔見圖〕

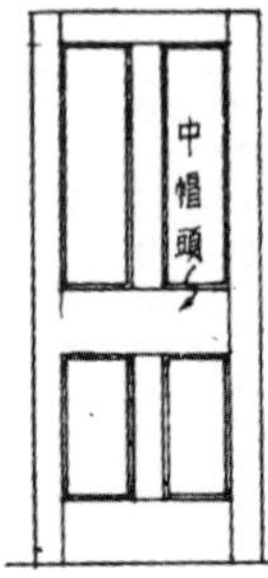

『Parting Strip』隔條。狹長之薄條，用木板或金屬使之分隔上下扯窗之盪錘。

『Partition』分間牆，柵板，板牆。以分間牆或柵板分隔房間。或田壠間分隔田畦之阡陌。

Glazed partition 玻璃柵板。事務所中分隔辦公室之隔板，上部配置玻璃者。

Lathe and plaster partition 板牆。分間牆之先用木筋架撐，外釘泥幔板條，再塗以泥粉者。

Matal lath partition 鋼絲網板牆。分隔牆之用木筋或鋼條架撐，外紮鋼絲網，再塗以泥粉者。

『Partner』合夥。建築師或工程師之合夥設事務所者。營造廠之合股營業者。

『Parvis』壇台。教堂或宮殿前部大門口有屋面者，或露天之平台。〔見圖〕

『Passage』衖。通行之走道，或任何走廊，川堂，甬道構通屋中各室者。

『Path』小路，蹊徑。路之僅能步行而不便駕車者，如園中小徑等。

『Patio』內庭。西班牙式，或西班牙美國混合式之屋中內部，留空天井，庭中扦種花木，或甃以地平。〔見圖〕

『Pattern』型、模樣。〔見圖〕

翻製生鐵之模樣。

『Pavement』鋪道，甃地。地上舖砌堅實路面，如天井或街道上之舖地，教堂中地上之用瑪賽克甃地。

Ashlar pavement 石版地。用大塊石板舖砌者。

Asphalt pavement 柏油地。用松香柏油澆蓋者。

Bitulithic pavement 柏油地。用松香柏油與石子混拌舖蓋者。

〔見圖〕

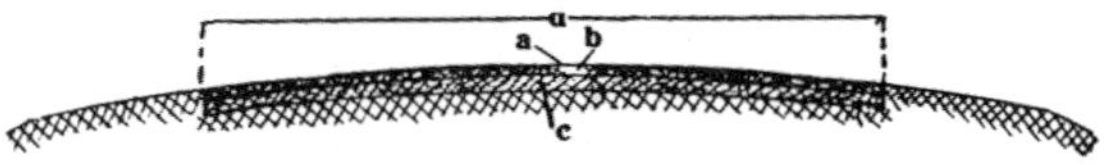

a.半吋厚柏油沙。

b.二吋厚柏油石子。

c.四寸厚亂石基。

d.饅頂斜坡。

Brick pavement 磚街。用磚側砌，下實三和土，石礫或沙泥。

Cobble pavement 石道。用亂石組砌，頗具古趣者。

Concrete pavement 水泥地。用水泥，黃沙與石子混合之混凝土澆製路面。

Concrete block pavement 水泥磚地。用混凝土製成磚塊，舖砌路面。

Mosaic pavement 瑪賽克地，碎錦磚地。大別有陶磁，石塊與雲石片三種。陶磁者，種類與花色繁多，有長方，四方，六角，圓粒等。色亦分白，黑，紅，黃，紫等。每一粒之面積，約一寸轉方，或一寸半與六分長方。舖置之法，先集碼賽克磚，膠貼紙背，隨後舖於水泥之上，將紙洗去。　雲石瑪賽克，係集各種不同色彩之雲石組成；並可藉顏色之不同，拚成人物花草，或其他圖案，俟雲石與底下之水泥凝結堅硬後，再用馬達砂石將其面部砂打使之光潔，更加黃臘磨擦成晶瑩矞皇之地面。

〔見圖〕

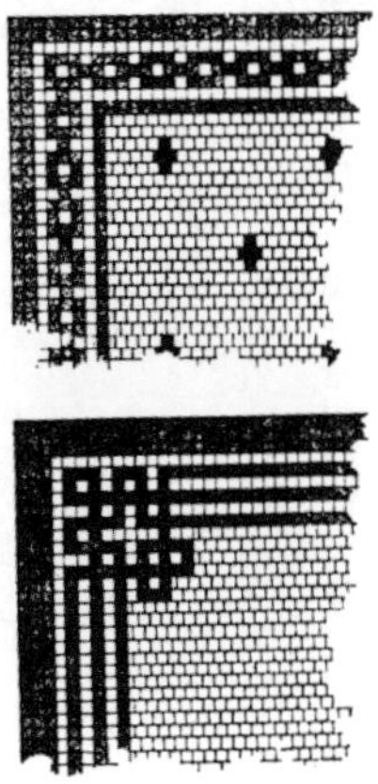

Terrazzo pavement 磨水泥地，花水泥地。以白礬石子與水泥混合，粉於地面，俟乾硬用沙石磨光後上蠟。此磨水泥地，任何顏色均可選製；混於水泥中之石子，亦不限於白礬石子，惟白礬石子乃最普通者，他如各色雲石石子，水泥則除青水泥外，欲製鮮麗色彩者，可用白水泥，和以任何顏色料，以與雲石石子相諧和。

Tile pavement 磁磚地。陶磁磚地，普通係二寸六寸，三寸六寸之長方磚條，或六寸方之方塊，厚約半寸，色以黑紅黃三種爲最普通。

Wood block pavement 木磚地。用木塊舖砌之街衢，或室內地板。

K. M. A. Brick pavement 開灤鋼磚地。以開灤礦務局出產之鋼磚舖地。

『Pavilion』亭。 建築物之四周無牆垣堵蔽者，以之爲遊憩之所。建築物在屋之一角突出或在屋巔聳起者。

『Paving』舖地。義與Pavement同。惟Pavement係已成之舖道，而Paving則爲舖築路面之工事。

『Pavior』舖地工。舖築道路或地面之工人。

『Peachwood』桃木。可製裝修之木材。

『Pedestal』墩子。托供柱子，花盆，鐫像之座盤，根據建築慣例：此墩子有三個段落，在最下者爲勒脚 (Base)，中間爲墩子牆身，(Dado)頂端則爲壓頂線或台口線 (Cap or Cornice)。

『Pediment』人字山頭。三角形之建築物，以台口線圍繞三角形，中嵌置雕刻像物，或不用雕刻，建於希臘神廟之前部或其他房屋者。〔見圖〕

『Peel』莊壘。可見諸蘇格蘭與英格蘭界線之堅塔。塔爲方形，其門之高度從地面起連貫二層。角端有守望臺。底層用作倉庫，上層則爲莊主及其家人所居者。

『Peg』楔，樣樁。開始建築設放灰線之樣樁。

『Pendant』盪柱。一種倒置懸吊之同柱頭，在山頭人字板中間者。〔見圖〕

『Perforate』疎孔。鑽空洞眼，如花板之疎雕洞眼。

Perforated brick 空心磚。

Perforated grill 出風洞。

『Pergola』❶挑出陽台。上有遮蓋或無遮蓋之陽台。
❷課堂，店面。因課堂與店面之建築，與陽台相倣也。

『Perpendicular Architecture』垂直式建築，立體式建築。〔見圖〕

『Perspective drawing』配景圖。(詳見"drawing")

『Pest house』避病院。

『Picture rail』
『Picture molding』}畫鏡線。釘於牆上藉掛畫鏡之木線條。

『Pier』墩子。一種平面之石工，用以支撐建築物者，如法圈墩子，橋墩子。具有同樣功用，支撐建築物之木材或鋼鉄。實體之牆垣，介於兩窗之中者。一根柱子或牆之一部，該處裝吊門或牆門者。

『Pilaster』半柱，半墩子。方角之柱子，突出於牆面，上有帽頭，下有座盤者。柱之從牆面突出，限度約佔柱闊之三分之一。

〔見圖〕

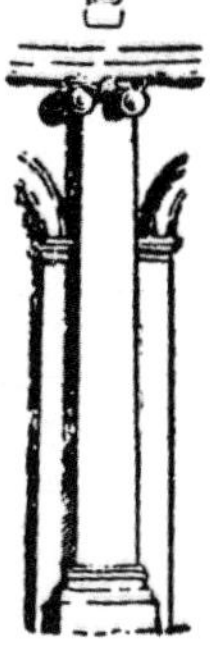

『Pile』椿子。粗大頭尖之木段，打入地下，藉固房屋之基礎。碼頭之基礎或其他類似者。

Concrete pile 水泥椿。

Foochow pole pile 桶木椿。

Log pile 圓桐椿。

Oregon pine pile 洋松椿。

Pile collar 椿箍。

Pile driver 打椿機。

〔見圖〕

Pile hoop 椿帽子。

Pile shoe 椿脚。

Sheet pile 板椿。

Wedge pile 榫椿。

(待續)

中國之變遷（續）

朗琴

力的時期在中國已經開始。大量生產與機械工業，現雖尚盛行於沿海之區，但不久將深入內地。無數之華人已離開鄉村，羣趨新的城市謀過生活。吾人應如何設法減免歐洲在機械時期所產生恐怖之城市，與低污之街坊也。

中國之危機

最近香港有一啓示，予吾人以打擊，即該地之居住問題，天然風景有如是之佳，而多數房屋仍屬卑污，應亟圖加以改進。不良住屋所致使之道德上及精神上的退化，實爲致力於科學進化者之唯一障礙。因專注於新的發明，將工作之責任由人類之仔肩移於機械之上，吾人直忘工人之居屋。而此屋之構造，非僅彼之生命，亦即對彼最接近最親愛者之生命也。

一卑陋，不衞生，不康健，及過擠之居屋，對吾人殊無以報償，追論婦孺之蒙夨。人類居於室中，猶靈魂之棲於身體。馬立斯氏謂建築及裝飾藝術之退化，即爲人類整個退化之因果。彼（馬氏）曾預示及扶助近代城鎭設計之觀念，及城市花園之運動。彼謂欲使城鎭能侵潤於鄉村之美麗，而鄉村能具城鎭之理知及活潑之生活。彼並謂征服自然爲近代唯一之遺產，但換言之，利用自然力量以解放人類之痛苦，更爲確當。現在爲力學科學知識之時期，每人在地球上應得之產業，爲一健康之住屋云。

此殆卑污之城市歟

余僑居香港有二十一年之久，至今仍驚訝該地發展之歷史。在一八四一年時居民僅有五千人，大都皆屬海盜。現在則人口百萬，在中國爲和平安全之區。而使該地更爲健全，及使物質建設發展者，皆深得科學家扶助者也。

上述數言，有感於余屋下所經過儀仗鼓吹聲而發，蓋時正曾任中國外交部長伍朝樞博士出殯也。伍博士曾於九年前任廣東省長，在一九二五年反英罷工聲中，曾爲香港唯一之仇敵。伍氏爲伍廷芳博士之子·幼年在香港讀書，旋即至英遊學，得法學士學位。此少年政治家在一九二五年黑暗時期中，與香港處於對敵地位。但迨後政見不合，與同僚不和時，一如其他政治家之居住香港，度其寓公生活也。

香港與此舊敵結不解之仇，亦有理由足以自豪。此一如彼（指香港）早年之歷史，在艱苦危險之過程中，表現創造者之智勇。此與彼之生長，商業，發展，道路，教育（指港大），醫院，給水，及其他公用事業等同足誇口者。但余爲此大城市之居民，對該地低污之街坊，實不敢自傲。而大部建築所表顯不良之形式，更難以自滿。該地公園缺少，空地面積不多，爲不可諱言之事。卽就香港大學言，有數處房屋其建築亦難使人滿意也。香港有多量之花崗石，足供建築之用。數年前有一計劃致港大當局，擬建一屋，形式近似牛津大學之學院。此屋能容宿學生三百，並有一管理室。外用花崗石建築，如學生人數增加，該屋並可分期擴充。但結果僅費洋數千，建屋三間，無所謂建築形式，僅如幼童所繪直線形之房屋耳，以之爲工場或實驗室，尤嫌太陋也！他日或有慷慨之士，能在學校之內，山麓之傍，捐款建築上述校舍一所，則途經香港者，亦有所景仰，而附近居民，同感興奮矣。

有一事頗覺欣悅者，卽中國有一大學，其建築實甚美觀。此卽漢口附近之武漢大學是也。未見之設計容有批評之處，但其建築美觀，地位適宜；彎曲之屋頂，飾以悅目之磚瓦。用近代科學化設計，將中國建築特長之點妥爲保存，令人稱羨。他如廣東之中山紀念堂，亦將中國建築方式與近代科學設計混合於一爐，殊稱得體。中國其他新的公共建築，亦有使人讚賞之處。但中國現在需要完善之建築學校，以訓練青年，實爲迫不及待之舉；蓋此種學校之設立，卽所以保存中國古有建築特長之處，旁及採取近代科學知識優良之點者也。

垂直的城市

現代生活狀況變遷，建築上所考慮之問題亦隨之而異。現在生活情形係爲集團的；婦女置身職業界，不再爲管家之主婦，大地之上，矗立高樓大廈，形成垂直之城市。大量之生產與合力之銷售，使住屋設備更臻舒適。矗立雲霄之建築不僅能節省地皮，並爲鋼筋混凝土之集合體，包有里數長之管子，及運輸交通等設備（指電梯電話等而言）。溯自貿易發達，商業繁盛，昔時認爲奢侈品者，今日已認爲必需品。在機械時期之前，房屋全部造價估百分之九十，餘爲其他費用。今日英國單人住屋，其造價約估總值百分之四十五至六十；他若衛生水電工程，旁及水管汽管溝渠道路等，均爲必需之費用焉。故生活標準之遷變，非特建築師應加注意，抑亦羣衆所宜考慮及之；觀念之發展，常較先事能預定之計劃爲快也。

「大馬仲」

今日任何人不能預料城市計劃將來之影象如何，但吾人可利用積貯之知識，以供今日曾經訓練之建築師，爲參考資料。任何人亦不知新式建築將用何種材料，及其製造方法，此亦須吾人加以準備者也。

現在爲疑問之時期。若無精確之研究，殊不足以言批評及謀進步。創造能力與好奇心理相並步。機器之效用，非特擴展知覺，且可增長實力。彼並能增進社會意識，拯斯民而登衽席者也。

吾人之雙手，其力量已較前增加千倍。大量生產之房屋，其時已至。最近之形式可名爲「大馬仲」（The Dymaxion）屋爲一塔，設置各種安樂之器具，以供居住者之用。在「今日與明日」（雜誌名？）中，此種式樣之建築師曾謂爲「家庭恩惠之神」。此屋有柔綺之美術燈光，電器烹飪，洗滌及烘乾機，洗衣機，噴水浴室，空氣調節器，碗碟櫥，渣滓及溝渠排洩器等。屋有室五間，連同器具，爲值僅及三百鎊云！

因個人與集團需要變化，故建築亦隨之發展。工程師能保障建築之安全，但建築上之美觀則需專門之訓練。在機械工業時期，金屬之專門工作日有增加。時至今日，進步極速，但吾人仍爲極樂世界而奮鬥，雖務實際之人民，亦日求其理想之實現。故生的過程中一切偉大之發展，吾人實爲繼承者。電氣，收音機，飛行及其他等，在昔曾爲創造意志中之夢想。新的觀念一經產生，即鼓勵吾人力起實行。有人願藉近代科學知識，設法保存及凝合中國建築之特長乎？對於中國莫大之貢獻，不若創辦一完善之建築學校也。（完）

克勞氏法間接應用法

林　同　棪

第一節　緒論

計算連架之動率，如欲應用克勞氏法(註一)，則該連架之各交點，均只得轉向而不得上下或左右而移動。蓋當分配動率時，所用硬度K及移動數C，均係假設兩端不能動移而求得者。本文將克勞氏法擴充一步，使交點能動移之連架，亦得應用此法。此種間接應用法，在各參考書中多可見及。本文雖不過集其大成，而用法舉例之多，確爲他處所不易得。

此種間接應用法之原理如下：先假設各交點不能轉向，而使其發生相當撓度。然後計算因此撓度所生之定端動率。再將該架各交點頂住，使其不再發生撓度；而後依次放鬆各交點之外來動率，用尋常克勞氏法分配之以求其結果。蓋克勞氏原法之定端動率，係因載重而生者；而此處之定端動率，則因各桿件兩端發生相對撓度而生者。此爲間接應用法與原法之唯一不同點。至其分配方法，則兩者完全相同，無庸再爲申說。

第二節　水平撓度 (Horizontal Deflection)

設連架如第一圖，其各桿端之硬度K，移動數C均註明圖中。(E = Modulus of Elasticity)

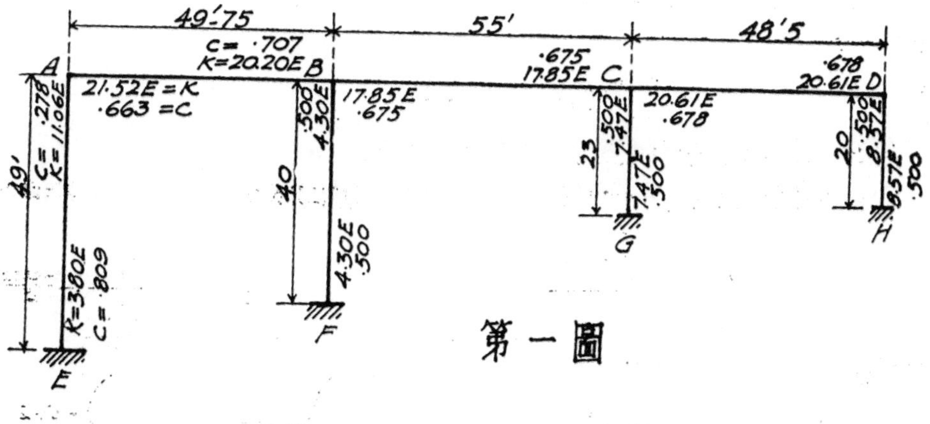

第一圖

設該架之上部ABCD被水平力H向左推動發生水平撓度$D = \frac{-1000}{E}$，如第四圖。求各桿件兩端之真正動率。

第一步先假設各交點均被固定着(即使各桿端均不得轉向)，然後在D點加以水平力量H'，將DCBA向左推過使D點發生水平撓度$= \frac{-1000}{E}$，如第二圖，(此撓度可爲任何數目；爲便於計算起見，此

(註一)參看本刊第二卷第一號57—[illegible]4頁，"克勞氏連架計算法"一文。

處設其為$\frac{-1000}{E}$)。如我們不計該連架各桿件因直接應力及剪力所生之變形 (Deformation due to direct and shear)，則A B,C各點所發生之水平撓度，亦當爲$\frac{-1000}{E}$。各桿端因此撓度所發生之定端動率(參看第二圖)可用以下公式求之：

$$F_{AB}=-K_{AB}\frac{D}{L}(1+C_{AB})^{(\text{註二})} \qquad \cdots\cdots(1)$$

$$F_{BA}=-K_{BA}\frac{D}{L}(1+C_{BA}) \qquad \cdots\cdots(2)$$

∴在桿件AE，

$$F_{AE}=\frac{+1000}{49}(1+.278)11.06=289$$

$$F_{EA}=\frac{+1000}{49}(1+.809)3.80=140$$

桿件BF,

$$F_{BF}=F_{FB}=\frac{1000}{40}(1+.500)4.30=161$$

桿件CG,

$$F_{CG}=F_{GC}=\frac{1000}{23}(1+.500)7.47=487$$

桿件DH，

$$F_{DH}=F_{HD}=\frac{1000}{20}(1+.500)8.57=642$$

桿件AB,BC,CD各兩端均無相對撓度，其定端動率均等於零。

將以上所得各定端動率，寫在該架各桿件上，而用克勞氏法分配之，如第三圖。（第三圖各桿

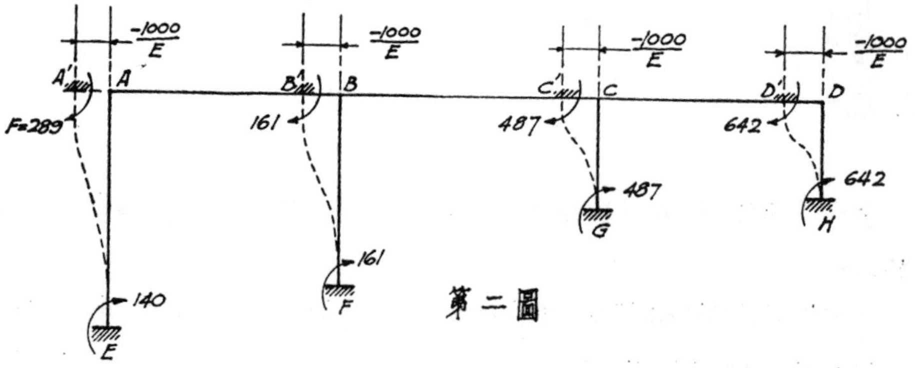

第二圖

（註二）參看本刊第二卷第二期35—43頁，"桿件各性質C.K.F.之計算法"一文，公式(14)及(15)。

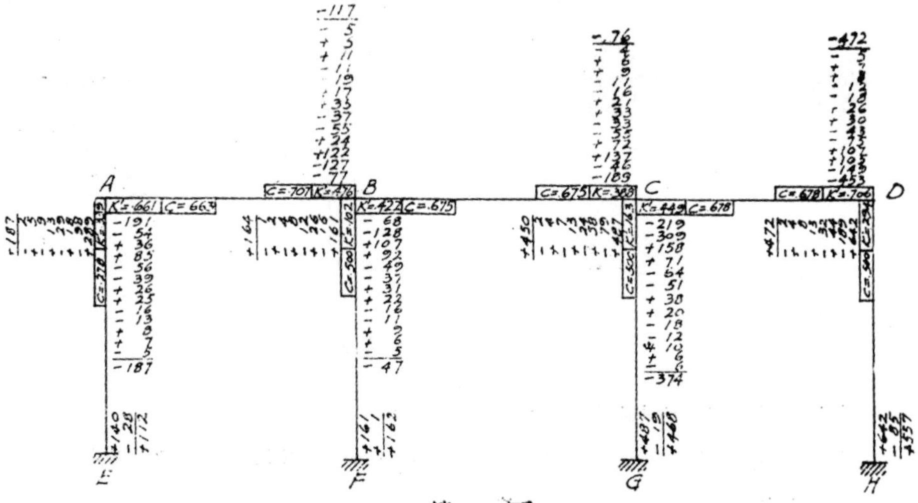

第三圖

端，註明該端之C與K之比例數K'，以便計算)。分配之眞正意義，係將各交點之桿被外來動率所固定者，一一依次放鬆，使各交點之外來動率，化爲極小而止。(本架只有A,B,C,D四點，須被依次放鬆。E,F,G,H各點，均爲固定端，不必放鬆)。各交點之外來動率既等於零，則該架除水平力H與E,F,G,H各支座之力量外，並無受其他外來力量。故第三圖所求得之桿端動率，卽該連架因$D=\frac{-1000}{E}$而發生之眞正動率。此時之水平力H與以前所應用之H'，兩者不同。蓋H'爲A,B,C,D各交點固定着時之水平力，其數量當爲，

$$-H'=\frac{289+140}{49}+\frac{161+161}{40}+\frac{487+487}{23}+\frac{642+642}{20}=123.3$$

而H則爲各交點不被固定着時之水平力，其數量當爲，

$$-H=H_E+H_F+H_G+H_H$$

$$=\frac{112+187}{49}+\frac{162+164}{40}+\frac{468+450}{23}+\frac{557+472}{20}=105.61$$

至於各支座之V力量，亦可算出，如下，

$$V_E=\frac{-187-117}{49.75}=-6.10$$

$$V_F=6.10+\frac{-47-76}{55}=3.86$$

$$V_G=2.24+\frac{-374-472}{48.5}=-15.21$$

$$V_H=\frac{-374-472}{48.5}=+17.45$$ 。 (各V,H均註於第四圖)

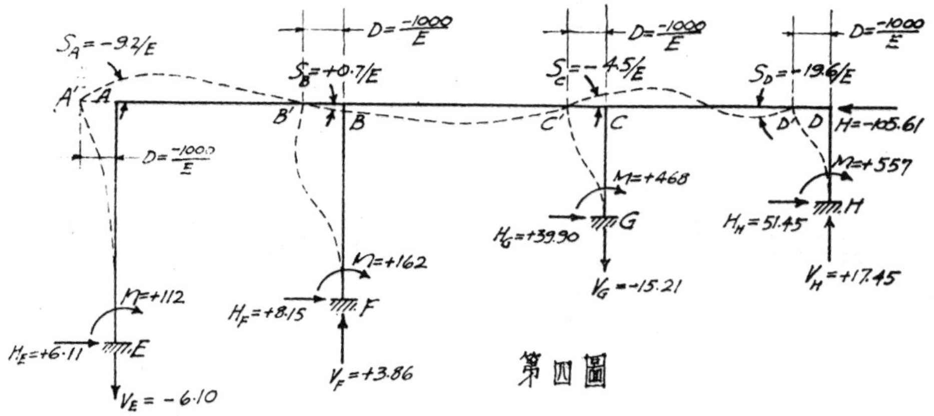

第四圖

至於各交點之坡度，可用下列公式求之（註三）：——

設F'_{AB}為AB桿件A端所分得之動率及所遷移得之動率之和；F'_{AB}為B端所分得及所遷移得之動率之和，（其定端動率，不計於其內）。則AB兩端之坡度為，

$$S_A=\frac{F'_{AB}-F'_{BA}C_{BA}}{K_{AB}(1-C_{AB}C_{BA})}\quad\cdots\cdots(3)$$

$$S_B=\frac{F'_{BA}-F'_{AB}C_{AB}}{K_{BA}(1-C_{AB}C_{BA})}\quad\cdots\cdots(4)$$

故本架中桿件AB之兩端坡度為，

$$S_A=\frac{-187+117\times0.707}{21.52E(1-.663\times.707)}=-9.2/E$$

$$S_B=\frac{-117+187\times.663}{20.20E(1-.663\times.707)}=+0.7/E$$

桿件AE兩端之坡度為，

$$S_A=\frac{(187-289)+28\times.809}{11.06E(1-.278\times.809)}=\frac{-102}{11.06}=-9.2/E$$

$$S_E=0$$

此$S_A=-9.2/E$　自當與桿件AB所得之S_A相同如上。C,D兩點之坡度亦可算出，在桿件CD,

$$S_C=\frac{-374+472\times.678}{20.61E(1-.678\times.678)}=-4.5/E$$

$$S_D=\frac{-472+374\times.678}{20.61E(1-.678\times.678)}=-19.6/E$$

各交點之坡度，均己在第四圖中註明。此縟為學術上起見；實際上，各點之坡度，可不必求出也。

第三節　單位水平力及單位水平撓度

上節之水平力H為—105.61，故其撓度，坡度動率均如第四圖，今如H=1，則將上圖各數乘上

（註三）參看註二文中之公式(8)，(9)；此處之(3)，(4)兩公式，可由該兩公式推算出。

$\frac{1}{-105.61}$，即可得因單位水平力所生之撓度坡度、及其動率等等，如第五圖。（第五圖只註明各桿端眞正動率）。再者，如D點之撓度=1，則將第四圖各乘數以 $\frac{1}{\frac{-1000}{E}}=\frac{-E}{1000}$，可得其坡度，動率，及水平力矣。

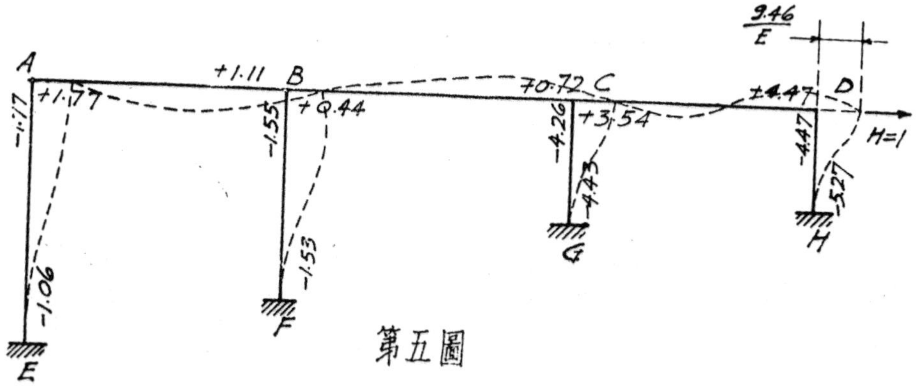

第五圖

第四節　載重所生之水平撓度及其影響

設在本架AB桿件上加以重量，使其發生$F_{AB}=264$，$F_{BA}=241$；求各桿端之動率。

先將該架之D點頂住，使其不得發生水平撓度（此於F_{AB}，F_{BA}並無影響）；然後用克勞氏法分配各動率，而得其結果如第六圖。再算D點此時所應用之水平力。

$$-H=\frac{141+39}{49}+\frac{-48-24}{40}+\frac{23+12}{23}+\frac{-12-6}{20}=2.5$$

第五圖中之各動率，係因H=1所發生者；今如H=2.5，則各桿端動率，當爲將第五圖乘以+2.5E所得

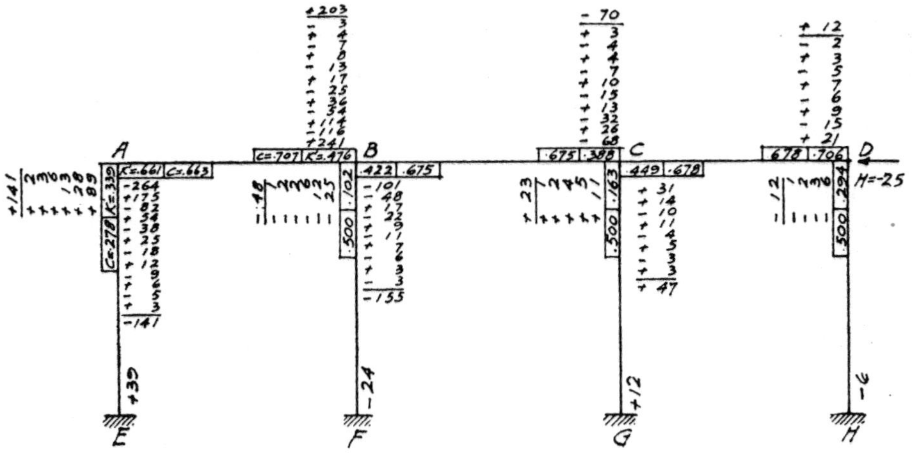

第六圖

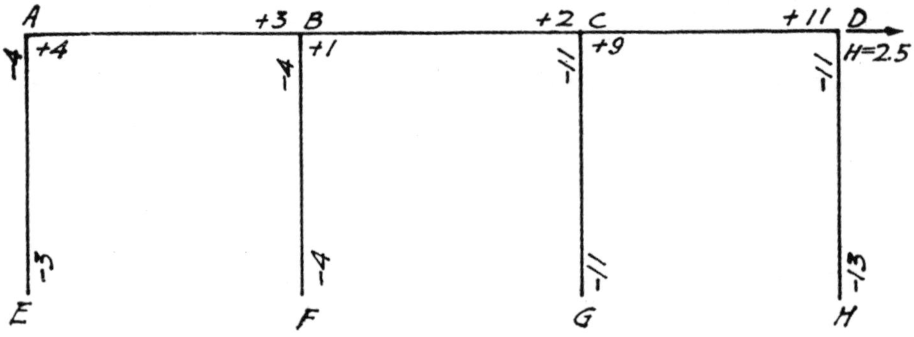

第七圖

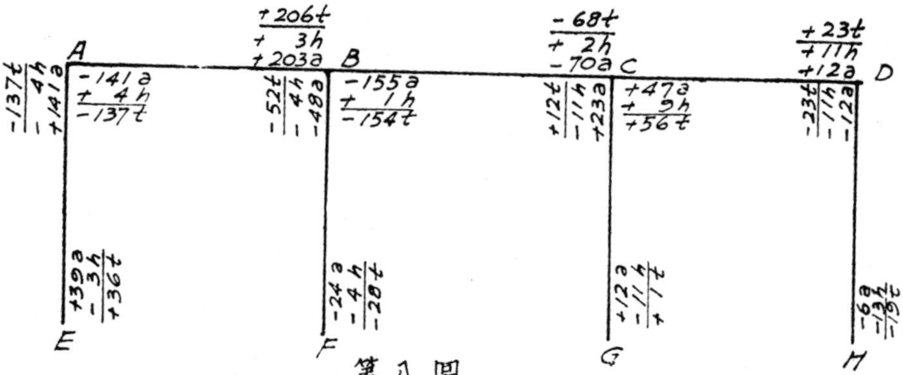

第八圖

之數如第七圖。再將第六、七兩圖相加，其結果當如第八圖，水平力H＝O，而水平撓度＝$\frac{9.46}{E}\times 2.5=23.6/E$。第八圖中動率之註有"a"字者，係假設不能發生水平撓度而得者；其註有"h"字者，係因左右擺動而得者；其註有"t"字者，則為其總動率。以下各圖，仍用此種記號。

第五節　水平載重所發生之動率

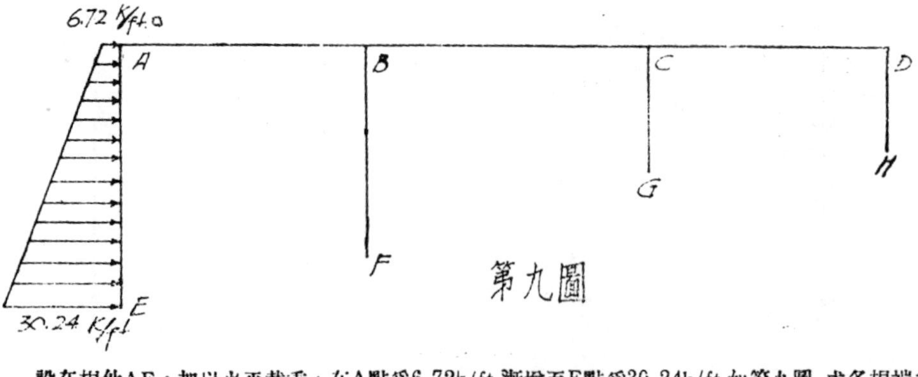

第九圖

設在桿件AE，加以水平載重，在A點為6.72k/ft.漸增至E點為30.24k/ft.如第九圖。求各桿端之動率。

仍先將該架之D點頂住，使其不得發生水平撓度，再算求AE之定端動率：(註四)

$F_{AE}=5130$ K.ft.

$F_{EA}=2630$ K.ft.

然後用克勞氏法分配之，求其動率，如第十圖。再求H,

$$-H=\left(6.72\times\frac{49}{2}+\frac{30.24-6.72}{2}\,\frac{49}{3}\right)+\frac{3054-3207}{49}+\frac{300+150}{40}+\frac{-160-80}{23}+\frac{88+44}{20}$$

$=360K,$

將第五圖各動率乘以360，寫於第十圖各該端之下而加之，可得各端之眞正動率，(圖中註以"t"字者)。請注意第六，七，八，三圖亦可寫在一起如第十圖。

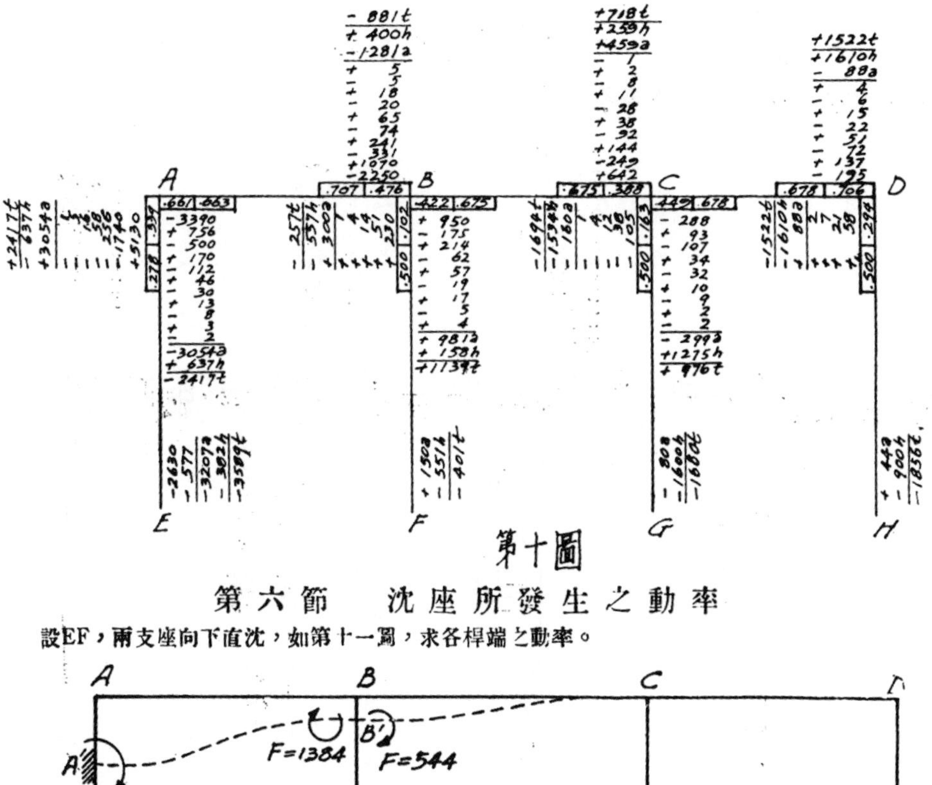

第十圖

第六節　沈座所發生之動率

設EF，兩支座向下直沈，如第十一圖，求各桿端之動率。

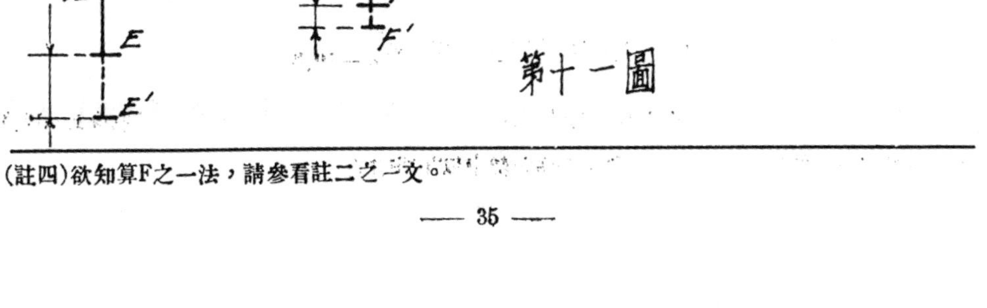

第十一圖

(註四)欲知算F之一法，請參看註二之一文。

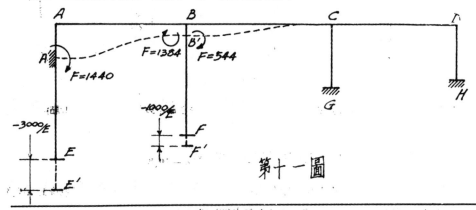

如D點不得發生水平撓度，則AB,BC之定端動率可用公式(1)，(2)算之：—

桿件AB兩端之相對撓度爲 $\frac{-3000}{E}-\frac{-1000}{E}=\frac{-2000}{E}$，

$$\therefore F_{AB}=-K_{AB}\frac{D}{L}(1+C_{AB})=-21.52E\frac{-2000/E}{49.75}(1+.663)=1440$$

$$\therefore F_{BA}=-20.20E\frac{-2000/E}{49.75}(1+.707)=1384$$

桿件BC兩端之相對撓度爲 $\frac{-1000}{E}$，

$$\therefore F_{BC}=F_{CB}=-17.85E\frac{-1000/E}{55}(1+.675)=544$$

其餘各桿件，均無相對撓度，故無定端動率。

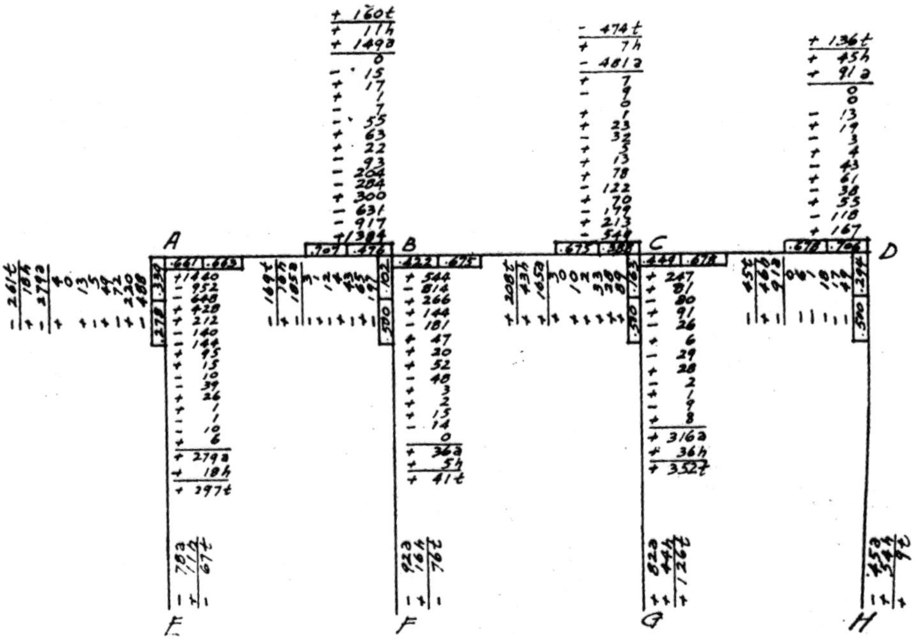

第十二圖

用克勞氏法分配之，求其動率，如第十二圖。(此項動率在圖中以"a"字註之)。 D點所發生之H當爲，

$$-H=\frac{-279-78}{49}+\frac{-185-92}{40}+\frac{165+82}{23}+\frac{-91-45}{20}=-10.3$$

今如該架上端ABCD可以自由左右擺動，則D點之H當等於零。故應將第五圖之動率乘上—10.3而加之於第十二圖中之"a"動率。此項總動率在圖中以"t"字註之。

第七節　氣溫變更所生之動率

設該架全部溫度變更，加添華氏10度(10° Fahrenheit)。求各桿端之動率。

如該架材料之伸縮係數(Coefficient of expansion)，係0.000,006/1°F，則各桿件之加長可算之如下：——

DC,　$48.5 \times .000,006 \times 10 = 0.002910$ft.

CB,　$55.0 \times .000,006 \times 10 = 0.003300$ft.

BA,　$49.75 \times .000,006 \times 10 = 0.002985$ft.

設將D點頂住，不使其發生水平撓度，則各柱頭之水平撓度，可算之如下：——

DH,　無水平撓度。

CG,　C端向左發生撓度＝.002910ft,

BF,　B端向左發生撓度＝.006210ft,

AE,　A端向左發生撓度＝.009195ft.

所以CG,BF,AE三桿件所發生定端動率，可用公式(1)，(2)算之：——(設E＝432,000,000※/sq.ft.)

$$F_{AE}=\frac{.009195}{49}(1+.278)(11.06\times432,000,000)=1150 \quad K.ft$$

$$F_{EA}=\frac{.009195}{49}(1+.809)(3.80\times 32,000,000)=556 \quad K.ft.$$

……………………………………………………………

……………………………………………………………

至於AE.BF,CG,DH各桿件，亦因溫度而增長。因其長短之不同，其增長之度亦不同。故AB,BC,CD,各桿件之兩端，亦將發生相對撓度，例如，

桿件AB,A端較B端高升：——

$$.000,006(49-40)10=0.00054 \quad ft.$$

A,B兩端因此所發生之定端動率，可用公式(1)，(2)算之：

$$F_{AB}=\frac{-.00054}{49.75}(1+.663)21.52\times432,000,000=-168 \quad K.ft.$$

$$F_{BA}=\frac{-.00054}{49.75}(1+.707)20.20\times432,000,000=-162 \quad K.ft,$$

桿件BC,CD亦可如法照算。將所得各定端動率寫於第十三圖，而用克勞氏法分配之。再算D點所應用之H，

$$-H=\frac{744+556}{49}+\frac{466+499}{40}+\frac{565+515}{23}+\frac{35+70}{20}=102$$

將第五圖以102乘之(註以"h")而加之於第十三圖。其結果便爲各桿端因變溫所發生之眞正動率

，(在圖中以"t"字註之)。

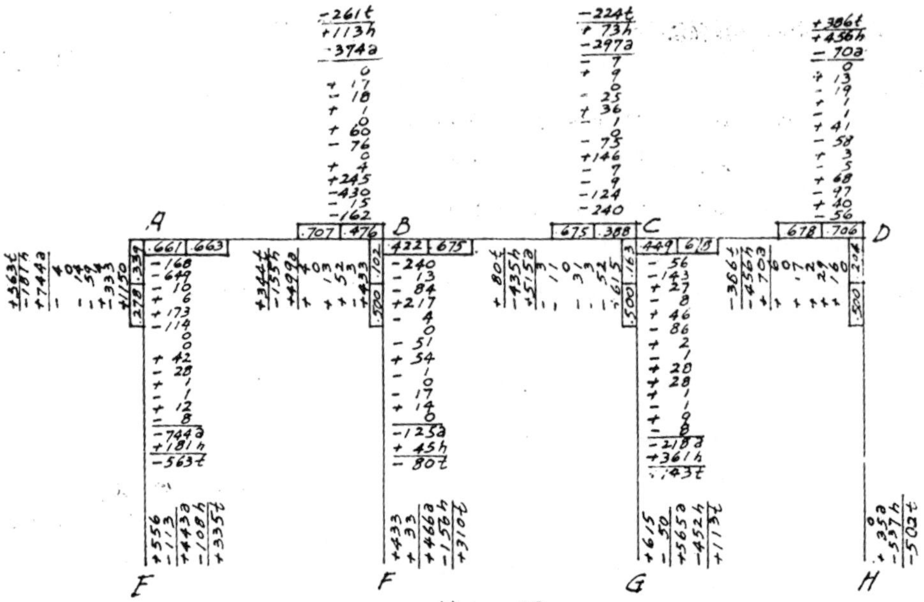

第十三圖

第八節　直接應力及剪力(Direct stress & shear)所發生之動率

普通計算連架，均假設各桿件因直接應力所發生之變形(Deformation) 爲極小；卽假設各桿件之長短均不變更。應用克勞氏法時，亦有此種之假設。實際則各桿件均有伸縮；遂發生各桿端第二次動率，(Secondary moment or moment due to direct stress) 。如已知其伸縮之量(可由桿端動率求其直接應力，而得其伸縮量) 則可求各桿件兩端之相對撓度，如第七節焉。既知其相對撓度，則其第二次定端動率，以及眞正第二次動率等等，均可如第七節求之。惟此種第二次動率，多只爲第一次所得動率之一小部分；故實用上可不必求之。

實際上，則第二動率又發生第二直接應力。第二直接應力又發生第三動率。如此相轉無窮。惟此種數目，愈轉愈小；工程設計者，絕無須費時於此也。

在普通連架中，各桿件之剪力撓度，(Deflection due to shear) 均遠不及動率撓度。故算求K.C.F等數時，卽無須計算剪力撓度之影響。連架各桿件，因其剪力撓度所發生之動率，亦可用第七節之法算之。但其動率極小，可無須計算。

第九節　結　論

本文所論各間接應用法，皆本於第二節中之原理。其他各節，乃略爲變動，舉例說明之。上列舉例均用一个單層架，如第一圖所示者。設該架不只一層，而各層均能發生水平撓度，則其算法略有不同；下文再爲說明之。

第二卷第二期中“桿件各性質C.K.F.之計算法”一文應改正各點

第35頁第二行“此篇光用”應爲“此篇先用”。

第六圖右端應添註“B”字左端“A”字。

第37頁第五行“$M=S_EK_{AB}$”應爲“$M=S_BK_{BA}$”。

第39頁第(23)公式“$\int_A^B\frac{Mxdx}{EI}$”應爲“$\int_A^B\frac{Mxdx}{LEI}$”。

第40頁表中第一列之“dx”均應改爲“△x”。

第42頁第六行“進而進之”應爲“進而言之”。

工 程 估 價 （十三續）

杜 彥 耿

單扇槅子價格分析表

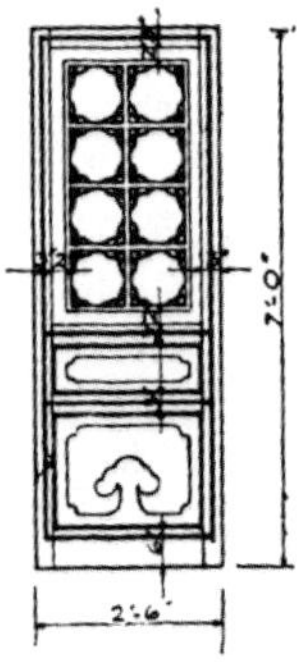

工料	尺寸 闊	厚	長	數量	計合	價格	結洋 洋松	柳安	柚木	備註
窗梃	3寸	2寸	7尺3寸	2根	7.3尺	洋松每千尺$ 75 柳安每千尺$ 130 柚木每千尺$ 400	$ .55	$ .95	$ 2.92	
上帽頭	„	„	2尺8寸	1根	1.4尺	,, ,, ,,	$ .11	$ .18	$ .56	
中帽頭	„	„	„	2根	2.8尺	,, ,, ,,	$ .21	$ .36	$ 1.12	
下帽頭	6寸	„	„	1根	2.7尺	,, ,, ,,	$ .20	$ .35	$ 1.08	
裏圈檔	2寸	„	11尺	1根	3.7尺	,, ,, ,,	$ .28	$ .43	$ 1.48	
浜子綫	1寸半	1寸	35尺	1根	4.4尺	,, ,, ,,	$ .33	$ .57	$ 1.76	
雕花板及手巾條花板	1尺半	„	1尺8寸	2塊	5.0尺	,, ,, ,,	$ .38	$ .65	$ 2.00	
花板	1尺9寸	3分	3尺3寸	1塊	5.7方尺	白楊每方尺$ .08 柳安每方尺$ .06 柚木每方尺$ .53	$ .46	$ .31	$ 3.03	
膠夾板	2尺	„	2尺半	1塊	5.0方尺	,, ,, ,,	$ .40	$ .30	$ 2.65	
木匠工					12工 14工 14工	每堂包工連飯$7.80 ,, $9.10 ,, $9.10	$ 7.80	$ 9.10	$ 9.10	每工以六角半計算
輸送							$ .06	$ .06	$ .05	
膠水							$ .05	$ .05	$ .05	
四寸長鉸				2塊	1對	銅鉸鏈每對$ .70 鐵鉸鏈每對$ .15	$ .15	$ .15	$ .70	連螺絲
釘							$ .30	$ .30	$ .30	
白片玻璃	20寸		38寸	1塊	7.6方尺	每方尺$.50	$ 3.80	$ 3.80	$ 3.80	連油灰等
木料損蝕加20%							$ 2.34	$ 3.34	$13.28	
鋸匠工					2工	每堂$1.20	$ 1.20	$ 1.20	$ 1.20	每工以六角計算
彫花工					1堂	每堂$6.00	$ 6.00	$ 6.00	$ 6.00	
							$24.62	$28.18	$51.09	

單扇窗堂子及盤窗板價格分析表

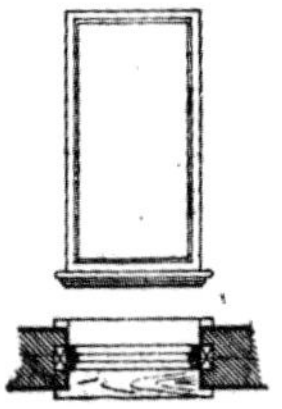

工料	尺寸 闊	厚	長	數量	合計	價格	結洋 洋松	柳安	柚木	備註
堂子梃	6寸	3寸	5尺9半	2根	17.3尺	洋松每千尺$ 75 柳安每千尺$ 130 柚木每千尺$ 400	$ 1.30	$ 2.25	$ 6.92	
堂子帽頭	„	„	3尺5寸	2根	10.2尺	,, ,, ,,	$ .77	$ 1.34	$ 4.12	
窗盤板	8寸	1寸半	3尺半	1塊	3.5尺	,, ,, ,,	$ .26	$ .46	$ 1.40	
凹線	2寸	1寸	3尺3寸	1根	5.4尺	,, ,, ,,	$ .41	$ .70	$ 2.16	
木匠工					2 工 2 工 3 工	每堂包工連飯$1.30 ,, $1.30 ,, $1.95	$ 1.30	$ 1.30	$ 1.95	
輸送							$ .06	$ .06	$ .06	
釘							$ .20	$ .20	$ .20	
鐵牆搁					4 只	每只 $ .20	$ .80	$ .80	$ .80	
木料損蝕加20%							$ 2.19	$ 3.80	$11.68	
鋸匠工					半工	每堂 $ .30	$ .30	$ .30	$ .30	
							$ 7.59	$11.21	$47.14	

單扇槅子價格分析表

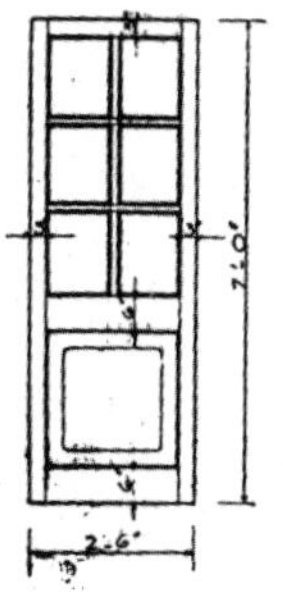

工料	尺寸 闊	厚	長	數量	合計	價格	結洋 洋松	柳安	柚木	備註
窗梃	3寸	2寸	7尺3寸	2根	7.3尺	洋松每千尺$ 75 柳安每千尺$ 130 柚木每千尺$ 400	$ .55	$ .95	$ 2.92	
上帽頭	„	„	2尺8寸	1根	1.4尺	,, ,, ,,	$ .11	$ .18	$ .56	
中帽頭	6寸	„	„	1根	2.7尺	,, ,, ,,	$ .20	$ .35	$ 1.08	
下帽頭	„	„	„	1根	2.7尺	,, ,, ,,	$ .20	$ .35	$ 1.08	
芯子	1寸半	„	8尺	1根	2.0尺	,, ,, ,,	$ .15	$ .26	$ .80	
劃剮板	2尺3寸	1寸半	2尺3寸	1塊	7.6尺	,, ,, ,,	$ .57	$ .99	$ 3.04	
浜子線	1寸半	1寸	3 4尺	2根	8.5尺	,, ,, ,,	$ .70	$ 1.11	$ 3.00	
木匠工					5 工 6 工 6 工	每堂包工連飯$3.25 ,, $3.90 ,, $3.90	$ 3.30	$ 3.90	$ 3.90	每工以六角半計算
輸送							$ .06	$ .06	$ .06	
膠水							$ .05	$ .05	$ .05	
四寸長鉸				2塊	1 對	銅鉸鏈每對$ .70 鐵鉸鏈每對$ .15	$ .15	$ .15	$ .70	連螺絲
釘							$ .30	$ .30	$ .30	
白片玻璃	12寸		16寸	6塊	11.5方尺	每方尺$.50	$ 5.75	$ 5.75	$ 5.75	連油灰等
木料損蝕加20%							$ 1.98	$ 3.35	$ 9.98	
鋸匠工					1 工	每堂 $ .60	$ .60	$ .60	$ .60	每工以六角計算
							$14.67	$18.35	$33.82	

單扇玻璃長窗價格分析表

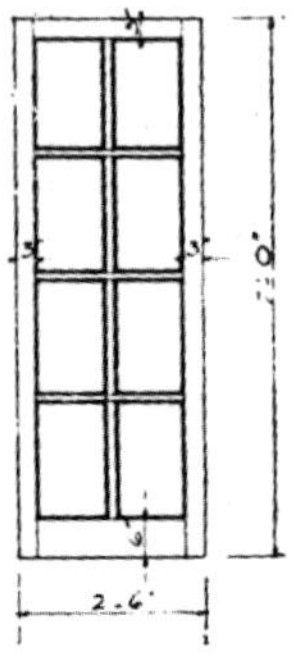

工料	尺寸 闊	厚	長	數量	合計	價格	結 洋松	柳安	洋柚木	備註
窗梃	3寸	2寸	7尺3寸	2根	7.3尺	洋松每千尺$ 75 柳安每千尺$ 130 柚木每千尺$ 400	$ .55	$ .95	$ 2.92	
上帽頭	,,	,,	2尺8寸	1根	1.4尺	,, ,, ,,	$ .11	$ .18	$ .56	
下帽頭	6寸	,,	,,	1根	2.7尺	,, ,, ,,	$ .20	$ .35	$ 1.08	
芯子	1寸半	,,	12尺半	1根	3.1尺	,, ,, ,,	$ .23	$ .40	$ 1.24	
浜子線	1寸半	1寸	40尺	2根	10.0尺	,, ,, ,,	$ .75	$ 1.30	$ 4.00	
木匠工					4工 5工 5工	每堂包工連飯$2.60 ,, $3.25 ,, $3.25	$ 2.60	$ 3.25	$ 3.25	每工以六角半計算
輸送							$ .06	$ .06	$ .06	
膠水							$ .04	$ .04	$ .04	
四寸長鉸				2塊	1對	銅鉸鏈每對$ .70 鐵鉸鏈每對$ .15	$ .15	$ .15	$ .70	連螺絲
釘							$ .30	$ .30	$ .30	
玻璃	18寸		12寸	8塊	17.3方尺	每方尺$ .50	$ 8.65	$ 8.65	$ 8.65	連油灰等
木料損蝕加20%							$ 1.47	$ 2.54	$ 7.84	
鋸匠工					1工	每堂$ .60	$ .60	$ .60	$ .60	每工以六角計算
							$15.71	$18.77	$31.24	

單扇玻璃窗價格分析表

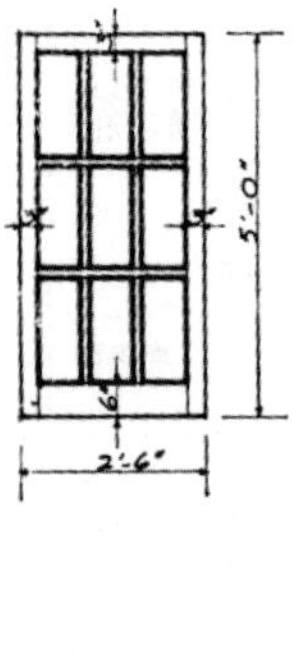

工料	尺寸 闊	厚	長	數量	合計	價格	結 洋松	柳安	洋柚木	備註
窗梃	3寸	2寸	5尺3寸	2根	5.3尺	洋松每千尺$ 75 柳安每千尺$ 130 柚木每千尺$ 400	$ .40	$ .69	$ 2.12	
上帽頭	,,	,,	2尺8寸	1根	1.3尺	,, ,, ,,	$ .10	$ .17	$ .52	
下帽頭	6寸	,,	,,	1根	2.7尺	,, ,, ,,	$ .20	$ .37	$ 1.08	
芯子	1寸半	,,	10尺	1根	2.5尺	,, ,, ,,	$ .19	$ .33	$ 1.00	
木匠工					4工 4工 4工半	每堂包工連飯$2.60 ,, $2.60 ,, $2.93	$ 2.60	$ 2.60	$ 2.93	每工以六角半計算
輸送							$ .06	$ .06	$ .06	
榫頭白油							$ .04	$ .04	$ .04	
三寸長鉸				2塊	1對	銅鉸鏈每對$ .35 鐵鉸鏈每對$ .08	$ .08	$ .08	$ .35	連螺絲
白片玻璃	8寸		18寸	9塊	13方尺	每方尺$.50	$ 6.50	$ 6.50	$ 6.50	連油灰等
木料損蝕加20%							$ .71	$ 1.25	$ 3.78	
鋸匠工					半工	每堂$ .30	$ .30	$ .30	$ .30	每工以六角計算
							$11.18	$12.39	$18.68	

單扇門堂子及門頭線價格分析表

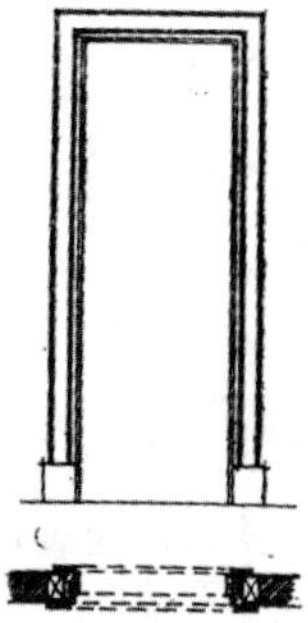

工料	尺寸			數量	合計	價格	結洋			備註
	闊	厚	長				洋松	柳安	柚木	
堂子梃	6寸	3寸	7尺半	2根	22.5尺	洋松每千尺$ 75 柳安每千尺$ 130 柚木每千尺$ 400	$ 1.69	$ 2.93	$ 9.00	
堂子帽頭	,,	,,	3尺半	1根	5.3尺	,,	$ .40	$ .69	$ 2.12	
豎門頭線	4寸	1寸	7尺半	4根	10.0尺	,,	$ .75	$ 1.30	$ 4.00	
橫門頭線	,,	,,	3尺半	2根	2.3尺	,,	$ .17	$ .30	$ .92	
門頭線墩子	6寸	,,	7寸	4塊	1.2尺	,,	$ .09	$ .16	$ .48	
木匠工					2工 3工 3工	每堂包工連飯$1.30 ,, $1.95 ,, $1.95	$ 1.30	$ 1.95	$ 1.95	
輸送							$ .06	$ .06	$ .06	
釘							$ .04	$ .04	$ .04	
鐵牆擱					4只	每只$ .20	$ .80	$ .80	$ .80	
木料損蝕加20%							$ 2.48	$ 4.30	$13.22	
鋸匠工					1工	每堂$ .60	$ .60	$ .60	$ .60	
							$ 8.38	$13.13	$33.19	

單扇玻璃窗價格分析表

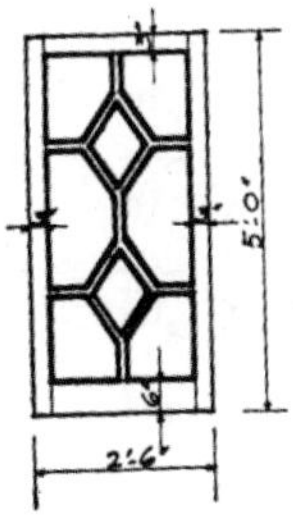

工料	尺寸			數量	合計	價格	結洋			備註
	闊	厚	長				洋松	柳安	柚木	
窗梃	3寸	2寸	5尺3寸	2根	5.3尺	洋松每千尺$ 75 柳安每千尺$ 130 柚木每千尺$ 400	$ .40	$ .69	$ 2.12	
上帽頭	,,	,,	2尺8寸	1根	1.3尺	,,	$ .10	$ .17	$ .52	
下帽頭	6寸	,,	,,	1根	2.7尺	,,	$ .20	$ .37	$ 1.08	
芯子	1寸半	,,	12尺半	1根	3.1尺	,,	$ .23	$ .40	$ 1.24	
木匠工					6工 6工 7工	每堂包工連飯$3.90 ,, $3.90 ,, $4.55	$ 3.90	$ 3.90	$ 4.55	每工以六角半計算
輸送							$ .06	$ .06	$ .06	
榫頭白油							$ .04	$ .04	$ .04	
三寸長鉸				2塊	1對	銅鉸鏈每對$ .35 鐵鉸鏈每對$ .08	$ .08	$ .08	$ .35	連螺絲
白片玻璃					14.6方尺	每方尺$ .50	$ 7.30	$ 7.30	$ 7.30	連油灰等
木料損蝕加20%							$ .74	$ 1.30	$ 3.97	
鋸匠工					半工	每堂$ .30	$ .30	$ .30	$ .30	每工以六角計算
							$13.35	$14.61	$21.53	

單扇玻璃窗價格之分析表

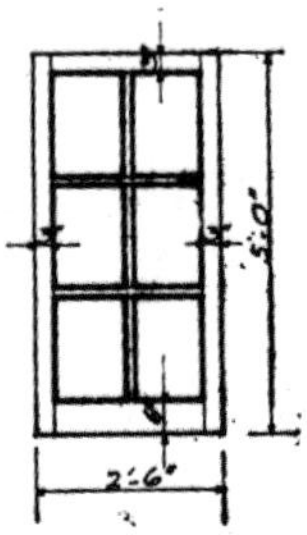

工料	尺寸 闊	厚	長	數量	合計	價格	結洋 洋松	柳安	柚木	備註
窗梃	3寸	2寸	5尺3寸	2根	5.3尺	洋松每千尺$ 75 柳安每千尺$ 130 柚木每千尺$ 400	$ .40	$ .69	$ 2.12	
上帽頭	„	„	2尺8寸	1根	1.3尺	,, ,, ,,	$ .10	$ .17	$ .52	
下帽頭	6寸	„	„	1根	2.7尺	,, ,, ,,	$ .20	$ .35	$ 1.08	
芯子	1寸半	„	9尺	1根	2.2尺	,, ,, ,,	$ .17	$ .30	$ .92	
木匠工					3工 ,, 3工半	每堂包工連飯$1.95 ,, $1.95 ,, $2.28	$ 1.95	$ 1.95	$ 2.28	每工以六角半計算
輸送							$ .06	$ .06	$ .06	
榫頭白油							$ .04	$ .04	$ .04	
三寸長鉸				2塊	1對	鋼鉸鏈每對$ .35 鐵鉸鏈每對$ .08	$ .08	$ .08	$ .35	連螺絲
白片玻璃	12寸		18寸	6塊	13.0方尺	每方尺$ .50	$ 6.50	$ 6.50	$ 6.50	連油灰等
木料損蝕加20%							$ .70	$ 1.21	$ 3.71	
鋸匠工					半工	每堂$ .30	$ .30	$ .30	$ .30	每工以六角計算
							$10.50	$11.65	$17.88	

單扇百葉窗價格分析表

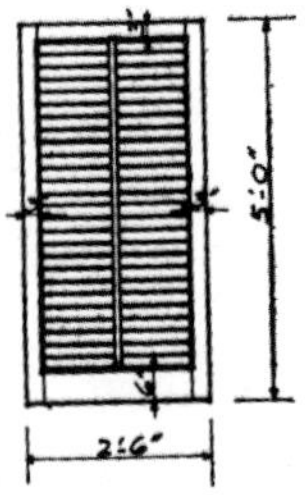

工料	尺寸 闊	厚	長	數量	合計	價格	結洋 洋松	柳安	柚木	備註
窗梃	3寸	2寸	5尺3寸	2根	5.3尺	洋松每千尺$ 75 柳安每千尺$ 130 柚木每千尺$ 400	$ .40	$ .69	$ 2.12	
上帽頭	„	„	2尺8寸	1根	1.3尺	,, ,, ,,	$ .10	$ .17	$ .52	
下帽頭	6寸	„	„	1根	2.7尺	,, ,, ,,	$ .20	$ .37	$ 1.08	
百葉板	3寸	1寸	2尺3寸	20塊	11.3尺	,, ,, ,,	$ .85	$ 1.47	$ 4.52	
猢猻棒	1寸	„	4尺半	1根	.4尺	,, ,, ,,	$ .03	$ .05	$ .16	
木匠工					13工 14工 14工	每堂包工連飯$ 8.45 ,, $ 9.10 ,, $ 9.10	$ 8.45	$ 9.10	$ 9.10	
輸送							$ .06	$ .06	$ .06	
榫頭白油							$ .04	$ .04	$ .04	
三寸長鉸				2塊	1對	鋼鉸鏈每對$ .08	$ .08	$ .08	$ .08	連螺絲
木料損蝕加20%							$ 1.26	$ 2.20	$ 6.72	
鋸匠工					2工	每堂$1.20	$ 1.20	$ 1.20	$ 1.20	
鐵羊眼					20副	每10副$.15	$ .30	$ .30	$ .30	
鐵曲尺					4塊	每塊$ .20	$ .80	$ .80	$ .80	
							$13.77	$16.53	$26.70	

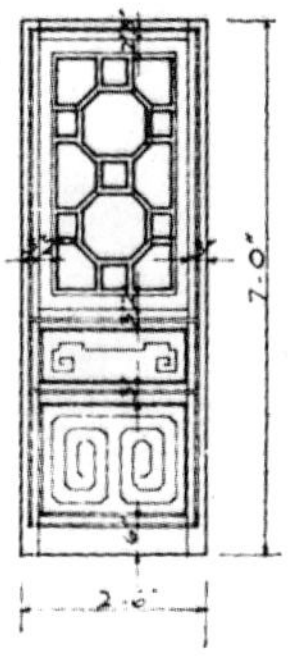

單扇槅子價格分析表

工料	尺寸 闊	厚	長	數量	合計	價格	結洋 洋松	柳安	柚木	備註
窗梃	3寸	2寸	7尺3寸	2根	7.3尺	洋松每千尺$ 75 柳安每千尺$ 130 柚木每千尺$ 400	$ .55	$ .95	$ 2.92	
上帽頭	,,	,,	2尺8寸	1根	1.4尺	,, ,, ,,	$ .11	$ .18	$ .56	
中帽頭	,,	,,	,,	2根	2.8尺	,, ,, ,,	$ .21	$ .36	$ 1.12	
下帽頭	6寸	,,	,,	1根	2.7尺	,, ,, ,,	$ .20	$ .35	$ 1.08	
裏圈檔	2寸	,,	11尺	1根	3.7尺	,, ,, ,,	$ .28	$ .48	$ 1.48	
浜子線	1寸半	1寸	35尺	1根	4.4尺	,, ,, ,,	$ .33	$ .57	$ 1.76	
雕花板及手巾條花板	1尺半	,,	1尺8寸	2塊	5.0尺	,, ,, ,,	$ .38	$ .65	$ 2.00	
花板	1尺9寸	3分	3尺3寸	1塊	5.7方尺	白楊每方尺$ .08 柳安每方尺$ .06 柚木每方尺$ .53	$ .46	$ .34	$ 3.03	
膠夾板	2尺	,,	2尺半	1塊	5.0方尺	,, ,, ,,	$ .40	$ .30	$ 2.65	
木匠工					18工 20工 20工	每堂包工連飯$11.70 ,, $13.00 ,, $13.00	$11.70	$13.00	$13.00	每工以六角半計算
輸送							$ .06	$ .06	$ .06	
膠水							$ .05	$ .05	$ .05	
四寸長鉸				2塊	1對	銅鉸鏈每對$ .70 鐵鉸鏈每對$ .15	$ .15	$ .15	$ .70	連螺絲
釘							$ .30	$ .30	$ .30	
白片玻璃	20寸		38寸	1塊	7.6方尺	每方尺$.50	$ 3.80	$ 3.80	$ 3.80	連油灰等
木料損蝕加20%							$ 2.34	$ 3.34	$13.28	
彫花工					1堂	每堂$5.00	$ 5.00	$ 5.00	$ 5.00	
鋸匠工					2工	每堂$1.20	$ 1.20	$ 1.20	$ 1.20	每工以六角計算
							$27.52	$31.08	$53.99	

(待續)

經濟住宅之三

此種西班牙式之設計，
非常美麗。寬大之起居室
，十分舒適；室中有木筋
平頂及大料，頗饒古趣。
大房子
22100立呎
陽台
700 立呎
共計
22800立呎
廚房
伙食間
膳室
11'0"x14'0"
臥室
14'0"x10'0"
衣
櫥
起居室
18'0"x13'0"
浴室
入口
衣
櫥
階沿石
臥室
11'0"x12'0"
駛向汽車間
用磚搗築
同一平面圖，形成英國殖民式風格。
尺寸
大房子：三十八呎寬，四十四呎深
。全部尺寸為三十九呎寬四十五呎深
。平頂高度為八呎。

經濟住宅之四

七個大間及浴室廚房等

美觀與經濟

上首係一所西班牙式之住宅，頗適合我人居住。屋面蓋以捲筒瓦，起伏如鱗狀，靈巧雅緻，不染俗調。且屋前臨園地，從臥室步出陽台，滿目青翠，彷彿置身仙境。室中裝飾又純粹現代化，廚房之佈置，碗碟櫥之安放，以及電話櫥之設備等，莫不盡設計之能事。

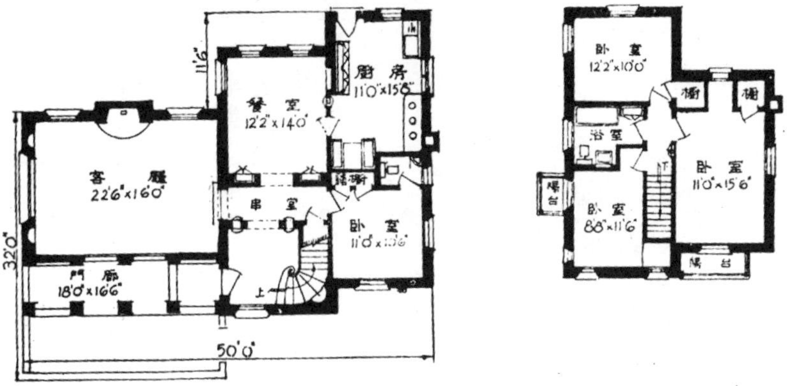

〇一六〇五

經濟住宅之五

這所平屋內含五個大間全屋的構造成一個曲尺形環抱着前面的園子是很夠味的

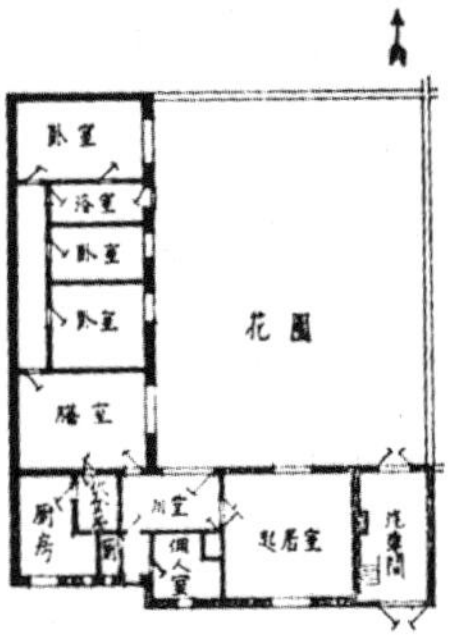

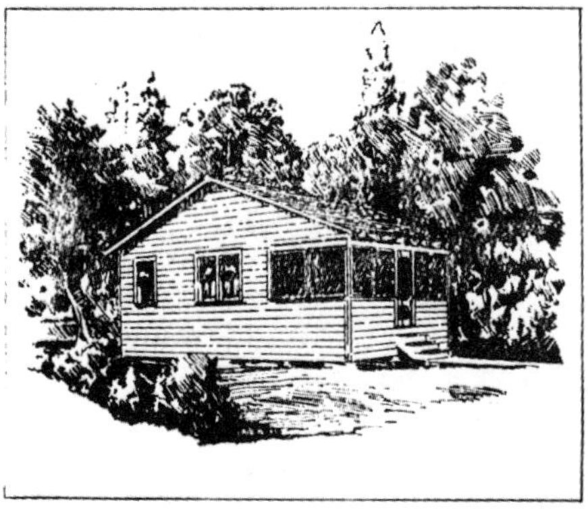

此屋設計已極盡簡單的能事但屋內起居室臥室廚房都很舒適前面更有一濶大的陽台不論寒冬盛夏適宜於團聚家人促膝談心享叙天倫的樂事

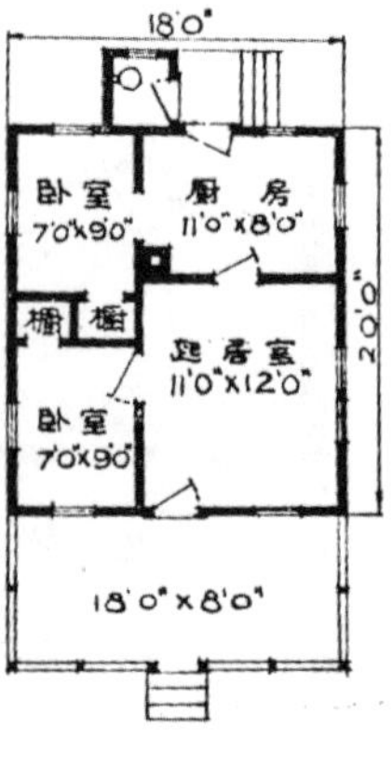

上海大西路一住宅

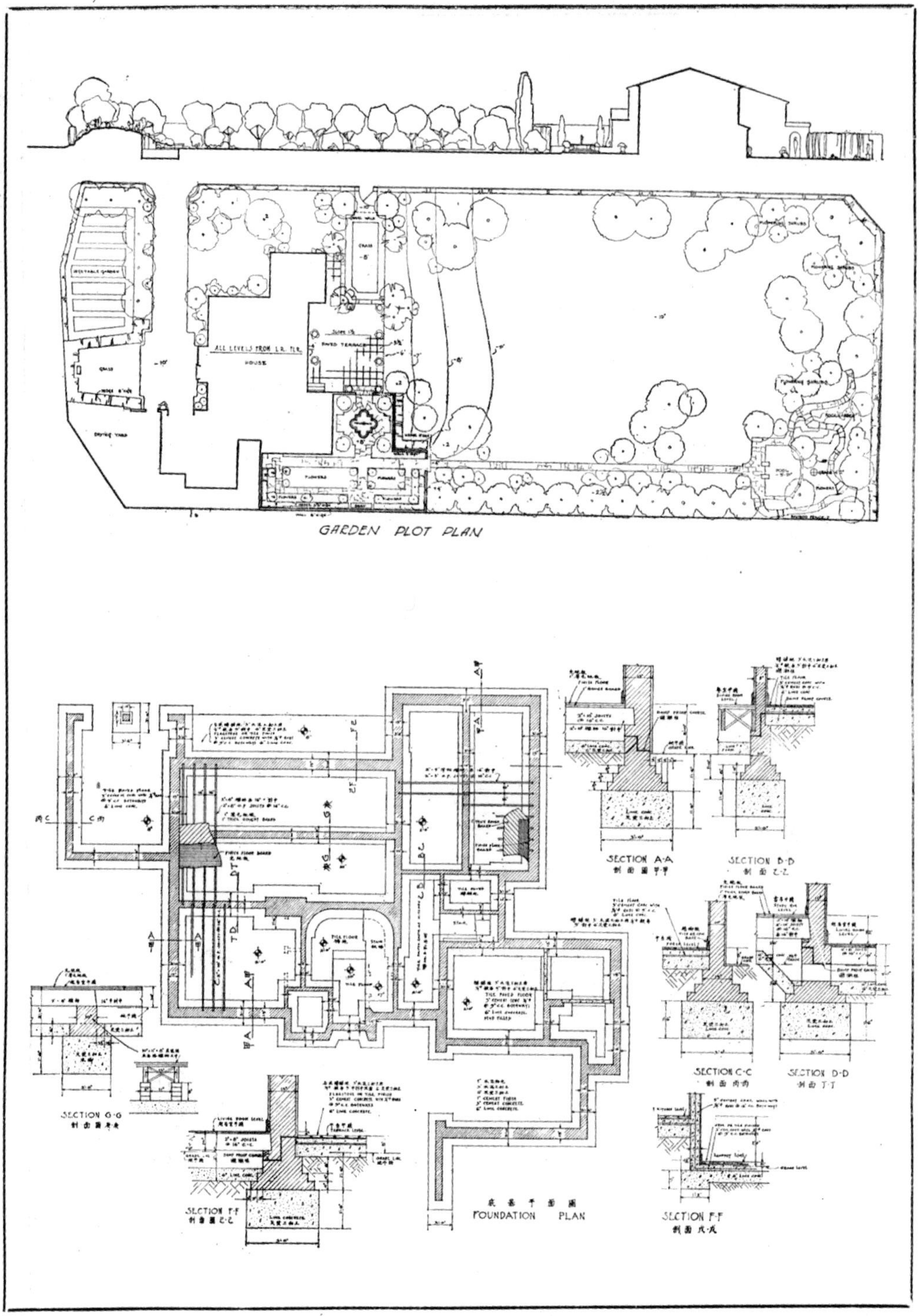

A Residence.

上海大西路一住宅

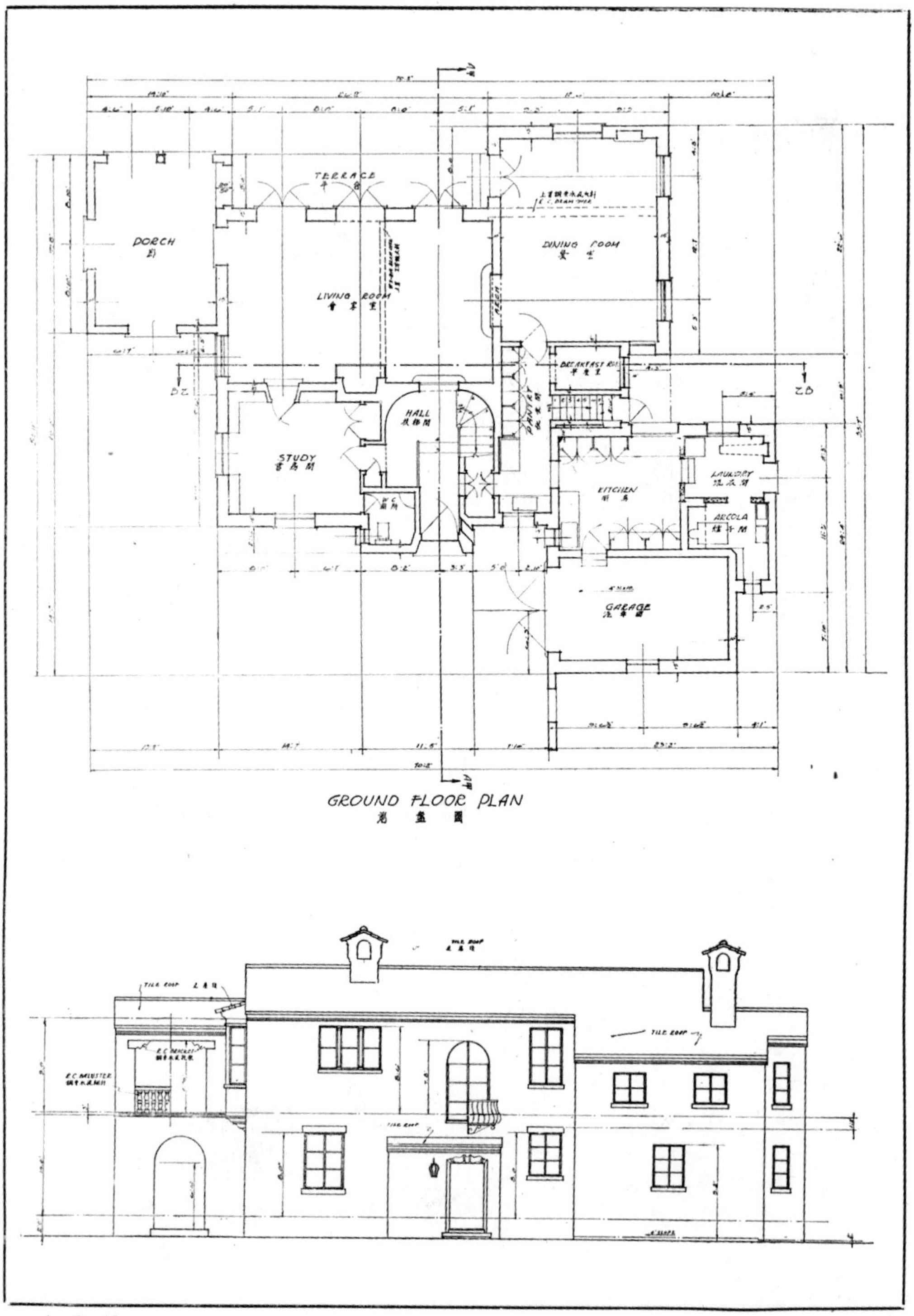

A Residence.

上海大西路一住宅

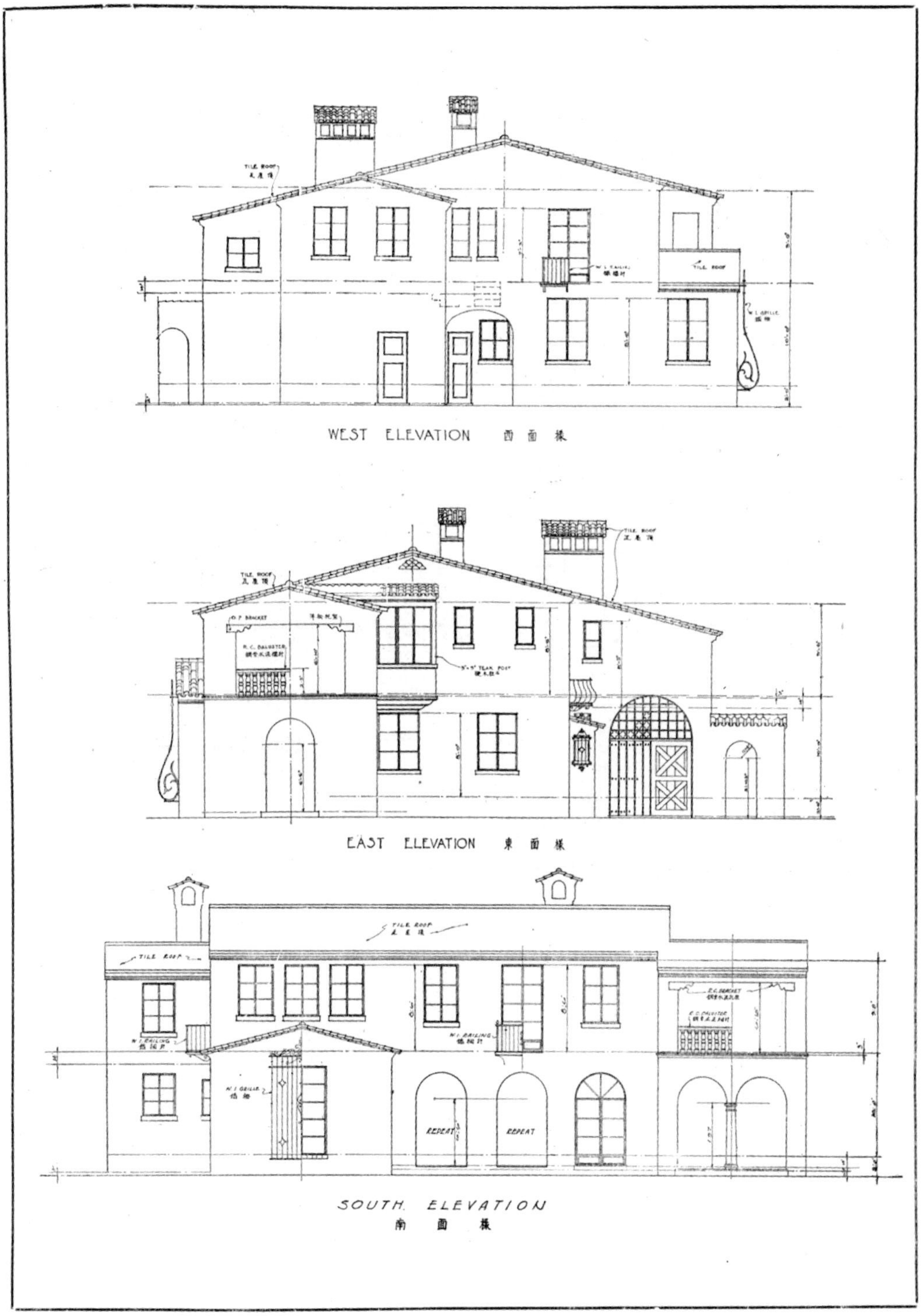

A Residence.

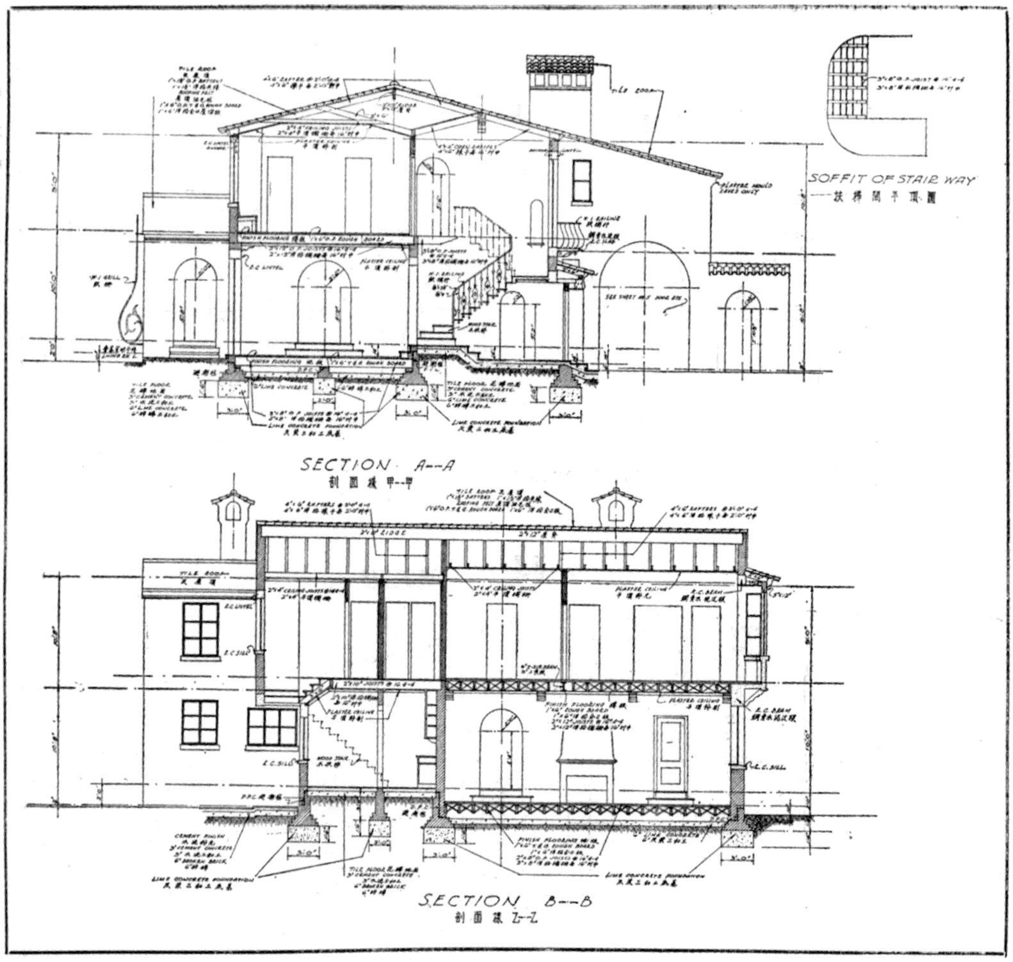

上海大西路一住宅

A Residence.

建築界消息

中國石公司宴建築界

中國石公司，於三月二十五日，假座大東酒樓，宴請本市建築界；到江長庚謝秉衡杜彥耿等五十餘人。即席由該公司陶桂林君起稱：『今天承諸君寵臨，不勝榮幸；此間陳列之各式樣品，均係採自山東省青島市之磅山，顏色鮮麗，精瑩奪目，此種石料，固天賦我人之富源，昔日埋藏地下，無人顧問，今竟製成器物，可供建築界採用矣。

滬上建築界所需大理石，向由國外輸入，根據海關報告，每年達七百萬至八百萬之鉅，而經營斯業者，均屬東鄰商人，諒在座諸君均能知之。鄙人與該商往來，因營業上之關係，亦殊密切，自九一八以後，鑒於彼邦軍閥之專橫，不顧國際信義，竟以武力奪我國土，不敢不盡棉薄，於商業上予以抵制，摧彼暴燄，乃有上海石品製造股份有限公司之發起。經一呼而參加發起者，有三十餘人之多，當推桂林爲籌備主任，王岳峯陳士範杜彥耿朱禎祥四君爲籌備委員，負責進行，設籌備處於四川路六號。而正在定機器覓廠址，積極進行之時，一二八滬變突起，迨和議告成，我人固有之事業，均巳受重大打擊，安有餘力以圖新企業之發展，故石品公司之議，以是暫止。

但我人雖遭受此種劇變，仍不稍氣餒，固無日不在企圖實現也。前年秋鄙人因事往青島，經友人之介，紹得識姚君華孫，承邀赴磅山參觀採石礦及石工廠，見礦中採得之石料與製成之石品，石質甚佳，色采精美，殊覺欣喜，蓋國中竟有如是佳妙之石料，實出於意料也。遂請姚君擴充資本，在滬設立分廠，鄙人即加入爲股東，被推爲董事。分廠出品之首先採用者，爲靜安寺路二十二層大廈，百樂門舞廳，及正在建築中之百老匯十八層大廈等，營業數額幾達百萬元，此實竊自告慰者也。

此番來滬設立分廠，本擬小試，不意覺得中外建築師與工程師之樂用，故廠中初置鋸機雖僅一架，經逐漸擴充，現已增爲五架；惟尚不敷應用，須更求擴展，遂有增資本額爲五十萬元之決議。經議決後，各股東均踴躍攤認，不旋踵而足額。

桂林曾請於增股中留額十萬元，以待滬地建築界之參加，甚盼在座諸君，暨上海石品股份有限公司原發起人，仍本初衷，踴躍加入，則公司前途，當更有希望矣。

關於石質之豐富優美，鄙人頃已言之，惟徒有天然之物料，而無人爲之經營，則徒令貨棄於地，設經營之而不得其法，亦終無良善之收穫。今中國石公司之辦事人員，均係專門人才，且辦事莫不精明强幹，如總經理姚華孫君，處理一切事務，井井有序。於初辦石公司之前，曾費三年之推考與研究，方從事刱辦，其辦事審愼，於此可見一斑。廠中所聘技師，亦均屬富有經驗之老手。故事業之發展，自可預期也。

更有一端，足以稱道者，即吾人在滬組織分廠之順利進行，得力於李大超先生者甚多。李君係本市市府現任官員，因鑒於我國固有石料之佳，與辦事人之勤懇，故力予提倡也。倘盼我建築界同仁，踴躍參加股份，時賜南針，俾資遵循，則幸甚矣。」

繼陶君演講者，有姚華孫李大超邵達人杜彥耿等，辭長從略。

高恩路五層大廈

上海高恩路五層大廈三幢（3 "Mayfair" Apt. Houses）。全部泗汀工程，衛生器具及電氣工程，均由美益水電工程行承裝。

節錄上海房產業主公會報告譯文

上海房產業主公會，於三月二十三日下午五時半，假座博物院路二十號亞洲文會，舉行年會，由斯巴克君主席(Mr. N.S.Sparke)（本屆委員二十五人，華人有黃廷芳，金季言二君）茲將該公會報告詳文刊登如左，以備參閱。

在上次年會開會時，鄙人對于上海自來水公司之水表制及水費額，曾有長時間之陳述。此事在過去之一年中，又引起委員會重大之注意。在四月間自來水公司制定試驗式之新水費表，呈請上海工部局核准後，即于五月一日施行。此項新制表施行未久，委員會即疊接多數會員之報告，對于依據新水價所徵收之巨額水表，表示不滿。在東北兩區房租較低之區域，業主所受之痛苦尤甚。本委員會對于現在自來水公司所徵收之水費，認為實在太高；且經向自來水公司及工部局所組織之水費審查會聲明反對，在會前曾發出通告，徵求租金與水費所成之比例之資料，各會員皆踴躍答覆。鄙人茲欲利用此機會，表示感謝各會員所供給之資料，經委員會予以整理後，當經于開會時提出，作為參考之資料。依鄙人預料，水費問題不久即可圓滿解決，將來水費亦定能減低也。

在去年年初，本委員會對于公共租界，法租界，上海市內劃分工業及住宅之區域問題，認為有研究之價值。當經成立小組委員會，討論此事。本委員會根據討論之結果，當經分函各區當局，詢問有無進行或實行分區計劃之意。各區當局之答覆，大體上可認為滿意。因此事為諸君之所注意，鄙人爰就所接得之答覆，作簡要之報告：據公共租界工部局之答覆，此問題曾經該局迭次鄭重考慮；但工部局除根據洋涇浜地皮章程外，對于界內房屋之建築使用，無權限制。故實行分區制度，不無窒礙。但工部局深知劃區問題之重要，故本會如有意見提出，該局願予接受。法租界當局之答覆，則謂自一九二〇年起已實行劃區計劃；在一九二八年又採用擴張之計劃，並將區域之圖樣于復函內附送一份。惟據法公董局復稱，劃分住宅區域頗感困難；蓋因房屋建築式樣不能一致。惟法公董局現正繼續努力製定新章，增進建築物之材料。至上海市政府之復函，尤堪欣忭。據上海市政府復函，分區制度現已進行計劃，俟有成議，當即徵求本會意見。其實分區制度非特于業主有利，對于全市居民亦有裨益；倘各區當局對于此項計劃有意使其實現，本會當予以全力之贊助。

此外另有一重要事件，引起委員會深切之注意，即上海市政府所施行之地價稅是也。委員會對于此事，曾予以嚴重之考慮，並經致函領事團，陳述意見。據領事團之答覆，此事已着手交涉，對于交涉之進行情形，並當隨時轉告。在過去之一二月中，本埠忽發現一有組織之減租運動，本委員會對于此事現正靜觀其發展。組織此項減租運動之人，實屬不能洞知業主之苦衷。如此項運動繼續發展，必生嚴重之結果。此項減租運動，除影響業主外，對于抵押品之價值，必生不利之影響，而上海之金融組織亦將被其搖動。據聞南京及漢口，亦有減租之運動，所擬之章程，經南京市政府及湖北省政府核准。依照該章程，南京之房產租價之淨額，不得高過產價百分之十四；漢口之房屋租價之淨額，不得高過產價百分之十二。惟上海業主如能淨收入此數額，想必皆額手相慶矣。

本年一月初，市政府土地局曾函咨駐滬各領事，謂該局及財政局呈請，將在上海市政府管轄區域內所有未曾升科，或納稅及無方單之地，國有荒地灘地或公浜，一併收歸市有；業經行政院核准，並定于一九三四年一月一日實行。自同年一月一日起二個月內，此項灘地荒地河浜等相鄰之業主，有優先升科之權利。如逾此期間，相鄰地之業主不請求升科者，則無論何人均可聲請升科云云。此項法令，當局如果嚴厲實行，事態殊屬嚴重。且與浚浦局合同違反，而業主亦必蒙不利之結果。蓋依照浚浦合同規定，徵收地價辦法，極為公允，並有聲明不服機關。若依照土地局致領事團之函，所謂上海市政府所管轄區域，既漫無限制，將來中國當局或有將此項法令，在公共租界及法租界內試行之可能。若在租界內實行，則結果必致糾紛無已，無待鄙人煩言。蓋依照向來慣例，有記錄可查者，升科事件之主權，完全操之于中國土地局，此點為鄙人深信，諒無錯誤。是以委員會深望領事團對于升科問題，能予以精密審查也。

精藝木行

滬市用機器構置門窗者，本僅中國造木公司一家，精藝木行為新興者之一，所用機器，如鋸機，刨機，榫頭，鑿眼及製造膠夾板各種機器，全在滬地訂造，無一向國外購辦者。該廠在滬西周家橋，出品如各種膠夾板門，極合現代公寓之需；而尤以精細美術地板一種為最出色。該廠以推廣營業起見，由華經理林伯鑄君請江長庚陸以銘二君代邀建築界，於四月四日假座北四川路新亞酒樓大廳宴集，到陶桂林陳壽芝陳士範杜彥耿等三十餘人，席間由林伯鑄江長庚陶桂林陸以銘李迺及士伊葛等相繼演說，詞長不錄。

雜訊一束

威海衛路八層公寓　上海威海衛路馬霍路口，將建八層高之公寓，圖樣現由德和洋行設計繪製。聞該公寓下層闢作店面，上層全係公寓，每層大門進屋，劃分二個公寓，不若現有公寓之攏統龐雜云。

邁而西愛路四層公寓　上海邁而西愛路國泰影戲院後面，正在建造之峻嶺寄廬外口，將建四層高之公寓，下層沿馬路一帶，作為店面，上層為公寓，聞設計者為公和洋行，將於四月十五日左右，開始投標。

外灘中國銀行將翻建新屋　上海仁記路外灘中國銀行總行房屋，聞將翻建，建築圖樣現由陸謙受建築師會同公和洋行建築師計擬。

中國通商銀行新屋　上海福州路江西路口，中國通商銀行新屋，現正由康益洋行打樁，房屋工程業已由陶桂記營造廠獲得建造權，共計造價洋七十三萬元，水電，鋼窗，鋼架等工程，均不在內。設計者為新瑞和洋行。

廣東銀行新屋　上海江西路甯波路口之廣東銀行新屋，係由李錦沛建築師設計，張裕泰營造廠承造，打樁工程在進行中。

大陸商場加高一層　上海南京路大陸商場，本為七層，現加高一層，業已動工，定四個月內完成，由莊俊建築師設計，諸綸記營造廠承造云。

工部局工務處控哈同夫人

—爲南京路河南路口傾圮壓簷牆事—

上海南京路河南路口，哈同夫人業產市房，於三月二十日下午六時半風雨中，壓簷牆自七十呎高處傾圮；磚瓦墜下，傷及三行人。此段原爲極熱鬧之街衢，未釀巨禍，尙屬幸事。查該屋係一八九八年由愛爾德洋行建造，迄今已三十六年，中經數度修葺；其門面約距今十年左右時，曾大加改飾，洗石子之牆面與壓頂，亦於此時更裝。

公共租界工部局工務處長哈伯對壓簷牆傾圮事，根據工部局營造章程第二十條「若工務處長對一所房屋或一處牆壁不滿，得有權控諸法院，藉以解決。」之規定，控業主哈同夫人於英領署公堂，四月三日開庭初審。工部局代理人高易律師，工部局工務處長哈伯，哈同夫人代表德利建築師，均到庭。由推事馬立師審訊。

開庭後，先由高易律師陳稱：『依據工部局章程第二十條規定，該局對任何房屋之牆壁，認爲呈現危險狀態時，可向法院訴請判令應行途徑，以解決環境之需要。此案控訴人工部局工務處長哈伯，曾往南京路察視一一五，一一七，一一九，一二一，一二九，一三一，一三三，一四一甲，一四一乙房屋之壓簷牆，發現均呈圮毀危象，於馬路行人及出入該屋之人，諸多危險。不久以前，（三月二十日）該處壓簷牆，倒塌路上之事，諒已爲貴推事所聞悉。釀禍之翌日，工部局卽行函告哈同夫人，並告以其他部份之牆亦有隨時傾圮危象。

工部局工務處長哈伯氏，認該屋現狀，亟應設施工作，以抵於安全地位。』

原告代理律師陳述至此，哈伯氏卽至證人席上陳稱：『余乃工部局工務處長，於三月二十八日，根據章程第二十條，對哈同夫人提起控訴。

三月二十日壓簷牆倒塌，墜於工部局路上；事後，余前往察看該處房屋，見埭頭木已呈腐爛，大料頭子亦有腐象；考其致爛之由，則因簷際水落管洩漏之故。余意必須除去屋上重量，因中國瓦之屋面重量特鉅。關於此點，業主未曾進行，故不能滿意。」

至此，推事顧德利建築師曰：『曾否接得此項訓令？』

德利建築師答稱：『余等於三月二十一日接得工部局通知，隨卽飭搭籬笆，並命支撐屋頂，以維現狀。凡每一屋頂大料，均繫予以支撐。

余曾察視五所房屋之屋頂大料，凡屋頂之重要部份，均屬完好，大料頭子雖呈腐象，然亦不致傾圮。

若工務處長欲將中國瓦除去，自可照辦；惟屋中現有人居住，設因取下屋瓦而雨水滲入，則房客將必起反對。

總之，工部局指示如何做法，哈同夫人於可能範圍內，固極願接受工部局之任何意思也。』

馬立師推事擬改期三日再審。哈伯繼謂：『現在僅於大料下加以支撐，而房屋全部則未保護週全。此點乃屬專門學術中之難題，頗欲與德利建築師共同商討之。』

德利建築師稱：『若工務處長必欲將屋瓦撤去，固自可照辦，惟屋上必須裝置臨時遮蓋物。』

原告律師高易，要求堂上判令，務將屋瓦取除，並改期星期五續審。

馬推事當准所請，改星期五下午二時半續審。

該案於四月六日開庭續審，馬立斯推事判令哈同夫人將房屋危險部份修至工部局認為妥善之程度。

續審開庭後，首由原告律師高易起稱：『上次堂上曾命將屋上瓦片取下，査被告現已遵照進行。』

繼由哈伯陳稱：『曾於昨晨重赴該屋察視，發現屋頂木材不妥之處甚多，又前面大部牆垣亟應拆除，另有柱子二根亦須換新。此外於修理工作進行時，或尙有其他必須修理之處發現，現因房屋有人居用，故未能周詳察視。至於屋瓦，則已見工人開始取下矣。』

高易律師當起詢哈伯：「君所陳各點，是否必須修臻安全地位乎？」哈伯答曰：「然。」

哈同夫人之全部房屋顧問德利建築師起稱：「若堂上命令如何修理，願遵照辦理。」

至此，馬立斯推事卽宣判曰：「此次工部局根據營造章程第二十條控訴哈同夫人一案，被告應卽將應修部份，依照工部局之意旨修妥。」旋卽退庭。

上海第二特區法院函詢承攬習慣

本會接江蘇上海第二特區地方法院來函，徵詢上海承攬習慣，經向同業間詳加調查，並與上海市營造廠業同業公會召集聯席會議，加以討論，業已具復，茲發表往來兩函於後：

來函　逕啟者：本院受理祥和木行與胡祥記營造廠為票款關係聲請假扣押一案。據聲請人陳稱：「按照上海承攬習慣，工料一併承攬者，定作人對于屋宇所有權之取得，必俟房屋建築完成造價付清後，承攬人交付鑰匙點交屋宇為條件，在鑰匙未交付前，其所有權仍屬于承攬人」等語。關於此項習慣，是否屬實，本院無從懸揣，相應函請查明，卽日見復，以資參考，實紉公誼。此致　上海建築協會

江蘇上海第二特區地方法院啟三月二十七日

復函　逕復者：接奉貴院第二七二九號公函，為祥和木行與胡祥記營造廠為票款關係聲請假扣押一案，關於聲請人所陳述，定作人取得屋宇所有權，必俟房屋建築完成造價付清後，由承攬人點交屋宇

爲條件之所謂承攬習慣，是否屬實，承託查明據復等情，敬悉。會向建築界分別調查外，並經本會與上海市營造廠業同業公會，召開聯席會議，討論結果，認爲未有前例可援。依據決議，主張『材料商如被營造廠拖欠債款，似可請求向屋宇定作人止付造價，並舉辦債權人登記，以資分別攤還，不敷款項，則仍向承攬人追償之。』查此項主張，尚切實際，用敢附陳，仰祈賜詧，爲禱。本會自接奉大函後，卽進行調查並召集同業商討，因須將結果發表於本會出版之建築月刊，與建築界將來之糾紛，關係頗鉅，故不厭求詳，致遲多日。尚希鑒諒，毋任盼荷！此致上海第二特區地方法院　上海市建築協會謹啓四月七日

建築材料價目表

磚瓦類

貨名	商號	大小	數量	價目	備註
空心磚	大中磚瓦公司	12"×12"×10"	每千	$250.00	車挑力在外
,, ,, ,,	,, ,, ,, ,,	12"×12"×9"	,, ,,	230.00	
,, ,, ,,	,, ,, ,, ,,	12"×12"×8"	,, ,,	200.00	
,, ,, ,,	,, ,, ,, ,,	12"×12"×6"	,, ,,	150.00	
,, ,, ,,	,, ,, ,, ,,	12"×12"×4"	,, ,,	100.00	
,, ,, ,,	,, ,, ,, ,,	12"×12"×3"	,, ,,	80.00	
,, ,, ,,	,, ,, ,, ,,	9¼"×9¼"×6"	,, ,,	80.00	
,, ,, ,,	,, ,, ,, ,,	9¼"×9¼×4½"	,, ,,	65.00	
,, ,, ,,	,, ,, ,, ,,	9¼"×9¼"×3"	,, ,,	50.00	
,, ,, ,,	,, ,, ,, ,,	9¼"×4½"×4½"	,, ,,	40.00	
,, ,, ,,	,, ,, ,, ,,	9¼"×4½"×3"	,, ,,	24.00	
,, ,, ,,	,, ,, ,, ,,	9¼"×4½"×2½"	,, ,,	23.00	
,, ,, ,,	,, ,, ,, ,,	9¼"×4½"×2"	,, ,,	22.00	
實心磚	,, ,, ,, ,,	8½"×4⅛"×2½"	,, ,,	14.00	
,, ,, ,,	,, ,, ,, ,,	10"×4⅞"×2"	,, ,,	13.30	
,, ,, ,,	,, ,, ,, ,,	9"×4⅜"×2"	,, ,,	11.20	
,, ,, ,,	,, ,, ,, ,,	9"×4⅜"×2¼"	,, ,,	12.60	
大中瓦	,, ,, ,, ,,	15"×9½"	,, ,,	63.00	運至營造場地
西班牙瓦	,, ,, ,, ,,	16"×5½"	,, ,,	52.00	,, ,,
英國式灣瓦	,, ,, ,, ,,	11"×6½"	,, ,,	40.00	,, ,,
脊瓦	,, ,, ,, ,,	18"×8"	,, ,,	126.00	,, ,,
瓦筒	義合花磚瓦筒廠	十二寸	每只	.84	
,, ,, ,,	,, ,, ,, ,,	九寸	,, ,,	.66	
,, ,, ,,	,, ,, ,, ,,	六寸	,, ,,	.52	
,, ,, ,,	,, ,, ,, ,,	四寸	,, ,,	.38	
,, ,, ,,	,, ,, ,, ,,	小十三號	,, ,,	.80	
,, ,, ,,	,, ,, ,, ,,	大十三號	,, ,,	1.54	
青水泥花磚	,, ,, ,, ,,		每方	20.98	
白水泥花磚	,, ,, ,, ,,		每方	26.58	

水泥類

貨名	商號	標記	數量	價目	備註
水泥		象牌	每桶	$ 6.25	
水泥		泰山	,, ,,	6.25	
水泥		馬牌	,, ,,	6.30	

木材類

貨名	商號	說明	數量	價格	備註
洋松	上海市同業公會公議價目	八尺至卅二尺再長照加	每千尺	洋八十四元	
一寸洋松	,, ,, ,,		,, ,,	,, 八十六元	
寸半洋松	,, ,, ,,		,, ,,	八十七元	
洋松二寸光板	,, ,, ,,		,, ,,	六十六元	
四尺洋松條子	,, ,, ,,		每萬根	一百二十五元	
一寸四寸洋松一號企口板	,, ,, ,,		每千尺	一百〇五元	
一寸四寸洋松副號企口板	,, ,, ,,		,, ,,	八十八元	
一寸四寸洋松二號企口板	,, ,, ,,		,, ,,	七十六元	
一寸六寸洋松一頭號企口板	,, ,, ,,		,, ,,	一百十元	
一寸六寸洋松副頭號企口板	,, ,, ,,		,, ,,	九十元	
一寸六寸洋松二號企口板	,, ,, ,,		,, ,,	七十八元	
一二五四寸一號洋松企口板	,, ,, ,,		,, ,,	一百三十五元	
一二五四寸二號洋松企口板	,, ,, ,,		,, ,,	九十七元	
一二五六寸一號洋松企口板	,, ,, ,,		,, ,,	一百五十元	
一二五六寸二號洋松企口板	,, ,, ,,		,, ,,	一百十元	
柚木（頭號）	,, ,, ,,	僧帽牌	,, ,,	五百三十元	
柚木（甲種）	,, ,, ,,	龍牌	,, ,,	四百五十元	
柚木（乙種）	,, ,, ,,	,, ,,	,, ,,	四百二十元	
柚木段	,, ,, ,,	,, ,,	,, ,,	三百五十元	
硬木	,, ,, ,,		,, ,,	二百元	
硬木（火介方）	,, ,, ,,		,, ,,	一百五十元	
柳安	,, ,, ,,		,, ,,	一百八十元	
紅板	,, ,, ,,		,, ,,	一百〇五元	
抄板	,, ,, ,,		,, ,,	一百四十元	
十二尺三寸六八皖松	,, ,, ,,		,, ,,	六十五元	
十二尺二寸皖松	,, ,, ,,		,, ,,	六十五元	

貨名	商號	說明	數量	價格	備註
一二五四寸柳安企口板	上海市同業公會公議價目		每千尺	一百八十五元	
一寸六寸柳安企口板	〃 〃 〃		〃 〃	一百八十五元	
二寸一半建松片	〃 〃 〃		〃 〃	六十元	
一丈宇印建松板	〃 〃 〃		每丈	三元五角	
一丈足建松板	〃 〃 〃		〃 〃	五元五角	
八尺寸甌松板	〃 〃 〃		〃 〃	四元	
一寸六寸一號甌松板	〃 〃 〃		每千尺	五十元	
一寸六寸二號甌松板	〃 〃 〃		〃 〃	四十五元	
八尺機鋸杭松板	〃 〃 〃		每丈	二元	
九尺機鋸甌松板	〃 〃 〃		〃 〃	一元八角	
八尺足寸皖松板	〃 〃 〃		〃 〃	四元六角	
一丈皖松板	〃 〃 〃		〃 〃	五元五角	
八尺六分皖松板	〃 〃 〃		〃 〃	三元六角	
台松板	〃 〃 〃		〃 〃	四元	
九尺八分坦戶板	〃 〃 〃		〃 〃	一元二角	
九尺五分坦戶板	〃 〃 〃		〃 〃	一元	
八尺六分紅柳板	〃 〃 〃		〃 〃	二元二角	
七尺俄松板	〃 〃 〃		〃 〃	一元九角	
八尺俄松板	〃 〃 〃		〃 〃	二元一角	
九尺坦戶板	〃 〃 〃		〃 〃	一元四角	
六分一寸俄紅松板	〃 〃 〃		每千尺	七十三元	
六分一寸俄白板松	〃 〃 〃		〃 〃	七十一元	
一寸二分四寸俄紅松板	〃 〃 〃		〃 〃	六十九元	
俄紅松方	〃 〃 〃		〃 〃	六十九元	
一寸四寸俄紅白松企口板	〃 〃 〃		〃 〃	七十四元	
一寸六寸俄紅白松企口板	〃 〃 〃		〃 〃	七十四元	
俄麻栗光邊板	〃 〃 〃		〃 〃	一百二十五元	
俄麻栗毛邊板	〃 〃 〃		〃 〃	一百十五元	
一二五，四寸企口紅板	〃 〃 〃		〃 〃	一百四十元	
六分一寸俄黃花松板	〃 〃 〃		〃 〃	七十三元	
一寸二分四分俄黃花松板	〃 〃 〃		〃 〃	六十九元	
四尺俄條子板	〃 〃 〃		每萬根	一百十元	

油　漆　類

貨名	商號	標記	裝量	價格	備註
AAA上上白漆	開林油漆公司	雙斧牌	二十八磅	九元五角	
AA上上白漆	， ， ，	， ， ，	， ，	七元五角	
A上白漆	， ， ，	， ， ，	， ，	六元五角	
A白漆	， ， ，	， ， ，	， ，	五元五角	
B白漆	， ， ，	， ， ，	， ，	四元七角	
AA二白漆	， ， ，	， ， ，	， ，	八元五角	
K白漆	， ， ，	， ， ，	， ，	三元九角	
KK白漆	， ， ，	， ， ，	， ，	二元九角	
A各色漆	， ， ，	， ， ，	， ，	三元九角	紅黃藍綠黑灰棕
B各色漆	， ， ，	， ， ，	， ，	二元九角	， ， ，
銀砵調合漆	， ， ，	， ， ，	五介侖	四十八元	
， ， ， ，	， ， ，	， ， ，	一介侖	十元	
白及紅色調合漆	， ， ，	， ， ，	五介侖	二十六元	
， ， ， ，	， ， ，	， ， ，	一介侖	五元三角	
各色調合漆	， ， ，	， ， ，	五介侖	二十一元	
， ， ， ，	， ， ，	， ， ，	一介侖	四元四角	
白及各色磁漆	， ， ，	， ， ，	， ，	七元	
砵紅磁漆	， ， ，	， ， 1	， ，	八元四角	
金銀粉磁漆	， ， ，	， ， ，	， ，	十二元	
銀砵磁漆	， ， ，	， ， ，	， ，	十二元	
銀砵打磨磁漆	， ， ，	， ， ，	， ，	十二元	
白打磨磁漆	， ， ，	， ， ，	， ，	七元七角	
各色打磨磁漆	， ， ，	， ， ，	， ，	六元六角	
灰色防銹調合漆	， ， ，	， ， ，	， ，	二十二元	
紫紅防銹調合漆	， ， ，	， ， ，	， ，	二十元	
鉛丹調合漆	， ， ，	， ， ，	， ，	二十二元	
甲種清嗶呢士	， ， ，	， ， ，	五介侖	二十二元	
， ， ， ，	， ， ，	， ， ，	一介侖	四元六角	
乙種清嗶呢士	， ， ，	， ， ，	五介侖	十六元	
， ， ， ，	， ， ，	， ， ，	一介侖	三元三角	

貨名	商號	標記	裝量	價格	備註
黑嗶呢士	開林油漆公司	雙斧牌	五介侖	十二元	
，，，，	，，，	，，，	一介侖	二元二角	
烘光嗶呢士	，，，	，，，	五介侖	二十四元	
，，，，	，，，	，，，	一介侖	五元	
白牌純亞蔴仁油	，，，	，，，	五介侖	二十元	
，，，，	，，，	，，，	一介侖	四元三角	
紅牌熟胡蔴子油	，，，	，，，	五介侖	十七元	
，，，，	，，，	，，，	一介侖	三元六角	
乾液	，，，	，，，	五介侖	十四元	
，，，，	，，，	，，，	一介侖	三元	
松節油	，，，	，，，	五介侖	八元	
，，，，	，，，	，，，	一介侖	一元八角	
乾漆	，，，	，，，	廿八磅	五元四角	
，，，，	，，，	，，，	七磅	一元四角	
上白塡眼漆	，，，	，，，	廿八磅	十元	
白塡眼漆	，，，	，，，	，，，	五元二角	

五金類

貨名	商號	數量	價格	備註
二二號英白鐵	新仁昌	每箱	六七元五角五分	每箱廿一張重四二〇斤
二四號英白鐵	同前	每箱	六九元〇二分	每箱廿五張重量同上
二六號英白鐵	同前	每箱	七二元一角	每箱卅三張重量同上
二二號英瓦鐵	同前	每箱	六一元六角七分	每箱廿一張重量同上
二四號英瓦鐵	同前	每箱	六三元一角四分	每箱廿五張重量同上
二六號英瓦鐵	同前	每箱	六九元〇二分	每箱卅三張重量同上
二八號英瓦鐵	同前	每箱	七四元八角九分	每箱卅八張重量同上
二二號美白鐵	同前	每箱	九一元〇四分	每箱廿一張重量同上
二四號美白鐵	同前	每箱	九九元八角六分	每箱廿五張重量同上
二六號美白鐵	同前	每箱	一〇八元三角九分	每箱卅三張重量同上
二八號美白鐵	同前	每箱	一〇八元三角九分	每箱卅八張重量同上
美方釘	同前	每桶	十六元〇九分	

貨名	商號	數量	價格	備註
平頭釘	同前	每桶	十八元一角八分	
中國貨元釘	同前	每桶	八元八角一分	
半號牛毛毡	同前	每捲	四元八角九分	
一號牛毛毡	同前	每捲	六元二角九分	
二號牛毛毡	同前	每捲	八元七角四分	
三號牛毛毡	同前	每捲	三元五角九分	

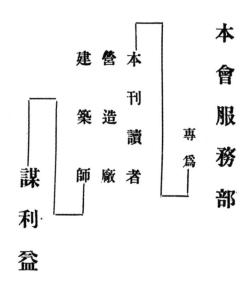

會務

本會定期舉行第二屆徵求會員大會

本會第十次執監聯席會議議決，定期舉行第二屆徵求會員大會，推定陳松齡應興華杜彥耿為籌備委員，負責進行。旋經召集首次籌備會議，茲誌議決案如后：一、指派小組委員分頭進行案。(決議)(甲)小組委員會毋庸另組，逕行籌派徵求隊。(乙)總隊長陶桂林，總參謀湯景賢，總幹事杜彥耿。並籌組徵求隊二十二隊，指定江長庚，謝秉衡，湯景賢，陶桂林，盧松華，王岳峰，陳壽芝，陳士範，竺泉通，邵大寶，孫德水，陶桂松，蔡和璋，陸以銘，朱鴻圻，應興華，陳松齡，殷信之，孫維明，吳仁安，劉銀生，杜彥耿等，担任隊長。二、徵求日期案。(議決)五月一日至五月三十一日。三、徵求大會之印刷品及其他事宜案。(決議)由總幹事辦理之。(另有推舉隊長會議紀錄在後)

國內磁磚產銷狀況之調查

國際貿易局前函本會，詢問瑪賽克磁磚及釉面牆磚之產銷狀況，當經分別調查，茲將結果，統計如後。

(一)國貨瑪賽克磁磚及釉面牆磚之生產能力，實銷數量，(上述二點根據規模最大之益中興業報告)以及國貨與外貨之售價比較，列為下表：

品名	種類	等級	每月出產能力 益中	每月出產能力 興業	每月平均銷量 益中	每月平均銷量 興業	售價比較 國貨	售價比較 日貨	售價比較 西貨
瑪賽克瓷磚		精選	三〇〇方丈	五〇〇方丈	三〇〇方丈	二〇〇方丈	每方丈三二・〇〇元	每方丈三・〇〇元	每方丈九八・〇〇元
同前		普通	九〇〇方丈	二〇〇方丈	二〇〇方丈	一〇〇方丈	″二六・〇〇元	″一八・〇〇元	″五八・〇〇元
釉面牆磚	3"×6"		五〇〇方丈	三五〇方丈	一〇〇方丈	一〇〇方丈	每打〇〇・六三元	每打〇〇・四二元	每打〇〇・九〇元
同前	6"×6"		三〇〇方丈	一五〇方丈	一〇〇方丈	六〇方丈	″〇〇・八五元	″〇〇・六六元	″〇〇・一七元

(二)國內建築物，每年需用磁磚及牆磚量，約四萬餘方丈。

(三)各國貨廠商出品，已足供國內之應用；惟日貨積極傾銷，致國貨銷路大受影響，各廠不得不限制生產。

(四)外貨磁磚及牆磚，每年進口總額達四萬餘方丈，總值約一百餘萬元。

(五)國貨磁磚之質料，與外貨相等；惟牆磚則外貨較為光澤。

(六)國貨磁磚及牆磚製造廠，除上海之益中興業二公司外，尚有唐山之啓新；香港之大明；其他規模較小者，如廣州佛山，湖南長沙等處，亦有十餘家。

〇一六二三

（七）經售外貨之商行，除愼昌，圖錩，恆大，美和等洋行外，尚有日商日比野洋行，及淡海洋行。

會員殷信之爲建築師拒交圖說事函請指示

本會會員殷信之君爲建造津埠回力球場工程，被建築師拒付圖說，請指示應付辦法事，致函本會；經本會援引美國前例，備函作復。茲錄往來兩函於后：

殷君來函　逕啓者：敝會員於客歲秋間，曾標建津埠回力球場工程，承攬之初，卽與該場當局正式簽訂契約。關於該項工程之構圖設計，係由意人包內梯建築師全權辦理。敝會員以我業通常慣例，無論任何工程，經訂約以後，應由建築師交出卽需之圖說，俾得按圖索驥，進行建築，因卽援例，以書面沓照該建築師，請將該圖說迅予擲下。詎意該建築師竟否認上項慣例，嚴加拒絕，且措辭不遜，頗多詆毀：敝會員聆悉之餘，深感駭異。惟事關同行營業，未敢率爾駁辯。因特專函奉詢；畢竟該建築師應否於訂約後拒交急需圖說，尚懇賜予指示，俾便遵循辦理。附陳敝會員與建築師往來函件，並祈鑒核爲幸。專此。謹上上海市建築協會　會員殷信之敬啓。

本會復函　啓者：接讀大函，爲天津回力球場工程師將建築大樣延不交付，致礙工作進行事。查此舉在工程師實應負其全責。前美國本薛凡尼亞州Edwards與Hall之糾紛，其情形正復相同；若建築師於契約期間內未將圖樣交出，實負有經濟上重大危險之責任。茲將該州高等法院判詞，節譯於後，以備參閱。

『建築師延未交付圖樣，實足使建築工程蒙受損失。建築師之圖樣及施工圖，必須與工程之進行相一致。一建築師須知詳細放大圖樣在何時應卽交出，非有充分理由，依法不能因等候圖樣，而將人工，材料，及工程均告延宕。否則彼必須負賠償之責。業主將建築計劃交於建築師及工程師之手，彼必須確實施行，如告失敗，卽負其責，此與他人在同樣合同下，其情形相同者也。建築師若將圖樣，說明書，詳細放大圖樣，不能隨工作之進展而交付；業主或營造商因此所受之損失，可要求賠償者也。』

本刊爲郵局悞遞交涉經過

本刊於每期出版後，對於定戶，均儘先付郵，容以郵局貽悞，時有散失，曾迭與郵政管理局商籌改善，業經該局函復，略謂：「除已飭所屬，特加注意外，嗣後如仍有該月刊未到情事，應請詳細開明收件人姓名及地址寄來，以便澈查，並向前途追查可也」云云。本刊已決定於按期寄發時，將收件人姓名住址抄單點交，以便或有遺失時，進行交涉，而免推諉。至定戶諸君如欲避免遺失，以預繳掛號郵費，較爲妥善。

爲繳納水泥加稅之責任問題復達商律師

本會於三月二十七日接達商英法律師來函，爲繳納水泥加稅之責任問題，請示意見；當卽備函具復。茲錄來去二函譯文於後。

來函　主席先生台鑒，啓者。茲有一華人建築商與法工部局因水泥加稅涉訟事，就詢　先生，敬請賜教。查敝當事人（華人建築商）與法工部局簽訂承造契約後，不數日（上年十二月六日）而中國國民政府卽下令將每桶水泥加稅六角。查敝律師知上海慣例，（

事實上全國亦屬如是），此稅應由業主負担，建築商不能負其責任，同時知國民政府之令亦復如是。倘希　先生對於此案賜示意見，以期徹當事人能獲得臂助也。

復函　啓者。接准來函，爲華人建築商與法工部局因簽約後增加水泥統稅，發生涉訟事。查本會對此，前曾聯合請求中國國民政府財政部收回成命，旋接覆文，略謂，該稅仍由消費者負納稅義務，建築商不負其責。茲將譯文附上，以備參閱。又最近美國加利福尼州上訴院關於Westberg與Whittiken訟案之判決，亦謂建築商爲業主之代理人，彼承造房屋，所有用以建築由材料商供給之材料及其造價費用等，業主個人自須負其全責，雖在材料商之賬上亦用代理人之名義記賬者也。觀此可不辯自明矣！（並附財政部批覆契文稿一件。）

二屆徵求推舉隊長會議記

第二屆徵求大會選舉隊長會議，於四月五日下午五時半，在本會會所舉行，出席者：陳松齡，孫德水，杜彥耿，江長庚，應興華，陶桂林，陳壽芝，陶桂松，陸以銘，殷信之，劉銀生，孫維明，謝秉衡，陳士範（杜代），張振聲。一、杜彥耿報告籌備情形云：根據三月二十一日第十次執監會議決議，產生第二屆徵求會員大會籌備會，推定陳松齡應興華杜彥耿三委爲籌備委員。已於上月二十八日召集首次籌備會議，推選陶桂林委員爲總隊長，湯景賢委員爲總參謀，杜彥耿委員爲總幹事，江長庚謝秉衡陳壽芝陸以銘等二十二人爲徵求隊長；並議定五月一日開始徵求，期限一個月。二、總隊長陶桂林表示，本人因外埠有事，時須離滬，恐難勝任，請辭總隊長名義！另推建築界聲望較孚之江裕生老先生担任總隊長，張效良張繼光兩先生担任副總隊長，請付公決。本人則甚願以會員資格努力奔走。三、江長庚委員繼即發表意見謂：陶委員所提推舉張效良君等任正副總隊長，查三位均非本會會員，恐於會章或有未妥；陶委員熱心會務，久著勞績，應請担任，毋庸歉辭。四、經討論之下，決取消前議二十二徵求隊之制，改爲按現有會員數分隊，每一會員担任一隊長，另推四總隊長統率之。五、推陶桂林江長庚謝秉衡陸以銘四君爲四總隊長。六、此次徵求分數目標，決議定爲二萬分，每分計洋一圓。七、開始徵求日期，準定五月一日。八、下次集期，定本月二十七日；時間臨時通知，地點本會。章程及入會志願書等，均屆時分發。

上海市營造廠業同業公會會訊

上海市營造廠業同業公會，委託本刊，按期增闢專欄，發表該會會務消息，以便傳播，即自本期開始，尚希讀者注意。

營造廠業採辦處月結報告表 民國念三年三月底造

計開

一該 公會代借基金 計洋柒千元
一該 各廠定銀 計洋叁千〇五十九元
一該 大陸銀行 計洋貳千貳百叁拾元〇七角
一該 新業廠灰款（四月二月付出） 計洋九百四十二元七角
一該 梅記 計洋六百四十五元
一該 上年用餘 計洋貳千柒百拾柒元〇八分
一該 公會交來拆息 計洋叁拾貳元

以上共計該洋壹萬六千六百念六元四角八分

一存 各廠往來 計洋八千六百五十元〇九角〇五厘
一存 泰和定銀 計洋壹千六百元
一存 潘爲山 計洋叁百念元
一存 暫記梅手 計洋四千八百五十一元
一存 暫記周正常 計洋四拾元
一存 暫記 計洋貳百三十八元
一存 義昌莊支票 計洋壹千壹百九十一元
一存 現款 計洋六十九元〇六分一厘

以上共計存洋壹萬六千九百五十九元九角六分六厘

存該相抵結餘洋叁百叁拾叁元四角八分六厘

進

頭號灰七千五百六十八挑一角　**計付洋**　壹萬〇〇十三元一角七分三厘　**扯價**　一元三角二分三厘

二號灰八百九十六挑七角　九百八十五元五角七分六厘　一元〇九分九厘一毫二

共計灰八千四百六十四挑八角　付洋壹萬〇九百九十八元七角四分九厘　扯價十二元九角九分三厘五毫

售

頭號灰七千五百六十八挑一角　**計入洋**　壹萬〇八百念七元七角一分　**扯價**　一元四角三分〇七毫

二號灰八百九十六挑七角　壹千〇三十元〇四角〇五厘　一元一角四分九厘一毫

共計灰八千四百六十四挑八角　入洋壹萬壹千八百五十八元一角一分五厘　扯價十四元〇〇八厘八毫

結餘石灰毛利洋八百五十九元三角六分六厘

一支生財　計洋五拾三元九角二分

一支房金(內碼頭拾元)　計洋壹百拾五元

一支房捐　計洋念八元

一支電話　計洋拾九元一角七分

一支電燈　計洋壹元一角七分

一支伙食　計洋四拾八元一角三分

一支薪水　計洋壹百叁拾五元

一支車力　計洋拾元〇三角二分

一支什項　計洋三十九元一角七分

一支零用　計洋叁元

一支請願警　計洋柒拾叁元

以上共計支洋五百念五元八角八分

餘支相抵結餘洋叁百叁拾叁元四角八分六厘

編餘

柔和的春風吹到樓頭，從剪刀墨水漿糊稿件紛披的桌上，舉頭向外望去，第見白雲輕移，春意蓬勃，「新」與「進」的力，油然地佔據了我們的心靈。翻翻一本一本已往的月刊，看看一頁一頁的內容，雖則都是心血與腦汁的結晶，但希望案頭雜亂的文稿與圖樣，更加精采新穎地載進正在編製中的新刊。美麗生動的春天，我們願建築月刊和她一樣。

本期起闢「進行中之建築」一欄，專刊各種建築工程進行中之攝影，使閱者如置身工場，得觀摩工作情形，以資借鏡，此乃應讀者的要求而增闢者。百老匯大廈爲上海進行中之一大工程，高凡十八層，雄偉壯麗，頗爲建築界重視，本刊就其工程的各階段攝成照片，以饗讀者；現在先把從打樁起至目前止之各影，製版發表，幸勿等閒視之。

其他插圖多幅，也屬不易多得，各具有建築上的新穎價值。

本刊鑒於社會一般的需要，住宅建築，摘重經濟適用，特於上期住宅欄發表「經濟住宅」建築圖樣二幅，以供採擇參考。旋承讀者紛函贊美，要求繼續刊載，本期又選登了三種。這種圖樣頗裨益一般居住幸福，並決定以後按期選刊三四種。迨積至相當成數，擬彙印單行本問世。

本期譯著欄，除長篇仍續登外，朗琴君的「中國之變遷」已續完；林同棪君的「克勞氏法間接應用法」一文，與前二期的「克勞氏連架計算法」及「桿件各性質C，K，F之計算法」二文，有連續性的，可參照閱讀。

下期稿件已在印製中者，有萊斯德建築工業學校及峻嶺寄廬全套圖樣。前者將建於上海虹口提籃橋，規模極大。後者建於上海邁而西愛路，其面樣，配景圖及建築章程，已於本刊第一卷第一期至第三期中分別刊登。

近來，常接各方來函，詢問本刊叢書出版日期，熱忱甚感！不過同人以月刊編務已極忙碌，故於叢書進行，未免耽遲；一俟出版，當於本刊露布。

預定

全年	十二冊	大洋伍元
郵費	本埠每冊二分,全年二角四分;外埠每冊五分,全年六角;國外另定	
優待	同時定閱二份以上者,定費九折計算。	

建築月刊

第二卷 • 第三號

中華民國二十三年三月份出版

編輯者 上海市建築協會 南京路大陸商場

發行者 上海市建築協會 南京路大陸商場

電話 九二〇〇九

印刷者 新光印書館 上海聖母院路聖達里三一號

電話 七四六三五

投稿簡章

1. 本刊所列各門，皆歡迎投稿。翻譯創作均可，文言白話不拘。須加新式標點符號。譯作附寄原文，如原文不便附寄，應詳細註明原文書名，出版時日地點。
2. 一經揭載，贈閱本刊或酌酬現金，撰文每千字一元至五元，譯文每千字半元至三元。重要著作特別優待。投稿人却酬者聽。
3. 來稿本刊編輯有權增刪，不願增刪者，須先聲明。
4. 來稿概不退還，預先聲明者不在此例，惟須附足寄還之郵費。
5. 抄襲之作，取消酬贈。
6. 稿寄上海南京路大陸商場六二〇號本刊編輯部。

Hong Name "Mei Woo"

Certainteed Products Corporation
Roofing & Wallboard
The Celotex Company
Insulating Board
California Stucco Products Company
Iuterior & Exterior Stuccos
Midwest Equipment Company
Insulite Mastic Flooring
Mundet & Company, Ltd.
Cork Insulation & Cork Tile

Richards Tiles Ltd.
Floor, Wall & Coloured Tiles
Schlage Lock Company
Lock & Hardware
Simplex Gypsum Products Company
Plaster of Paris & Fibrous Plaster
Toch Brothers Inc.
Industrial Paint & Waterproofing Compound
Wheeling Steel Corporation
Expanded Metal Lath

Large stock carried locally.
Agents for Central China

FAGAN & COMPANY, LTD.

261 Kiangse Road

Telephone
18020 & 18029

Cable Address
KASFAG

美商 **美和洋行**

承辦屋頂及地板工程并經理石膏粉石膏板甘蔗板避水漿鐵絲網磁磚牆粉門鎖等各種建築材料備有大宗現貨如蒙垂詢請打電話一八〇二〇或駕臨江西路二六一號接洽爲荷

合衆水泥花磚廠

辦事處：上海湯恩路三十七號 電話 四三八七二

廠設：閘北西寶興路倫敦路口

MANUFACTURERS OF
HIGH GRADE CEMENT BRICK AND TILES.
STOCK CARRIED FOR IMMEDIATE ORDERS.
CATALOG, ESTIMATES AND SAMPLES
SUPPLIED ON REQUEST.

專製上等水泥花磚色樣新穎任憑惠顧諸君選購交貨迅速如需目錄估價樣本及樣磚請即函知寄奉不誤

THE UNION CEMENT TILE CO

OFFICE: THORNE RD. HOUSE 3, LANE 37, DIAL 43872.
FACTORY: WEST PAOSHING RD. CHAPEI.
SHANGHAI.

（定閱月刊）

茲定閱貴會出版之建築月刊自第……卷第……號起至第……卷第……號止計大洋……元……角……分外加郵費……元……角……分一併匯上請將月刊按期寄下列地址爲荷此致

上海市建築協會建築月刊發行部

……啓……年……月……日

地址……

（更改地址）

啓者前於……年……月……日在

貴會訂閱建築月刊一份執有……字第……號定單原寄……收現因地址遷移請卽改寄……收爲荷此致

上海市建築協會建築月刊發行部

……啟……年……月……日

（查詢月刊）

啓者前於……年……月……日

訂閱建築月刊一份執有……字第……號定單寄……收茲查第……卷第……號尚未收到祈卽查復爲荷此致

上海市建築協會建築月刊發行部

……啓……年……月……日

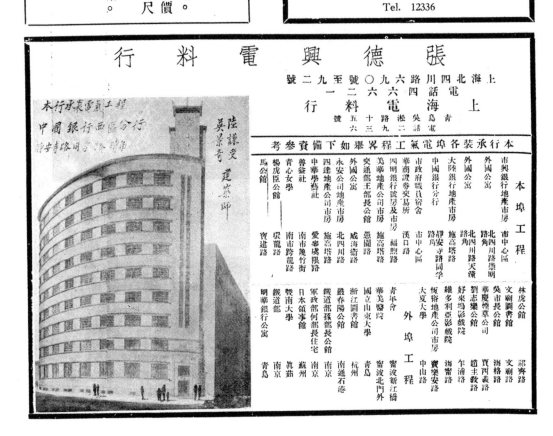

南京總理陵墓之碑亭

廣州中山紀念堂之像座

THE CHINA IMPORT & EXPORT LUMBER COMPANY, LIMITED
(INCORPORATED UNDER THE COMPANIES' ORDINANCES OF HONGKONG.)
FLOORING DEPARTMENT

英商祥泰木行有限公司地板部

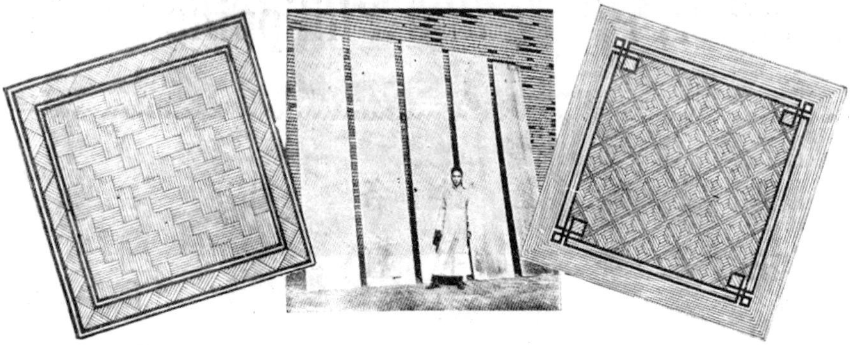

上海之有美術地板本公司實爲首創嗣後互相效尤凡各商埠之高樓大廈莫不採用本公司以二十年之經驗中外技師之策劃堅固美妙允稱獨步如蒙 賜顧定獲稱心滿意本公司購備最新式砂磨機器十五部括垢磨光平滑無比

已竣工程

本埠

美國鄉下總會
法國總會
江海關
安利洋行
月宮飯店
辣斐跳舞場
自來水公司
上海跑馬總會
仁濟醫院
孫科住宅
惠羅公司
匯豐銀行
義泰洋行
禮查飯店
都成飯店
新聞報館
西人青年會
辣斐飯店
十三層公寓
萬國儲蓄會
麥特赫司脫路大廈
漢彌爾登大廈
金城銀行
華懋飯店
中國體育會
字林西報館
英國總會
花旗總會
宜昌路救火會
榆林路巡捕房
江灣路工部局學校
廣西路格致公學
王家沙花園工部局住宅
華德路巡捕醫院
永安公司
台灣銀行
怡和洋行
英美烟公司
徐家匯天主堂
海格路公寓
大西路工部局醫院

外埠

南京 蔣委員長住宅
南京 何應欽住宅
香港 救火會
南京 汪精衛住宅
汕頭 太古公司
青島 萬國總會

進行工程

靜安寺路四行儲蓄會
外白渡橋堍大廈
博德連新廠
漢口安利新廈
白賽仲公寓
中匯銀行
青島海濱大廈
華業公寓
德和工藝學校

其餘工程繁多不及備載

總行 上海楊樹浦路第壹千肆百念六號
電話第五〇〇六八號 三線轉接各部

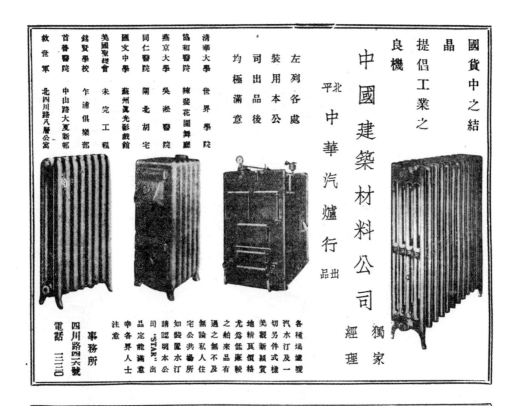

中華郵政特准掛號認爲新聞之類
內政部登記證警字第二九五五四號

英商吉星洋行
建築上用之
各種油漆及凡立水
偉大之建築。內部之壯觀。仰油漆之裝璜者。十居其九。惟欲求良佳成績。則須採用適當油漆。此點建築界恆視爲極重要之問題。
敝行爲世界最大油漆製造廠。凡建築上所用之油漆，磁漆，水牆粉，木光油，凡立水，以及各種理想中之新式油漆。莫不經驗宏富。研究精到。可稱並世無匹。凡此種種材料。分爲次第等級。使於選擇。價格低廉。無論數量多寡。承蒙通知。立卽發奉。請察下列種種用法！
刷法　流法　浸法　滾法　噴法　乾法
敝行之研究化驗室。嘗爲建築界解決種種特別油漆問題。不一而足。此種隨事應付之能力。隨時可以爲君服務。請卽將君之困難問題寄至下列地址。以便研究奉覆也。
英商吉星洋行油漆服務部
上海九江路六號　電話一六〇二一至三
香港——上海——天津